応用地形セミナー
空中写真判読演習

日本応用地質学会　応用地形学研究小委員会編

古今書院

口絵-1 典型的な凹地形としての吾妻小富士の火口 (CTO-76-23 C15-26、26)

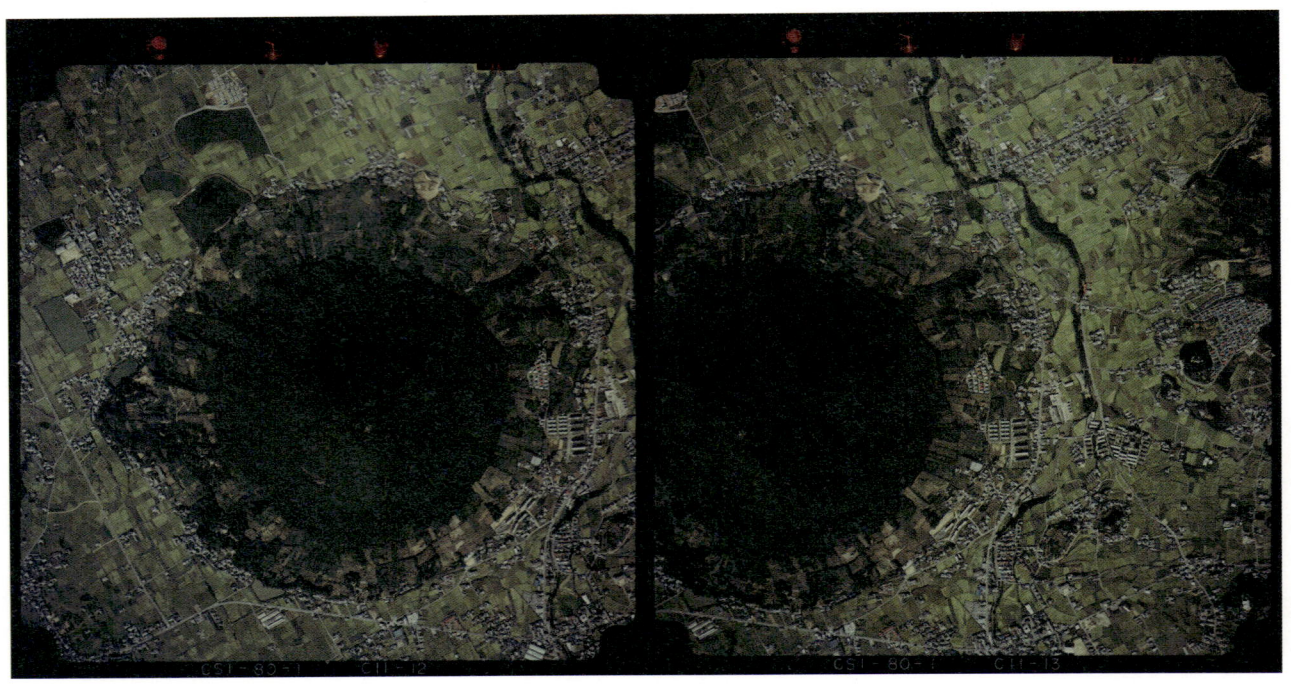

口絵-2 典型的な凸地形としての讃岐富士 (CSI-80-1 C11-12、13)

口絵-3　ヒマラヤ、チョーオユー(8153m)から流れ下る氷河と末端のモレーン。
　氷河の上流域は白色であるが、下流の氷河の消耗域では周辺斜面などから供給される岩屑で覆われて褐色になっている(P136 コラムおよび P51〜地すべり・崩壊地形の航空斜め写真撮影技法参照)。

[上野将司　撮影]

口絵-4　会津磐梯山の北面に広がる巨大崩壊の地形。
　明治22年の磐梯山の爆発で北側が山体崩壊し、崩壊土砂が谷を埋積して形成された桧原湖、小野川湖、秋元湖と後方の会津盆地を望む(P143 および P51〜地すべり・崩壊地形の航空斜め写真撮影技法参照)。　　　[上野将司　撮影]

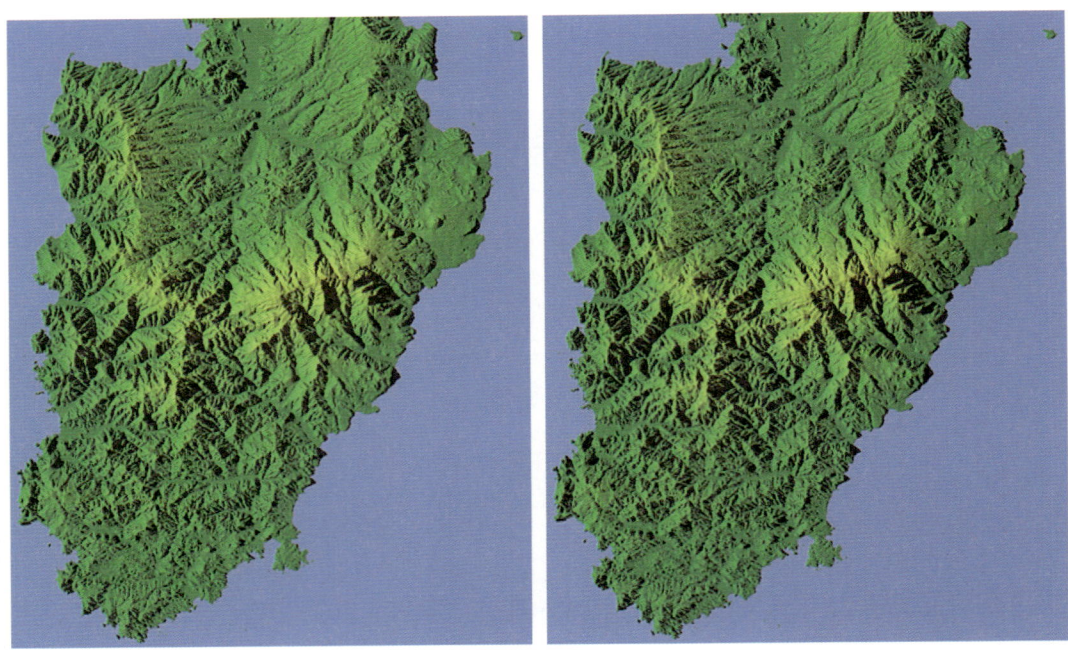

口絵-5　伊豆半島全体のステレオ実体視地図画像（国土地理院数値地図 50m および地図ソフト「カシミール 3D」を使用）
　広域の数値地形情報を用い、視点を自由に設定することによって、通常の空中写真では得られない広範囲の実体視用ステレオペアを作成できる。

口絵-6　数値地形データを用いて作成した長野県軽井沢の鳥瞰図の画面（（国土地理院数値地図 50m および地図ソフト「カシミール 3D」を使用）。
　視点を自由に設定して、説明しやすい鳥瞰図を作成することができる（P138 参照）。

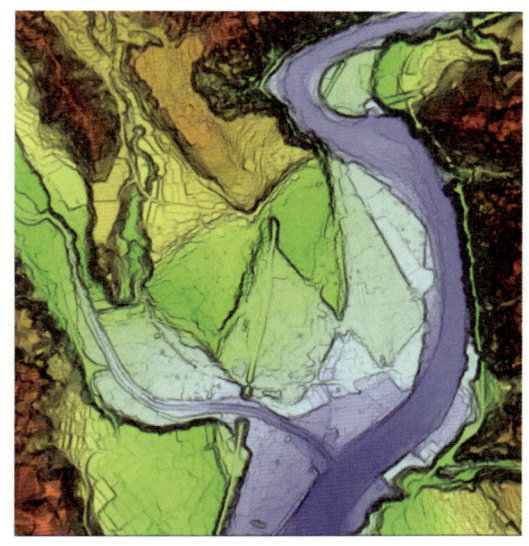 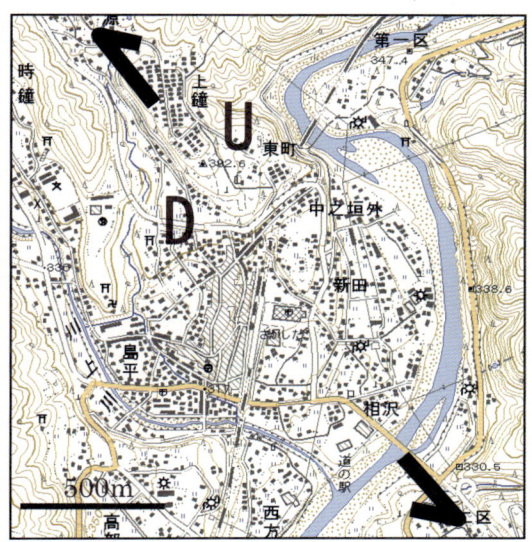

口絵-7　阿寺断層　中津川市坂下付近のカラー標高傾斜図（左）と地形図（右：1：25,000「妻籠」を使用）
　カラー標高傾斜図は，航空レーザ測量による 2m メッシュの DEM (Digital elevation model) を用いて、標高を色相に、傾斜角をグレースケールの明度に割り当て、透過合成したもの。標高の指標と共に立体情報が得られる特徴がある。阿寺断層は左横ずれ断層であるが、鉛直方向の変位を伴っており、断層を境に複数の段丘面が変位し、それぞれ比高が異なっているのが明瞭に区分できる（第5章表紙写真参照）。　　　　[DEM は国際航業株式会社提供]

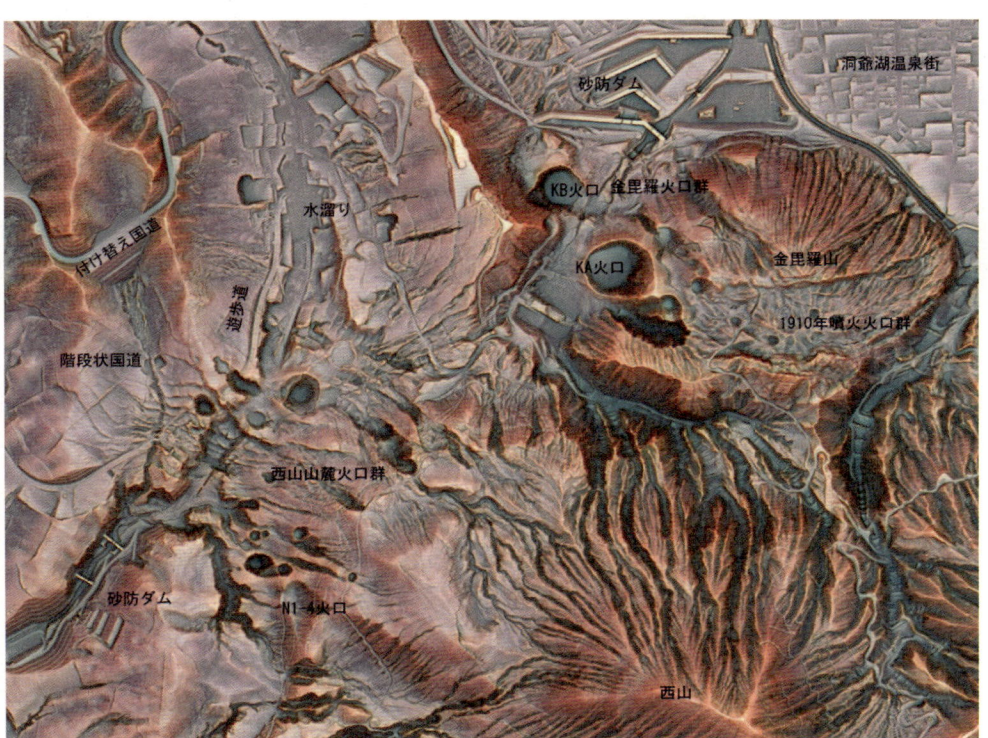

口絵-8　航空レーザ測量の 1m メッシュの DEM をもとに作成した、赤色立体地図画像。
　従来の陰影図と違い、方向依存性のない立体感が得られる。有珠山 2000 年噴火では、西山西山麓と金毘羅山北斜面に多数の水蒸気爆発による小火口が形成された。また、西山西山麓には潜在円頂丘が形成されたため、地表は約 70m 隆起し、生じた断層によって国道が階段状に分断された。この画像からは、2000 年噴火時に生じた小火口や詳細な断層変位が判読できる。レーザ測量は、地面で反射したデータに基づいて、樹木を取り除いた地形を明らかにできるため、通常の写真では判読しにくい金比羅山山頂付近の 1910 年明治噴火による小火口群も観察できる。
　　　　[アジア航測株式会社提供]

口絵-9　知床・羅臼岳北方に発達するサギング地形（尾根に斜交する方向に撮影）

口絵-10（上）　知床・羅臼岳北方に発達するサギング地形（尾根方向に撮影）

　羅臼岳から北に三ツ峰を経てサシルイ岳南斜面にかけての知床山地主稜部には、まさにチューリップが開花したかのようにぱっくりと割れた、山地主軸に並行な陥没帯が最大幅 200m、比高 50m の規模で発達している。これは、サギング地形と呼ばれるもので、稜線頂部付近に展張場が発生することで陥没帯が形成されたものである。このような規模のサギング地形は本邦では最大であろう。　　　　　　　　　　　　　[八木浩司　撮影]

口絵-11（右）　知床・羅臼岳北方山稜の陰影起伏図
　航空レーザ測量による 2mDEM から作成した陰影図に標高値を色相で加えたもの（赤が高標高部）。線状・列状構造を認識するのには、一定方向に光源を定めた陰影図が効果的な場合もある。図中の矢印は、口絵-9、10の撮影方向。　　　　　　　　[国際航業株式会社提供]

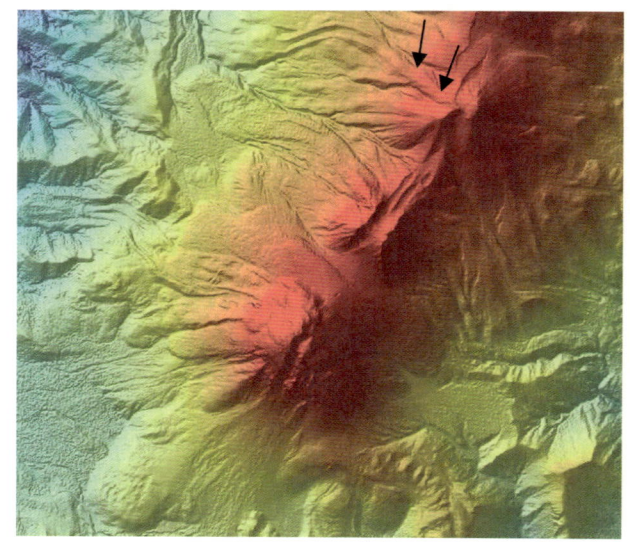

口絵-12　知床・羅臼岳南面、知床峠-天頂岳間の火口列
　羅臼岳を挟んでその南側には、火口列が尾根を割るように発達している。尾根は連続的に陥没しているようにも見えることから、羅臼岳北側のサギング地形の発達と関連しているものと考えられる。すなわち、羅臼岳北側に発達するサギング地形を発達させたような稜線部の展張場が、マグマを上昇しやすくしているのであろう。　　　　　　　　　　［八木浩司　撮影］

口絵-13　奥只見　浅草岳北東山麓　沼の平地すべり
　奥只見・浅草岳は、頂部に火山岩をのせ上部が丸みを帯びた山体を呈している。浅草岳の北西から北東山麓部にかけては、大規模な地すべり地形が広く分布している。それらは、キャップロック型の大規模地すべりと考えられるが、その中で最も新鮮なものが、沼の平に認められる滑落崖（猿崖）とコバルトブルーの水をたたえる濁り沼などの地すべり性湖沼群である。
　　　［八木浩司　撮影］

口絵-14　積丹半島西海岸泊村の国道229号トンネル側面での岩盤崩落。
　崖高60mの下半部が崩落したもので、崩落前の崖下には高さ5〜10m、奥行き約5mのノッチが形成されていた。地質は塊状の火砕岩。　　　　　　　　　　　　　　　　　　　　　　　［上野将司　撮影］

口絵-15　和歌山県すさみ町の海岸に見られる第三紀層砂岩泥岩互層の褶曲構造。
　上下の板状の地層に挟まれているので、堆積時の未固結な状態で海底地すべりなどによって形成されたものと考えられる。　　　　　　　　　　　　　　　　　　　　　　　　　　　　　　　　　　［上野将司　撮影］

本書の構成

　本書の本文は、応用地質的な課題に対する空中写真判読の実習用テキストとして、課題ごとに下記の構成を基本として記述してある。

①課題の提示
②実体視用空中写真，および判読結果を記載するための地形図
③議論および解説
④まとめとキーワード
⑤課題の対象と類似した地形の見られる地域の地形図（独習用）

　また、課題に関連する内容の話題を、8編のコラムとして加えてある。これらは応用地質誌への連載後書き起こした記事である。なお、いくつかの課題では、複数の判読者による判読結果や議論を併記し、それぞれの着目点と記述方法の特徴を事例として理解していただけるようにした。また、第3章の課題には、設問に解答する形式をとり、読者には用語を選択しながら解説文を完成して読んでいただくようになっているものもある。さらに、末尾の独習用の地形図に換えて、数値地形図から作成した陰影図などの地形表現図を示したものもある。

　空中写真は肉眼実体視または簡易実体鏡を使って実体視ができるように、標準的な間隔で配置してある。しかし、それでも見づらい場合は複写して右写真と左写真を分離し、見やすい間隔に置いて実体視していただきたい。

　本書で使用した地形図類のうち、国土地理院発行の 1:200,000 地勢図、1:50,000 地形図、1:25,000 地形図については、原則として 2006 年現在で最新の図幅を用い、図幅名以外の表記を省略した。しかし、敢えて旧図幅を用いていて時代が重要な意味を持つ場合には、発行年を記載した。また、方位は原則として紙面の上方が北になるように配置し、特に必要でない場合以外は方位記号を省略した。

はじめに

　土木建築工事、構造物の維持管理、および自然災害に対する防災対策等を実施するに際し、地形図の読図と空中写真判読を基本として現地踏査を加えれば、地形形成過程や地質状況が明らかになり、事前に種々の問題点とその解決策を見通すことが可能である。そして各種の事業を円滑に進めることができる。いいかえれば地形・地質情報の活用は、土木建築工事、構造物の維持管理、防災対策等のコスト縮減に効果がある。とくに地形情報は比較的容易に得られるにもかかわらず、その情報を工学的に有効なものに変換することはあまり行われていない。

　最も地形情報を活用すべきと思われる地質あるいは建設コンサルタントの調査報告書ですら、地形図の読図や空中写真判読は十分には行われていない。地形に関する記述は、調査報告書の導入部におけるまくら言葉のようであり、技術的に参考になる部分のないものが大半を占めている。本書にまとめられているように、地形図や空中写真からは工学的に有効な多くの地形情報が得られるが、現状では地形情報が活用されずに宝の持ち腐れになっている。

　この背景として、大学の理工系学部の大半では地形学を学ぶ機会がないことをあげることができよう。地質学の分野に目を移すと、明治時代に東大の地質学科教授であった横山又次郎は「学者は世俗の事に耳を貸すべからず」と述べたといわれ、この言葉に象徴されるように日本の地質学は真理探究を目的に発展してきた。そのような地質学ですら、高度成長期までには実務への有用性が認識され、「応用地質学」あるいは「土木地質学」として工学的地位を確立するに至った。これに対して、地形学は実務的な利用があまりなされないままに工学と離れた場において発展してきた。このため一般の技術者にとって、地形学は実務に有効な学問として受け入れられなかったものと考えられる。地形学の素養のない技術者が多ければ、地質調査の一環として積極的に地形情報を導入しようとする動きが一部に限られるのは当然のことであり、宝の持ち腐れを招くことになる。

　このような状況を踏まえて、日本応用地質学会は平成7年度に応用地形学小委員会を発足させ、地形研究の遅れている山地や丘陵を対象に地形工学的な面からの研究を行ってきた。この成果は平成12年12月に「山地の地形工学」（古今書院）として出版し、地質技術者等に対する講習会を実施するなど地形工学の重要性について訴えてきた。

　その後の委員会の取り組みの1つとして、事前にある地区の空中写真判読を宿題に出して各委員が判読結果を発表する機会を設けた。各委員は地形学の素養のある技術者や研究者であるが、同一地区の判読でありながら微妙な違いのあることがわかった。これは山地部における地形工学がまだ学問として確立されていない一端を示すものといえよう。そこでこの空中写真判読について、各委員の判読差をそのまま学会誌に掲載してフォーラムの場とすることにした。学会誌へは平成14年から平成15年にかけて6回にわたって2事例ずつ計12事例掲載され、会員諸氏から貴重なご意見をいただいた。

　本書はこの連載記事を基本に、不足している対象を補って計15事例の空中写真判読と解説を

収録し、同一対象でも様々な見方のあることを示すとともに、事例に関する基礎知識や他地域における同種の事例（地形図）を盛り込んだものである。入門者向けの説明として、1章では空中写真判読の歴史・見方・関連技術について言及したが、深く切り込んだ部分もあって経験豊富な技術者にとっても得るものがあると思っている。

　空中写真判読に関しては、いくつかの教科書があり基本的な知識を得ることができるが、判読技術の向上は医学における臨床的な経験と同様に実務の場数を踏むことにある。この観点から本書の事例で判読を行い学習することは、様々な判読の仕方や自分との違いを確認することになり、判読技術の向上に大きく寄与するものと確信する。地形判読の重要性は、一般の技術者にはいまだ十分に理解されているとはいえず、調査計画書や報告書の改善から始める必要があり、地質技術者等の地形判読に関する意識改革が求められる。

　最近は地形情報のデジタル化により、容易に鳥瞰図や接峯面図の作成ができるようになった。また航空機に搭載したレーザスキャナによって、詳細な地形図が迅速に作成できるようになり、これまでに表現できなかった微地形を正確に表現できるようになった。地形情報を理解しやすく表現する手段は格段に向上している。地形地質調査の一角を担う空中写真判読は大変役に立つ重要な技術であり、これらの新技術と合わせて地形工学の発展に寄与できるものである。この意味で本書が多くの技術者に活用されることを願っている。

平成18年8月
日 本 応 用 地 質 学 会
応用地形学研究小委員会

目　　次

口絵	（全7ページ）
本書の構成	i
はじめに	ii
資料	vi

1章　空中写真判読の基礎 …………………………………………………… 1
　1.1　地形分析の歴史 ………………………………………………………… 2
　1.2　空中写真の基礎 ………………………………………………………… 9
　1.3　地すべり・崩壊地形の航空斜め写真撮影技法 ……………………… 51

2章　地すべり ………………………………………………………………… 59
　2.1　開析された地すべり地形 ……………………………………………… 60
　2.2　トンネル上の池の成因 ………………………………………………… 68
　2.3　地すべり移動層の再活動 ……………………………………………… 76
　2.4　地すべり地と潜在地すべり地の区別 ………………………………… 83
　2.5　河谷斜面に見られる地すべりの活動性と斜面地質の推定 ………… 93

3章　緩み ……………………………………………………………………… 101
　3.1　二重山稜 ………………………………………………………………… 102
　3.2　河谷斜面の形成過程と岩盤の緩み …………………………………… 114
　3.3　地形に規制される節理系 ……………………………………………… 121

4章　土石流・崩壊・植生 …………………………………………………… 127
　4.1　豪雨斜面災害を予測する ……………………………………………… 128
　4.2　軽井沢高原の地形形成 ………………………………………………… 137
　4.3　地すべり地の多様な生態系を探る …………………………………… 144

5章　活断層 …………………………………………………………………… 157
　5.1　奈良盆地東縁の活断層地形 …………………………………………… 158
　5.2　山地周辺の活断層 ……………………………………………………… 170
　5.3　四国中央構造線断層系の横ずれ断層 ………………………………… 179

6章　地盤・微地形 …………………………………………………………… 187
　6.1　扇状地末端の地盤状況を推定する …………………………………… 188
　6.2　航空機レーザスキャナによる詳細地形図から微小地形を判読する … 197
　6.3　表成谷を読み取る ……………………………………………………… 207

おわりに ………………………………………………………………………… 213
索引 ……………………………………………………………………………… 214

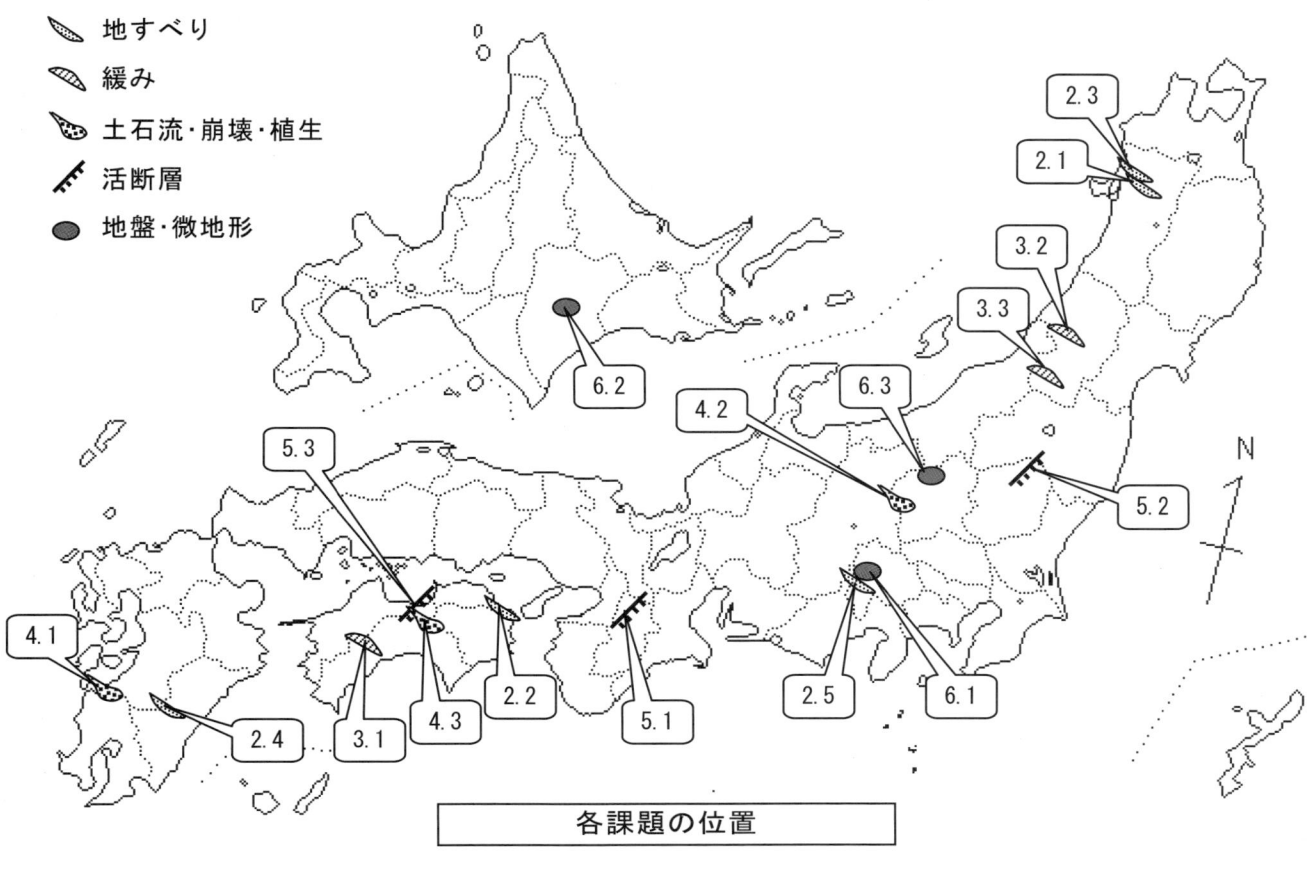

各課題の位置

コラム　目次

「地図と測量の科学館〜地球ひろば」 ---------- 50
「山体の隆起と解体の黒幕としての中新世花崗岩」 ---------- 112
「ネパール・ブータンにおけるハザードマップ作成」 ---------- 136
「地形図の立体視サービス」 ---------- 156
「山岳地域における活断層の地形判読」 ---------- 168
「地形の数値解析－歴史的展望－」 ---------- 186
「地質地盤情報システム」 ---------- 196
「地形数値解析－六甲の例－」 ---------- 206

資料：空中写真判読テキストブックの歴史
（1）1945年～1974年

年代	空中写真判読のテキストブック	測量調査技術の発展			地形工学の発展		土木建設事業	大規模災害	社会経済	年代
		空中写真など	衛星画像	地形図など	学協会など	調査・研究報告				
1945		米軍写真の撮影						枕崎台風		1945
								南海地震		
					地学団体研究会創立			カスリン台風		
					日本林業技術協会(1921～2003改称)			福井地震 アイオン台風		
	「空中寫眞測量の手引き」（寫眞測量叢書；2, 日本寫眞測量學會）							今市地震 キティ台風	測量法公布	
1950	「空中寫眞による土地調査と寫眞の判讀」佐藤久（寫眞測量叢書；3, 日本寫眞測量學會）			2万5千分の1地形図作成再開				ジェーン台風	朝鮮戦争 国土総合開発法公布	1950
			全国山地部2万～1万6千分の1（林野庁）		資源地質学会創立 砂防学会創立			ルース台風 十勝沖地震	電力会社再編 9電力会社発足 特定地域総合開発計画策定	
									電源開発促進法公布 道路法（現行）公布	
	「森林調査と航空寫眞測量」日本航測株式会社			写真測量による地形図作成開始 5万分の1地形図改測開始				台風13号 有田川豪雨災害	工業技術庁改組 工業技術院発足	
		米軍写真の市販開始			土質工学会創立			洞爺丸台風		
1955					日本雪氷学会創立(1939～改組)	航空写真による路線地質調査法（国鉄技研）		台風22号災害		1955
				5万分の1土地分類図作成開始 5千分の1森林基本図作成開始	日本第四紀学会創立 日本地質調査業協会設立 日本石灰協会・日本石灰工業組合設立		佐久間ダム完成 野反ダム完成			
	航空写真測量（木本氏房、日本林業技術協会）				堆積学研究会創立		小河内ダム完成 井川ダム完成 千葉火力発電所1号機運転開始	諫早水害		
					日本応用地質学会創立		関門国道トンネル開通	狩野川台風	地すべり等防止法公布 技術士法公布	
	航空写真測量の実際（木本氏房、日本測量協会）航空写真測量（尾崎幸男）				日本地下水学会創立		有峰ダム完成	伊勢湾台風		
1960			平野部2万分の1	国土基本図(5千分の1、2千5百分の1)作成開始 2万5千分の1土地条件図作成開始		空中写真を利用した崩壊調査－赤城山の崩壊調査を例にとって－（高…雄介）	奥只見ダム完成 田子倉ダム完成	チリ地震津波	治山治水緊急措置法公布	1960
	航空写真の使い方（木本氏房、日本林業技術協会）森林判読の実際（森林航測28号～38号, 1963連載, 中島巖）				フィッシャーの講習会	航空写真を利用した地質構造調査－黒部ダム地質調査－（吉田尚ほか）土壌調査のための空中写真の利用と判読1（羽田野誠一ほか）	御母衣ダム完成 三重火力発電所4号機（重油）運転開始	第2室戸台風	ヴォストーク1号有人飛行	
	空中写真地質講座（地質ニュース連載, 松野久也）空中写真の読み方（地理8巻7号）（羽田野誠一）		全国4万分の1		日本写真測量学会創立 全国地質調査業協会連合会結成	中国縦貫自動車道写真地質図 国鉄土讃線防災対策委員会（航空写真の斜面防災への適用の議論）第四紀（上）（小林国夫）	首都高速道路開通 千里ニュータウン開発 北陸トンネル貫通 新潟－東京間天然ガスパイプライン	十勝岳噴火 三宅島噴火		
	写真判読に強くなる（森林航測43号～63号, 1967連載, 中島巖）写真に強く…航空写真から地図ができるまで（西村嵩二、佐々波清夫）			2万5千分の1地形図を国土基本図に採用	日本地すべり学会創立	航空写真の水力発電計画への利用（吉田ほか）空中写真よりどのくらい地質を判読できるか－栗子トンネルの場合－（宮島圭司）東北自動車道写真地質図 日本地形論二（貝塚・町田・太田・阪口・杉村・吉川）	黒四ダム完成 四日市発電所1号機運転開始 新潟LNG基地1号機（天然ガス・重油）運転開始 発電火主水従となる	38豪雪災害		
	写真地質（松野久也）空からはかる（西尾元充）					九州縦貫・北陸自動車道写真地質図	東海道新幹線開通	新潟地震 山陰北陸豪雨災害	東京オリンピック開催 電気事業法公布 森林・林業基本法	
1965			全国平野部周辺2万～2万5千分の1			中国横断自動車道写真地質図 関東ロームその起源と性状（関東ローム研究グループ）	名神高速道路開通			1965
	空中写真の見方と使い方（高崎正義 編）					道路調査における空中写真判読（岡本脩一）空中写真による地すべり地形の判読（芥川真知・金子幸子, 土木研究所報告）	商業用原子力発電開始 松川発電所（地熱）運転開始	足和田村土石流災害	総人口1億人突破	
							矢木沢ダム完成 夢の島（14号地）埋立終了	西日本豪雨災害	石油公団発足 動力炉・核燃料事業団発足 公害対策基本法公布	
	航測演習「肉眼立体視・樹種判定など」（森林航測68号～99号, 1973まで連載, 渡辺宏）					空中写真の判読とその応用（中野尊正）航空写真の水力発電計画への利用（吉田 登）	九頭竜ダム完成	十勝沖地震 えびの地震 飛騨川バス転落事故 上越新幹線 中山トンネル出水	GNP世界第2位	
	図解写真測量（西村嵩二）				地震予知連絡会結成		東名高速道路開通		新全国総合開発計画決定 アポロ11号月面着陸 急傾斜地崩壊防止法公布	
1970						日本の河川（小出博）	大阪万博覧会 敦賀・志賀・美浜原発営業運転開始 横須賀火力発電所運転開始	台風10号災害	国産衛星おおすみ打ち上げ	1970
							多摩ニュータウン開発 福島第1原発営業運転開始		日本円切り上げ	
			LANDSAT-1(80m)				山陽新幹線岡山まで開業 東京港埋立造成ほぼ完成		第1次石油危機 日中国交回復 沖縄復帰 札幌冬季オリンピック開催	
						航空写真による地形・地質調査（島博保）道路公団の路線選定調査 日本の国土（上下）（小出博）新編日本地形論（吉川虎雄、杉村新、貝塚爽平ほか）			足尾・別子銅山閉山 生野鉱山閉山	
1974				2万5千分の1土地利用図作成開始		日本の土木地理（土木学会編）最近の地形学（土と基礎22-9, 11）（羽田野誠一）	若洲（15号地）埋立終了 高浜・島根原子力発電所営業運転開始	伊豆半島沖地震 斜面災害		1974

注：表中の技術的発展の経緯、土木建設事業、災害等に関する記載は、主に応用地質分野に関連するものに限った。
衛星画像欄の数字は解像度。SRTMは、スペースシャトルのレーダー計測による全地球地表地形モデル。

表作成：向山 栄

（2）1975年～2006年

年代	空中写真判読のテキストブック	測量調査技術の発展			地形工学の発展		土木建設事業	大規模災害	社会経済	年代
		空中写真など	衛星画像	地形図など	学協会など	調査・研究報告				
1975			LANDSAT-2 (80m)				山陽新幹線博多まで開業 鹿島火力発電所運転開始 玄海原子力発電所 営業運転開始		沖縄国際海洋博覧会	1975
	建設技術者のための空中写真判読 （武田裕幸・今村遼平）			2万5千分の1治水地形分類図作成開始 ～1978		航空写真による崩壊地調査法（国土地理院）	浜岡原子力発電所 営業運転開始 大規模送電線路線 地形地質調査	長良川水害、小豆島土砂災害 酒田の大火	常磐炭坑閉山	
					日本充てん協会創立	現場技術者のための地形図読入門 連載講座 ～1984（鈴木隆介） 日本の地形（貝塚爽平） 日本の第四紀研究（日本第四紀学編）	早明浦ダム完成 伊方原子力発電所 営業運転開始	豪雪災害 有珠山噴火	第三次全国総合開発計画	
	空中写真の手引き（西村傑二） カラー空中写真判読基準カード集 （国土地理院）		LANDSAT-3 (80m)		日本地熱学会創立	写真判読研究委員会報告書（国鉄施設局）	東海第2原発営業運転開始 葛根田地熱発電所 営業運転開始	宮城県沖地震	大規模地震対策特別措置法	
	地形による山地地盤調査法 （江川良武）				日本地形学連合設立		高瀬ダム完成 大阪国際空港 営業運転開始	台風20号災害	第2次石油危機 NECパソコン、東芝ワープロ販売開始	
1980	立体写真のみかた・とりかた・つくりかた（日本写真測量学会 編） 応用地学ノート一陸・海・空から探るー （国際航業株式会社） 空からの調査 空中写真の判読と利用 日本写真測量学会編				エネルギー・資源研究会創立	日本の活断層（活断層研究会） 道路災害対策調査基礎調査の手引き （国土地理院地理調査部）	八丁原発電所（地熱）運転開始	伊豆大島近海地震 斜面災害		1980
	初心者のための空中写真 ー判読から測量までー （森林航測遺名 ～1983） 航空写真学会（土木学会）			5万分の1すべり地形分布図刊行開始 （防災科学技術研究所）	日本リモートセンシング学会創立 日本自然災害学会創立			小員川水害		
	空中写真に見る国土の変遷 （日本写真測量学会編）		LANDSAT-4 (30m)		沖積平野（井関八郎） 日本の火山地形（守屋以智雄）		東北新幹線・上越新幹線開業 久慈山林火災 中央自動車道全線開通 福島第2原発営業運転開始 長崎水害	夕張炭坑閉山		
	図で見る地形・地質の基礎知識 （今村遼平・岩田健治・足立勝治・塚本哲） 地形分類の手法と展開 （大谷雅彦 編） 目で見る山地防災のための微地形判読（大石道夫）			2万5千分の1地形図全国整備 1万分の1地形図作成開始	水資源・環境研究会創立		中国自動車道全線開通	日本海中部地震 三宅島噴火 山陰豪雨災害	東京ディズニーランド開園	
	空中写真による日本の火山地形 （日本火山学会編） 空中写真による地すべり調査の実際 （日本測量調査技術協会編）		LANDSAT-5 (30m)			新体系土木工学シリーズ14土木地質 （土木学会） 建設計画と地形・地質（土質工学会） 現場技術者のための地形工学 ーその調査への指針ー（田中威） 空中写真判読基準カード （国鉄施設局・鉄道技術研究所）	女川・川内原発 営業運転開始	長野県西部地震	男女平均寿命世界一	
1985	教程 写真測量 （佐々波清夫 監修 水尾藤久） 写真と図で見る地形学 （貝塚爽平・太田陽子・小疇 尚・小池一之・野上道男・町田洋・米倉伸之編）						関越自動車道全線開通 大鳴門橋使用開始 柏崎刈羽原発営業運転開始		つくば科学万博	1985
			SPOT-1 (10m)					伊豆大島噴火	高島炭坑閉山	
	地理的情報の分析手法 地理学講座2 （菅野峰明・安仁屋政武・高阪宏行）		MOS-1.1b (50m)			日本第四紀地図（日本第四紀学編）	東北自動車道全線開通		第四次全国総合開発計画 国鉄民営化	
					日本鉱業会、資源・素材学会に改名		青函トンネル営業開始 北陸自動車道全線開通 南備讃瀬戸大橋開業			
					水文・水資源学会創立	九州の活構造（九州活構造研究会編）	泊原子力発電所 営業運転開始			
1990			SPOT-2 (10m)		日本情報地質学会創立		玉川ダム完成		バブル崩壊 東西ドイツ統一	1990
			ERS-1 (30m)		地理情報システム学会創立	新編日本の活断層（活断層研究会）		雲仙岳噴火	ソ連邦解消、湾岸戦争 廃棄物処理法改正	
			JERS-1 (18m)			地質地質調査要領（日本道路公団） 東北の地すべり・地すべり地形ー分布図と技術者のための活用マニュアルー （日本地すべり学会東北支部）				
			SPOT-3 (10m)			北海道の地すべり地形：分布図とその解説（山岸 編）	志賀原子力発電所 営業運転開始 東京湾レインボーブリッジ開通	鹿児島豪雨災害 北海道南西沖地震		
			LANDSAT-5 (30m)				関西国際空港開港			
1995			RADARSAT-1 (10m) ERS-2(30m)		土質工学会、地盤工学会に改名			阪神・淡路大震災		1995
		SRTM90m（30m）メッシュ		都市圏活断層図刊行開始	日本エネルギー学会 （日本能率学会ー1921－改称）	地形学から工学への提言 （日本地形学連合） 工学的地盤分類'96（地盤工学会）		豊浜トンネル 岩盤崩落事故		
				数値地図刊行開始 （プライスダウン）		現場技術者のための地形図読入門第1巻 （鈴木隆介）	東京湾横断道供用開始			
	空中写真による活断層の判読方法 ー判読基準カード集ー （建設省国土地理院） 地形分類図の読み方・作り方 （大矢雅彦ほか）		EOS AM-1 (15m)			カシミール-3Dwebsite公開	明石海峡大橋供用開始		21世紀の国土のグランドデザイン閣議決定 長野冬季オリンピック開催	
			LANDSAT-7 (15m) IKONOS (1m)	数値地図50mメッシュ全国整備		活断層地形判読（渡辺満久・鈴木康弘）	上信越自動車道全線開通	広島水害	金融機関破綻、企業リストラ	
2000	空中写真によるマスムーブメント解析 （山岸・志村・山崎）		EO-1 (10m)	数値地図2500整備		山地の地形工学（日本応用地質学会編） 近畿の活断層（岡田篤正・東郷正美編） 微小地形による活断層判読（東郷正美）		有珠山噴火 東海豪雨災害 鳥取県西部地震		2000
	立体視ができる（月刊地理 特集）		QuickBird-2 (0.6m)			日本の地形（東京大学出版会）刊行開始 日本の地形・地質－安全な国土のマネジメントのために－（全地連編）			アメリカ同時多発テロ 土砂災害防止法施行	
			SPOT-4 (5m)	数値地図25000全国整備		活断層詳細デジタルマップ （中田高・今泉俊文編）				
			OrbView-3 (1m) RADARSAT-2 (3m)	数値地図5mメッシュ販売開始 地形図のインターネット公開開始				三宅島噴火	イラク戦争	
					日本森林技術協会 （1948ー改称）		九州新幹線一部開業	新潟・福島・福井豪雨 新潟県中越地震		
2005			ALOS(2.5m)			日本の地形・地盤デジタルマップ （若松加寿江ほか）	東通原子力発電所 営業運転開始		日本の総人口減少へ	2005
						日本の地形（東京大学出版会）全巻刊行				

時代区分（左側）：体系化の時代 → 普及の時代 → 実践の時代 その2 → 技術革新の時代

衛星画像期間表示：全国8千～1万5千分の1（一九七四年より）

航空機レーザ2mメッシュ

第1章　空中写真判読の基礎

　　最初期の空中写真による地形判読調査の事例　　験震時報第5巻（1930）の口絵写真に掲載された北伊豆地震踏査写真第2図　「飛行機上より撮影せる加殿断層」
　これは、第1章の図-1に掲載した写真と同時に撮影されたもので、日本で行われた最初期の地学的な空中写真判読の事例と考えられる。丹那断層系加殿断層の左横ずれ断層の動きと地盤の隆起沈降、崩壊地などが記入されている。

1．1　地形分析の歴史

1．空中写真判読・地形図の読図

　空中写真を用いて地質の調査・研究をする分野は「写真地質」（photogeology）と呼ばれ、航空機や航空カメラ・フィルム等の発達に伴い1930～1960年代に欧米で発展し、空中写真測量技術とともに国内に導入された。

　欧米で写真地質が力を発揮したのは、地質構造を解析する手法のひとつとして空中写真判読による地質図学が応用された石油探査分野である。このほかにも鉱床探査や土木構造物の位置選定等に利用されていた。

　ここでは、国内において空中写真判読と地形図の読図が防災・建設分野などにどのように利用されてきたのかを時系列的に概説する。

（1）戦前の空中写真利用

　国内では大正13年（1924）関東大震災直後に、東京市の被災状況撮影のため下志津陸軍飛行学校によって震災地が撮影された。昭和5年（1930）には、北伊豆地震の被災地である丹那・三島付近の撮影が行われている。これらが国内における撮影と判読が実際に行われた最初であろう。特に昭和5年の北伊豆地震直後の撮影では、地震断層（活断層）を空中写真判読で予察し現地踏査が行われたことが、中央気象台の『験震時報第五巻－北伊豆地震踏査報告－』に、空中写真判読図とともに記録されている（図-1）。

　戦前の空中写真撮影ならびに調査としては、①昭和6(1931)～7年(1932)に鉄道省の下田線（伊豆）と山田線（三陸）についての鉄道路線選定調査、②昭和8年(1933)に木曽川流域ダム工事設計調査、③昭和15(1940)～20年(1945)に満州航空株式会社による満州での鉄道・ダム・塩田の適地選定・開発調査や、朝鮮の鴨緑江ダム選定計画等を目的としたものなどがある。

　渡邊貫は国鉄における現場技師としての経験を生かし、『地質工学』を昭和6年（1931）に出版している。この中には工事位置選定法として、篠井線地すべり地域（西條・明科間）について防災上の要点を実例で整理している（図-2）。①～③で撮影された空中写真は『地質工学』出版以降のものなので、鉄道ルートやダム等の適地選定にも利用されたと想像するが、確かな記録は残されていない。

図-1　北伊豆地震の判読図
（中央気象台（1930）：験震時報第五巻－北伊豆地震踏査報告－より抜粋）
　飛行機上より撮影せる丹那盆地南東部の丹那断層
（陸軍飛行学校富樫特務曹長操縦・神志那大尉撮影）

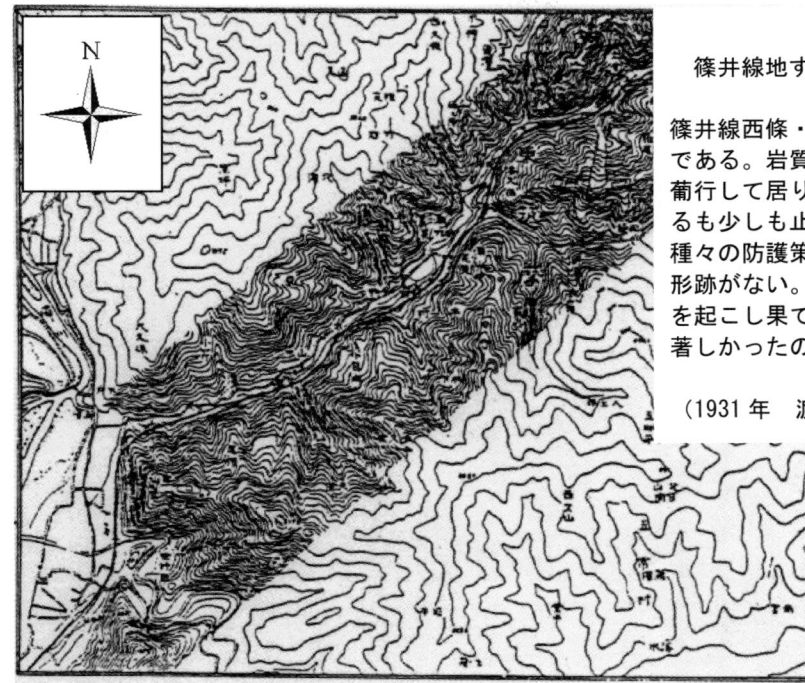

篠井線地すべり地域（西條・明科間）

篠井線西條・明科間地すべり地域は極めて著名な実例である。岩質は第三紀凝灰岩の互層で崩積土が絶えず匍行して居り、この運動は線路建設当時より今日に至るも少しも止まらない。アカシヤの植林又は盲下水等種々の防護策を講じているが少しも運動が緩和された形跡がない。しかも稀に豪雨でもあると大規模な山崩を起こし果ては山津波となることさえある。この最も著しかったのは大正10年9月の大崩壊である。

（1931年　渡邊 貫　著「地質工学」より抜粋）

地質工学の中で示されている篠井線地すべり地域（西條・明科間）の1：50,000地形図。

現在の篠井線はトンネル（第一白坂、第二白坂）区間に変更されている。

地形図で旧篠井線のルート跡地は、川に沿って道路敷地のように連続しており、読み取ることができる。

図-2　線路の建設と維持管理に地形図を活用（1：50,000「信濃池田」）

（2） 戦後直後の空中写真利用
昭和21年（1946）〜昭和30年（1955）

戦後は、占領軍総司令部（GHQ）により国内の空中写真撮影が禁止された。この間、昭和21（1946）〜23年（1948）には米軍によって縮尺約1/40,000の空中写真が全国で撮影された。この写真は米軍写真と呼ばれ、経済復興に寄与する目的で貸し出しが許可されたが、当時は写真地質を目的とした利用はほとんどなされていない。

昭和27年（1952）に戦後初めて我が国独自に空中写真が撮影され、翌年の昭和28年（1953）には米軍写真が国土地理院から市販されるようになり、空中写真を地質の調査・研究に利用する人の底辺がひろがる契機となった。昭和29年（1954）湊正雄は、戦時中にスマトラ・パレンバン油田での外人による空中写真を使った地質調査が効果をあげた経験をもとに、地質調査における空中写真判読の有効性について『地質調査法』の中で卓抜な見解を述べている（図-3）。

（3） 空中写真判読の基盤づくりと試行
昭和30年（1955）〜昭和45年（1970）

昭和30年（1955）日本国有鉄道技術研究所では、空中写真による路線地質調査の研究に取り組んでいる。昭和36年（1961）には米人フィッシャーを講師に迎えて、空中写真判読などの講習会が開かれ、武田裕幸・西尾元充・中島巌・中野尊正・松野久也などこの時の受講者達がその後の我が国の写真判読の基礎を築くこととなった。電力分野では、昭和36年（1961）に吉田登らは黒四ダム建設のための地質調査に空中写真判読を応用して好成績をおさめ、〈航空写真を利用した地質構造の調査―大井町トンネル付近を例にとって―〉と〈水力計画地点についてのPhotogeologyの応用―新黒三発電所を例にとって―〉として公表された。吉田らの成果はその後『航空写真の水力発電計画への利用』（吉田登、1963）にまとめられている。このころ発表された白石辰巳（1962）＜田麦山油田周縁の写真地質学的研究Ⅰ、Ⅱ＞の研究も、わが国における写真地質の先駆的な役割をなしている。

航空写真、カルフォルニア州パタン附近
（Waters and Hedberg）
SAF　サン・アンドレアス断層
PF　他の断層
AL　沖積層の発達するところ
TS　第三紀層の発達するところ
CR　結晶片岩の発達するところ

わが国でも戦後は、調査のしごとのはじめに、航空写真を解読することがおこなわれるようになった。ただしこうした写真は日本人のよって製作されたものではなく、一般に市販されていないのは残念なことで、いまだひろく利用されるまでにはいたっていない。ちょっとかんがえると、わが国などは、地形も地質構造もひじょうに複雑であり、航空地質調査法が有効であるとは思われないが、じつは案外役立っているのであるから、ちかい将来にこの方法がもっと普及されるのがのぞましい。とくに崖をつくりやすい（造崖性）岩石の分布する地域や、地質構成員中にいちじるしい特ちょうを示す岩石があるようなときは、それが地形に反映するので、きわめて小さい断層などまでかなり正しく予察することができる。

要するにこの方法は地形をよく観察し、それから地質の構成や構造をみきわめようという方法で、交通の不便な土地や露出の不良な地域での、広い面積にわたる予察にはいちばん適した調査方法である。そして火山の調査などでも、この方法はなくてはならないものとされている。

図-3　航空機による地質調査法
（1954年　湊正雄著「地質調査法」より抜粋）

一方、学会活動としては昭和37年（1962）日本写真測量学会が発足し、その第Ⅶ部会に写真判読部門が設けられて本格的な調査・研究が行われるようになり、航空写真を利用した地質調査の研究成果が発表されはじめた。

昭和40年(1965)には松野久也の『写真地質』により本格的な写真地質の内容が紹介された。内容は昭和38年(1963)から『地質ニュース』に掲載した空中写真地質講座①〜⑰の記事をもとにまとめられたものである。

建設省では、昭和35(1960)年代から国土開発幹線自動車道の建設を計画し、その路線地質調査に、空中写真判読技術を取り入れ、当時の土木研究所の芥川真知・岡本隆一らの指導のもとに昭和37年(1962)中国縦貫自動車道、昭和38年(1963)東北自動車道、昭和39年(1964)九州縦貫自動車道・北陸自動車道、昭和40年(1965)中国横断自動車道などの1：50,000〜1：25,000縮尺での写真地質図が作成された。我が国で写真地質判読の土木地質への利用が組織的に行われたのは、この時の一連の調査が初めてである。その成果の一部は、昭和41年(1966)に岡本隆一により〈道路調査における空中写真判読〉としてまとめられている。これらの業務が路線調査に写真判読を利用するのが常識となるような基礎を築いた意義は大きい。しかし、この時期の路線調査への空中写真利用は、あくまでも計画段階での利用であり、それ相応の精度しか要求されなかった。こうした計画段階の調査からほぼ10年を経て、多くの主要幹線高速自動車道が工事実施段階に入った。

（4）プロジェクトへの適用と検証
昭和45年(1970)〜平成3年(1991)

昭和48年(1973)には、実施を担当する日本道路公団では、工事実施段階での厳密を要する路線選定の地形地質データを得るために、空中写真判読技術を利用した（島　博保，1973など）。この段階では、10余年前のように判読の重点を静的な地質状況の把握だけに置くのでなく、地すべりや崩壊あるいは断層や破砕帯などの割れ目系のような、写真判読が効果的に利用できる方面で、しかも供用後の道路防災上大きな意味をもつ、自然的コントロール・ポイントの判読に主眼をおき、従来のように無理に地質状況を判読しようという考え方は少なくなってきた。

こうした傾向は、日本道路公団のみならず土木建設関係の計画・施行関係者にも広まり、空中写真判読の効果と限界の認識がすすみ、効果的な利用方法も次第に世間に認識されるようになった。このような見方は、国土地理院が昭和46年(1971)から行なってきた山地災害の予知に関する調査をまとめた『航空写真による崩壊地質調査法(1976)』にも導入されており、本資料は空中写真による、崩壊・地すべり等の調査方法を体系的に記述したテキストとして利用された。特に、コンサルタント分野の技術書としても活用され、斜面防災への航空写真の利用を進歩させ、調査技術向上に貢献した。昭和51年(1976)に武田・今村により『建設技術者のための空中写真判読』が出版された。同書では写真地質の初心者が空中写真判読を路線調査やダム調査など土木建設の諸調査に応用する場合、いかなる点に留意し、どういう点に判読の重点を置くべきかなどが体系的にまとめられている。我が国で独自に作られた土木地質分野を対象とした写真地質の最初のテキストであり、土木建設関係に空中写真判読技術を普及させた意義は大きい。昭和54年(1979)に江川は『地形による山地地盤調査法』として、地形から地質を判定するための方法を取りまとめた。その内容は『航空写真による崩壊地質調査法(1976)』を基礎編とし、近年の地形学の成果に基づいて地形から土木にもっとも重要な地盤条件を直接に明らかにしようと試みたものである。当時進行中の各地のダムサイトの調査結果にあてはめ、地形分析に基づく岩盤調査の有効性を示した先駆的なテキストである。

昭和52年(1977)から昭和59年(1984年)にかけて鈴木隆介により、建設技術者に役立つ地形の見方と調査法ならびに地形に基づく土地条件の定性的判別法が月刊測量（日本測量協会誌）に「現場技術者のための地形図読図入門」と題して掲載された。48回に分けてほぼ体系的に連載された基礎講座であり、建設関連業に従事する技術者に地形図の読図を浸透させた役割は大きい。

活断層研究会は昭和55年(1980)に日本全国を対象に、『日本の活断層』として活断層を 1：

200,000万分布図にとりまとめて発行した。活断層などの変動地形の抽出に空中写真判読が多いに活用され、調査研究に貢献している。その後、昭和62年（1987）に日本第四紀学会編『日本第四紀地図』、平成元年（1989）には九州活構造研究会編『九州の活構造図』などが発刊され、地域の活断層などの変動地形の研究成果がまとめられた。平成3年（1991）には『新編日本の活断層』が活断層研究会によりまとめられ、空中写真判読の事例や現地調査結果などの集積がなされた。活断層を対象にした空中写真判読や地形読図による地形分析と現地調査による確認作業の手法が体系的にまとめられたといえよう。

（5） 地形分析の標準化へ
　　　平成3年（1991）以降

平成7年（1995）兵庫県南部地震の後には、研究機関や地方自治体による活断層調査が実施され、地形分析による活断層の推定とトレンチ調査等による検証成果が蓄積された。これらの調査・研究を通して、地形分析による活断層などの変動地形解析の精度向上がなされ、調査手法の標準化が進展し、その成果は地震防災分野に活用されている。平成12年（2000）には岡田篤正らにより『近畿の活断層』が、同年『微小地形による活断層判読』が東郷正美によりとりまとめられている。

地すべり地形の分析については、独立行政法人防災科学技術研究所が昭和57年（1982）から現在に至るまで継続的に1:50,000『地すべり地形分布図』を発行している。その面数は2006年現在で573面である。日本地すべり学会の東北支部は、平成4年（1992）に『東北の地すべり・地すべり地形―分布図と技術者のための活用マニュアル―』を、平成5年（1993）には北海道支部監修／山岸宏光編『北海道の地すべり地形』をそれぞれとりまとめている。これらは、地すべり地形の抽出に空中写真判読と地形読図が不可欠であり、地すべり調査に地形分析の威力を存分に発揮した成果といえるだろう。

地形図や空中写真の判読と現地踏査による地形分析の重要性は、平成4年（1992）日本道路公団『土質地質調査要領』にも反映され、地形判読・地形地質踏査の導入・強化がなされている。特に、予備調査・概略調査・詳細調査の各段階で地形分析が技術項目（費用の支払い項目）として取り上げられている。地形の工学（土木建設）分野での重要性は、平成8年（1966）日本地形学連合により鈴木隆介らを中心に『地形学から工学への提言（1996）』としてまとめられ、地形学的ものの見方とその実例が紹介されている。このような空中写真判読を基礎にした地形的なものの見方は、平成8年（1996）に地盤工学会で取り組んだ工学的地盤分類試案（'96.3）にも反映され、地盤というものの見方に地形学的視点が取り入れられている。

鈴木は月刊測量（日本測量協会誌）に連載した「現場技術者のための地形図読図入門」の基礎講座を全面的に改訂・増補し、平成9年（1997）に第1巻「読図の基礎」、平成10年（1998）に第2巻「低地」、平成12年（2000）に「段丘・丘陵・山地」、平成16年（2004）に第4巻「火山・変動地形と応用読図」をとりまとめ世界に類をみない『建設技術者のための地形図読図入門』全4巻を完成させた。これらの内容は日本全国をカバーする1:25,000地形図を用いて、種々の地形について、基礎知識、建設工事上の留意事項、読図の鍵、読図例を解説している。建設技術者向けの体系化された"地形に関するテキスト"として活用されており、建設プロジェクトの初期段階である"資料調査"において地形図の読図を行うことの意義と重要性を示している。建設技術者向けの体系化された地形に関する解説書が世に出された意義は大きく、地形分析が重要視され防災や建設分野で定着し活用されている。

〈足立　勝治〉

引用文献

American society of photogrammetry(1960): Manual of photographic interpretation.

Auther D. Howard (1967): Photogeologic analysis、写真測量、Vol.6、No.1

中央気象台（1930）：験震時報 第五巻―北伊豆地震踏査報告―

Dnald R. Lueder (1959): Aerial photographic Interpretation―Principle and Applications, McGraw-Hill book Company, Inc.

独立行政法人防災科学技術研究所（1982～2006）：地すべり地形分布図、1/5万図幅 573面

江川良武（1979）：地形による山地地盤調査法（河川技術資料）、建設省東北地方建設局 河川部河川計画課

淵本正隆（1964）：航空写真判読によるLineamentとその判読、写真測量、Vol.3、No..2

羽田 忍（1975）：土木建設環境問題と地質学、日本地質学会編、築地書館

今村遼平（1977）：土木地質における空中写真判読の応用の現況、応用地質、Vol.18、No.1,2

地盤工学会（1996）：工学的地盤分類'96（ディスカッションセッション資料）

地すべり学会北海道支部監修／山岸宏光編（1993）：北海道の地すべり地形、北海道大学出版会

地すべり学会東北支部（1992）：東北の地すべり・地すべり地形―分布図と技術者のための活用マニュアル―

黒田和夫（1962）：航空写真探査とその日本における適用条件、応用地質、Vol.3

門村浩（1965）：航空写真による軟弱地盤の判読（第1報-(1)）、写真測量、Vol.4、No.4

門村浩（1966）：航空写真による軟弱地盤の判読（第1報-(2)）、写真測量、Vol.5、No.1

門村浩（1966）：航空写真による軟弱地盤の判読（第1報-(3)）、写真測量、Vol.5、No.2

建設省国土地理院（1970）：測量・地図百年史、日本測量協会

活断層研究会編（1980）：日本の活断層、東京大学出版会

九州活構造研究会編（1989）：九州の活構造、東京大学出版会

活断層研究会（1991）：新編日本の活断層、東京大学出版会

国際航業（株）（1973）：路線調査のための写真判読（第1版）（未公表）

国際航業（株）（1974）：路線調査のための写真判読（第2版）（未公表）

国際航業（株）（1977）：応用地学ノート―陸・海・空からさぐる―（未公表）

建設省 国土地理院（1976）：航空写真による崩壊地調査法、日本地図センター

Lattman L.H. (1958): Technique of mapping geologic fracture traces and lineaments on aerial hotographs, *Photogramm. Eng.*, Vol.24, No.4.

Lattman & Nickelsen R.P. (1958): Photogeologic fracture trace mapping in Appalachian plalteau, *Bull. Amer. Assoc Petrol. Geol.*, Vol.24, No.9

湊 正雄（1954）：地質調査法、古今書院

Miller (1961): Photogeology, McGraw-Hill book company Inc.

松井 愈（1961）：地質調査における航空写真の援用―手塩郡問間別南部地域の1例―、新生代の研究、33

松野久也・西村嘉四郎（1961）：空中写真判読による地質判読―水系模様とその地質学的意義―、地質ニュース、Vol.86

松野久也（1965）：写真地質、実業広報社、

西尾元充・河原紀夫（1962）：航空写真を利用した地質調査 その1木曽上松町付近について、写真測量、Vol.3

中野尊正（1968）：空中写真の判読とその応用、写真測量「昭和43年特別号」、日本写真測量学会

日本道路公団（1992）：土質地質調査要領、道路厚生会

日本地形学連合編（1996）：地形学から工学への提言（地形工学セミナー1）、古今書院

日本第四紀学会編（1987）：日本第四紀地図、東京大学出版会

岡本隆一（1966）：道路調査における空中写真判読、土木研究所資料、建設省土木研究所

大島洋司（2006）：温故知新 渡邊 貫の地質工学再考、応用地質、Vol.47、No.1

岡田篤正編（2000）：近畿の活断層、東京大学出版会

白石辰巳（1962）：田麦山油田周縁の写真地質学的研究Ⅰ、Ⅱ、岩石鉱物鉱床学会誌、Vol.49、No.1、Vol.49、No.2

清水 勇（1963）：地質調査に対する空中写真の利用、写真測量、Vol.2～3

島 博保（1973）：航空写真による地形・地質調査、日本道路公団技術情報、No.20

鈴木隆介（1997）：建設技術者のための地形図読図入門 第1巻 読図の基礎、古今書院

鈴木隆介（1998）：建設技術者のための地形図読図入門 第2巻 低地、古今書院

鈴木隆介（2000）：建設技術者のための地形図読図入門 第3巻 段丘・丘陵・山地、古今書院

鈴木隆介（2004）：建設技術者のための地形図読図入門 第

4巻　火山・変動地形と応用読図、古今書院

武田裕幸（1962）：航空写真による古期岩の地質判読、写真測量、Vol.1

武田裕幸（1963）：空からの地質調査、科学の実験、Vol.14、No.9

武田裕幸・今村遼平（1976）：建設技術者のための空中写真判読、共立出版

東郷正美（2000）：微小地形による活断層判読、古今書院

U.S.G.S.（1960）: Aerial photographs in geologic interpretation and mapping

Von Bandat（1960）: Aerogeology, Gulf Publishing Company.

渡邊 貫（1931）：地質工学、古今書院

吉田 登・門脇慶太郎（1961）：水力計画地点についてのPhotogeology の応用－新黒三発電を例にとって－、発電水力、Vol.53

吉田 登・西尾元充（1961）：航空写真を利用した地質構造の調査－大井町トンネル付近を例にとって－、土木学会論文集、Vol.74

吉田 登（1963）：航空写真の水力発電計画への利用、山海堂

1．2　空中写真の基礎

1．写真判読に必要な空中写真の基礎知識
（1）空中写真と航空写真

　空中写真とは、空中のある1点から撮影した写真のことを言う。したがって人工衛星から撮影した写真も、気球から撮影した写真も、空中写真である。このうち航空機から撮影したものが航空写真と呼ばれる。しかし実用の場では、空中写真と航空写真はあまり区別されずに用いられており、どちらも航空機によって撮影された写真、特に航空測量用に撮影された写真のことをいう場合が多い。また、国土地理院では空中写真、林野・工学関係では航空写真と呼ばれることが多い。この本では、特に断りのない限り、航空測量用の写真を空中写真として扱うことにする。空中写真には、白黒写真とカラー写真のほか、赤外線写真、光の特定の波長帯を記録したマルチスペクトル写真などの種類がある。

　空中写真と写真判読に関する書物はこれまでにもたくさんあり、書店でも購入できるものが多い（巻末参考資料を参照）。ここでは空中写真の写真光学的性質や撮影機材の特性、および空中写真を用いた計測に関する基礎知識については、写真測量に関する文献に譲ることとし、地形判読を行う上で必要な基礎知識について述べる。

（2）航空測量用空中写真の特徴

　航空測量用空中写真には、一般的な写真とは大きな違いがある。その多くは、測量という特別な目的のために備わっている特殊な性質であり、必ずしも地形判読のために特化したものではない。しかしその特質の多くは地形判読にも有用と言える。以下に測量用空中写真の特徴を簡単に示す。

　a．数100m以上の高度から画角約60°～90°以上で撮影され、地上の広範囲の領域を覆う。

　b．地上に向けてほぼ垂直に撮影されている（カメラの傾斜角が3°以内のものを垂直写真、3°以上のものを斜め写真という）。

　c．空中三角測量を行うために、実体視ができるように撮影されている。

　d．起伏のある場所の影の領域を少なくするため、通常はできるだけ太陽高度の高い時間帯に撮影されている。

　e．ネガサイズが大きく、フィルムから直接印画紙に焼き付けた密着写真の一般的な大きさは 23 cm（9inch）×23 cm（年代の古いものは 18 cm（7inch）×18 cm）のサイズである。一般的には4倍ぐらいまで引き延ばしができる。

　f．カメラのレンズは特に解像力に優れており、印画紙上の画像で10μmのものが区別できる。

　g．精確な測量を行うためにレンズの歪みや収差がほとんどなく、撮影面が平らで歪みのない画像が得られるとともに、焼き付けられた写真プリントにもほとんど歪みがない（レンズの特性は製品ひとつひとつで違うので個体ごとに識別番号があり、個別のキャリブレーションができるようになっている）。

（3）空中写真と地図の関係

　空中写真は、地上の状況を人間の目で鳥瞰したように、あるがままに観察できるということに利点がある。しかもステレオ立体写真によって、視覚のなかに仮想的な立体を再現し、それを誇張することによって地形などの特徴を把握しやすくすることができる。それに対し地形図はどんなに大縮尺のものでも、記号化・省略・誇張・移動といった製図上の編集作業が加わって、視覚的にも実物とは異なるものが表現されており、しかも2次元平面上の情報となっている。

　さらに重要な相違点は、像の投影法の違いであ

る。ほぼ垂直に撮影された空中写真は、地物の位置関係が地形図と一見よく似ている。実際に、平野部などの起伏の小さい場所では、写真を位置平面図などのように使うことも行われる。しかし空中写真は、撮影した時点では、カメラの傾きや比高による画像の歪みを避けることはできない。一

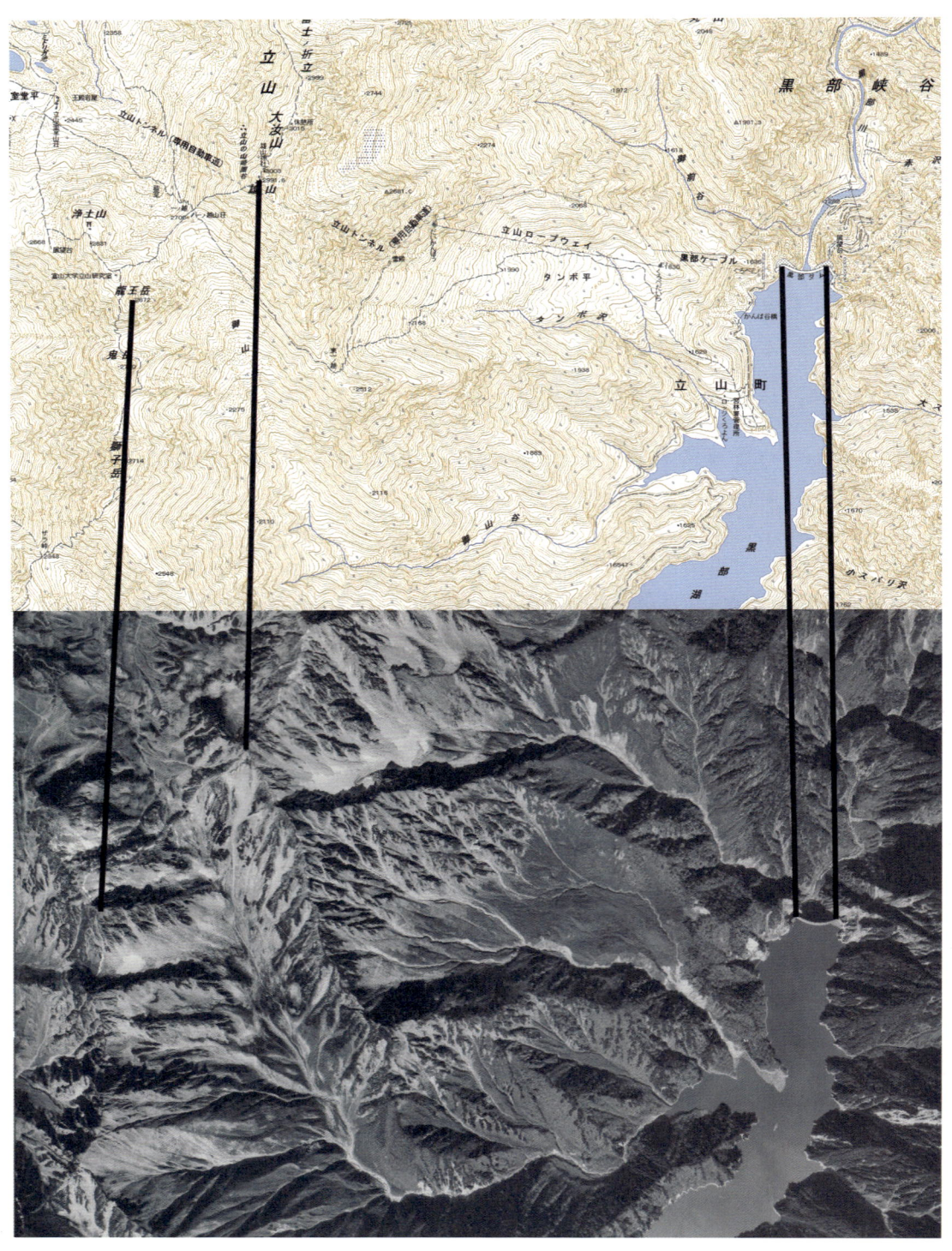

図-1　空中写真での地上の見え方と地形図との違い　（1:25,000 地形図「黒部」、1:40,000 空中写真 CB-2000-10Y C7-7 を使用）。図では黒部ダムのみかけの大きさをほぼ同じにしてあるが、標高の高い場所は大きく（距離が離れて）見える。

般に1枚の写真上では、標高が高い場所の（カメラに近い）ものは大きく見え、標高が低い場所の（カメラから遠い）ものは小さく見えるので、スケールは一定でなく、地上の物体の位置関係と地図上のそれらは相似関係も持たない（図-1）。したがって空中写真の縮尺は、ある基準面に対してレンズの焦点距離と飛行高度との間に成り立つ代表値として表示されている。これは、空中写真の画像が中心投影であることによる（図-2の左図）。さらに、そのことによって、写真の縁辺部では立体が外側に倒れ込んだように見え、影になって見えない部分も生じる。衛星画像の場合も同様な性質を持っているが、撮影高度が高いためそのような歪みは小さく見える。しかし大縮尺にすると、地表の球面の効果もあって、地形図との不一致は無視できないものになる。地形図の場合も、球面を投影するために厳密な意味では地球中心を焦点とする中心投影であるが、地球の半径が約6,400kmと大きいので、ほぼ正射投影といってよい（図-2の右図）。このような地形図の場合は、平面上の距離・面積は一定で、全ての角度は正しく、スケールは図上のどこでも通用する。またオーバーハングしている場所を除き、影で見えないという場所はない。

複数の空中写真をつなぎ合わせて広い範囲をカバーするモザイク写真は、次項で説明するオルソフォトでない場合には、地図に対して本来は歪みを持った写真を、部分部分で歪みをできるだけ少なくするように切り取って集成したものである。したがって画像の中での縮尺は一定ではなく、面積や距離を厳密に知ることは困難である。

（4）オルソフォト

写真の中心投影によるずれを取り除き、縮尺を一定にしたものをオルソフォト（正射投影写真）という。オルソフォトは、画像上での幾何学的な

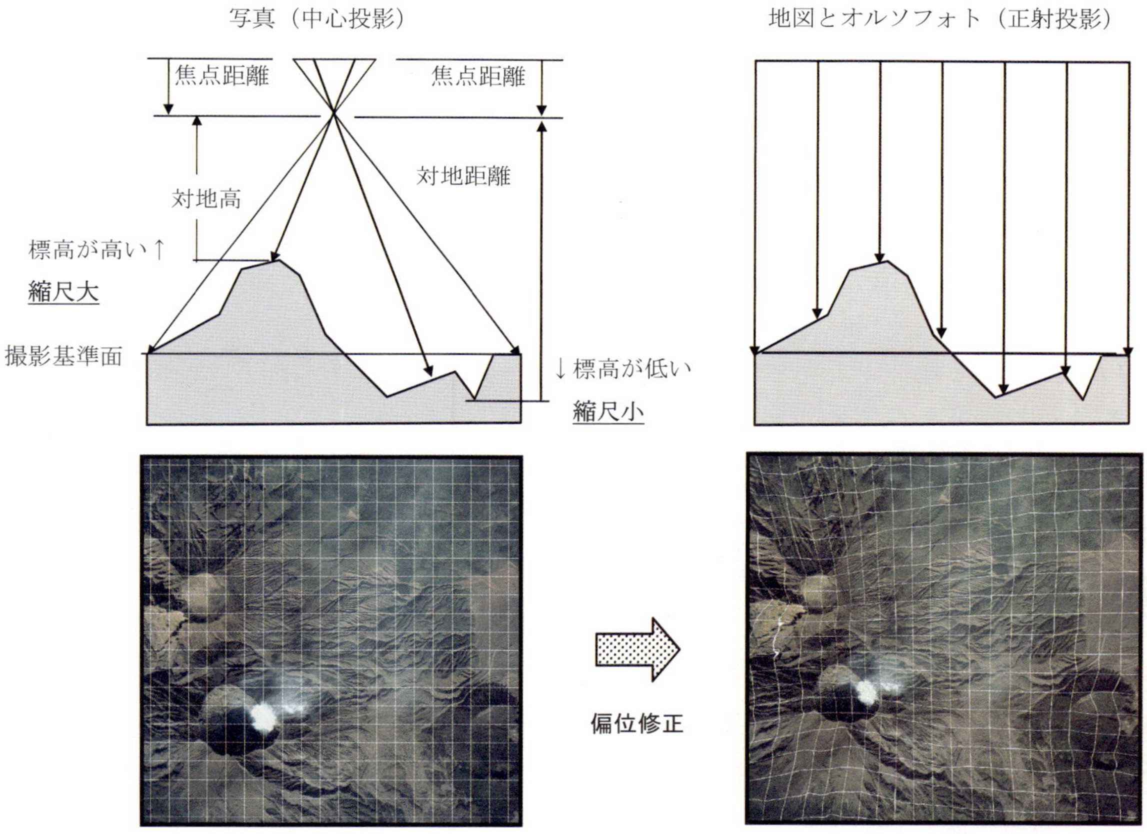

図-2　空中写真と地図・オルソフォト（オルソフォトは桜島の一部、提供：国際航業株式会社）
空中写真は中心投影であるため、対地距離の違いにより画像内の場所によって縮尺が異なる。

位置関係が地図と同じであり、ぴったり重ねることができる（図-2）。したがって、等高線や道路、市町村界などの他の地図情報を部分的に取り出して重ねることも容易である。オルソフォトを加工するには、写真像の偏位（正射投影からのずれ）をできるだけ少なくするために写真の中心部を用いるので、撮影の際にはできるだけコースのサイドラップを大きくとるなどの工夫がなされる。

また起伏の大きな場所で質の高いオルソフォトを作成するには、地点ごとの標高に合わせた倍率を得るために正確な地形モデルが必要である。最近では、空中写真を高解像度でスキャンしたデジタルデータを用いてコンピュータ上で航空写真測量を行うことが一般的になった。その過程で地形の3次元位置データを容易に取得できるため、オルソフォトと合成した3D地形モデルも作られている。また航空機レーザ計測などで得られた高密度の地形情報によって、高品質のオルソフォトも作成されるようになった。しかし、それでも、写真の画素レベルまでの完全な地形モデルに適合したオルソフォトというものは一般的にはなく、厳密には偏位を含んでいることが多い。

デジタルオルソデータは、位置データを持った空中写真画像といえ、地形の3次元表示や判読結果の数値計測などに便利である。都市部などを中心に一般に販売されているデータも増えつつある。

（5）デジタル航空測量写真

高解像度のデジタル写真画像の取得が一般的になり、GPSによる位置情報の精度や計測のリアルタイム性が向上したことにより、デジタルカメラを用いたフィルムを使わない航空写真測量も実用化されている。このデジタル航空写真測量には、工程の短縮やデータ処理の簡便性や簡略化、成果品管理の容易さなどの利点がある。解像度はアナログフィルムの場合と遜色なく（撮影高度1000mで地上解像度約10 cm）、測量精度は十分に確保できる。現在では航空写真撮影用のアナログフィルムの入手も難しくなる傾向にあり、将来はアナログ写真測量に取って代わる可能性もある。

デジタル航空写真測量用の画像データの取得方法は、基本的に、ラインセンサと呼ばれるものとエリアセンサと呼ばれるものの2種類がある。ラインセンサは直線状に配列したCCDを平行に並べ、進行方向に直角に狭い領域を走査して撮影する方式で、前方・直下・後方の3方視により、建物等の倒れこみによる陰影部（オクルージョン）が少ないという特徴がある。エリアセンサは一度に広範囲の画像を取得するもので、これまでの一般的な航空写真に近い。

デジタル航空写真測量は、撮影時の航空機の正確な位置情報を持つため、取得した画像データに相対的な位置情報を与えることができ、3次元地形情報を容易に作成することができる利点がある。また地形判読に関する利点としては、濃淡諧調のレンジが大きいため、影で暗くなった部分でも地物の識別がしやすくなったこと（図-3）と、電子データとして加工や表示、配信などができること、データの劣化がないことなどがある。また、機種により近赤外領域のデータも取得できるので、土

図-3 デジタル航空写真の画像処理で見やすくなる影の領域 （提供：国際航業株式会社）
　階調のレンジが広いため、通常の写真では左の図のように影になって見にくい領域も、画像処理によって判別できるようになる。

壌水分や植生活性度などに関する情報が得られる。しかし不都合な点としては、データ容量が大きいことや一枚の画像の画角が小さいことなどがある。また、現在のアナログ空中写真のような、誰でも容易にアクセスできるライブラリの整備はまだなされていないので、誰でもが安価に利用できる状況ではない。

2．空中写真判読用写真の種類
（1）空中写真の撮影機関と撮影時期（表-1 参照）

国内で全国的に計画的に整備され、入手が容易な写真は、国土交通省国土地理院と林野庁、都道府県によって撮影されたものである。国土地理院は主に都市部を担当し、林野庁、都道府県は林野・山岳地域を担当している。また近年、

表-1　既存の空中写真の種類

所有機関	撮影範囲・撮影時期	種類
国土地理院	①昭和10年代に日本陸軍が撮影した空中写真（地域限定） ②1947～51年頃（昭和22年～26年頃）に米軍が撮影した、日本全域の縮尺1:40,000写真（一部は1:20,000、鉄道沿線や主要平野部は1:10,000）。いわゆる米軍写真と呼ばれるもの。 ③1960年（昭和35年）以降に撮影した、日本の平野部の縮尺1:20,000の写真 ④1964年（昭和39年）以降に撮影した、日本全域の縮尺1:40,000写真 ⑤1969年（昭和35年）以降，5年から10年周期で撮影している全国の平野部および周辺地域の縮尺1:20,000～1:25,000（都市地域の一部は1:10,000）の写真	モノクロ
	①1974～1978年（昭和49年～53年）にかけて全国撮影された写真（平野部は縮尺1:8,000～1:10,000、丘陵地・山岳部は縮尺1:10,000～1:15,000） ②上記撮影範囲のうち、経年変化の激しい地域（関東、中部、近畿、中国、九州北部等）について、現在までに経年的に順次再撮影されたもの	カラー
	近年の大規模災害の被災地を撮影した写真 　①2005年台風14号による被災地の空中写真 　②2005年福岡県西方沖地震被災地の空中写真 　③2004年新潟県中越地震被災地の空中写真	カラー
林野庁	1952年（昭和27年）以降に経年的に撮影した全国山地部の縮尺1:20,000および1:16,000空中写真	モノクロ（一部にカラー）
米国国立公文書館所蔵の米軍撮影空中写真	太平洋戦争末期に米軍が撮影した日本国内の空中写真。撮影範囲全域の整備が予定されている。2005年11月までに公開されたのは、1945年8月7日と8月10日に撮影された長崎の原爆投下前後の空中写真。	モノクロ
民間企業の空中写真	都市部などの多種にわたる需要の多い地域を対象として、民間企業が撮影した空中写真にも，一般にも公開されているものがある。(財)日本地図センターでは、民間各社が撮影した空中写真を、国土地理院のものと同様に入手できる。撮影は、中日本航空(株)、(株)NTT-ME、デジタル・アース・テクノロジー(株)、東京デジタルマップ(株)、ジェイアール東日本コンサルタンツ(株)、(株)パスコの各社によるもので、いずれも、平成9年度以降に撮影された縮尺1:10,000～1:20,000程度の空中写真。一部は奈良文化財研究所で保管、データベース化されている。	カラー
都道府県等の空中写真	1952年（昭和27年）以降、自治体や公共団体などにより、日本各地で公共事業のために撮影された空中写真。1:3,000や1:5,000の大縮尺のものがある。	モノクロ，カラー

国土地理院は大規模な災害の被災地を撮影した空中写真を公開するようになり、これらも通常のものと同様に入手できる。さらに、地域はある程度を限定されるが、民間企業の撮影による空中写真で一般に購入できるものも増えつつある。また各自治体が保有する空中写真で、ホームページなどで閲覧ができるものもある。

（2）空中写真の撮影範囲と標定図

空中写真を撮影する場合、一般的には直線的な飛行コースを何本か平行に並べて、対象となる範囲をカバーする。空中写真の撮影位置や範囲を地図上に示した図を標定図という。標定図には、小さな円で描かれた写真の中心と、撮影順にそれらを連ねた線が描かれており、それがほぼ飛行コースを表している（図-4）。1コースの中で前後に隣り合うそれぞれの写真は約60％のオーバーラップをとっている。これは立体写真のペアができるようにするためである。また隣り合う飛行コースは約30％のオーバーラップをとって、未撮影領域ができないよう設定される。

コースごとの最初の写真の脇にはコース番号が表示され、写真番号は5枚おきぐらいに記入されている。1枚の空中写真に写っている範囲は、各コースの最初と最後および途中に四角形の枠として示されるだけのことが多い。起伏の多い地形の場合には、描かれた枠は撮影範囲を厳密に表しているわけではないことに注意してほしい。

なお、災害直後の状況を緊急に撮影する場合などには、地上の被災状況の把握を優先するために、現地の条件に制約されてコース間のオーバーラップが十分でなかったりすることもある。

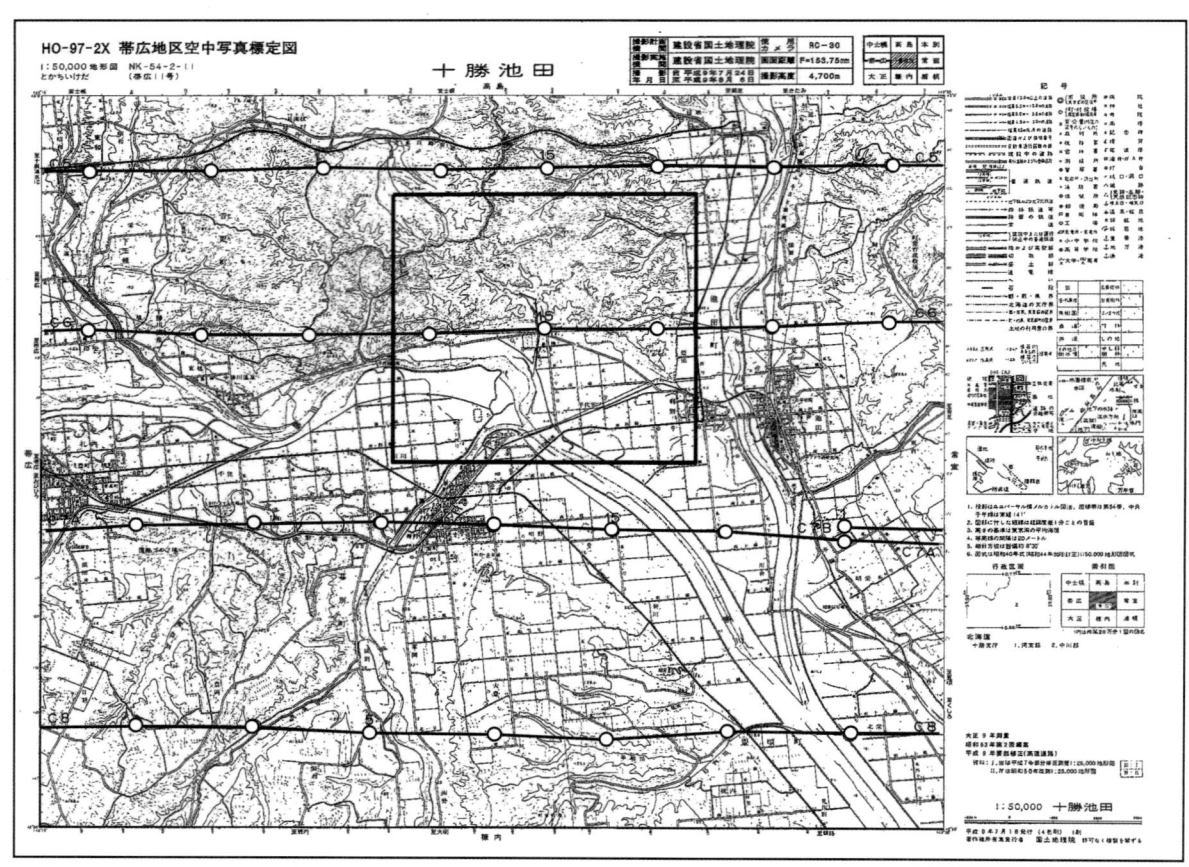

図-4　空中写真の標定図（国土地理院の帯広地区空中写真標定図）
1:50,000 地形図上に飛行コースと写真撮影位置が表示されている

また、天候が十分回復しない条件下の撮影で、被雲のため地上が見えない範囲を含む場合があり、それらが標定図に示されていることもある。

(3) 空中写真の記号

空中写真を入手する際の注文指定や、作成した資料を公表する際の出典表示には、必要な写真を同定する情報が必要である。一般的な判読のためには、撮影地域、撮影年度、縮尺、コース番号、写真番号に注目すればよい。それらの各種のデータは、空中写真の画像の各コマに表示されている（図-5）。

特に国土地理院の空中写真の場合、各記号は次のような意味を持つ。

① 最初のローマ字記号は、カラー・モノクロの区別および地方の区別。記号の前にCがついている場合は、カラー空中写真であることを示す。HO：北海道、TO：東北、KT：関東、CB：中部、KK：近畿、CG：中国、SI：四国、KU：九州、OK：沖縄（ただし三重県は近畿でなく中部になるので注意）

② 次の数字は撮影年度（西暦の下2桁）示すものである。年度の後のハイフンの次の数字は計画した撮影地区番号を示す。モノクロ写真の場合に、撮影地区番号の後ろに記号X、Y等があるのは、縮尺を記号化したものである。「X」は約1:20,000、「Y」は約1:40,000、無印は約1:10,000であることを意味する。なお1990年以降の撮影のものは「X」は約1:25,000、無印は1:12,500。またカラー空中写真の場合は、無印の中には地域によって1:8,000、1:10,000、1:15,000

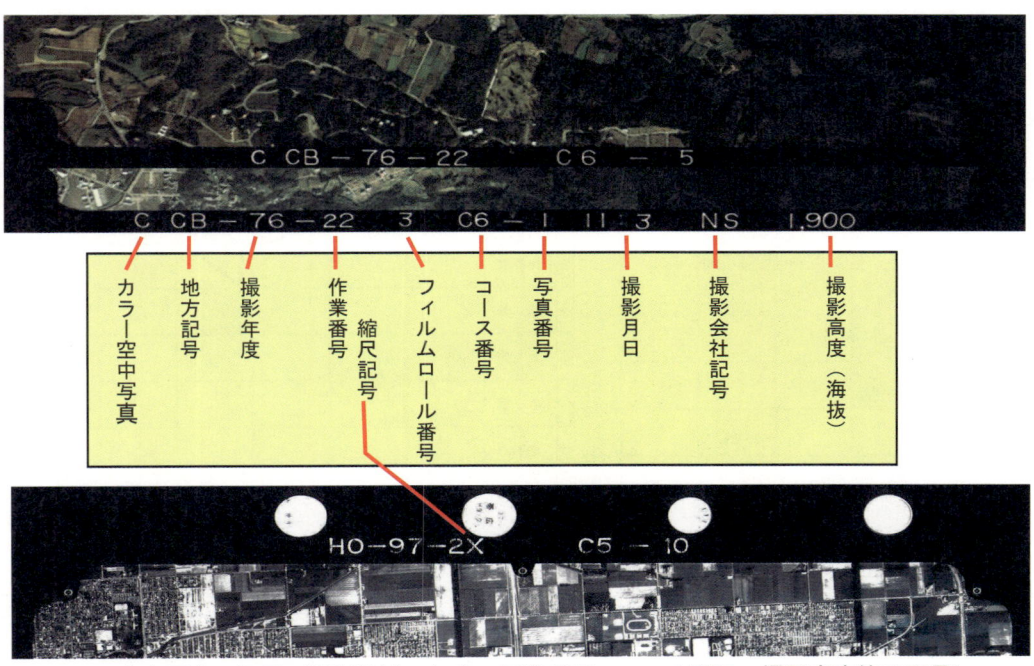

図-5　空中写真の記号（撮影地域，年度，写真縮尺，コース番号，撮影高度等の記号）
　　　上：林野庁の空中写真　中および下：国土基本図作成用の空中写真（国土地理院）

の3種の縮尺のものを含む。
③ 次の「C6-1」は、写真のコース番号とコース内の写真の番号を示すものである。標定図で写真の位置を同定するために最もよく使う記号である。
④ 各コースの最初の写真には、撮影月日と撮影機関, 撮影高度などが記されている。

1.2.3 写真判読までに要する準備
（1）対象地域の空中写真を探す

調査対象地域の空中写真の有無と種類は、現在のところ各撮影機関別に作成された撮影範囲図を、それぞれ参照して確認する方法をとっている。まず広域的にどんな撮影機関による空中写真があるかを見て、次に機関ごとの索引図で撮影範囲の概略を調べ、さらに標定図で必要な写真の番号を確認する。また対象地域にどの機関の空中写真があるかがわかっている場合には、索引図と標定図に直接あたって必要な写真を同定する。

①国土地理院と林野庁の撮影地域

国土地理院と林野庁の撮影地域の分担は日本林野測量協会のホームページに掲載されている（http://www3.ocn.ne.jp/~rinsokyo/index.htm）。

②各撮影機関による撮影地域の索引図

国土地理院および民間企業による空中写真の撮影範囲を5万分の1地形図毎に図示した索引図（図-6）は、（財）日本地図センターのWebサイトで公開されており、撮影範囲の概略を調べることができる（（財）日本地図センター
〒153-8522 東京都目黒区青葉台4-9-6
TEL 0298-51-6657、FAX 0298-52-4532
http://www.jmc.or.jp/sale/photo.html)。

③撮影範囲内の標定図

国土地理院および民間企業による撮影範囲の標

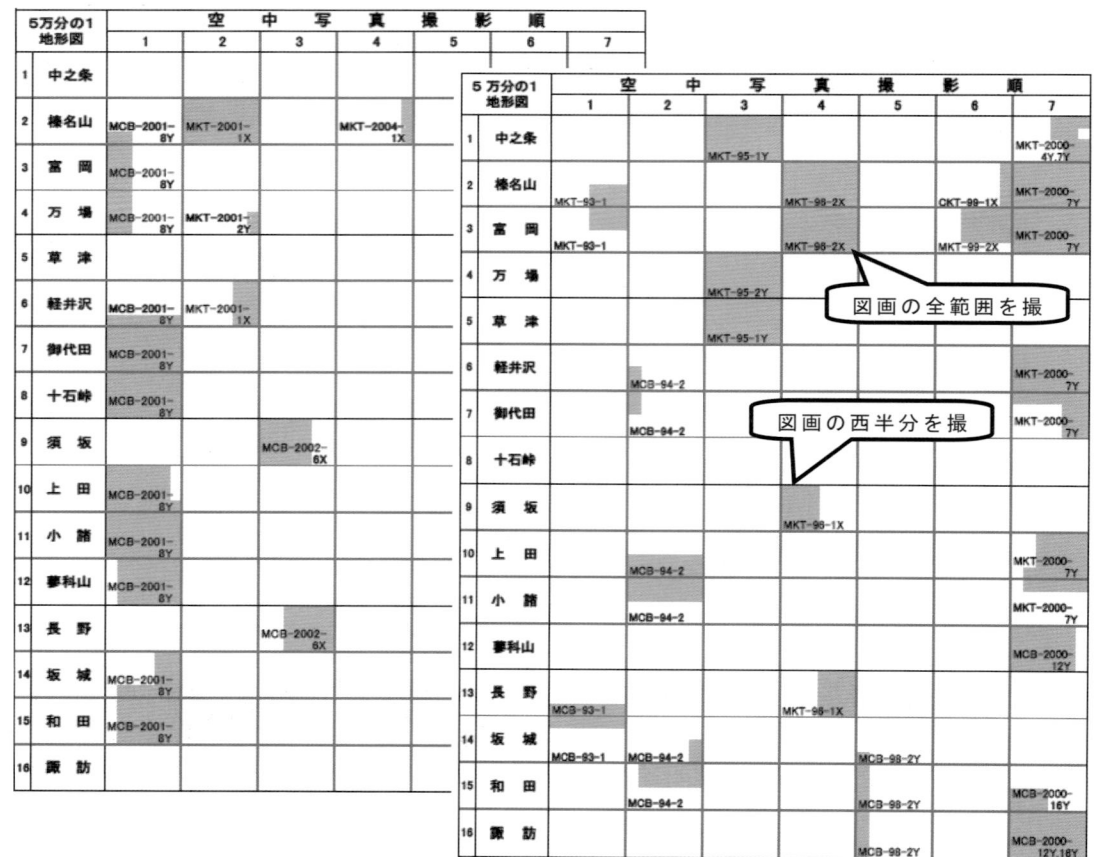

図-6 5万分の1地形図の図画ごとに撮影範囲を示した図の例（（財）日本地図センターのホームページ）
図画ごとに、撮影年別に概略の撮影範囲（網掛け部分）が示されている。

定図は、(財)日本地図センターから入手できる。必要範囲の5万分の1地形図名と、空中写真の整理番号、または年代を FAX か電子メールで送ると標定図が無償で郵送され、5枚以下ならば FAX で提供を受けることもできる。また災害写真の標定図については国土地理院の Web サイトで公開されている。

また、林野庁の空中写真の標定図は、(社)日本森林技術協会空中写真室（2004年に日本林業技術協会から改称、東京都千代田区六番町7番地 TEL 03-3261-6952 FAX 03-3261-3044）から入手できる。対象範囲をカバーする5万分の1地形図の図葉名を連絡すると該当範囲の標定図が郵送される。

（2）対象地域の空中写真プリントを閲覧する

国土地理院撮影の空中写真を、印画紙にプリントされたもので手にとって閲覧したい場合には、国土地理院本院の情報サービス館（茨城県つくば市北郷1番）、および国土地理院関東地方測量部（東京都千代田区九段南1-1-15 九段第2合同庁舎9F）で、全国の空中写真を閲覧できる。また、各地方測量部でも、担当管内分の空中写真を閲覧できる（表-2）。どちらも専任の係員による質の高いサービスを受けられる。なお(財)日本地図センター窓口（東京・つくば）では、国土地理院撮影分空中写真の閲覧はできない。

（3）対象地域の空中写真画像を覗いてみる

近年、インターネットによる情報提供が普及し、空中写真を手元に入手しなくても、公開閲覧サービスによって簡単に誰でも目にすることができるようになった。主な閲覧サービスには、国土交通省の国土地理院によるものと、国土情報ウェブマッピングシステムによるものとがある。これらは、試験公開という形をとっており、私的利用に限られてはいるが、現在では、両者合わせてほぼ全国の空中写真を閲覧することができ、画像データをダウンロードすることもできる。これらの画像は、本書で事例としてあげたような応用地質的観点からの地形判読の、通常の使用にも耐える品質を備えているので、参照資料として大いに活用してゆきたいものである。

また、自治体のホームページなどには、その行政区域の市街地などを中心とした空中写真が地図代わりに掲載されているものがある。立体写真として見ることができないこともあるなど、応用地質的な判読には不向きな場合もあるが、比較的最近に整備された写真であることが多く、地域の最新の情報を得るためには役に立つので、これらも有効に活用したい。

表-2　空中写真の閲覧ができる場所

空中写真の種類	取り扱い機関	閲覧
国土地理院 （災害写真等も含む）	国土地理院本院の情報サービス館	全国
	国土地理院関東地方測量部	全国
	国土地理院の各地方測量部	地方
	(財) 日本地図センター	×
	(財) 日本地図センター空中写真部（つくば市）	×
林野庁	(社)日本森林技術協会空中写真室	×
米国国立公文書館所蔵の 米軍撮影空中写真	国土地理院本院の情報サービス館	○
	(財) 日本地図センター	○
各民間企業撮影の空中写真	(財) 日本地図センター	○
	(財) 日本地図センター空中写真部（つくば市）	×

18　第1章　空中写真判読の基礎

全国の空中写真を閲覧できるウェブサイト（その1）
①国土地理院：空中写真閲覧サービス（試験公開）

　ほぼ全国をカバーする、縮尺1:10,000程度（地域によっては1:30,000～1:40,000）の空中写真（1996年～2000年）をモノクロ写真で閲覧でき、画像のダウンロードができる（解像度　100dpi, 200dpi）。また、大都市の一部では縮尺1:40,000米軍写真（1945年～1956年）も閲覧することができる。

◆国土地理院のトップページ
　http://www.gsi.go.jp/
◆空中写真閲覧システム
　http://mapbrowse.gsi.go.jp/airphoto/index.html
　◆空中写真検索－索引図（全国）サイト：
　http://mapbrowse.gsi.go.jp/airphoto/indexmap_japan.html
　全国検索画面から検索し、1:25,000図画を選ぶと下図のような標定図が現れるので、写真位置をクリックすると、目的の写真とその諸元が表示される。

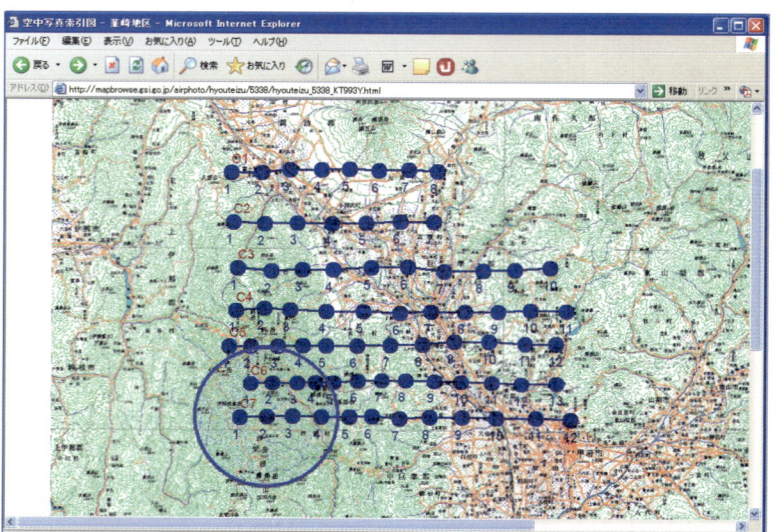

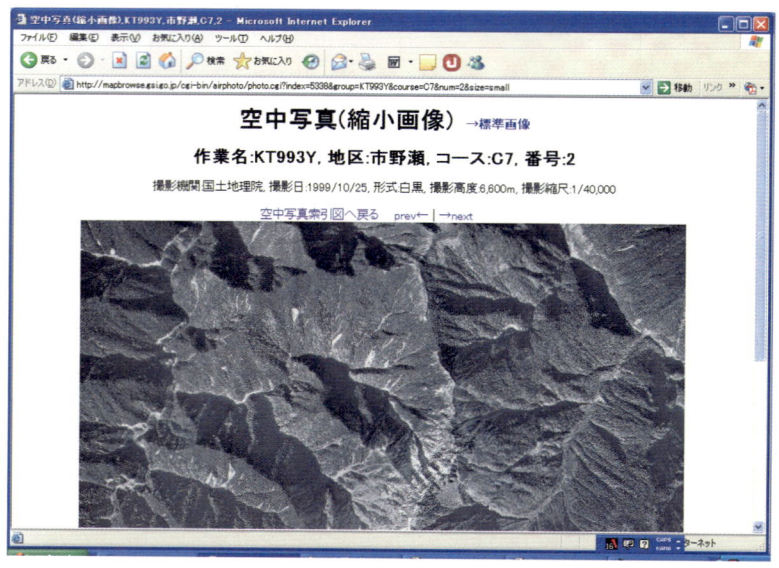

全国の空中写真を閲覧できるウェブサイト（その2）
②国土交通省国土計画局：国土情報ウェブマッピングシステムによる空中写真閲覧サービス

　ほぼ全国の縮尺1:10,000程度の空中写真（1970年代のものが多い）をカラー写真で閲覧でき、画像のダウンロードができる（解像度　100dpi，400dpi）。

◆国土交通省国土計画局のトップページ
　http://www.mlit.go.jp/kokudokeikaku/kokudokeikaku.html

◆国土情報ウェブマッピングシステム（試作版）
　http://w3land.mlit.go.jp/WebGIS/
　　ここから「カラー空中写真の閲覧へ」をクリックすると閲覧とダウンロードのサイトにはいることができる。閲覧可能な範囲は、全国および地方別の案内図で確認できる。

◆国土画像情報（カラー空中写真）閲覧機能（試作版）
　　下の図のような標定図画面と撮影位置欄が現れる。標定図の範囲は拡大縮小ができる。写真位置をクリックすると空中写真画像が現れる。画像は50dpi、100dpi、400dpiの解像度を選択できる。

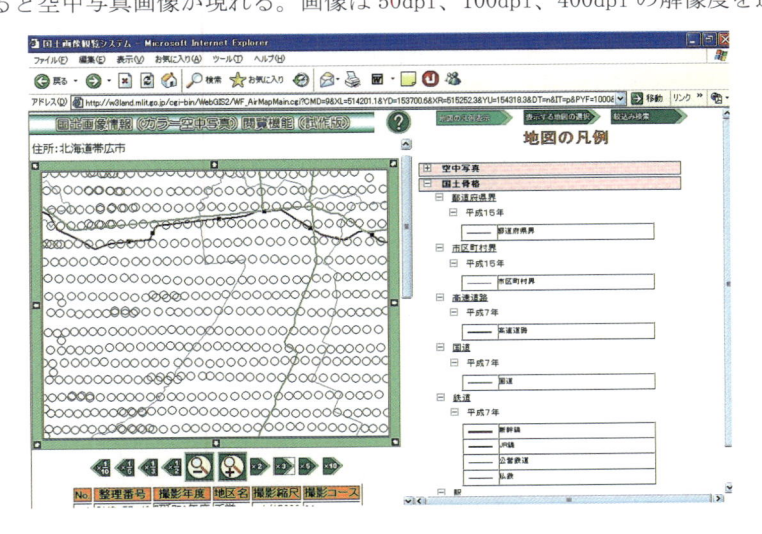

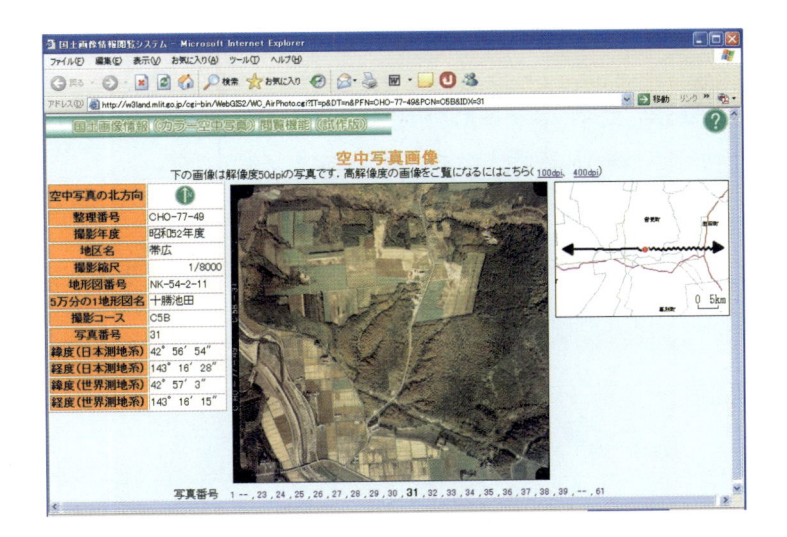

（6）空中写真を入手する

空中写真判読の利点は、包括的に広い範囲の情報を得ることによって、全体の大地形の中での地形形成過程などを理解し、類似した地質条件下での多様な地形の比較を行うことにある。したがって写真を準備する際には、範囲をあまり絞らないほうが良い。たとえば斜面調査の場合には、調査対象となる特定の地点などだけでなく、できるだけその周囲の斜面をいくつか含む範囲まで判読対象範囲を広げておくことが、成果を充実させるコツである。

また、対象地域の経年的変化を知りたい場合には、複数の時期の空中写真が必要となる。全国の空中写真は原則として5年ごとに同じ地域が撮影されることになっており、必要な場所の空中写真は5年以内の最新のものから、過去に遡った古い写真までが、注文により入手できる。対象地域の本来の自然地形を知りたい場合には、できるだけ古い時期の写真がよいが、米軍写真は縮尺が小さいことや使用レンズの関係で、調査対象によっては解像度が不十分なことがある。また撮影範囲が各時期で多少異なり、さらに撮影コースは毎回ぴったり同じではないので、写真選びは慎重に行いたい。

空中写真は、引き延ばしたものを注文して入手することもできる。写真をネガのサイズ（周辺部まで含み、約10インチ×10インチ）でそのまま焼き付けたものを、密着写真という。引き延ばしは、全体および部分の選択ができ、通常は4倍伸ばしまでは対応できる。

（7）地形図なども準備する

空中写真を判読する場合、その地域の地形図も合わせて準備するとよい。後述するように、写真判読は立体視によって仮想的に再現した実地形のイメージを観察する。この作業は視覚によって脳内で行われるが、その結果は地形図上に変換して表示されるのが一般的である。さらに判読成果を継続作業に引き継ぐ際には地形図上の情報として記述されるのが普通である。また地形図は、地名や構造物の種類など、写真からは得ることのできない現地情報が記載されており、判読を補う情報源として重要である。

空中写真判読は、判読結果と地形図および現地

空中写真の注文

空中写真の販売は、原則として注文生産によっている。(財)日本地図センター（TEL 0298-51-6657、FAX 0298-52-4532、http://www.jmc.or.jp/sale/photo.html）では、国土地理院と民間企業による空中写真の販売を行っており、注文をFAXや電子メールで受け付けている（図-7）。注文後、写真を入手するまでには10日〜2週間ほど時間を要する。同様に、林野庁の撮影による空中写真は、(社)日本森林技術協会空中写真室（TEL 03-3261-6952、FAX 03-3261-3044、http://www.jafta.or.jp/kokusoku/konyu.html）が注文を受け付けている。

注文書は、それぞれの機関のホームページから入手することができる。また全国の空中写真・国土基本図取次店（連絡先は日本地図センターのホームページで参照できる）でも注文を受け付けている。

空中写真注文の受付方法

	通信販売 （FAX・メール または郵便）	（財）日本地図センターの 「地図の店」、または 国土地理院情報サービス館 での直接注文	取次店への注文
国土地理院の空中写真	○	○	○
米国国立公文書館所蔵の空中写真	○	○	○
民間企業の空中写真	○	○	○
林野庁の写真	○	×	×

の実地形との照合を繰り返すことによって、熟練するものである。したがって、空中写真判読を行う場合には、できるだけ手元に地形図を置いておきたい。その際に、空中写真の範囲よりも少し広い範囲をカバーしておくとよい。端部のある地点を判読するときには、その縁辺部の情報を参照することが重要である場合が多い。

国土地理院発行の地形図は、印刷された紙地図および数値地図データとして書店などで購入できるが、現在では国土地理院のホームページで全国の1:25,000地図画像が閲覧でき、私的な範囲での複写利用が許されている。また地形図の立体視もできる（地図閲覧サービス【試験公開】http://watchizu.gsi.go.jp/、コラム記事参照）．この地図画像は、索引図、地名、経緯度から検索ができるが、経緯度が世界測地系（日本測地系

空中写真購入申込書

（太線内をご記入ください）

年　月　日

受付区分	コード番号	取次店コード		電話	－ －
	E				

住所	〒□□□－□□□□	都道府県
※ビル名等もご記入下さい		

※個人購入の場合は、氏名欄にご記入ください

フリガナ 名称			フリガナ 部課名		
フリガナ 氏名（担当者名）		電話	携帯 － －		内線
			－ －		

※該当する項目に○印をつけてください

利用目的	01地図作成　02土木関係　03土地利用　04農林関係　05地形地質　06考古　07司法・宅地確認　08植生　09防災　10教育研究　11その他		
受取方法	1.センター東京　2.センター筑波　3.国土地理院本院　4.配　送		
支払方法	1.前　納　2.後　納	1.現　金　2.銀行振込　3.郵便局振込	
撮影記録証明	1.必　要　2.不　要	実体視	1.必　要　2.不　要

※　月　日

発送方法			発送・完成
セ	支	佐	／
地	配	ヤ	

※ファイル・実体鏡は整理番号欄にご記入ください
※空中写真仕上りの規格 → 画像データ 847・1270・1693・2540dpiは＜30μ／20μ／15μ／10μ＞　密着写真は＜G＞　2・3・4倍引伸（写真全体引伸）は＜2B/3B/4B＞　部分引伸はそれぞれのサイズ＜23（白黒のみ）・46・69・92＞　密着陽画原版（ポジ）は＜PF＞　カラースライドは＜SD＞　陸軍撮影は＜35＞
※空中写真仕上りの種別　白黒はM　カラーはC
※備考は部分引伸の倍率等

	整理番号	コース番号	写真番号	種別	規格	各枚数	枚数	単価（円）	金額	備考
1			～							
2			～							
3			～							
4			～							
5			～							
6			～							
7			～							
8			～							
9			～							
10			～							
5万分1地形図名・都道府県名								小計	円	
入金額	円	／	取扱					証明代	円	
通信欄								送料	円	
								合計	円	

（財）日本地図センター　空中写真部　〒305－0821　茨城県つくば市春日3－1－8　TEL 029－851－6657～8　FAX 029－852－4532

図-7　空中写真の注文申込書用紙（日本地図センターのホームページからダウンロードできる）

2000)に従った座標値として表示されている点が、旧来の地図の情報と少し異なる。

　なお、国土地理院では、旧版地形図の謄本交付サービスも行っており、地理情報部情報管理課地図成果係（〒305-0811　茨城県つくば市北郷1番　TEL 029-864-5957）、または関東地方測量部調査課成果係（〒102-0074　東京都千代田区九段南1-1-15　九段第2合同庁舎　9階　TEL 03-5213-2055）の窓口で申請を受け付けている。国土交通省オンライン申請システムによる申請もできるので、詳細は国土地理院のホームページ（http://www.gsi.go.jp/MAP/HISTORY/koufu.html）を参照されたい。また、2万5千分の1地形図のデータをインターネット上で無償に利用できる「電子国土webシステム」については後述する。

4．空中写真の実体視
（1）立体写真の特徴

　2枚の写真で立体写真のセットを作り、立体像を再現すると、空間的な情報量が増す。特に斜面の傾斜と走向の情報が直感的に得られることで、地形判読には格段に有利になる。オーバーラップ部分のある2枚の空中写真を、約6〜7 cmの間隔で左右に並べて置き、左目で左側の写真を、右目で右側の写真を見つめると、左右の画像が合成された像が中央に現れる。中央の像は、実物の立体を見ているかのような立体感が得られるはずである。このような像の見方を、実体視といっている。これは、対象物までの距離の違いによる両眼の向きの違い（両眼視差角）で立体であることを知覚する、という人間の能力を利用したものである。

　実体視は、立体視と言われることもある。しかし実体視という用語には成立の理由がある。航空写真測量が導入された時代に、地上測量に対して邪道であるという批判的空気の中で、写真による立体映像を虚像ではなく、計測可能な「実像」であるという意味を込めて、実体視という用語が創出されたということらしい（佐藤、2001）。このような歴史的経緯を離れてみると、実体視とは実際には立体の実物を見るわけではなく、実体模像を見るというべきものである。しかし本来が2次元の画像から3次元の立体を実体としてイメージするという意味で、やはり「立体視」と「実体視」は、用語としては区別した方がよいと思う。実際に、視覚健常者のなかでも、現物の立体視はできるが画像からの実体視はできないという人がいる。人間の立体感は、両眼視差だけでなく、眼球の筋肉の動き、肉眼の焦点の深さ、遠近による運動の速さや物体の大きさの違い、影の付き方、あるいは触感など、様々な感覚や知識とその学習経験から獲得される脳内のイメージである。実体視はそれを限定的に復元できる一手法に過ぎない。したがって、実体視による立体感は、日常的立体感とはやや異なるものであり、それが気になると立体感が得られていないと思ってしまう場合がある。

　また、通常の空中写真は起伏感が強調され、建物や山が日常のイメージよりも突出して見えることが多い。これは、机上で写真を見る場合の写真の間隔と目との距離の比が、撮影時の撮影間隔と高度との比よりも大きいため、視差角が大きくなるためである。これを「過高感」という。この特徴は、地形判読においては、凹凸が目立ち判読がしやすくなる利点でもある。しかし、非現実的なイメージとも感じられるので、感覚的に拒絶されることもある。

（2）立体写真を見る方法
a．肉眼実体視の方法

　実体視には、肉眼のままで行う方法と、補助的な機器を用いる方法がある。肉眼実体視は、ペアの画像があればどこでもどんな姿勢でも立体感が得られるので、野外の現地作業で判読したい場合にも便利である。原理的には、人間の両眼視差による立体把握能力を利用したものなので、両眼が健常であれば誰にでもできる。しかし講習会などの開催経験からみると、全く訓練をしない状態では約3割程度の人が、最初は実体視がうまくいかない。しかし数時間のトレーニングでできるようになる人が多い。実体視の準備のための練習には次のような方法がある。

肉眼実体視の準備練習

背景に目立つ形状のないところで、目の前約30 cmに両方の人差し指を持ってきて先端を触れ合わせる（図-8）。普通は目の焦点が指に合って2本の指が明瞭に見える。しかし焦点を遠目に背景に合わせながら指を見ると、両側の指の間に短いソーセージ状の指が同時に見える。これがうまくいけば、通常は実体視ができるはずだ。また、図-9のような練習法もある。壁などに向かって両手を伸ばし、2本の指を7 cmほど離して並べて立て、遠景の壁に焦点を合わせて眺めると、両側の指の間にまた2本の指の象が現れる。本物の指を寄せるように少しずつ動かしながら、画像の方の指を同じ位置に移動し、1本に重ねることができれば、実体視はうまくいくはずである。また図-10のように左右の画像にはっきりとした特徴的な輪郭を持つ目標物があると、画像を合わせやすくなる。

実体視の練習

肉眼実体視そのものの練習は、簡単な図形の実体視から始めるのがよい。図-11は顔マークが出っ張ったり引っ込んだりしているように見えるはずだ。図-12は、自転車のハンドルが車体に直角に見えれば成功である。

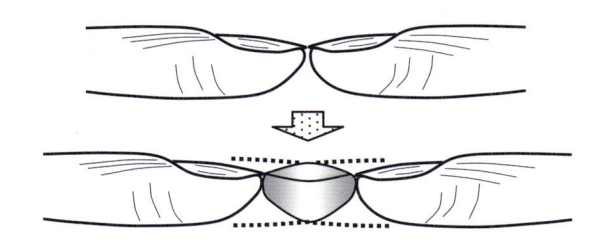

両方の指の先端部だけが繋がって見える

図-8　肉眼実体視の準備練習　その1
ソーセージ法とも呼ばれるこの方法の原典は明らかではないが、1962年の米国の教科書（Avery、1962）には、米国国防省による、と書かれている。

部屋の壁などを背景に、両腕を軽く伸ばして両手の指を立てて見る。

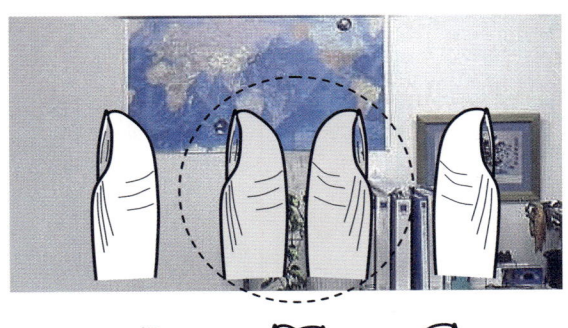

遠景に視線の焦点を合わせると、両側の指の内側に2本の指の像が見える。
見にくかったら、両手の指を少しずつ左右に移動する。

内側の2本の指の像が重なって見える。実際の指が触れ合うわけではない。

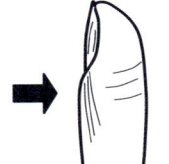

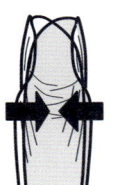

図-9　肉眼実体視の準備練習　その2

図-10　実体視の準備練習　その3　　　　　　　　　　　　　　　© masumi murakami
濃淡のある暗い部分を見つめると、真ん中に引き込まれるように左右の指の形が近づいてくる。上の指の形には、形を合わせるための明瞭な目標物がある。上のペアの指の方を注視すると、左右の指は目標物がぴったり重なったところで停止する。目標物のない下の指を注視した場合は、交差はするがしばらく位置が固定しないだろう。このように、実体視するときは何かはっきりした特徴をもつ形のペアを合わせるように注視するとよい。

図-11　肉眼実体視の練習　その1　　　　　　　　　　　　　　©masumi murakami
上の組と下の組で、一番遠方に奥まって見える顔マークはどれでしょう？

図-12　肉眼実体視の練習　その2
自転車のハンドルの向きが車体に直角に見えますか？

© masumi murakami

実際に空中写真を見る場合は、撮影コース方向に隣り合う2枚の写真を左右に6〜7cmほど離して並べ、左の目で左の写真、右の目で右の写真を見る。画像の中で、色調や輪郭のはっきりした、なにか特徴的な形をみつけて、それに注目するとよい。すると左右の写真の間に、もう一枚の写真が多少ぶれながら現れる。これが意識的にうまくいかなくても、写真の背後をぼうーっと見はるかすようにすると、真ん中に第3の写真画像が見え隠れするようになる。つぎに画像のなかでチラチラとぶれている先ほどの特徴的な形を近づけるようにする。これには少し目を運動させたり、左右の写真の間隔を少しずらしたりしなければならない。そのうち画像のぶれがいきなりおさまると、立体感のある像が見えているはずである。

b. 機器を使う方法

　肉眼での実体視が困難な場合や、画像を拡大してみたい場合、あるいは簡単な計測を行う場合には、専用の機材を使う。実体視に用いる機器としては、実体鏡が一般的にも流布している。このうち反射実体鏡と呼ばれるものは、レンズとミラーを用い、倍率と視野の大きさを変えられるもので、精度の高い判読をする場合には便利だが、大型になりまた高価でもある。一方、簡易実体鏡と呼ばれるものは、両眼用にレンズを2枚並べたもので、安価であり野外の持ち出しも容易である(図-13)。本書で扱う地形判読事例の範囲であれば、肉眼判読や簡易実体鏡で十分対応できる。また、写真の上に置くタイプの実体鏡でなく、手元に持つタイプのハンディな実体鏡も販売されている(図-14)。この種の実体鏡は、ミラーの角度を調節して、画像の位置と見る姿勢に応じて実体視ができるようになっており、プリントアウトした写真を実体視するときにも、2枚の空中写真を重ねずに並べて実体視することができるので便利である。

　パソコンの画面などに表示した画像を実体視するためには、いくつかの手法がある。左右で異なる偏光フィルタを両眼に装着して、左右の画像が画面の走査線ごとに分割して同時に表示されるのを見る手法、同様に、高速に交互に表示される左右の画像を見る手法などが実用化されている。これらは画像の表示に特殊なハードウェアが必要で、まだ値段も高い。

　しかし机上の実体視と同様に、画面上で同時に左右の画像を配置して判読できる安価なソフトウェアも、航空測量会社などによって開発されている（図-15）。このようなシステムは、パソコン画面上で左右の画面を同期させたまま範囲を移動させたり、拡大・縮小したりすることができ、実体視しやすい位置に片方の画面の位置を調整できる。また、面・線・文字などを記入して、簡単な判読

図を画面上で作成し出力することができる。パソコンの画面で実体視を行う際には肉眼実体視が標準となっているが、前述した手元に持つタイプのハンディな実体鏡を使えば、肉眼実体視が困難な判読者でも利用できるし、また多数の判読者がひとつの画面で観察することもできる。

簡易実体鏡などの機器は、次の機関でなどで販売しており、注文により容易に入手できる。

（財）日本地図センター
　　（TEL 0298-51-6657、FAX 0298-52-4532）
（社）日本森林技術協会普及部
　　（TEL：03-3261-6969（直通）、FAX：03-3261-3044）
関西地図センター
　　（TEL 075-761-5141、FAX 075-761-0120）
または測量機器取扱店など

図-13　簡易実体鏡（（財）日本地図センター）
　６～７cmほどずらして重ねた空中写真の上に置き、左目で左の写真を、右目で右の写真を見る。

図-13　ハンディタイプの実体鏡の例
（古今書院提供　ハンディ実体鏡「ステレオミラービューワ」
（http://www.kokon.co.jp/stereo.html）

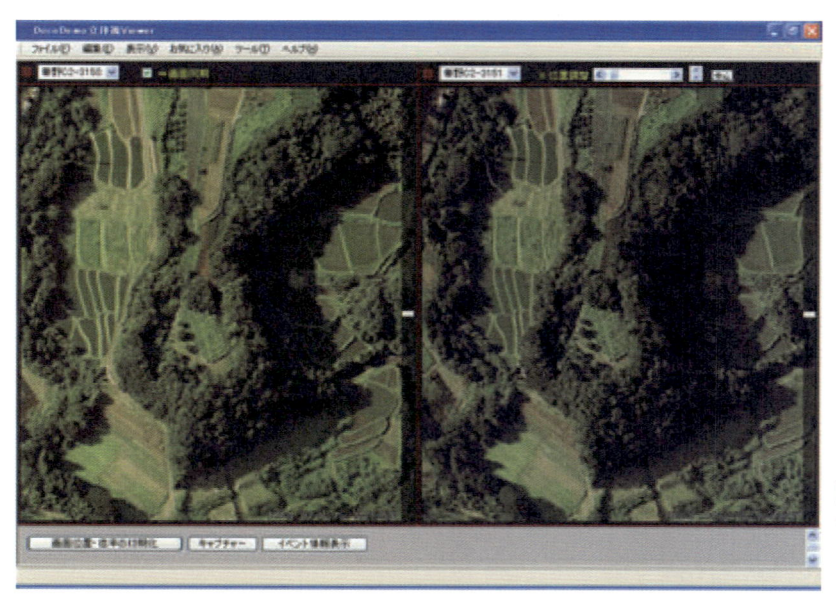

図-15　パソコン画面を用いる実体視ソフトウェア（提供：アジア航測株式会社）

5．写真判読の手順
（1）判読の3段階

　空中写真を用いた地形判読は、①写真像の認定、②地形区分、③地盤性状の分析という段階を進む。写真像の認定は、写真画像上で、色相、彩度、明度の違いが示しているものは何かを認定するものである。すなわち写っているものが樹木の葉なのか、道路面なのか、砂浜なのか、水面なのかといった区分を行うことである。写真の解像度にもよるが、判断に困ることはそう多くはない。しかし、たとえば路面の上に見える黒い筋が、亀裂やアスファルトの充填物なのか、それとも電柱の影かをよく確認しなければならないということもある。

　次に行う地形区分は、一定の共通の性質を示す地形のまとまりを抽出する作業である。これには難易がかなりある。真新しい崩壊地や洪水の湛水域など、はっきりした境界をもつものの抽出は易しい。しかし、活断層による変動地形、解析された地すべり地形や、岩盤のゆるみ領域などの場合は、特徴的な形状の輪郭をはっきり持っていないことが少なくない。また後述するように、曖昧な地形を認識するのは個人の知覚に依存する要素もある。さらに、何を抽出の指標として採用するかによっても、形状の採り方が違ってくる。しかし基本的には、確度が低いという意味で線種を分けることがあっても、位置が曖昧な線を書かないという覚悟で、判読を行うべきである。

　三番目の、地盤性状の分析は、地形区分された領域に対して、その場の地盤の応用地質学的な課題を抽出し、諸問題を解決するための情報を整理する段階である。これには該当する技術分野の総合的な知識が必要である。またこの段階は、意識的あるいは無意識的に、第2の地形区分の段階と重複して行われることもある。

（2）判読結果の図示

　空中写真による地形判読は、基本的に視覚によって行うものである。目で見た情報を記述するのは、あまり簡単なことではない。通常は形状区分したものをまず図示する。図示は、一般的には①写真上への記入、②地形図への移写、という手順を踏む。コンピュータの画面上で判読する場合は、画像ファイルやベクトルデータとして個別のレイヤーに保存される。移写にあたって判読したものを分類し、階層化することもある。

　写真上に直接記入する場合にはデルマトグラフのような軟質のペンを用いるのが一般的であるが、コンピュータの画像上では描画ソフトを用いる。写真上に判読結果を記載したものは、現地状況のイメージがわかりやすい反面、記入した線によって肝心の地形情報がマスクされてしまうこともある。そのような場合は、判読結果だけのレイヤーが必要である。従来からの手法としては、透明フィルム上に判読結果を記入することが行われてきたが、今でも練習用としてはそれで十分である。

　重要なのは、空中写真で見ている3次元地形モデルは中心投影の画像から構築されているため、判読結果をそのまま写した図と正射影である地形図などとは単なる重ね合わせができないことである。場合によっては、写真上への記入をせずに、いきなり他の媒体に移写を行うこともある。地図上への移写は位置の同定を精密に行わなければならず、慣れないとかなり面倒である。この作業を簡略にするために、図化機の機能を合わせて判読

表-3　判読過程の段階

判読過程	情報のランク	情報の質	情報の確実性	判読の難易
観察・確認	第1級の情報	物体の識別	既知の知識との確実な照合	易
分析・分類	第2級の情報	地形の区分	形状抽出および基礎知識との摺り合わせ	中
解釈	第3級の情報	形成過程の構築	状況の解釈と推定	難

結果を地図上に出力できるようにするシステムも開発されているが、あまり一般的ではない。なお判読図を電子化しGIS情報として扱う際には、座標系にも注意しないと、出力図の比較検討や他の情報との重ね合わせにおいてずれが問題になることがある。

（3）判読結果の記述

判読結果の記載は、判読結果の根拠や論理が第三者にもできるだけわかるように記述することが重要である。地形区分線がどのような地形要素に基づいて引かれたか、地形区分の根拠は何かについては、できるだけ言葉で記述するようにする。さらに、明瞭な地形要素がない場所に地形区分線を描いたとすると、その線をなぜその他の部分でなくそこに描いたかという理由を説明できるかどうか、常に自問しながら回答のイメージトレーニングをしておくとよい。また判読結果が空中写真のみによるものか、補助的な情報があるかについても書き加えておくことは重要である。得られた情報は、あくまで写真判読という手法で得られた情報であり、判断の根拠は限定されていることに注意しておくべきである。

なお、地図及び空中写真あるいは数値地図情報等、国土地理院の測量成果を別の製品等に利用する場合には、複製又は使用の承認が必要になる。利用する物の種類と地域によって申請の窓口が異なるので、詳細は国土地理院に確認する（アドレスは、http://www.gsi.go.jp/sinsei.html）。手続きに要する時間は申請書の受理から承認までに通常は約2週間をみておくと良いが、インターネットを利用して国土交通省のオンライン申請システムによる電子申請もできる。なお、研究発表等の学術論文に地図を掲載する場合や、刊行物中の地図の掲載量が少ない場合には、出典の明記をするだけでよく、申請承認の手続きは要らない。手続き不要となる掲載量の基準は以下のように決められている。

◆書籍，冊子，報告書等
　1ページの大きさの1/2以下で掲載 → 総頁数の10%以内
　1ページの大きさの1/2以上で掲載 → 総頁数の1%以内
　書籍の表紙等で，内容に合致するもの

◆非営利目的の1枚もののパンフレット等
　図面の大きさの約20%以内

◆営利目的の1枚もののパンフレット等
　図面の大きさの約10%以内

◆ウエブページ
　内容補足のため，挿絵的に3枚程度の地図画像を掲載する

また、出典の記載の仕方は特に定められてはいないが、一般的には次のような例が用いられる．

「国土地理院発行の2万5千分の1地形図（幕別）を使用」
「国土地理院撮影の空中写真(2002年撮影)」
「国土地理院撮影の空中写真：TO-68-9X C8-2, 3」
「空中写真はCHO-77-49 C5B-30〜33を使用した」
「国土地理院の数値地図25000（地図画像）『余目』を掲載」
「米軍撮影の空中写真(昭和23年撮影)」
「1:25,000 玉庭 を使用」

（4）写真判読情報の確実性と判読の限界

空中写真自体には、撮影条件・印刷に起因する限界がある。まず、空中写真には、写っていない部分もたくさんある。幾何学的に影になった部分や、強い陰影によって判別できない部分、気象条件によって光の吸収・散乱が強くなり解像度が落ちてしまった場合などである。測量用空中写真は、できるだけ条件の良い状態を選んで撮影されるが、いくらかの情報の欠落は避けられない。さらに、写真はある時点の記録であり、現地状況が多少なりとも変化している場合にはその情報は決定的に欠けている。また印刷に関わる誤差は、通常のフィルムでは0.01mm程度なので、次に示す判読誤差よりも小さく、実質的に問題にならない。なお、機材に由来する誤差もあり、縮尺1:20,000の写真では地上で数10cm程度分になる。誤差についての詳細は航空写真測量の解説書等に書かれているので、本書では省略する。

判読に直接関わる限界としては、まず肉眼の能力に関わるものがある。写真上で肉眼判読できるものの大きさは、最少0.02mmといわれており、判読対象の形状や色調などにもよるが、縮尺1万分の1の写真では約20cm、4万分の1の写真で約80cmが限界である（コントラストが大きい写真はやや識別精度が上がる）。また肉眼による高低（遠近）判別のできない限界というものがあり、通常の写真を見る距離を25cmとすると、約0.09mmがその限界値となる。

次に最も大きい限界は、判読という行為における識別能力にある。写真判読の過程はおおよそ次のような3段階を踏む（表-3）。段階が上がるほどむずかしく、推定や解釈の要素が強まり、判読者のスキルに依存する度合いが強まる。判読者のスキルは、空中写真の特性についての知識、判読対象の事物に対する知識、実践での判読経験の量によって決まってくる。しかし判読経験の量と一口に言っても、経験がどのように形成されるか、どうすれば効率よく判読力が得られるかについては、あまりよくわかってはいない。人間が自然地形のような複雑な形状から必要な情報を読み出す、ということがどのように行われるかについては、次節に述べる。

6. 人間の知覚と、空中写真判読における形状の認識

（1）人間の形状認識

空中写真判読は、地すべりや断層など、そのものの形状がはっきりと見えないところに何らかの形状をいきなり見出すように思われることから、現在でも「名人芸」の世界であるといわれることが少なくない。たしかに、熟練した判読者の判読図には、「こんなものが見えるのか」と思うほど、様々な図形が描かれている。しかしそれは、そもそも見えないものが浮かび上がって見えたわけではない。また全く知識のない現象を直感的に理解して描いたものでもない。

応用地質的な空中写真判読は、3次元の形を認識することで成り立っている。この、形を認めるということ、さらにそれらから同じ仲間を取り出してグルーピングすることは、基本的にむずかしいことらしい。特に、部分的な情報を無視して全体として形を捉える、ということの原理を、合理的に説明するのは簡単ではない。このむずかしい作業を、人間の知覚は次のような能力を生かしながらこなしている。
①恒常性を保つ
②主観的輪郭を見る
③隠れたものを知る

形の恒常性

見たい形がどのような大きさであれ、どのような向きであれ、あるいは多少ゆがんでいても、同じものとみなすように情報が補正されることを、認知科学の世界では「形の恒常性」と呼ぶ。それは、得たいもの以外の情報を切り捨てることだともいえる。変わっている大半の部分を無視し、常に変わらない少しの特徴を根拠にして同じ形状だとして見るのが、形の恒常性である。形の恒常性を操る能力は、ものを見るという経験がほとんどない新生児にも備わっており、それは3次元世界の認識を元に2次元世界（写真や絵画、地図など）を解読する能力へと発展するらしい。また「大きさの恒常性（ものの見え方の大きさが変わっても同一のものと見なすこと）」は、立体視の発達とともに乳児期において獲得されるらしい。恒常性の認識が無い場合、たとえば視覚失認という障害のある人は、見慣れた物体を普段と違うアングルから見ると、それが何であるか全くわからなくなってしまう。脱いだ靴の向きを変えてしまうと、それがさっき脱いだ靴だということがわからないので、ものを探すのにも大変な苦労をするという（山口、2005、「視覚世界の謎に迫る」）。なお、形の恒常性を逆手にとって感覚を混乱させるのが錯視のトリックである（図-16）。

地形判読の場合も、方向や縮尺が異なり、見た目が違うものを、同じものと解釈する作業がある。また空中写真から裸地地形を読み取りたいという場合は、植生という猛烈なノイズ情報を排除する

図-16　地理的錯視の例　衛星画像による日本の一部であるが、方位を見慣れた画像から変えて表示したもの。どこだかわかりますか？（内外地図株式会社　ランドサットマップを使用）

ことが行われる。さらに、断層運動やマスムーブメントなどで分断された地形を元通りに復元してイメージするなど、切り離されたものをつなぎ合わせてみたり、伸び縮みのあるものを元通りにしてみたりすることもある。これは複雑な地形から必要な情報だけをとりだす「恒常性」を利用しているものと考えられ、効果的な判読のためには、対象となる地形がこうあるべきだというイメージが、判読者の中にある程度確立している必要があることを示唆する。

主観的輪郭を見る

また地形判読では、実際には全く連続していないのに、連続した輪郭を持つ閉じた図形として認識することがある。認知科学では、これに類することを「主観的輪郭を見る」という。このような能力は、前掲書「視覚世界の謎に迫る」によれば、人間の生まれつきの特性としてかなり早い段階に形成されるらしい。そして主観的輪郭にさらに3次元的奥行き、すなわち図形の重なり具合を同時に見る能力は、遅れて形成されるという。地形判読においては、描きたい形状は単純ではないので、たいていの場合、判読者には何らかの予備知識があり、それに基づいて断片的な情報からその形状の輪郭をイメージすると考えられる。たとえば、

開析が進んだ地形のなかに断片的に残る特徴的地形から、元の地形を復元するような場合である。また、いわゆるリニアメントというのは、文字どおりには線状模様であるが、決して一条の連続的な線が見えるわけではない。特に断層などの存在を示唆するとして描かれるリニアメントは、特徴的な地形要素の不連続な連なりであることが多い。これには、やはり目的の地形に関する知識やイメージが必要である。これらの場合には、細かな点を無視して全体をある形状として区分することから、「主観的輪郭を見る」ことに加えて「形の恒常性」も働いているものと考えられる。なお、輪郭線で囲む際に注意しなければならないのは、「枠の効果」というものがあり、あまりに明瞭な地形区分線をイメージすると、枠組みに注意が行きすぎて、その内部の微細な形状を詳細に判別できなくなることがあることである。

隠れたものを知る

隠れたものを知るということは、触覚と違って目で3次元立体を見る時の特徴である。物体と物体が重なって見えるとき、見えない部分の形を補って、見たい形を取り出さなければならない。また自然界では、視覚上重なり合うさまざまな背景から、対象の物体の形状だけを単独に切り出さな

ければならないことはしばしばある。この能力に支障を来すと、物体とその影との区別や、景色の前景と背景の区別も困難になることがある（物体失認障害）。地形判読の場合では、地形の新旧の重なりなどを判別するのに、隠れた形を探すことを行っていると考えられる。原地形をそれと異なる形状の地被が覆う、といった場合の判読でも同様である。また、開析によりその一部が失われた地形種について、原型を復元してイメージするという場合も、隠れた地形を探すことと同じ作業を行っている。隠れたものを見抜くには、2種類の異なる能力が必要らしい。それは線を補うことと面を補うことである。これは同じことのようだが、知覚の発達の上では、最初に途切れた線を補って見る能力が形成され、さらに隠れた図形を面として補って見ることは遅れてできるようになるということである（山口、2005；前掲書）。

（2）空中写真判読技術の習得
3次元下で経験を繰り返すことが重要

　以上のようなことから、空中写真判読においては、まず判読したいものの具体的なイメージを知ること、そしてそのようなイメージを多様にもつという準備が必要である。さらにそれを全体として俯瞰的に捉えておくと同時に、それを特徴づけるような個別の小さい地形要素とを関連づけて理解することが重要であると考えられる。このようなイメージや理解は最初から備わっているわけではない。これらを最初期に獲得する過程は、良い教科書あるいは指導者の助言によって行われることになる。その際に重要なことは、その経験を立体視またはステレオ写真の実体視などの3次元空間イメージの中で繰り返すのが効果的であるらしいことである。そして判読を行う際には、個別の地形要素に着目するのと同時に、それをふたたび俯瞰的な全体と結びつけてイメージすることが重要であると考えられる。

　写真判読における経験の効果の研究例としては、活断層地形の空中写真判読結果におよぼす個人差を検討した例がある。そこでは、判読結果の多様性と抜けや漏れの少なさに、学校や業務での写真判読時間と判読経験の多寡の影響が大きいことを述べている（福井ほか、2003）。このように、空中写真判読は、けして名人芸から成り立っているものではなく、経験によって獲得できる部分が大きいと考えられる。また判読結果の大半は、その判読根拠を明瞭に記述できるものであろう。本書に提示した判読事例において、できるだけ判読の根拠となった地形要素や判断の論理を言葉で記述するようにしたのはそのためである。

7．空中写真判読の有用性
（1）空中写真判読の有用性　－広く見る－

　応用地質学的課題を持つフィールドにおいて、空中写真判読を行うことの意義は、地表面の広い範囲の情報を、省略なしに、ミニチュアモデルの画像として俯瞰できることにある。特に、実体視によって3次元イメージの中でそれが把握できる点が、空中写真判読の特徴である。画像として地形を広く見るだけならば、それは地形図読図でもできる。しかし地形図は2次元平面であり、もとの3次元立体をイメージするには、標高の読み取りという立体情報の「翻訳作業」が必要である。また地形図には等高線の間に入ってしまう微細な地形情報の省略があり、また地被情報はほとんど記号化されてリアリティはない。同じ形状の斜面でもなぜ植生が異なるか、地被の人工的な改変はどの範囲におよんでいるか、といった情報は、地形図からだけでは十分にはわからない。

　空中写真判読においては、この「広く見る」という特性を生かして、工事の対象となる地点だけでなく、その周辺を含む広い範囲を観察してみることが重要である。その範囲は、少なくとも斜面の上下、河川の上流側と下流側など、重力・流体移動による物質移動に関わる範囲をカバーし、さらに対象地点と類似した、あるいは相違する条件が比較できるような場所を含む広さがあるとよい。隣り合う斜面でなぜ地形が異なるのか、周辺の似た地形と比較してなぜ対象斜面だけが崩壊したのか、同じ地形のようでも微小な形状や地被が異な

るのはなぜか。写真判読は、このような考察を行って判読範囲の地形・地被に規則性と特異性を見出し、それを地形場の中での地形形成過程の再現モデルの中に位置づける作業である。これを事業対象の狭い領域の範囲だけで判断することは、まず不可能である。こういった検討作業を、地形図には描画されない微細な地形情報と、あるがままの地被情報まで取得しながら行えることが、空中写真判読の有用性である。

（2）地形判読技術の最近の傾向 －微小地形を読む－

第1章に述べたように空中写真判読は、初期には災害調査から地質構造の把握のために使われ、やがて地形分類図、土地条件図の作成に用いられるようになった。これに併行して、山地斜面における災害地形や活断層などの抽出にも用いられるようになり、道路や鉄道などの路線選定や大規模構造物の立地選定には欠かせない調査項目となっている。

これらの調査体系の中で、写真判読は主に特定地形を抽出し、災害地形分類図を作成することを目的とすることが多い。しかし近年では、水系や斜面の微小地形から、山地斜面における岩盤性状を読み取るような写真判読も注目され、一定の成果を上げている（山地の地形工学、応用地質学会編、2000）。

また、近年の災害の傾向として、土地利用の高度化に伴い、低地においては小規模な起伏に依存する冠水災害が発生し、傾斜地では山地際の宅地や道路斜面における極めて狭い範囲の斜面の崩壊などによる被害が多発している。また比較的規模の大きい要対策斜面から漏れた未対策個所での災害事例も目立つ。このような比較的小規模の斜面などは、従来の地形判読では見逃されたり、そもそも判読限界を超える極微地形に要因があったりして抽出されてこなかったケースも少なくない。このような課題を解決する地形分析は、従来の微地形判読よりももっと詳細な、微小地形～極微地形レベルの地形情報を必要とする。

8. 新しい地形計測技術と地形表現技術
（1）レーザ測量技術による細密地形モデル

近年、航空機レーザ計測で得られた高密度の地表面標高計測データを用いて、細密な地形モデルを作る手法が確立してきた。本書の判読事例の中にも、この手法により作成した地形図を用いて詳細な地形判読を行った例を紹介してある。

地形モデルの性能という観点でみた場合、航空機レーザ計測の最大の特徴は、計測点密度が従来の手法より格段に高くなったことである。このことによって、面的に省略の無い詳細な地形表現ができるようになり、従来の大縮尺地形図でも把握できなかった微細な地形が机上でもわかるようになった。地形情報の解像度の飛躍的向上は、狭い空間で起こる微小な事象の過程を詳細に再現することに貢献する。一般的に、微小な地形の形成時間は短いので、地形の解像度が高くなれば地表面の動的現象の時間分解能が向上することが期待できる。そしてそれは、地形情報からの災害予測などの精度向上に役立つと考えられる。

航空機レーザ計測の特徴

航空機レーザ計測は、固定翼や回転翼などの飛行体に搭載したレーザスキャナから、地上に向けて多数のレーザパルスを連続的に照射し、反射光を受光盤で捕捉して、その往復時間によって距離を測定するシステムである（図-17）。レーザパルスは機体の進行方向に直行して、左右に首を振りながら照射され、その回数は毎秒 15,000～100,000 発になる。地上の計測点は、レーザスキャナの回転と飛行方向を合成した軌跡に面的に高密度に配列される。飛行体は、GPS や IMU（慣性計測装置）による高精度な位置情報を持っており、飛行体と各計測点との相対位置から地表面位置データ（x, y, z）を取得することができる（日本測量技術協会、2004 など）。この地形計測手法の最も画期的な特徴は、次の2点に集約できる。

a) 計測点密度が高いこと
b) すべての計測点が直接計測された十分に精度の良い位置情報を持つこと

レーザ計測による地上での計測点分布密度は、器材の性能と計測高度に依存し、一般的には、数10 cm～1 m四方ごとに1点程度にすることができる。この計測密度は、面的に見ると、一般的な航空写真測量による等高線描画過程での計測点密度に比較して格段に高い。そのため極めて詳細な3次元地形モデルを構築し、そこから従来の地形図では描画しなかったような極微地形～超微地形（数m～十数mより小さい規模）も、客観的に表現できるようになった。

一般に言われる、レーザ計測により樹林下の地形が判別できるということは、計測点密度が高いことに従属する特性である（図-18）。すなわち、密集する計測点の中で、同じ場所あるいは極めて近い位置にありながら、反射レーザ光の距離や反射強度が相互に異なるような点群から、各々連続する多重表面が明らかに区分して認識できる場合がある。このようなとき、レーザ光の到達点を植生などの地物の表面と地盤面とを分離することにより、地盤高だけを抽出した忠実な3次元地形モデルを再現することができる。

樹木や建物の表面を含む地形モデルを、DSM（Digital Surface Model）といい、地盤面と考えられる地形モデルを、**DEM**（Digital Elevation Model）と呼んでいる（図-18）。デジタル数値情報であるか否かにかかわらず、樹木などの地被を排除した状態の地形モデルのことは、米国などではbare earth model と呼ばれている。しかし笹原のような密生する下草の表面をレーザがくぐり抜けるのは困難なこともあるので、航空機レーザ測量によるDEMを「禿げ山モデル（bald model）」とする文献もある（向山、2005）。

さらに航空機レーザ計測には、次のような特徴もある。

c) 広範囲の計測が短時間に実施できること
d) 計測データの機械処理が容易であること
e) レーザ反射強度、**RGB**画像情報など、位置情報以外の情報を同時に取得できること

図-17　航空機レーザ計測システムの概念図
　レーザの照射位置と照射角度から反射点の位置と距離が算出される．航空機の位置は，GPSとそれを補完するIMU（慣性計測装置）によって正確に把握される．

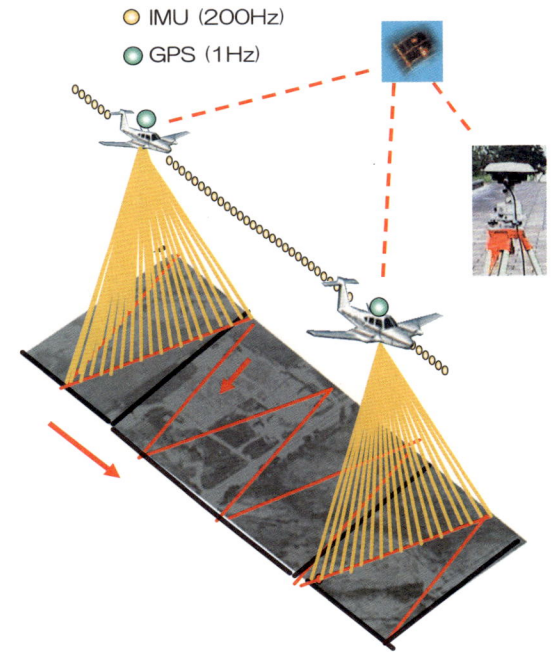

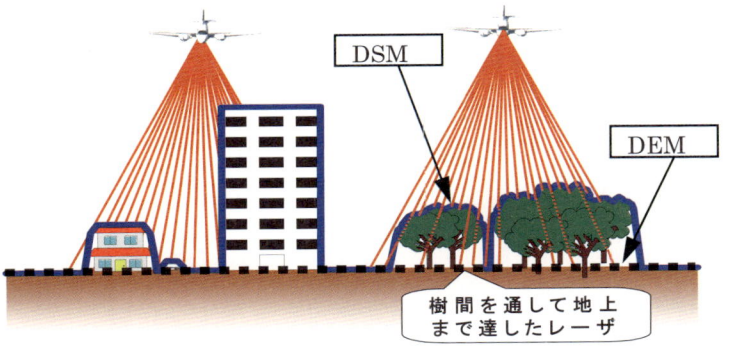

図-18　レーザ計測による地表面の計測イメージ
　樹木や建物を含むDSM (Digital Surface Model)
　地盤面と考えられる DEM (Digital Elevation Model)

これらをまとめると、航空機レーザ計測の利点は、直接計測された正確な位置情報を持つ計測点が面的に高密度かつ膨大な量で取得されるにもかかわらず、すべて数値データ化されていることによって、計量処理が迅速に行え、詳細な3次元地形モデル作成が容易にできることといえる。

実地形縮小モデルの実現

航空機レーザ計測によってできる詳細な3次元地形モデルの、これまでにない特徴は、実地形がそのまま縮小された状態に極めて近いということである。地形的特徴を数量的に記述しようとするときのこれまでの地形モデルは、地形図という「省略＆記号化2次元モデル」か、格子状（DEM）あるいは不定形三角網状（TIN）などの「間引き数値変換3次元モデル」であった。国内では、1995年前後に全国をカバーする50m-DEMが整備され、地形計量的な研究の転機（野上、1995）となった。しかしいずれの地形モデルも、そもそもの実測点の分布が粗いので、特に大縮尺の領域において、実地形を再現する情報がかなり省略されているという難点があった。これまで作成されてきたDEMの多くは、もとになる計測点密度が小さかったり、あるいは等高線データから作成されたりしたもので、具体的な計測数値を持つ地点以外は、補間によって調製された仮想点からなっている。そのため、地形の再現性が高いとは言えず、応用地質学的あるいは土木工学的に要求される解像度を必ずしも満足しなかった。DEMを用いて地形特性を把握する手法の様々については、太田（2006）による整理が便利であるが、格子状DEMの解像度と地形の再現性の関係に関する研究事例としては、日本の山地斜面の地形を正確に把握するためには、格子間隔が25m以下の必要があるとした文献がある（田中・大森、2005）。それによれば、崩壊地の地形計測には格子間隔が最低5〜10mのDEMを必要とする。このような状況下で、これまで机上において実地形を肉眼近似的に再現するという欲求を実現するには、ステレオ空中写真の実体視というバーチャルな手法によって、実地形の縮小モデルを脳内に構築し、省略された情報を補完することを余儀なくされてきたのである。

しかし、従来にない地形再現性を持つ面的に細密な地形モデルを作成できるようになったことで、地形判読にも新たな道が開けてきた。原地形に忠実な解像度の高い地形モデルは、詳細地盤高情報として、たとえば洪水等のシミュレーションの数値計算などを、より精度良く行えるが、利点はそれだけではない。DEMの情報は数値として単独に用いるだけではなく、それを図化することもできる。地形モデルの解像度が向上し、肉眼でようやく抽出できるような微小かつ不規則な地形が忠実に再現できるレベルに達したことによって、空中写真判読に匹敵するものとしての、人間の視覚と数値地形解析とを組み合わせた「デジタル地形判読」が現実的になってきた。

（2）地形情報の可視化

細密な地形モデルのメリットが、地表の形状認識において肉眼の観察力を机上で最大限に利用できるようにすることであれば、技術的に大きな課題は、得られた地形情報をいかにわかりやすい方法で可視化するか、ということになる。後述するように、レーザ測量成果に対して、近年様々な地形表現の手法が試みられていることが、それを反映している。

日本における従来の地形図の代表的な地形表現手段は、等高線である。等高線は、基本的に高さを表す情報である。しかしそれだけでなく、同標高を連ねた線を一定標高間隔で描画することにより、斜面の傾斜（等高線の間隔）、傾斜の変化（等高線密度の変化）、斜面の平面形（線の向き）などを視覚的に同時に表現している。地形が、傾斜・走向・高度の連続的変化で表現できることを利用する、優れたマルチ表現手法といえる。しかし等高線の表現は、どんな地形にも有効であるわけではない。

等高線による地形表現法

一般に、大縮尺地形図で使用されている等高線は、航空写真測量により作成されるものが多い。

地形図作成の際には、図化技術者が図化機を使用して、空中写真を実体視しながら、脳内に見える立体地形モデル表面上にメスマークをすべらせ、図面上に直接等高線を描かせて作成する。樹木がある場合には樹高を考慮して、やや低めに潜り込ませるが、写真判読と同じ理由で個人差を生じやすい。重要なことは、実測された等高線と等高線の間の白地の部分は、当初より全く測定されず、何らのデータも取得されないということである。この白地の部分の地形をどうしても知りたいときには、周囲の等高線から補間的に推定するしかない。

また、地形図の等高線は仕上げの段階で、より見やすくなるように整飾される。その際に、わずかではあるが当初の場所から移動されることが少なくない。特に急崖においては崖記号をできるだけ用いないよう、デフォルメされることも多い。

さらに、等高線描画は技術的制約として、目視できる太さの線画を図上に描くということがあり、間隔すなわち傾斜に依存する表現の限界がある。すなわち、急峻な山岳地においては間隔が細かくなってしまう。この点について外国の地形図では、主曲線を一部省略し計曲線を主体として表現したりするが、日本ではそれを行わないので、表現可能な情報が手法の限界を超えてしまう。逆に、緩傾斜地においては等高線間隔が開き、その間の微細な地形変化を描画することができない。この点は高解像度・高精度・高密度の地形データから図化する際に顕在化する。たとえば1m間隔の格子状データを等高線間隔1mで表現する場合、斜面傾斜が45°以上ならば、データの表現力に問題はなく、すべての点の高度が読み取れる（図-14）。ところが、傾斜がゆるくなるに従い、表現力は不足するようになる。たとえば、5°の斜面の場合、10mで1m高度が変化するので、10点につき1点しか、格子点に等高線が入らず、それ以外の点では高さの情報を表現できない。等高線高度と一致しなかった地点については、その地点を挟む2本の等高線の間の任意の高度を持つということしか表現できない。間曲線、助曲線を用いたとしてもおのずと限界がある。特に水平な場合には、等高線では取得した地形を表現することが、実質的に不可能となる。

つまり、高解像度の地形モデルを表現するために、等高線という手法を選択すると、せっかくの高密度のデータが生かしきることができない場合がある。図-19で、1:25,000地形図の等高線を例にとって考察してみる。傾斜45°の斜面を表現する主曲線の間隔は、図上で0.4mmである。また、傾斜が急になるに従い図上の等高線の間隔は狭くなり、約70°を超えると線同士が接触してしまうため、崖記号などで表現せざるを得ない。

一方、緩傾斜地においては、等高線の間隔は徐々に広くなり、5°ではおよそ4mm、1°ではおよそ

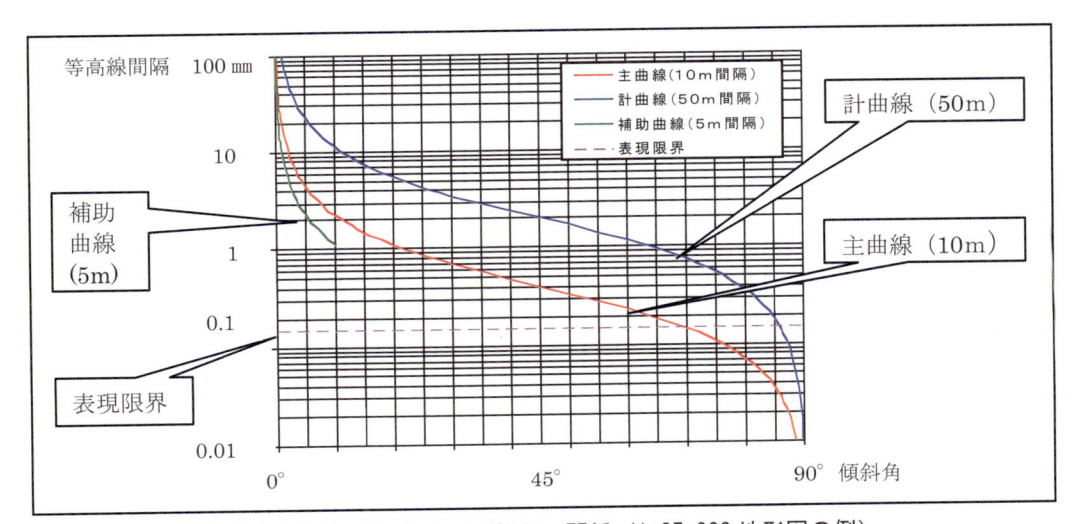

図-19　傾斜角と図上の等高線間距離との関係（1:25,000地形図の例）

22mmと、急激に間隔が広がる。従来の地形図は計測データが無いために、等高線で緩傾斜部の微地形を細部まで表現することはできなかった。しかし、極端な急傾斜地以外では、等高線の表現にも余裕があるため、地形モデルとしての高解像度が十分高い場合には、地形の再現性はすぐれて向上する。緩傾斜地の場合も、補助曲線を十分に用いることによって、斜面走向を表現する等高線形状の判読も効果を発揮する（図-20）。

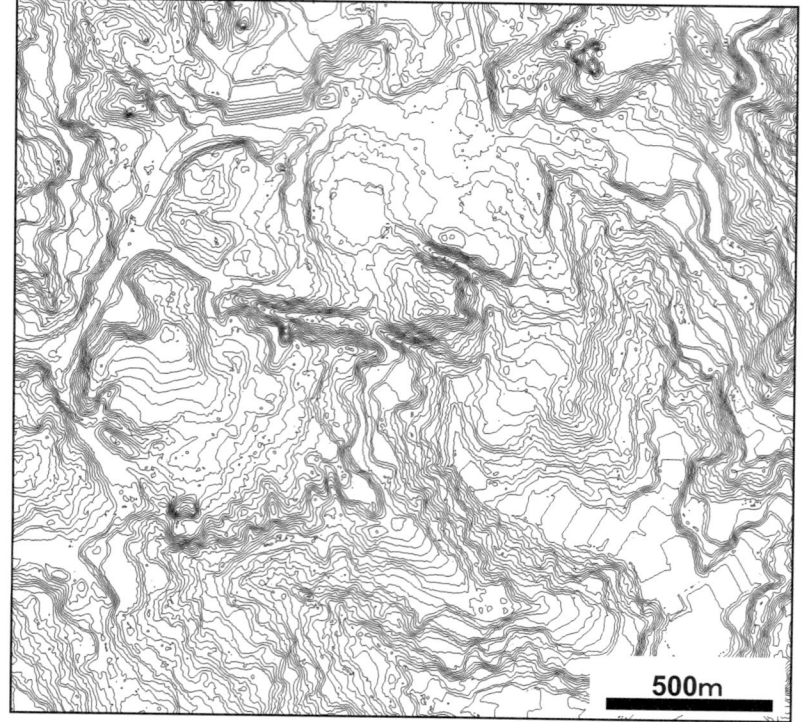

図-20　航測図化と航空機レーザ測量による等高線図の比較例
　航測図は新潟県松代町の都市計画図　等高線間隔は5m　レーザ計測による地形図は等高線間隔 1m（国際航業株式会社提供）
　計測データからあまり手を加えないで描いた等高線はなめらかではないが、微小地形を反映している。

等高線によらない地形表現法

格子状 DEM データは、配置された格子点ごとに 1 つの高度情報を持っている。オーバーハングは表現できないため、このようなデータ構造を 2.5 次元のデータと呼ぶことがある。これは画像と同じ次元であり、画像処理と同じようにフィルタ処理を加えることで、DEM を可視化することができる。

線画を図上に描くという技術的制約に縛られない可視表現の手法としては、陰影図、傾斜量図など、地形量の数値を濃淡や色彩によって表現したもの、あるいはそれらと他の地形量を組み合わせたものがある。たとえば傾斜の情報からは、傾斜の変化（ラプラシアン）、地上開度、地下開度などの、特定の地形量に注目した、さまざまな主題図を作成できる。

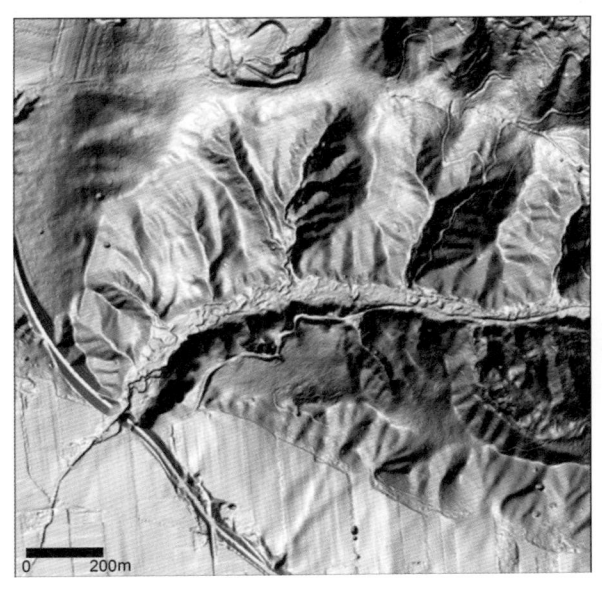

図-21　十勝平野中央部　長流枝内丘陵の陰影図　（提供：国際航業株式会社）
光源は南東（左），北西（右）　地形データは航空機レーザ測量による 2mDEM を使用

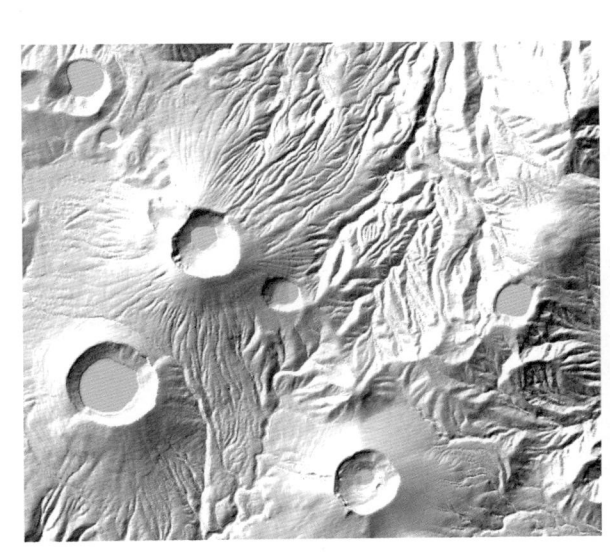

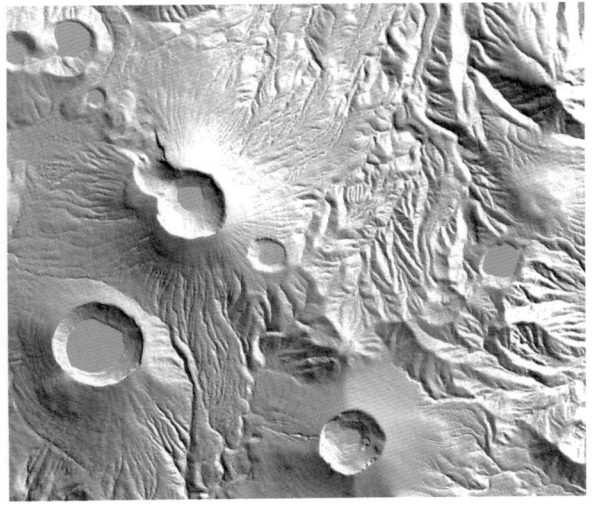

図-22　霧島火山付近の陰影図　（国土地理院の数値地図火山 10m を使用）
　光源は北西（左）と光源は北東（右）

38　第1章　空中写真判読の基礎

① 陰影図（shaded map または shaded relief map）

　陰影図は、陰影起伏図とも呼ばれる。地形面の法線ベクトルと太陽光のベクトルの余弦から計算した陰影によって立体感のある表現が得られる。太陽光に地形面が正対しているほど明るく、影になる部分は暗く表現される。簡易な方法としては、斜面方位分布と明度を比例させる方法や、左上の格子点の高度との差を取る方法もある。陰影図は、晴れた日に太陽に照らし出されたような画像が生成され、影によって起伏感が醸し出される。しかし、照射光源の位置によって表現の方向依存性を持っているので、特定方向の地形のみが選択的に強調されてしまうという特徴がある。また、野外で実際に視認する地表は、太陽方向の光源だけでなく様々な間接光によって照射された効果を伴っているのに対して、陰影図では光源が限定されるので、起伏感のコントラストがやや単調に感得される。そのため、認識できる形状はエッジが強調されたものとなり、実際の立体形状のイメージとを必ずしも一致しない、などといった難点がある。

　しかし、陰影図にもなお優れた点があることは否めない。空中写真の判読においては、陰影の情報は起伏の判定を直感的に行ない、斜面の走向の変化や相対的な位置関係を認識するのに、重要な役割を果たしている。それは、人間の進化の過程の中で、立体感覚の形成が、視差だけでなく頭上にある光源の下で下方に照写される影を認識することで育まれたことによるのかもしれない（頭上というよりも天空といった方がよいかもしれない。横向きに寝ているだけの新生児でも、陰影による立体感の認識は大人と変わらないという【前掲書；視覚世界の謎に迫る】）。基本的には方向依存性をもつ陰影図である空中写真であるが、旧来から地形判読に有用であり続けてきた。これは、読み取りたい情報に、地表面の走向傾斜、すなわち斜面の向きの要素で表現されるもの（斜面区分やリニアメントなど）が多く、そこに日常的に慣れ親しんだ太陽光の反射や影の情報を利用してきた経験がなじみやすいからとも考えられる。

　図 1.21 および図 1.22 には陰影図の例として丘陵地帯と火山地帯の地形を示した。左側の図と右側の図は光源の方向が違い、同一地域であるにもかかわらず非常に異なる印象を受ける。光源の方向が 180°回転すると、凹凸が反転して見える場合もある。陰影図を用いて地形の特徴を把握するには様々な光源方向の画像をよく比較する必要がある。

② 斜度図（slope map または slope gradation map）

　傾斜の値を明度などに対応させて表現したものが斜度図である。斜度図は、傾斜図あるいは傾斜量図とも呼ばれる。明暗による表現が等高線の密度と傾斜の関係とに類似し、また天空に光源をおいた場合の反射輝度図と類似したイメージとなり直感的に理解しやすい。また、傾斜分布特性に合わせて、明度と傾斜の関係を表す曲線にガンマ補

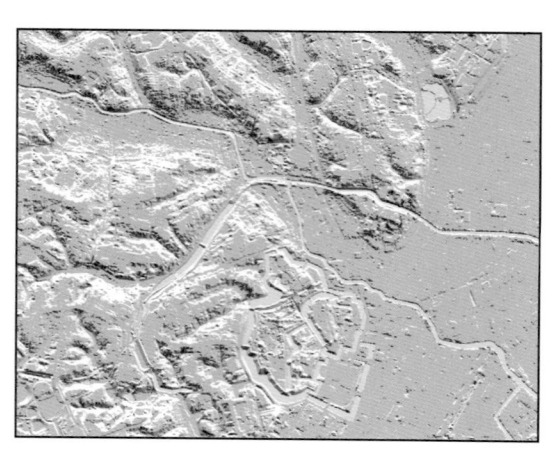

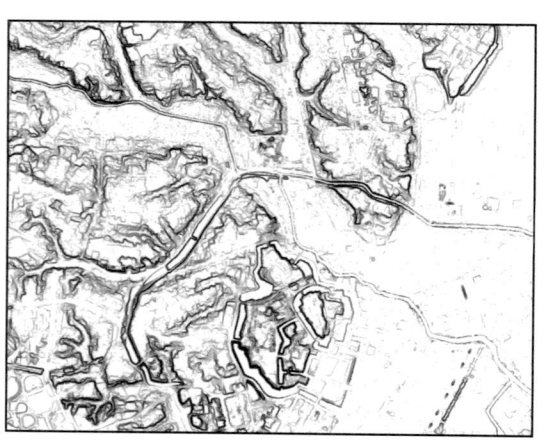

図-23　東京都心部の陰影図（左）と斜度図（右）　　（国土地理院数値地図 5m を使用）

正を加えるなど、コントラストを調整することによって、表示したい傾斜帯を強調したわかりやすい表現にすることもできる（たとえば井上・伊計、2001）。図-23 には、東京都心部を斜度図で表した例を、比較のために陰影図とともに示す。

斜度図には、陰影図のような方向依存性がなく、微地形の特徴を一様に表現できる。しかし、標高自体の情報はないので尾根と谷の区別がまったくつかないという難点がある。これと似たことは、等高線図の読図においても起こる。等高線間隔の混み具合は、視覚的には斜度図における明暗と同じような効果をもたらすので、人と場合によっては、尾根と谷の区別がつかないことがしばしばある。

格子状の数値標高データから傾斜を求めるにはいくつかの方法がある。(a) 隣接するメッシュとの高度差とメッシュ間隔の関係から傾斜を求め、そのうちの最大値をとる方法や、(b) メッシュ周辺の3点・4点・9点をとって、最小二乗法で近似面を求め、その法線ベクトルを使用する方法、などである。8方向の傾斜を測定して加重平均をとると、斜面方位の関係で値が小さくなる場合がある。

図-24 は、岩手大学工学部の横山研究室で作成された三宅島の斜度図の例である。三宅島の2000年噴火以前の地形がよく表現されている。海岸付近にみられる巨大な水蒸気爆発の火口地形や中腹にみられる割れ目噴火の火口列などがよくわかる。

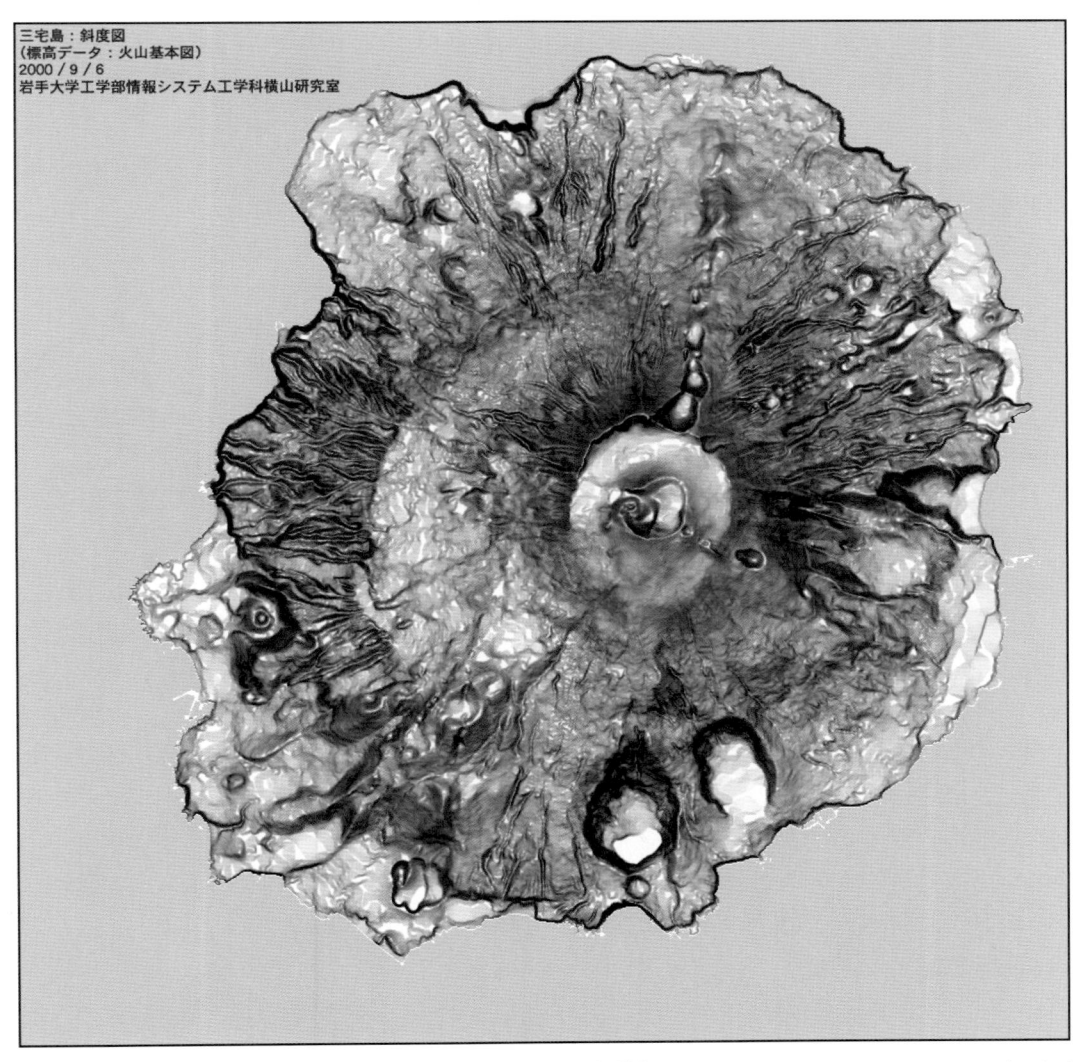

図-24　三宅島 2000 年噴火前の斜度図（横山ほか、2000 による）　　国土地理院作成の 10m 地形データを使用

しかし、凸地形の典型である火砕丘の頂部は、傾斜が緩いために明るいのと同時に、凹地の典型である火口の底も傾斜が緩いためにやはり明るく表現されている。そのために、この図1枚だけからは、凹凸の判定ができないことになる。火山地形などを判読するためには、凹凸情報が重要であり、他の画像を参照することが必要となる。

③ 高度段彩図（elevation tinted map または hypsometrically-tinted map）

古くから地図帳などで使用されてきたのが高度段彩図である。高度を色相に対応させたカラーテーブルを用いる。カラーテーブルは地域特性に応じて様々なものが適用される。対象地域の高度差が大きい場合、色相の割り当て範囲が広くなるので、地域全体を一括して表現しようとすると、大局的な地形は把握できるが微地形領域での色数が少なくなり、起伏がわかりにくいことがある。そのため、対象範囲内の高低差が小さい地域、あるいは小縮尺の地形図の地形表現に適した手法である。また高度分布だけでは地形の特徴がよくわからないので、等高線など斜面の走向を表す情報とともに用いられることが多い。

④ 地上開度図・地下開度図（ground openness map、ground closeness map）

岩手大学工学部の横山研究室で考案された、地上開度・地下開度は、サイズの大きな地形フィルタで、尾根や谷の地形を幅も含めて抽出できるという点が、これまでの地形パラメータよりすぐれている。地上開度は、着目点における天頂から地平線までの角度を8方向測定し、平均したものである。一方、地下開度は、着目点における鉛直下方にある天底と地表面との角度の最低のものを8方向測定し、平均したものである（図-25）。地下開度は地形を裏返しにしたときの地上開度であるが、個々の地点において両者はネガポジの関係ではない点に注意が必要である。

いずれも、対象とする範囲は、着目点を中心とし考慮距離を半径とする円形に限定する。地上開度は尾根や独立峰、地下開度は谷や窪地で大きな値をとる。また、開度は考慮距離をどこまでとるかによって変わるので、表現したい地形のスケールによって考慮距離を変更する必要があるが、考慮距離を大きく取った場合にも、着目点近くに比高差が大きいものがあれば、ピックアップされるので、微地形が取りこぼされにくいという特性がある。

図-26 に、横山ほか（1999）による三宅島の地上開度の分布図を示す。地上開度は、全くの平野部では90°の値を取り、尾根や独立峰などの周辺より高い着目点では、90°より大きい値をとる。一方、谷などの部分では90°より小さい値を取る。しかし、広い谷底平野などでは、どの地点をとっても小さい値を取り、この図では暗く表現されている。また、地上開度では、火口の内部が一様に暗く表示されており、谷や窪地内の微地形は表現しきれないという性質がわかる。

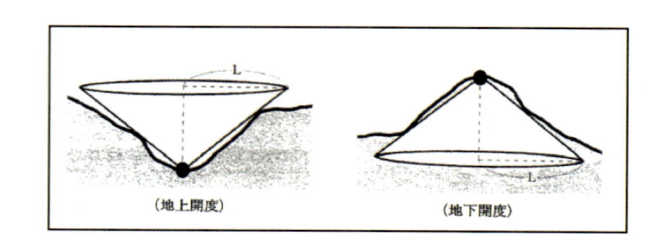

図-25 着目点における開度（横山ほか、1999）

図-27 には、東京都区内の地上開度図を、図-28 に同じ地域の地下開度図の例を示す。地上開度図では台地の表面の微地形が的確に表現されている。地下開度図では、谷底平野部の微地形が的確に表現されている。

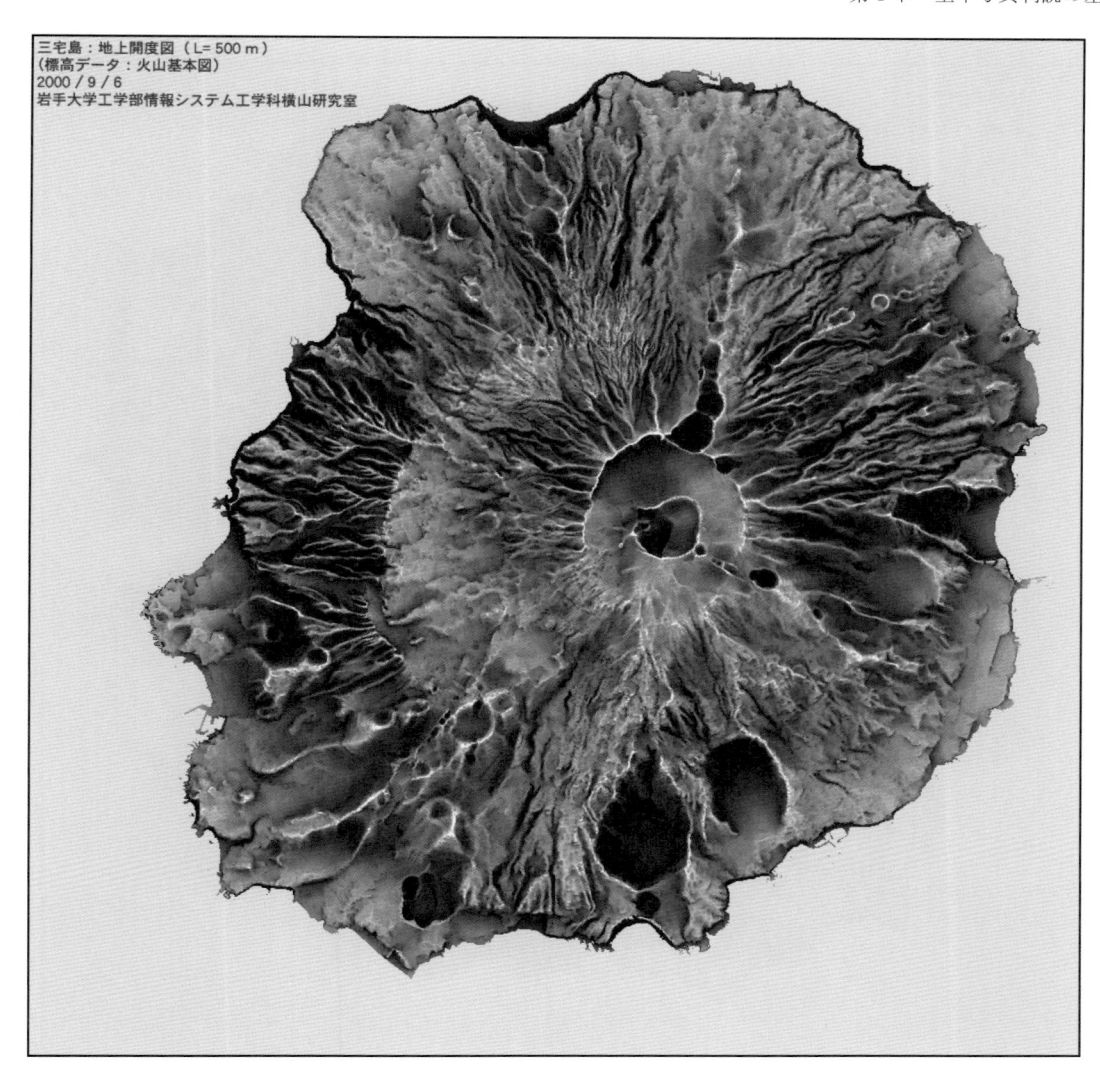

図-26 三宅島 2000 年噴火前の地上開度図（横山ほか、2000 による）　国土地理院作成の 10m 地形データを使用

図-27　東京都心部の地下開度図
　　　（国土地理院数値地図 5m を使用）

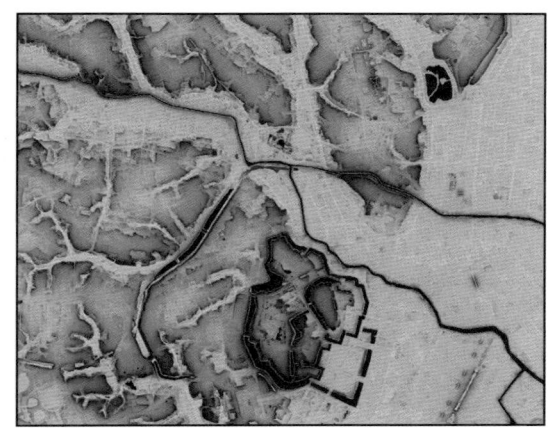

図-28　東京都心部の地上開度図
　　　（国土地理院数値地図 5m を使用）

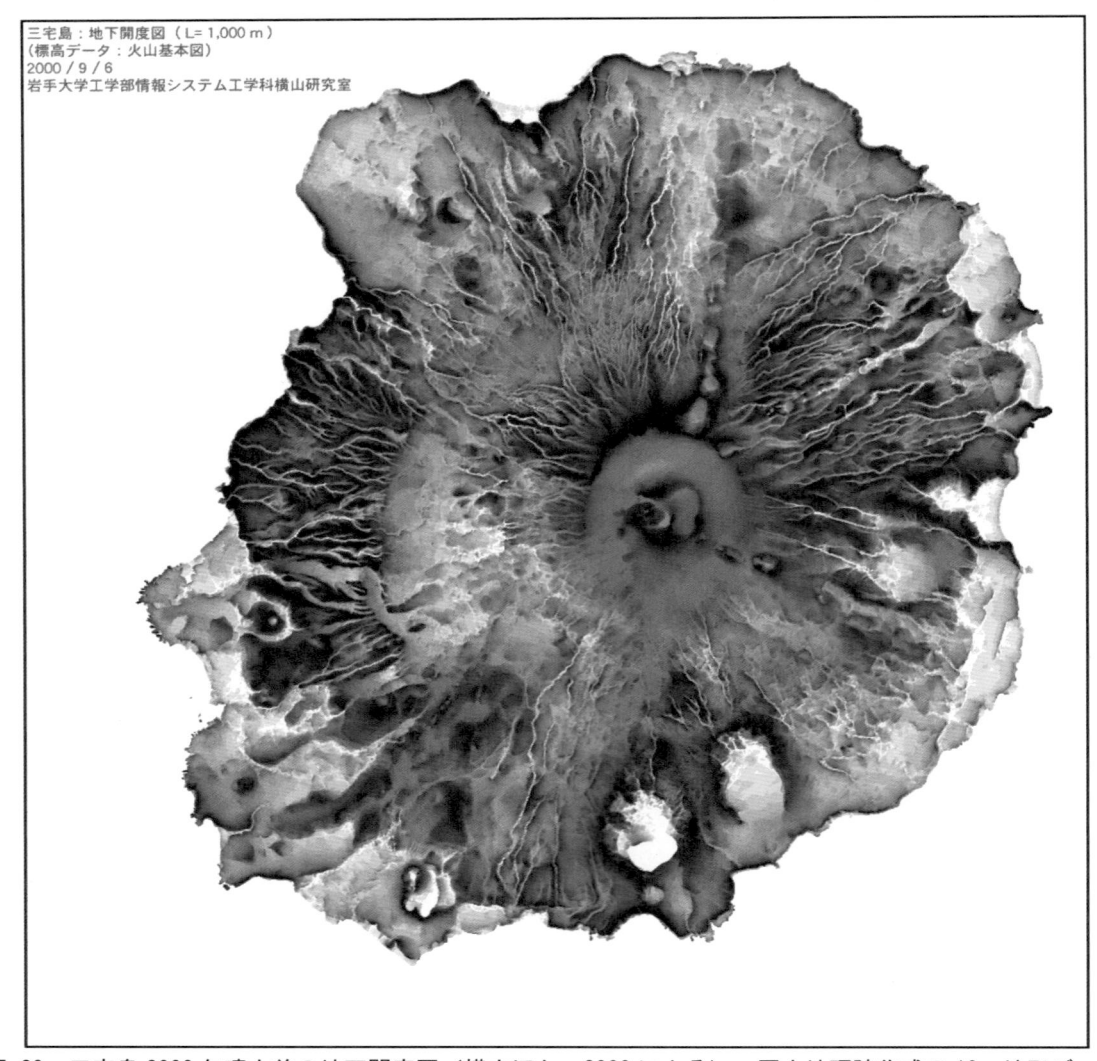

図-29 三宅島 2000 年噴火前の地下開度図（横山ほか、2000 による）　国土地理院作成の 10m 地形データを使用

また、図-29 に三宅島の地下開度図を示す。この図では、三宅島の外輪山に発達する谷地形が白く抽出されている。このように、地上開度と地下開度のパラメータは、尾根や谷という地形の特徴を非常によく抽出することができる。

⑤　地形の起伏情報の合成による地形表現図

デジタル標高データを利用して地形の特徴を表現する手法として、傾斜や標高、地上開度・地下開度など複数の起伏情報を合成することにより、地表面の凹凸感を再現した地形表現図も考案されている。これらは地形パラメータの計算と画像処理ソフトウェア、GIS ソフトウェアを組み合わせて作成するものである。

図-30　三宅島 2000 年噴火前の地形を示す赤色立体地図
　　　　国土地理院作成の 10m 地形データを使用（提供：アジア航測株式会社）

「赤色立体地図」とよばれるものは、基本的に地形的特徴を表す異なる指標に彩度と明度といった独立した画像を割り当て、これらを透過合成して作成する（千葉・鈴木、2004）。この手法では、フルカラー画像で傾斜が急な部分ほど赤く、尾根ほど明るく谷ほど暗くなるように調整され、尾根・谷の凹凸が視覚的に強調されるので、細かく明瞭な起伏のある地形が判別しやすいという利点がある（図-30 および図-31）。これと似た手法として、地形の起伏に対しローパスフィルタをかけてある基準面を設定し、実際の凹凸との差分の正負を寒暖の色の情報で示した地形表現図「陰陽図」（秋山、2005）も開発されている。

　これらはいずれも、デジタル標高データを用いて地形情報を可視化し、立体感を 2 次元の平面上で感得できるようにしたものである。これらの表現図における立体感は、日常現実の空間において感ずることのできる立体感とはやや異なるものである。しかし、陰影に対する日常のイメージ、すなわちオープンスペースの明るさと閉所の暗がり、といった対比や、色相による凹凸感など、日常感覚的な立体認識の要素を組み合わせて、全体とし

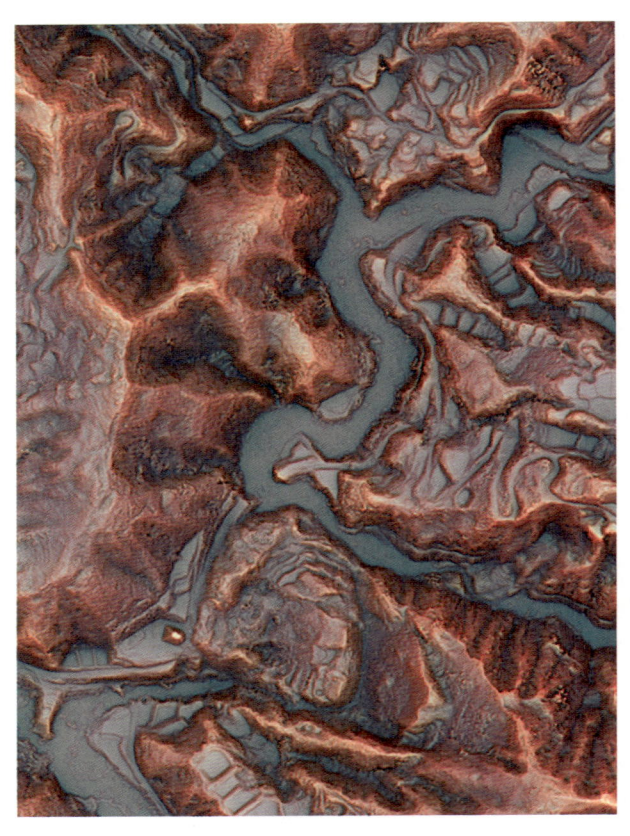

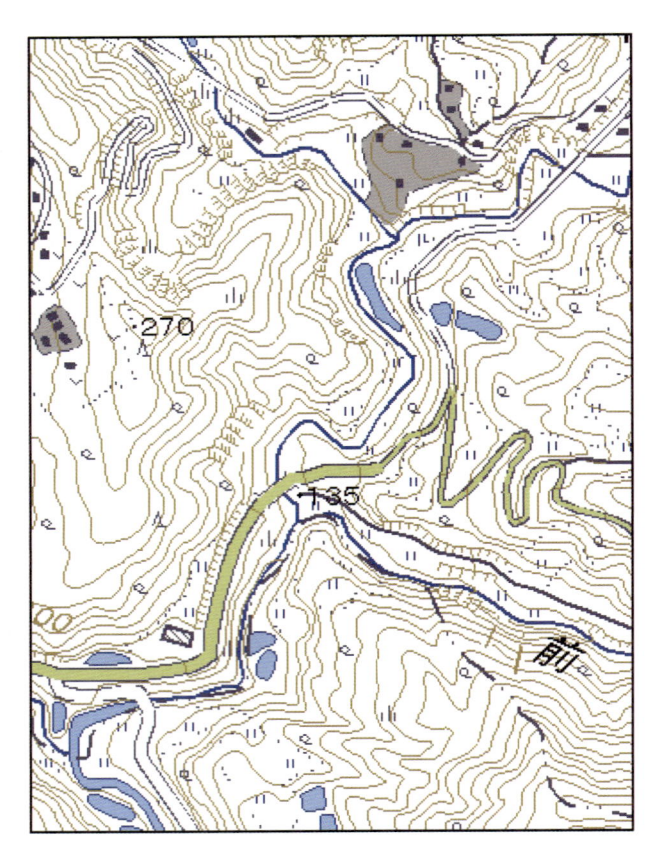

図-31　2004年新潟県中越地震で発生した芋川流域東竹沢の河道閉塞状況を示す赤色立体図、および同じ地域の地すべり発生前の1:25,000地形図（提供：アジア航測株式会社　地形図は1:25,000「小千谷」）

て違和感のない立体感を醸し出すように工夫されている。

さらに、上記とは異なる性質を持った地形表現手法として、傾斜をグレースケールの明度、標高をカラーの色相を透過合成させて起伏感に比高感を加えた「カラー標高傾斜図」（佐々木・向山、2004）や、これにさらに等高線の表示も加えることによって斜面の走向の情報を加味し、直感的なわかりやすさを目指した表現も開発されている（図-32）。この手法においては、デジタル標高データを用いて地形情報を可視化するという点では先に上げた例と同じであるが、立体を把握することが、日常感覚的な立体感の感得というよりは、立体に関する知識を取得することによってなされる点に大きな特徴がある。これは従来の等高線地形図などが持っている特性でもあるが、それを面的に均一に省略なく細密化して実現したともいえる手法である。そして、高度分布と傾斜という起伏の最も基本的な指標が、それぞれ独立に把握できること、および細部の地形形状が大きな地形の起伏との関係の中で直感的に理解できる、という利点がある。

以上のような地形表現を十分に細密なDEMに基づいて行うと、地形表現図は空中写真に匹敵する画像情報となる。この画像情報を使えば、数値情報であるという本来の特性を生かした数値計算による解析と、画像解析の手法や肉眼判読とを結びつけることができる。このような手法により、同じ地形計測データから、それぞれの作成者の創意を反映し、かつユーザの意図に沿った多様な画像を創出すると同時に、作成過程を記録に留め、誰でも同じ結果を再現できるということは、地形情報を誰にでもわかりやすく提示することに、大き

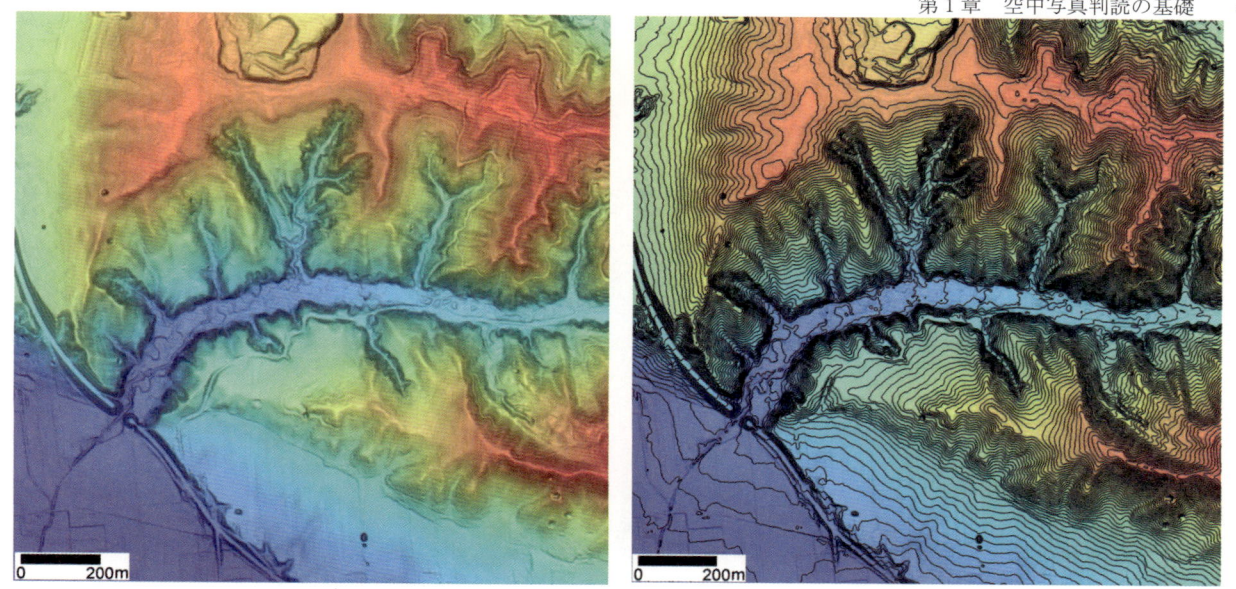

図-32　十勝平野長流枝内丘陵付近のカラー標高傾斜図　（提供：国際航業株式会社）
標高を色相に、傾斜をグレースケールの明度に割り当て、透過合成したもの。右の図のように等高線表示（事例では2m間隔）を重ねると、斜面の走向の情報が付加されることになりわかりやすい。

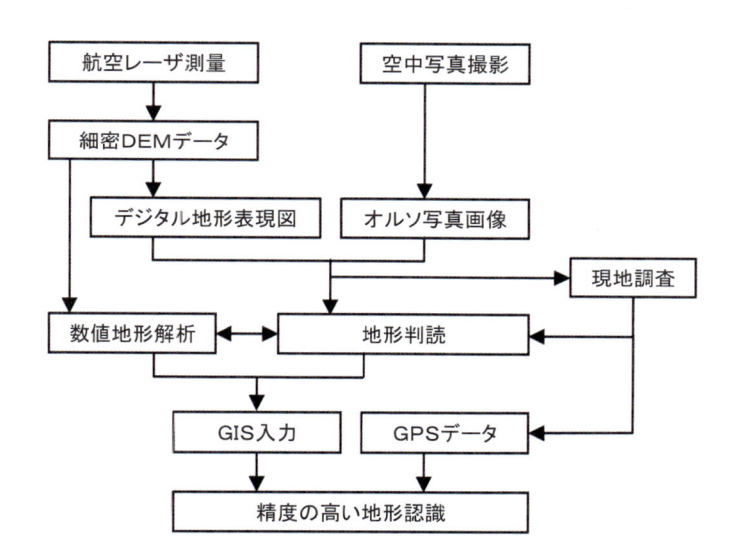

図-33　新しい地形解析のフロー

く貢献することが期待される。現在ではこのような地形判読手法は実用化の域に達しており、地形解析手法の新しい体系化（図-33）が進みつつある。今後はさらに、新しい地形表現に基づいた「判読結果とその解釈における記述方法の刷新と体系化」が進むものと考えられる。

（3）地形判読に役立つ地図ソフト

最近、デジタル地形情報を利用して様々な地形表現ができる地図ソフトが普及してきた。たとえば、無償で入手できるカシミール3Dのような地図ソフトは、2次元地形図に陰影や色調の変化など様々な表現を好みに応じて施すことができるだけでなく、標高データに基づいて鳥瞰図を作成したり、実体視のできるステレオ地形画像を作成したりするような3次元地形表現と簡単な計測ができる（図-34）。さらにGoogle Earthのように、ほぼ世界中の地表画像（衛星写真・航空写真など

による）と地形標高データ（日本国内の大部分は50mDEM）から、鳥瞰図を作成したり、地形断面や面積を計測したりすることができるソフトウェアもある（簡易版は無償）。また、（財）日本地図センター発行のスカイビュースケープは、数値地図情報と航空写真・衛星画像を使い、カシミール3Dによってリアル景観画像を作成するソフトウェアである。この他にも、デジタル地形情報を扱うソフトウェアはたくさん市販されており、写真や地形図から実体視のできるペアを作成するフリーソフトウェアなども入手できる。

これらは応用地質分野の調査用に作成されたものではないので、目的を最大限に満たすとは限らない。万能のものはなく、機能の多いソフトウェアは値段が高い。機能が限定されたものは、他のソフトウェアで行った成果の表示や重ね合わせに

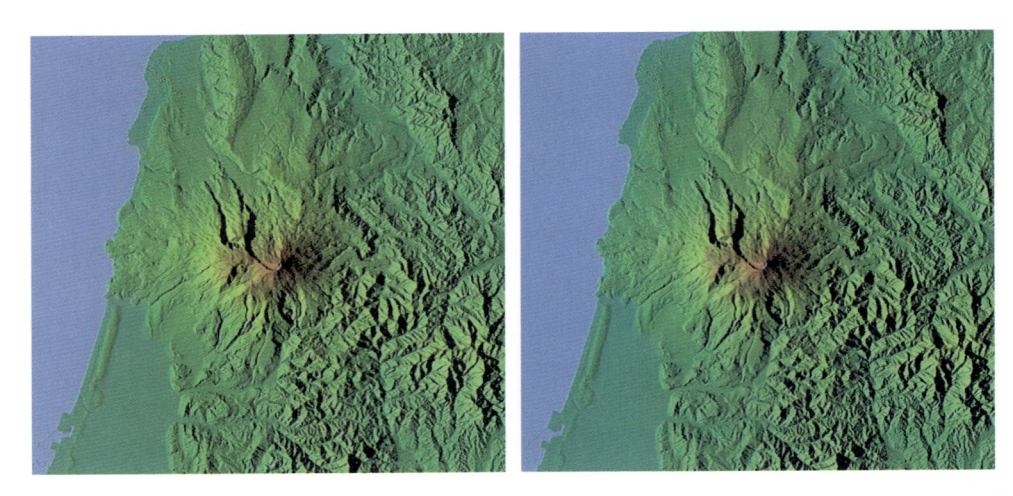

図-34 地図ソフト「カシミール3D」で作成したステレオ実体視地図画像（国土地理院数値地図50mを使用）
通常の空中写真では行いにくい広範囲の実体視などができ、鳥海山全体の地形などもわかる。

図-35 電子国土ポータルの画面でみる地形図。地名や座標値から場所を検索でき、表示縮尺も変更できる。

工夫を要するものもある。しかし、地形状況を手軽に把握でき、多彩な表現手法で地形の理解を助けるという点で、地形判読と成果を提示するツールとして大いに活用できるものである。

（4）国土地理院の電子国土

電子国土とは、数値化された国土に関する様々な地理情報を、基本となる位置情報に基づいて統合し、コンピュータ上で再現するものとして、国レベルで進められている国土情報の利用システムである。これは近年の地理情報システム（GIS）ソフトウェアの実用化とインターネットの普及によって、実現可能となったものであり、今後の国土の管理や災害対策、行政・福祉情報の提供など、幅広い分野での活用を目指している。

この構想に基づいて、国土交通省国土地理院は平成17年3月末日より、「電子国土Webシステム」を一般供用している。これは、インターネット上で配信されている縮尺1:25,000の地図データを、閲覧するだけではなく、自由に利用できる「地図データ利用システム」であり、一般の利用者がインターネットによって様々な地理情報を発信する際の背景となる基本的な地図情報を提供するものである（図-35）。データとして、地形だけでなく全国の公共施設の情報も載っており、これらは随時更新されるので、常に最新の情報を入手することができる。「電子国土Webシステム」を利用するには、地図を表示するために必要なプラグインをインストールするだけでよく、使用は無料である。電子国土の利用環境は、国土地理院の電子国土ポータルのサイトで準備することができる（http://cyberjapan.jp/）。

（5）地形図読図，空中写真判読，デジタル地形画像判読の違い

地形図、空中写真、デジタル地形画像には、それぞれ他にない特色がある。またその特色を生かす領域のスケールにも違いがある。利用者がそれをよく理解し、適切な段階で適切な資料を用いることによって、作業を効率よくすすめることができる。それぞれの特徴の比較を表-4に示した。

本書では、空中写真による主として山地の地形判読を事例に示しながら、応用地質的課題における地形情報の有用性を解説している。その中でも特に示したのは、地形情報を有効に使いこなすためには、机上の判読・読図作業と現地情報との照合を繰り返すことが大切だということである。調査から設計、施工、維持管理に至る過程で提示される地形情報には、3次元のものもあれば2次元のものも少なくない。どのような資料を扱う場合でも、周辺状況との関連の中で現地状況の正しいイメージングができなければならない。地形図、空中写真、数値地形モデルと、現地の実際との関係を体得し、地形情報の限界について知るには、やはり「予察とそれに基づく現地調査」という体験が欠かせない。現地に行ってみなければわからない情報、というものは必ずあるものである。本書の後続の章にあげた事例は、いずれも現地調査との照合結果や工事の実際の情報を加えたものであり、机上の作業結果に現地の情報をフィードバックさせた体験に基づくものである。このような体験を繰り返すことが、判読技術の上達の「急がば回れ」の道である。

しかし、地形情報が細密になったことは画期的である。現地調査の位置精度の向上に役立つだけでなく、現地で実際に目にするのと同じような地形が机上に再現でき、数値地形データを画像として可視化できるようになったことは、実際と机上イメージを照合する際の説得力が高まり、「地形を見る目」のトレーニングがより効率的に行われることに貢献する。今後は、様々な地形表現技術を活用することにより、地形情報への理解を深めることがいっそう容易になることが期待できる。

（向山　栄）

（なお本章の第8節は、向山（2005）および千葉（2005）の記述を著者の了解を得て再編集し加筆したものである）

表-4 地形図読図（1:25000地形図）、空中写真判読、レーザDEM地形判読の比較.
（向山、2005；鈴木、1998の項目および記載に一部加筆し、レーザDEM判読に関する記述を追加）

		地形図の読図	空中写真判読	レーザDEM地形判読
必要品	素資料	地形図	空中写真	地形表現図
	器具等	何も要らない	何も要らない もしくは実体鏡	何も要らない またはDEMビューア
	価格 （1 km²）	コーヒーより安い （1:25,000地形図1図葉）	ビジネスホテル宿泊代以上（カラー1実体視モデル：数千円以上）	国内線往復航空運賃以上 （既存販売データ：数万円以上）
	補助資料	空中写真	地形図	空中写真、地形図（地物情報）
作業時間の桁		数秒ないし数分	数分ないし数時間	数秒以下ないし数十分
論理的基礎		科学技術一般	同左	同左
得られる情報の例	種類	人間が取捨選択して地形図に描写し、記号化した事象（静止物体）とそれから判読しうる事項	空中写真画像に移っているすべての物体およびそれから判読される事項、移動体の瞬間像	植生を含む地表面あるいは人間が選択認定した任意の表面におけるすべてのレーザ光反射点の位置情報、反射状況 位置情報から作成した地形量、各表面間差分量およびそれらを加工表現した画像
	精度	縮尺に制約され、等高線（5～20m間隔）の間の地形は推論するのみ 等高線の描画位置はオペレーターの判断に依存する要素あり 描画は許容誤差や省略を含む	画像の方位と位置による多少の差を除けば、どこでも同じ精度であり、写真画素の分解能のみに制約される 通常は写真画像としての歪みを持つが、画像内の縮尺の違いに要注意	選択した任意の表面の、計測点群密度に制約される 通常は数m～数十cm間隔に1点以上 計測点間は各種の手法で補間される 縮尺の制約はない
	同時性	一般的には図葉内の同時性はないが、原資料（空中写真など）の情報に依存する 描画対象に応じて任意に選択変更可能である	単写真ごとに同時性を持つ瞬間画像であるが、各画像間は不連続時間差を持つ	数万m²中に1秒程度の連続的内部時間差を持つ
	定量的な情報	高度、距離、方位、傾斜、面積などを容易に計測できる	高価な機器を用いれば高精度で可能であるが、実体視だけでは困難	比較的安価なソフトウェアを用いて、高度、距離、方位、傾斜、面積などを、極めて容易に短時間で計測できる またそれらの多様な表現の可視化が可能
	地域の時間的な変化	明治時代以降、測量年次の異なる地形図があれば可能であるが、短期間における詳細な変化の認識は困難	日本国内全域については、1946年以降について撮影年次の異なる写真があれば可能 短期間に複数回の撮影によって高精度で認識可能	任意の表面標高の変化についてのみ、取得年次の異なるデータがあれば可能 短期間に複数回の取得により極高精度で認識可能
得られない情報の例		三角点や等高線以外の場所の詳しい標高値、地形図に記入されていない地物、動態など	地名、行政区画、構造物管理者、地下構造物など	地物・地被物の種類、地下構造物など 地名、行政区画、構造物管理者など（これらのデータがGISデータ化されていれば対照は容易）
入手可能範囲		全国あり、web版入手可能	全国あり、web版（時期および解像度限定）入手可能	現状では限定的
その他		描画対象に対する誤認情報を含まない	被写体に対する誤認情報は含まないが、特に陰影部などで画質上判別困難な情報を含む	計測対象に対する誤認情報を若干含む

引用文献

秋山幸秀（2005）：LiDARによる3次元データの微地形表現手法—陰陽図—、2005年地球惑星科学関連学会合同大会予稿集、y057-007

Avery, Thomas Eugene (1962), Interpretation of Arial Photographs, Burgess, pp. 33

千葉達朗・鈴木雄介（2004）：赤色立体図－新しい地形表現手法、応用測量論文集、15、pp81-89

千葉達朗（2005）：赤色立体図による新たな地形解析の展開、平成17年度特別講演およびシンポジウム予稿集、日本応用地質学会、pp. 20-29

福井謙三・向山　栄・倉橋稔幸・活断層地形判読研究グループ（2003）：断層地形の写真判読に及ぼす個人差の検討、日本応用地質学会平成15年度研究発表会論文集、日本応用地質学会、pp. 353-356

井上　誠・伊計秀明（2001）：傾斜量図の利用法について、情報地質、Vol. 12、No. 12、日本情報地質学会、pp. 72-73

神谷　泉・黒木貴一・田中耕平（2000）：傾斜量図を用いた地形・地質の判読、情報地質、Vol. 11、No. 1、pp. 11-24

向山　栄（2005）：レーザ計測から得られる細密デジタル地形情報、平成17年度特別講演およびシンポジウム予稿集、日本応用地質学会、pp. 10-19

野上道男（1995）：細密DEMの紹介と流域地形計測、地理学評論、Vol. 68、Ser. A、No. 7、pp. 465-474

太田岳洋（2006）：数値標高モデルによる地形計測の現状と応用例、応用地質、Vol. 46、No. 6、pp. 347-360

日本測量調査技術協会航空レーザ測量WG（2004）：図解航空レーザ測量ハンドブック、日本測量調査技術協会、119p

佐々木　寿・向山　栄（2004）：航空機レーザスキャナDEMを用いた傾斜量の検討、日本応用地質学会平成16年度研究発表会論文集、pp. 337-340

佐藤　久（2001）：立体視と写真判読の歩み、地理、vol. 46、No. 7、特集「立体視ができる」、古今書院、pp6-14

鈴木隆介（1997）：建設技術者のための地形図読図入門　第1巻　読図の基礎、古今書院、p18、p129

田中　靖・大森博雄（2005）：山地の地形計測のためのDEMの解像度に関する一検討、写真測量とリモートセンシング、Vol. 44、No. 1

山口直美（2005）：視覚世界の謎に迫る　脳と視覚の実験心理学、ブルーバックスB1501、講談社、195p

横山隆三ほか（2000）：三宅島10mメッシュDEMを用いた地形主題図の作成、
http://www2.remos.iwate-u.ac.jp/backno/w3home/cool_stuff/htdocs/miyake/index.html

横山隆三，白沢道生，菊地　祐（1999）：開度による地形特徴の表示、写真測量とリモートセンシング、日本写真測量学会、Vol. 38、No1、pp. 26-34

本章の解説で紹介した、地形図や空中写真の入手先・問い合わせ先URLを、以下にまとめておく。これらは時々変更されることがあるが、その場合は、各機関のwebサイトなかで、該当する用語を用いて検索してゆけば、目的の項目にたいていたどり着ける。

空中写真の撮影範囲の確認，空中写真の購入
（社）日本林野測量協会
http://www3.ocn.ne.jp/~rinsokyo/index.htm
（社）日本森林技術協会：空中写真室
http://www.jafta.or.jp/kokusoku/konyu.html
（財）日本地図センター：商品情報　空中写真
http://www.jmc.or.jp/sale/photo.html

空中写真の閲覧
国土交通省国土地理院：空中写真閲覧サービス
http://mapbrowse.gsi.go.jp/airphoto/index.html
国土交通省国土計画局：国土情報ウェブマッピングシステム
http://w3land.mlit.go.jp/WebGIS/

地形図の閲覧，使用
国土交通省国土地理院：地図閲覧サービス
http://watchizu.gsi.go.jp/
国土交通省国土地理院：電子国土
http://cyberjapan.jp/

旧版地形図の謄本申請
国土交通省国土地理院：図歴，旧版地図の謄本交付
http://www.gsi.go.jp/MAP/HISTORY/koufu.html

地図・空中写真・数値地図データの使用に関する申請
国土交通省国土地理院：申請・承認
http://www.gsi.go.jp/sinsei.html

[コラム] 地図と測量の科学館 ～地球ひろば～

津沢正晴

2005年8月24日、首都圏の郊外鉄道としては72年ぶりの新設路線であるTXつくばエクスプレスが開業し、つくば市中心部へのアクセスが格段に便利になった。

筑波研究学園都市が構想された頃は未だ「研究者は世間に惑わされず調査研究に専念すべし」との意識が強かったと思われる。しかし時代は移り、研究者も自らの成果を広く周知し外部の評価を受けることが求められるようになった。各機関とも広報に工夫を凝らすとともに、いくつかは専用の展示施設を設け来訪者を大歓迎している。

つくばセンターから北へ5km、国土地理院の「地図と測量の科学館」もそのひとつだ。

正門の前に建つ倉庫然とした外観の本館に入ると、各展示室や地図類から専門書まで取揃えた売店などがあり、それだけでも十分に楽しめるが、野外展示をぜひ観て欲しい。空中写真撮影に使った航空機や三角点などの標石類を従えて、巨大な地球儀の一部が地面から顔を出している（図-1）。

頂部の高さが約2m、半径約11mの球面状の小山に20万分の1地勢図の画像や同一縮尺に投影した周辺国の海岸線を焼き付けたセラミックプレートを敷きつめ、つくば市を頂点に半径約2200kmの範囲を示したものだ。この上に立って見下ろす地図は、縮尺比から、高度約350kmの軌道上にある国際宇宙ステーションから見下ろした地表に相当する。

北海道の上に立ってみよう。サハリン弧と千島弧とが道央で融合している様子が判る。

九州の上に立ってみよう。韓国が目の前に迫っている。中央構造線が足元の佐賀関半島から東へ延び、東京は更にその向こうある。

最南端の沖ノ鳥島または最東端の南鳥島の上に立ってみよう。300kmの高度をもってしても、本州の大半は水平線の彼方だ。

第一宇宙速度約8km/sに相当するのは毎秒4cm。この早さ（遅さ？）で地図上を渡り終えるには10分近くかかる。

珊瑚礁に彩られた亜熱帯の海から流氷が押し寄せる亜寒帯まで、緯度で25度7分57秒、経度で31度3分10秒、時差にして2時間の領域にまたがる日本の国土の広さ、多様さを実感していただきたい。

図-1 地球ひろば.
右後方が「地図と測量の科学館」の本館、左後方が測量用航空機「くにかぜ」（先代）。
(c) Geographical Survey Institute

地図と測量の科学館	所在地：つくば市北郷1 開館時間：9時30分～16時30分 休館日：月曜日（月曜日が休日であるときは火曜日）、月末の火曜日、年末年始（12月28日～1月3日）

1.3 地すべり・崩壊地形の航空斜め写真撮影技法

1. はじめに

大規模な地形災害すなわち地形のカタストロフィックな変化を的確に捉えるためには、航空機から撮影された鳥瞰画像(写真-1)を地形学的な視点から理解することが理想である。それは、今後発生するやも知れない地形災害の迅速な現状把握にも当てはまるものである。とりわけ現実の地形災害に日々対応を迫られる斜面災害対策に従事する技術者にとっても貴重な情報となる。

しかし、地形災害現場の状況写真は、ヘリコプターや単発小型機のパイロットや航空会社職員によって提供された画像であることが多く、地すべり技術者自身の手で撮影されたものを使って解析した例は少ないと考えられる。また、技術者が空中斜め写真撮影のチャンスを得たとしても、航空機の移動速度や運動特性および撮影のこつを理解していないと、その絶好のチャンスを有効に使いこなせないことになる。

写真-1　2004年7月の徳島、阿津江地すべり

現状の的確な把握には、斜面災害の本質を探ろうとした目でもって撮影された画像を使って、それらを読み取ることが肝要である。ここでは、我々のこれまでの写真撮影の経験に基づいて撮影技法や留意点などについて述べて見たい。

2. 写真撮影までのプロセス

(1) 航空機のチャーター

a. ヘリコプター

災害写真撮影で最もよくチャーターされる航空機は、ヘリコプターであろう。ヘリコプターは、谷の中に入って航空法が許す範囲で対象に近接しながら写真が撮影できることや、空中静止・ホバリングが可能でその場で方向を容易に変えられる。このため、対象と太陽の関係を現地で見ながら絶好のポジションを確保できる点で、ヘリコプターは空中写真撮影には最も適している。ほとんどのヘリコプターは、ターボシャフトエンジンを装着していることから、高度的に日本国内の山岳地域なら運用上は問題ない。レシプロエンジンのロビンソン社製では多少の制限が予想される。ただし、ヘリコプターのチャーター料金は、小型のベル・ジェットレンジャーやアエロスパシアル・エキェエイル(AS350)クラスで1時間30万円前後かかる。ヘリの常駐する飛行場(ヘリポート)から撮影現場までのフェリー時間を含めると一回の撮影で最低でも50万円以上かかることを覚悟しなければならない。

b. セスナ

小型固定翼機にはさまざまな機種があるが、地方の小型機の運航会社が使用する機体は、セスナ社の機体がほとんどである。これは、セスナ機が手頃な機体価格で、なおかつ高翼機であることが写真撮影に向いているからであろう。セスナ機の場合、高度的に海抜2000m程度の山岳地域なら最も小型の172型で十分である。北アルプスや南アルプス主稜線を主な撮影対象とする場合は、夏場

であればより出力が大きく上昇性に優れた182型機が適している。

　ヘリコプターに較べて固定翼機の場合、小さな谷の中に入り込むことはできない。特に下降気流が発生している風下側では稜線よりも下に入ることは危険である。その点で撮影対象が限定され、狭く深い谷の谷底付近にある対象は接近しにくい。ただし、新潟県中越地震被災地のような丘陵地域では何ら問題なく撮影できた。セスナ機の最も優れている点は、チャーター価格が1時間8万円弱で利用しやすいことと、滞空時間が最大で5時間あるので、より広域的にさまざまな撮影ポイントを設定しながら、それらをつぶすようにクロスカントリーして撮影することができることである。たとえば、四国程度なら10カ所以上の撮影地点を設定して、1フライトで四国一周が可能である。

c. チャーターの方法

　セスナを運航している航空会社は、地方ならほとんどの主要空港や小型機専用飛行場にあり、インターネットで検索すれば見つけることができる。料金的にも全国ほぼ共通している。

　ヘリコプターは、仙台、新潟、福岡などの拠点空港や丘珠、調布、小牧、八尾、西広島などの小型機専用飛行場、および東京、大阪など大都市内のヘリポートに運行会社がある。ただし、ヘリコプターの場合、当該飛行場にパイロットが常駐せず、撮影飛行の際に本社から出張してくる場合がある。

　回転翼、固定翼機の選択をして、目的の被災地あるいは撮影対象の地すべり地形、山体崩壊地形に最も近い空港の運行会社を選ぶ。その際、飛行場へのアクセスもその選択条件になることがある。例えば、東京からの早朝便を利用して朝9時に現地空港を飛び立つことができれば、現地で天候を見ながらやきもきして、現地で待機することもない。あるいはヘリ、セスナの飛行速度は毎時200km程度なので、現地まで200km離れていても1時間の移動時間(往復2時間)と現地上空1時間で3時間程度の飛行となる。例えばこの距離は、関東なら筑波に近い阿見飛行場から新潟県中越地方までの距離となる。

(2) 撮影計画
a. 飛行ルートの作成

　運行責任者との飛行コースの調整を事前に行う必要がある。1/20万地勢図に飛行コースと撮影ポイント、および撮影ポイント上空での滞在時間を記して送付しておけば、パイロットは航空図(1/50万あるいは1/25万)をもとに飛行時間を概算し、滞空時間内で飛行可能か否か途中給油が必要かを知らせてくれる。予算との関係もあるので、そこで撮影ポイントの適否を検討することになる。もちろん、最終目的の地形対象以外にも、その経由地点に地すべり以外の撮影対象を仕込んでいくことは当然である。飛行ルート上にある教科書的な地形景観の有無は、東大出版会「日本の地形シリーズ」、同「日本の活断層」、日本地すべり学会編「Landslide in Japan」、防災科学技術センター「地すべり地形分布図」などで確認するとよい。

b. 撮影日時の設定

　緊急の災害写真撮影とは異なり、既存の地すべり地形や山体崩壊地形について撮影時期を決めることは、最良の画像を撮影したいことから悩ましい問題となる。特に山岳地域の場合、早春期には残雪だけが目立つことになるし、大都市圏に近い地域では、いわゆる春霞で切れの悪い画像しか得られないことが多い。季節的には梅雨入り前(本州では5月後半から6月前半)の大気が安定している。特に前線通過後の移動性高気圧の張り出し時は、大気中の塵が落ちているので視程が得られて切れの良い写真が得られる。各地域で天気の過去30年間の記録から作られた、晴れやすい日が示された天気暦を参考にして、撮影日を選ぶことが重要である。また、東北日本北部、北海道太平洋岸では、ヤマセのために天気予報では、空港周辺が曇りの予報でも山地上空では晴れることがある。秋は9月半ばから10月初旬も快晴が現れやすいので、撮影には最適の期間である。10月の後半以降、緩

くても冬型の気圧配置になれば、山岳地域では主稜線付近に雲がかかってくるので、撮影には不向きになってくる。長期の資料を基にした天気暦がない時は、資料を自分で集めなければならない。表-1は、2005年7月に実施した知床半島主稜部のサギング地形撮影日設定のため、環境省の公園管理事務所が設置したライブカメラの記録から、羅臼岳が海岸線から見えた日の映像のうち午前10時頃のものを過去3年間にわたって収集したものである。7月後半道東沿岸部は濃霧に覆われることが多いが、下旬から8月初旬にかけて5日前後に1日晴天が現れるように感じられた。そこで設定期間内に撮影できればよいことを前提に、日程設定を行い現地に向かった。その結果、移動日を含め当初の2日は濃霧で完全待機であったが、3日目に快晴日が現れた。このように、1日だけ撮影日として指定しても最良の撮影日となることはまずない。従って、5月末頃なら前線と移動性高気圧の入れ替わりが数日であることから、予備日を併せて3日間程度を設定しておかなければならない。航空機のチャーター料金は、実際の飛行時間に対するチャージなので、運行会社の日程が許す限り予備日を設定しておくのが賢明であろう。つまり、飛行場待機を最初から前提として計画を立てなければならない。

表-1 知床地方における2001〜2003年の天気

	2002	2003	2004	2005	備考
7月20日	4	5	4		
7月21日	5	5	5		
7月22日	5	4	1		
7月23日	5	4	1		
7月24日	5	4	2		
7月25日		5	2		
7月26日		4	2		
7月27日	2	4	5	5	現地入り
7月28日	2	3	5	5	待機
7月29日	4	1	1	1→2	実施日
7月30日	3	5	5	2	予備
7月31日	4	3	2	5	予備
8月1日	3	4	4		
8月2日	2	5	5		
8月3日	5	5	5		
8月4日	2	1			予備日
8月5日	5	2	1		
8月6日	3	5	4		
8月7日	1	5	5		
8月8日	5	4	2		

1	快晴	2	ハレ
3	高曇り		
4	曇り		
5	霧		

（3）撮影飛行の実行

a. 天候調査

撮影飛行予定日が近づいてきたら、対象地域について週間予報で天気予報のチェックし、撮影日の状況予測を行う。高層天気図が、気象予報会社によってはウェブサイトで閲覧できるので、気圧の谷の通過時期と撮影時期が重ならないかチェックして、航空会社の運行責任者等と意見交換を進めておく。航空会社では気象予報会社と契約しているので、長期の高層天気図予報図をもとに撮影日当日の天候を検討してくれる。特に前日からの移動が必要な場合は、現地空港に向けて出発するかどうかを決めなければならないので切実な問題である。通常前日夕方には確度の高い予報から決行か否かの結論が出されるので、移動はそれからになることが多い。

撮影日当日、空港が晴れていても山地内は雲がかかったりしていることがある。そのため、インターネットのライブカメラを使って撮影地に近い地点の状況から、撮影地点の状況を推定して決行するか否かの最終的な判断を下すこともある。また、晴天が数日続いたあとが撮影予定日である場合、当日晴れていてもドンヨリとヘイズがかかっていることが多い。これは大気中に塵や水蒸気あるいは排気ガス等の排出物質が下層に滞留してしまったことによるものである。そのような場合、撮影地点が空港よりも高い位置にあれば、滞留層上面を抜けて視程が回復することがある。しかし、高度的に変わらない場合は、解像度の良い画像を得ることは難しい。また、雲が点在する場合、撮影対象の地形的広がりがあれば、雲の影が対象地形内にまだらにつくことから、画像の絞り値決定が難しくなる。撮影条件としては薄い高曇りの方が好ましいこともある。それらを考慮しながら、

飛行決行を決断することになる。空港周辺が晴れていれば航空会社の人は、営業面からその当日の飛行を進めるであろうが、山地内では状況が異なっていることが多い。このため撮影飛行は、延期する限り料金はかからないので、その日は断念した方がよい。

b. 撮影対象への飛行

飛行ルートを指示したら、撮影地点までパイロットが連れて行ってくれると考えてはいけない。プロのパイロットは、飛行中の位置を航法援助施設からの電波信号や飛行速度・進路から主に位置判読し、高く大きな山、湖、高速道路などのランドマークを補助的な地文資料として判断している。このためたとえ有名な地すべりがある山でも、普通の人にとってはただの山であることが多いので、その詳しい位置までを知っている訳ではない。このためピンポイントで対象を撮影するためには、撮影者がナビゲーターとして的確な進路を指示する必要がある。また、飛行時間の節約を考えれば、上空で撮影地点を探し回ることの無いよう、あらかじめ撮影地域周辺の地形概観と、ランドマークとなる事物(山、湖、川、駅、線路、高圧線)を、イメージトレーニングしておく必要がある。特に初めて訪れる地域であれば、なおさらそれが求められる。

対象地形に対する接近、進入ルートも、対象地形と写真窓(写真 2)の位置関係を意識して、設定する。また、一つの撮影地点が終了すれば、次の撮影地点にどの方向に機首を向けさせるかを躊躇無く指示しなければならない。そのために、撮影地点周辺は1/5万地形図を使って、対象地域の地形をよく読んでおかなければならない(図-1)。またそういったランドマークや現在の撮影地点からみて次の撮影地点が磁方位でどちらにあるか、さらにはどの程度の時間で到達できるかを地図上に記しておくと、次の一手が出やすい。従って、ここで留意しておかねばならないのは、撮影はナビゲーター役と撮影者の2名が必要になることである。これは、ヘリにしてもセスナにしても写真窓がパイロットの後席に設定されていることから、撮影者はそこから目標物を的確に捉えることが難しいからである。ナビゲーター役は、写真撮影よりも目標捕捉に集中しなければならない。もちろんナビゲーター役も目標上空での旋回中に撮影チャンスはあるので完全に黒子に徹する必要はない。ただし、ナビゲーター役は操縦パネルに示された方位計、高度計(フィート表示)および大気速度計(ノット表示)を読みとることは必要であろう。たとえば航空図を使用し、経度1分が1海里(ノーティカルマイル)であることを知っていれば、速度計から目的地までの到達時間を予測することが容易となる。

パイロットには、我々が何を撮影しようとしているかを理解してもらう必要がある。地すべり等の地形は、斜面の地肌がでているのでそれらが対象であることをまず説明しておくと、コミュニケ

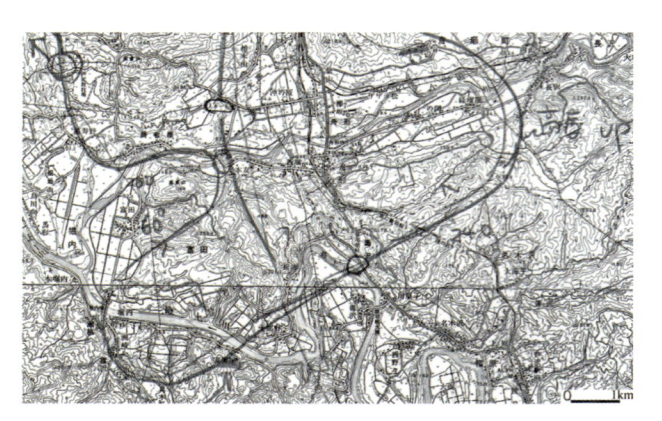

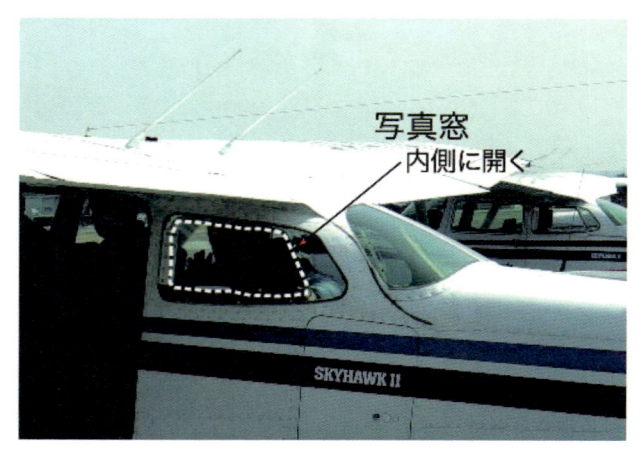

図-1　1/5万図上に記入した飛行ルート(山形県新庄市南部)

写真-2　セスナ172型機と写真窓の位置

ーションが取りやすくなる。たとえば「2 時方向のはげた茶色の山肌のところ写真を撮りたい」と言えば、パイロットはサムアップ・了解してくれる。また、撮影中高度を変えたり、進路変更あるいは機体を左右に傾けたりすることは手信号で伝えることもできるので、事前にパイロットと打ち合わせしておけばよい。

　GPS を機体に設置して、リアルタイムで位置を把握したり、飛行中の現在位置を GPS と連動したパソコン上で表示し航跡を記録することもできる。我々の撮影では 1 回のフライトで 2000 枚から 3000 枚の写真を撮影するため、その整理や撮影場所の記録が大変である。デジタルカメラは、時計を内蔵していることから GPS の航跡記録と時間で同調させることで、撮影地点を飛行後に特定できる。そこで我々は、ハンディーGPS を持ち込み航路の軌跡を記録するとともにデジカメに記録された撮影時刻をフリーソフトウェアー「カシミール3D」上で照合して撮影位置をピンポイントで把握している（図-2）。特に災害後の緊急撮影で、崩壊斜面の位置があらかじめ判っていない場合、飛行後対象地形がどこにあったかを特定する際に、極めて有用である。その際、問題となるのがパソコンの電源である。そこで、操縦席にあるシガレットライターから 12V 電源をとり、変圧器を通してパソコンに流すことができる。そのためにはあらかじめ航空会社と連絡してシガレットライターの有無、変圧器の有無を確認しておくことが求められる。電源が取れない場合は予備のバッテリーを用意することが必要なる。

c. 撮影機材

　撮影者はスチールカメラ、ビデオカメラのいずれかを使用することになるが、せっかく飛行機に乗ったのだからということで両方を使おうとすることが多い。しかしビデオカメラによる撮影は、同じ撮影対象一点に 3 秒間以上焦点を合わせて連続的に撮影し続けなければ映像資料として落ち着かないものになってしまうことから、ビデオ、スチールカメラを併用することは避けた方がよい。逆にスチールカメラは、焦って連写しすぎるので、あらかじめイメージしていた構図がくるまでじっくり待って撮影した方がよい。その点、スチールカメラは時間に余裕があるので、レンズの異なるカメラを数台使いこなすことは可能である。

　撮影した写真をどの様に使うかによっても撮影機材の選択が求められる。学会発表や論文や研究報告に掲載するなど一般的な利用を主目的にするのであれば、スチールカメラの場合、最近ではデジタル一眼レフカメラが最適であろう。各種の大口径で高性能の交換レンズが用意されているので高い画質の画像がえられる。またレリーズを押し下げてシャッターが切れるまでのタイムラグが短く、連写もかなり早いので好機を逃さず撮影ができる。機内からの撮影は一般的に手持ちで行なうが、構えた際の安定性が高いことも利点である。さらに撮影条件（撮影時刻、焦点距離、シャッタースピードなどが記録される）が自動的に記録されていることも大きな利点である。デジタルカメラの場合、バッテリーと記録媒体は余裕を見て持ち込む必要がある。またできればカメラも 1 台だけではトラブルを生じた際にはどうしようもないので、予備カメラとして最低 1 台は用意したい。

　デジタルカメラもかなり高精度化したが、拡大した際の細部の描写についてはまだフィルムカメラの方がすぐれているので、撮影目的によっては

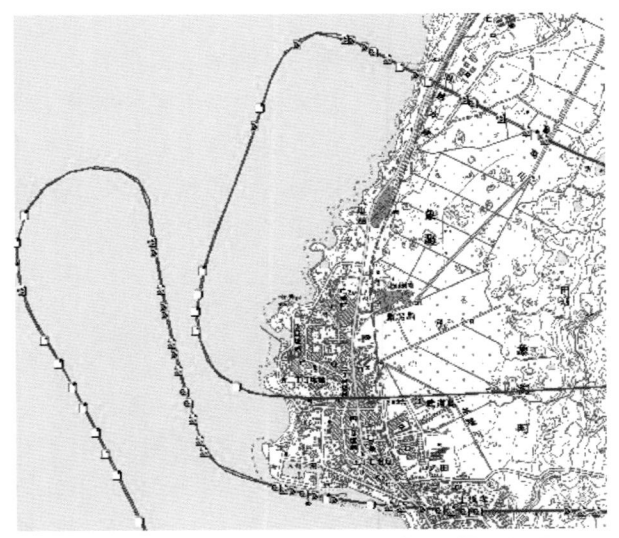

図-2　撮影飛行の軌跡と写真コマごとの撮影位置（象潟周辺）

35mm フィルムカメラや手持ち可能な中版カメラなどを用意し、これはという撮影対象についてはフィルムで押さえておくことも一考すべきである。特に連写性には劣るが、ブローニーサイズのパノラマ写真機では迫力のある画像を得ることができる(写真-3)。

空間的に広がりがあり立体感のある地形写真を得るためには、対象にできるだけ接近して、なおかつ地形全体が一つの画面に入るように撮影しなければならないので、必然的に広角～標準をカバーするズームレンズ(例えば、35mm カメラで24-70mm)が使いやすい。

写真-3　鳥海山と流山地形群　(ブローニー版パノラマカメラで撮影)

d. 撮影

飛行機といえども、撮影時の飛行速度は時速120-150km で撮影対象に対する比高、距離がある程度あることから、撮影対象は猛スピードで機窓から流れ去っていくものではない。空撮は決定的瞬間をとっさに撮るというものではない。一般的には対象に接近していく際に周囲を含めて全景を押さえておくとよい。撮影対象は、イメージされた飛行コースに沿ってゆっくりと近づいてくるので、シャッターは待ちかまえるようにして余裕を持って押せばよい。空撮が初めての人は、その感覚に慣れないので、ベストポジションに来た時に、フィルムが切れてしまっていたという笑えない事態が起こったりする。デジタルカメラでも連写性が劣るものは、カメラがスリープ状態に落ちてしまわないように気をつけながら、むやみやたらに撮影しないほうがよい。できれば立体視できるように、同じ焦点距離で同じ構図で2～3秒の間を空けて2枚撮っておくとよい。対象から遠ざかる際にも全景を撮ることを忘れずに押さえておく。

立体感のある画像を得るため撮影は、滑落崖あるいは断層崖に影がでるような時刻を見計らって飛行時間を設定することが肝要である。しかし撮影は1カ所だけではなく、10カ所以上を数時間にわたって実施するため、常に理想的な影が得られる訳ではない。そこで、水平線を画面内に入れながら対象地形を水平線に対して30度以下で見下ろせるような飛行を心がける。すなわち、対象地形に対して少し高い位置から撮影するように飛行高度を設定する。高度を取りすぎると立体感が得られにくくなる。また、地すべり地形の急な滑落崖と緩やかな移動域の地形縦断形の変化がイメージしやすい画像を得るために、滑落崖や尾根に直交、あるいは斜行するように進入する。北向きの滑落崖も逆光になりやすい。このため太陽が斜め後ろに来るように、滑落崖に斜行するようなコースをとれば、逆光を避けながら滑落崖に影がついた画像を撮影できる。旋回時は、機体が傾くので必然的に撮影角度が深くなる。従って、対象地形について何回か撮影を繰り返す時は、撮影時には機体を水平にもどせるように早めに旋回を終了し、撮影コースに再侵入できるようにパイロットに指示を出す。周辺の山地地形に対して対象が異常地形であることを認識しやすくするためには、画面

上部に水平線が入るように、かつ対象が画面中央に来るようにやや浅い角度で撮影できるような飛行高度あるいは水平距離を指示する。

　影を出すには太陽高度の低い早朝、夕方がよいように思われるが、谷の中の地すべり地形では逆に、地形内に光がささないこともある。実際は、飛行場の運用時間が午前8時以降であったり、有視界飛行の小型機では日没前に飛行場に戻らねばならないので、撮影時間は限られてくる。山地内での撮影では、5月後半で午後3時〜4時にかけてのやや低い太陽高度にある時が、光のコントラストが強く、しかも影が出やすい(写真-4)。しかしその時間帯、平野部ではヘイズが強く表れることから撮影がしづらくなってくる。筆者らがおこなった鳥海山や月山周辺の地すべり、崩壊地形の撮影では、たまたま明け方に前線が通過し、午後から天候の回復が望めたことから、目的地に午後2時半以降に到達するように飛行プランを立て、それまで待機したこともある。

　撮影時に常に大気の透明度、視程が最良の状態であることは稀である。大気の状況は時間とともに場所によって変化するので、常に同じ状況下で撮影できることはない。ヘイズがかかっている状況でも、太陽を背にする限り散乱光を押さえられるので、対象地形と太陽との位置、そして地形縦断形が最もよく現れる位置を判断して飛行コースに修正を加える。カメラ、レンズなど撮影機材の特徴も判断要素であることは言うまでもない。以上のコース取りは、ナビゲーターとして、写真窓のある後席に座る撮影者が常に最良の撮影ができるように心がけねばならない。

　撮影時に最も起こりやすいことは、手ぶれである。特にシャッターを押した瞬間に機体が押し下げられるような逆Gがかかると、大きくぶれたりシャッターそのものが押せなくなったりする。撮影時カメラを支える手はカメラを意識的に押し上げるような対応をすると、手ぶれを押さえながらシャッターを切ることができる。

　山地斜面はほとんど森林で覆われるが、緑は露出計では暗めに評価されるため、結果的に目標が露出過剰となりやすい。従って、露出値はあらかじめ 1/3〜2/3 絞りアンダーに設定すると適正露出が得られる。また、露出を絞り気味にしておくと、あとから増感等の処理が可能なので適応性が広くなる。さらにデジタルカメラの場合、ホワイトバランスの調整に配慮する必要がある。天気や撮影時間で色温度が変化するからである。デジカメのメニューにお天気マークの設定があれば、撮影地点と空の状況から常に適正な撮影条件への変更を心がける。

写真-4 鳥海山北面のカルデラ・滑落崖

（4）その他
　写真窓のある後席の撮影者には問題ないが、ナビゲーター役も写真を撮りたいことにはかわらない。ナビゲーターはパイロット(固定翼では機長が左席、回転翼では機長が右席で操縦する)の横に座るため、写真窓がない。あるいはヘリコプターの風防ガラスは球面であるため、写真撮影の際自分の衣服の影が窓に反射して満足な画像を得られないことがある。そのため、ズボンも含めて反射しにくい黒か紺系統の衣服を着用することで満足な

撮影環境を確保できる。

　暖房装置が付いているとは言え、撮影窓を開閉することで春先、秋口には機内は寒くなることがあるので、膝掛けや防寒具を持っていると寒さをしのげることになる。一度飛び上がれば4時間以上機内で座りっぱなしになることから、飛行前の水分は控えめにしておく。また、空腹感を感じたりするので、アメやガムの類を持っていると一心地つける場合がある。飲み過ぎに気をつける必要があるが、気分が悪くなったりすることもあるので、ペットボトルの飲料水等を用意しておくとよい。酔って気分が悪い場合のために、定期便の座席においてあるエチケット袋もカメラバックに忍ばせておくことも忘れずに。

　空中斜め写真撮影は、飛行機をチャーターしなければできないものではない。飛行機を利用した旅行が日常化してきていることから、定期便の機窓からもチャンスに巡り会えれば、すばらしい地形写真を撮影することができる（桑原ほか、2000）。

写真-5　山形発・羽田行き定期便の機上から撮影した蔵王連峰

　蔵王連峰は線状に火口が並んだ火山列で稜線で、主稜部に溶岩の堆積面が作る緩傾斜面が広がっている。画面左・中央のスキー・ゲレンデがいくつも開かれている部分がお椀状の広い谷地形を呈していることに気が付く。これは、火山体の水蒸気爆発によって形成された巨大な山体崩壊跡で、さらにその上部には二次的に形成されたと考えられる滑落崖が連続する影として映し出されている。須川泥流（約10万年前は、山体崩壊に伴って、画面左中央から画面中央下に流れ下った。

定期便の場合、事前に座席が指定できるようになってきたが、当日の離発着コースが風向きによって変更され、着陸、進入方式が、空港ごとにいくつか設定されているので、撮影したいと思った対象が、その座席位置から思い通りの天候下で撮影できるチャンスに巡り会えることはそうそうない。ただし、偶然を逃さない努力は必要である。目的地までの飛行方向と時刻によって撮影に適した窓側が決まってくる。その季節に卓越する風向を考え、それに対応した出発進入コースに合わせて、機体の右あるいは左手の窓際をアサインしてもらう。巡航高度からの撮影であれば、逆光にならない側の窓際を確保する。この空港ならこの地形が撮れるはずであるという信念で、しつこく同じ座席を確保してねらい続けていれば、いずれそのチャンスは訪れてくれる（写真-5）。

　航空機は騒音関係で離陸時には高角度で上昇するので、シャッターチャンスが現れる時間は限られ、空港直近での撮影スポットに限られる。巡航高度での飛行中は山地、盆地列、カルデラ等の大地形がねらい目である。着陸時は、最終の進行降下角が3度でゆっくりと距離を稼ぎながら降下するので、空港周辺の広い範囲でシャッターチャンスが現れる。このため空港ごとに定められた出発、到着コースが記された空港着陸コースマップを用意していずれのコースを辿るとしても良いように心構える。とは言え、特に羽田空港の到着方式はその日、当該時刻の空路の混雑加減で刻一刻変更されているので、予定していたものを撮影できるとは思ってはならない。逆にいつもは見られないものを探し出すことが必要である。また、その日の出発、到着方式についてキャビンアテンダントに尋ねても、そこまではコクピットクルーからは知らされていないので余り聞かない方が良い。ただのオタクと思われるだけである。

　　　　　　　　　　　　（八木　浩司、井口　隆）

参考文献

桑原啓三・上野将司・向山　栄（2000）：空の旅の自然学、
　　古今書院、151p

第2章　地すべり

中越地震で大きく移動した塩谷集落付近の地すべり。明瞭な滑落崖と山向きに傾斜変動した地すべり頭部の状況で、下の写真は地すべり移動土塊の主要部の全景

［上野将司　撮影］

2．1　開析された地すべり地形

1．課題

地すべり地形を抽出するにあたって注意しなければならないのは、地すべり地形を特徴づける地形要素を必ずしも備えていない地すべりがあることである。一般に、地すべり多発地域においては、大小、新旧の地すべりが重なり合い、複雑な地形を呈している。また地すべり地形のなかには、開析されて初期の姿をとどめていないものも少なくない。

この課題では、開析された地すべり地形を、地形図と空中写真から抽出する。そしてその際に、地すべり分布とその形成過程を、どんな点に着目して推定し記載するかについて検討する。

2．対象地域の特徴

図-1 の地形図の中央部には、この地域を東西に横切る道路がある。この道路を改良するための工事がなされた際、道路の平面形がW形をなす地点で開削された東西方向の切土のり面に、岩盤ブロックをふくむ地すべり移動層と考えられる地層が出現した(写真-1、写真-2)。この地点の周辺は小規模な水系が入り組んだ地形を示しており、図-2 に示すような典型的な地すべり地形はみられない。地すべり移動層と考えられる土塊はどのようにもたらされたものだろうか。

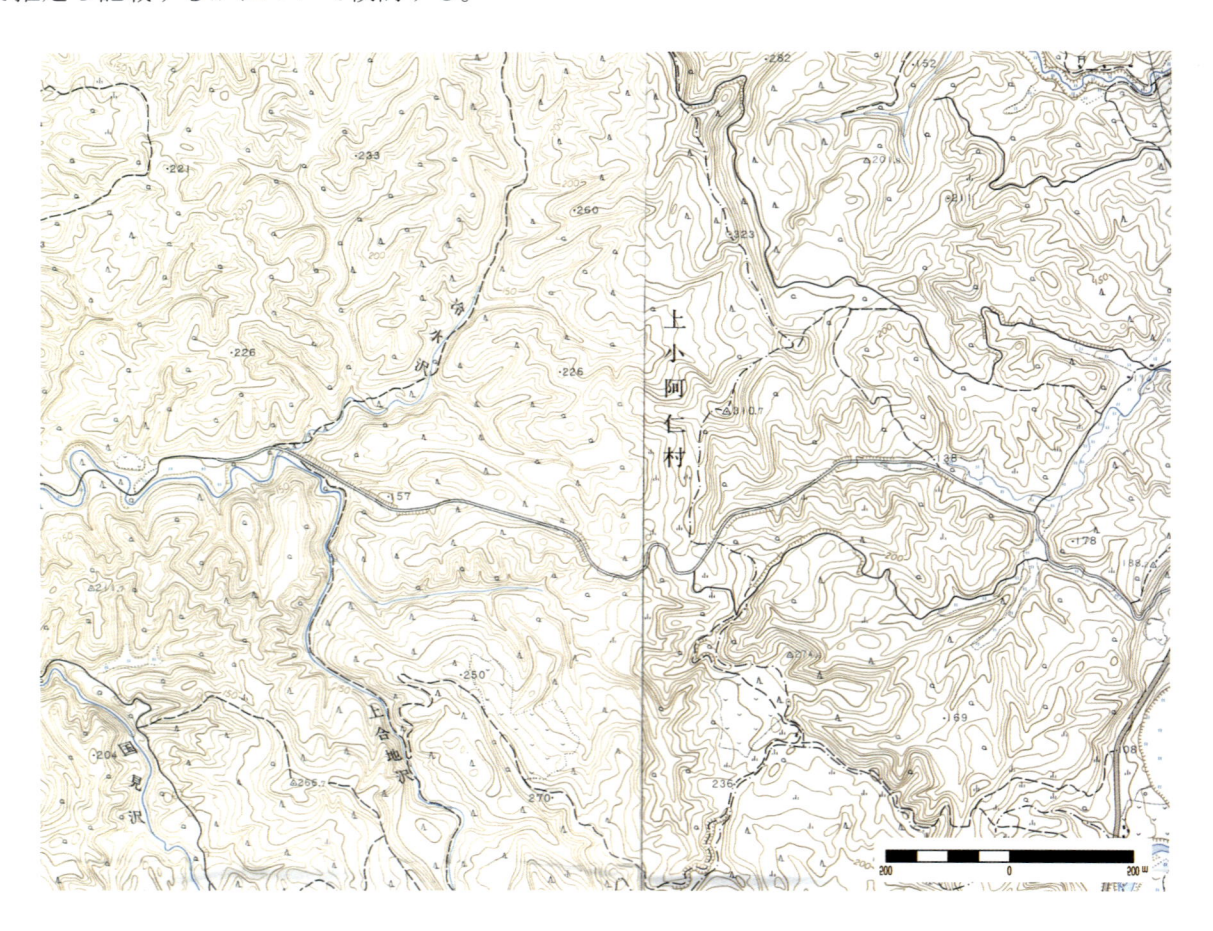

図-1　判読対象地周辺の地形図（1：25,000「沖田面」「阿仁前田」）

写真-1　南向きのり面に出現した地すべり移動層の断面　（黒破線はすべり面の位置）

写真-2　西向きの旧道のり面における地すべり移動層の一部（写真1の左端部に直交）

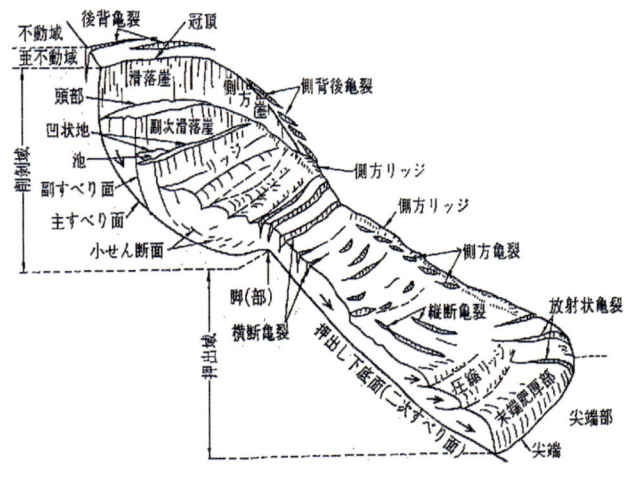

図-2　典型的な地すべり地形の特徴と種々の微小地形の名称（大八木原図）

基礎知識
　図-2に示すように、大きく滑動した地すべり地は削剥域と押出域に区分され、頭部の滑落崖や陥没凹地、側方の亀裂や崖、末端部の圧縮リッジなど、それぞれ特徴的な微地形を伴う。
　地すべり地形は時間の経過とともに侵食作用により開析されて不明瞭になる。

3．空中写真判読

　写真-3は対象箇所の空中写真であり、図-3は空中写真の実体視ができる範囲を記入した地形図である。この空中写真を用いて、地すべり地形を示唆する地形的特徴を判読し、それらを地形図に記入してみよう。またその地すべりの周囲にも注目し、地すべりの形成に関わったと思われる地形についても記入してみよう。

62　第 2 章　地すべり

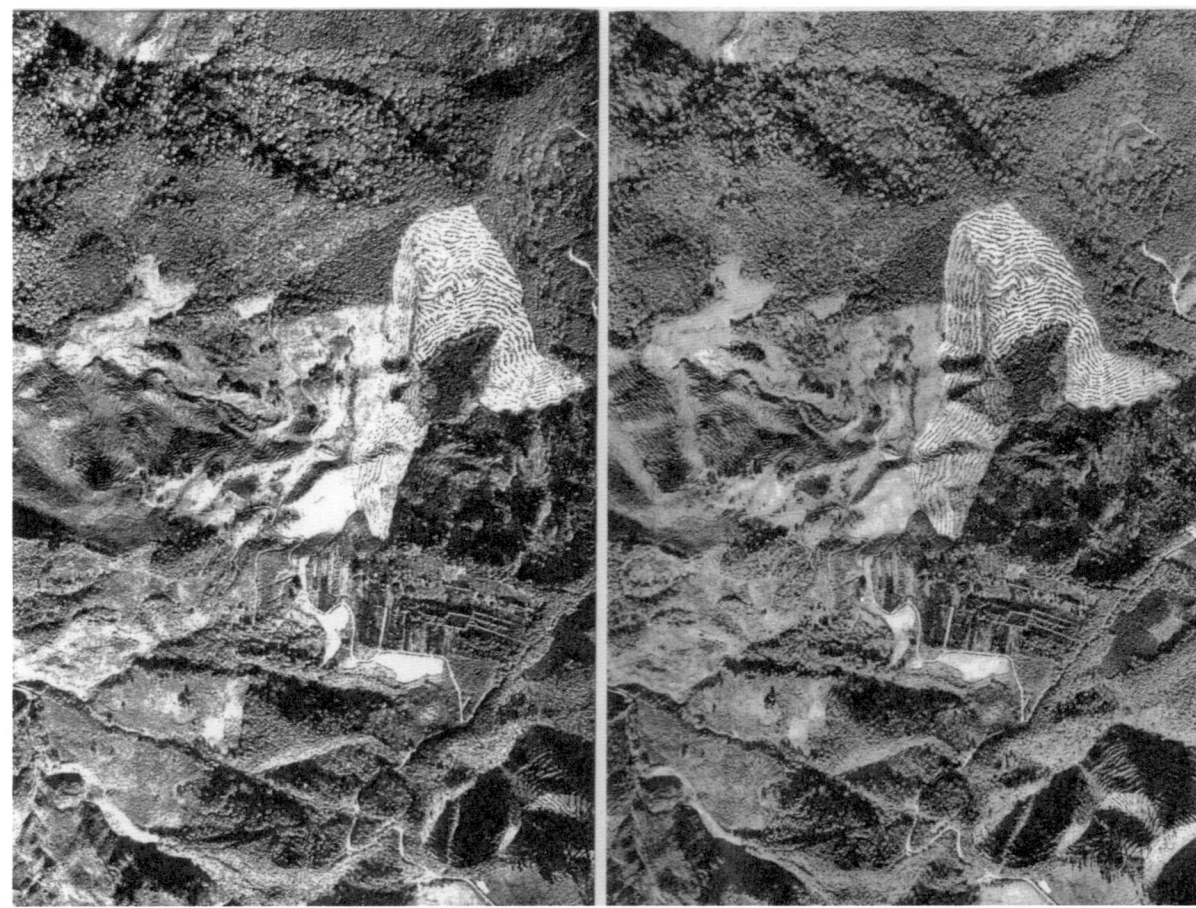

写真-3　判読用空中写真（C TO-75-23 C10B17, 18）

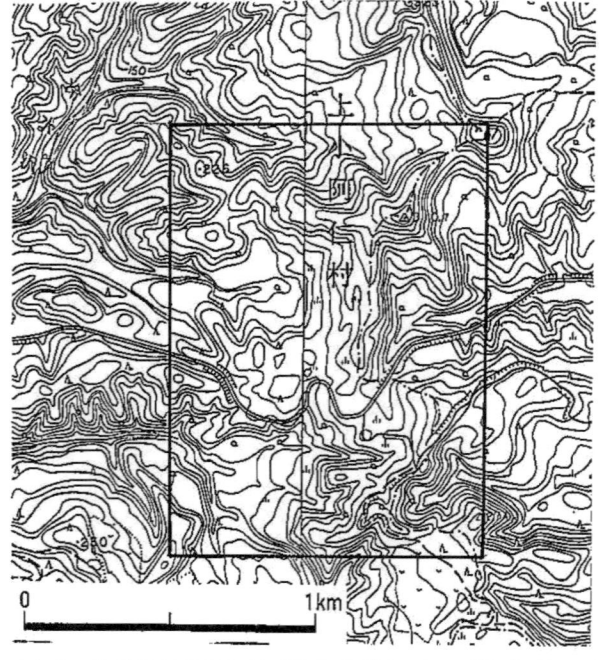

図-3　作業用地形図（1:25,000「沖田面」「阿仁前田」）

4. 判読結果の記載

ここでは4人の判読者（A、B、C、D）による判読記載例を用いて説明する。それぞれの判読者がどのような要素に着目し、どのような用語を使って記載しているかに注意したい。

（1）判読者A

南北に走る尾根沿いの両側斜面には大規模な岩盤すべりによる地すべり地形が形成されている．地すべり地形の特徴は次のとおりである。
①地すべり地形Aは、地すべり土塊頭部に緩傾斜地が広く分布する。その末端部は侵食が進み急傾斜となっている。一部に二次すべりブロックが形成されている。
②地すべり地形Bには二重山稜が形成されており、明瞭な溝状凹地が発達する。この二重山稜は円弧状をなしており、南側への凹地の延長は小支系となって西に流下する。岩盤すべりによって形成された溝状凹地と、下流からの侵食によって上方に発達した水系が合体したものと推定される。
③地すべり地形Cは尾根部の末端部に位置し，地すべりブロックが谷部を埋積した形態を示す。地すべりブロックの侵食は少ない。
④河道沿いには小規模な地すべり地形が存在し、河道への押し出しによる流路の曲流が顕著である。

（2）判読者B

当地域は開析を受けた古い大規模地すべり地形であり、その解体の変遷過程は次のように推定

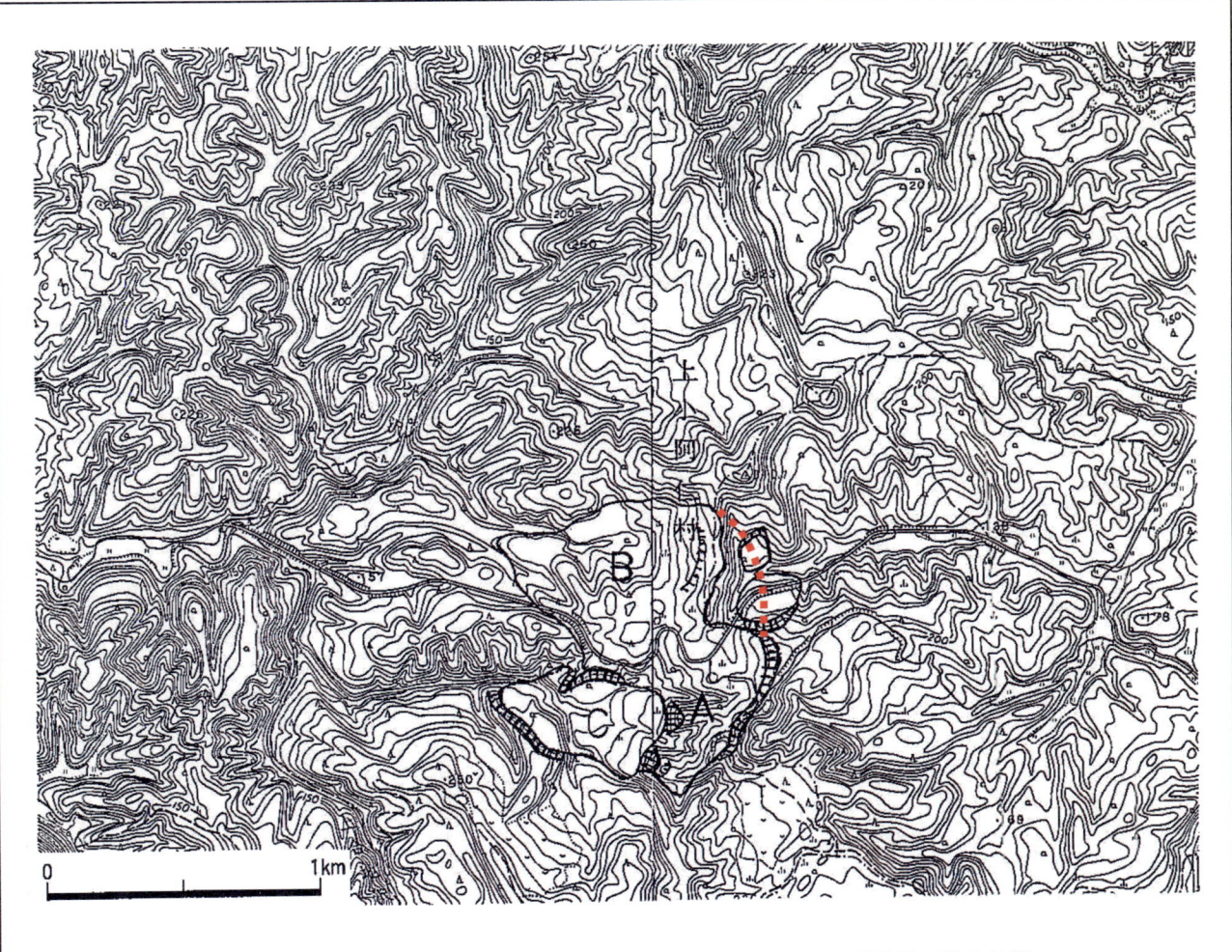

図-4 地すべり地形の判読図　　赤破線は滑動初期に生じた旧滑落崖の推定位置

①はじめに地すべり地形A、Bを一体とする大規模地すべりが発生した。この滑落崖は地すべり地形Aの滑落崖として残っており、北への延長は地すべり地形Bの東側まで連続した可能性がある。
②その後、地すべり地形Bの背後（東側）からの侵食により地すべり地形Bの滑落崖が失われ、地すべり地形A、B地内での開析も受ける。
③地すべり地形Aの下半部で地すべりが発生する（地すべり地形C）。
④地すべり地形Bの侵食が進み不安定化して、頭部に二重山稜を形成する地すべり地形が発生する。
⑤最終的に現在の下刻侵食により、地すべりB、地すべりCの開析が進み、地すべりブロック内で崩壊や小地すべりが発生した。

（3）判読者C

地域全体が、基本的には古い大規模な地すべり地形と考えられる。最初の滑落崖は、東側からの河川の侵食により失われ、現在は見ることができない箇所がある。
①地すべり地形A
滑落崖は2段認められ、斜面上部のものはより開析が進んでいる。西側（斜面下方）の滑落崖は二次的に生じたものでより新しい。
②地すべり地形B
地すべり土塊の大部分は開析されており、特に北側において著しいが、地すべり地形Aとの境界には残存する。P地点に見られるのはこの土塊の一部である。地すべり地形Bの土塊の一部は、地すべり地形Aの土塊が侵食された空間に入り込んだと推定される。その際、一時的に河川閉塞が生じ、湖沼堆積物が堆積したかもしれない。
地すべり地形Bは初期の滑落崖が失われていると考えられる。旧滑落崖の冠頂の位置は、稜線東側にあり、すべり面はゼブラ模様の斜面内を通ると考えられる。なお地すべり地形Bの滑落崖が失われたのは、東側の河川流域の下刻が進み、その支流の侵食力が増したことによると考えられる。
③地すべり地形C
地すべり地形Cは、地すべり地形Aの移動土塊が再滑動したものと考えられ、平滑な緩斜面は開析された土塊を覆う扇状地性の堆積物と考えられる。

（4）判読者D

①地すべり地形Aの滑落崖が平滑であることや地すべり地形Bの頭部が二重山稜となっていることは層面すべりであることを暗示している。
②地すべり地形Aの末端部には遷急線があり、段丘化している。
③古いボトルネック型の地すべり地形Cの末端が逆傾斜で埋積段丘化しているようにみえる箇所がある。

5．地形判読のポイント

各判読者は、それぞれ滑落崖や溝状凹地などの地すべり地形に特有の地形要素を探し出し、これを手がかりにA～Cの地すべりの範囲を特定した。特に判読者B、Cは、この地点の地すべりを開析された古期地すべりと考え、侵食で失われた地すべり地形を推定しながら判読を行い、地すべりの形成過程を考察している。判読者Aが注目した微地形の詳細な形状、判読者Dが注目した地質構造などを合わせると、課題の内容がほぼ明らかにされている。なお一連の緩斜面には、いくつかの凹地や逆傾斜の部分が存在することも留意すべき点である。

以下には現地調査で明らかになった事実を含めて、空中写真判読の解答を説明する。

道路改良工事により、切土のり面に地すべりのすべり面と移動土塊が出現した。地すべり地形Aでは、ボーリング掘削がおこなわれた。その結果、すべり面の形状から地すべりAと地すべりBの両ブロックはもともと一体のものであることがわかった。

地質は第三紀中新世の泥岩および砂岩であり、凝灰岩薄層を狭在する。地層は北西方向に10°程

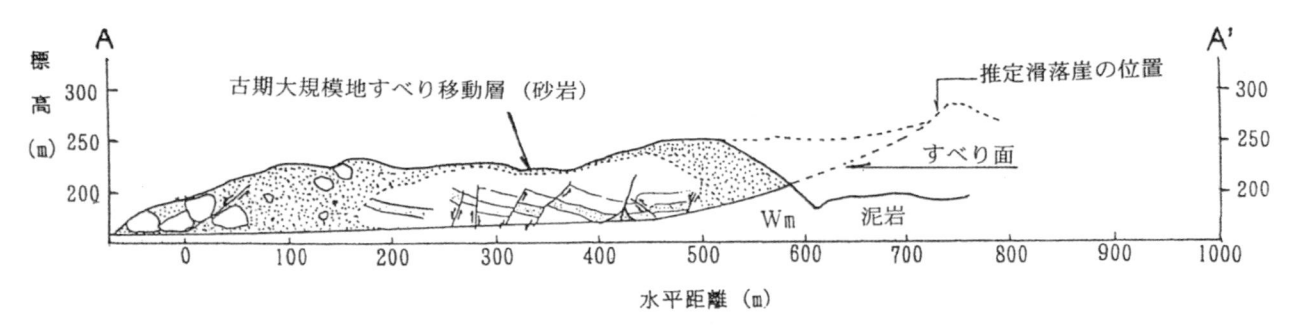

図-5 地すべり移動層の断面と推定滑落崖の位置

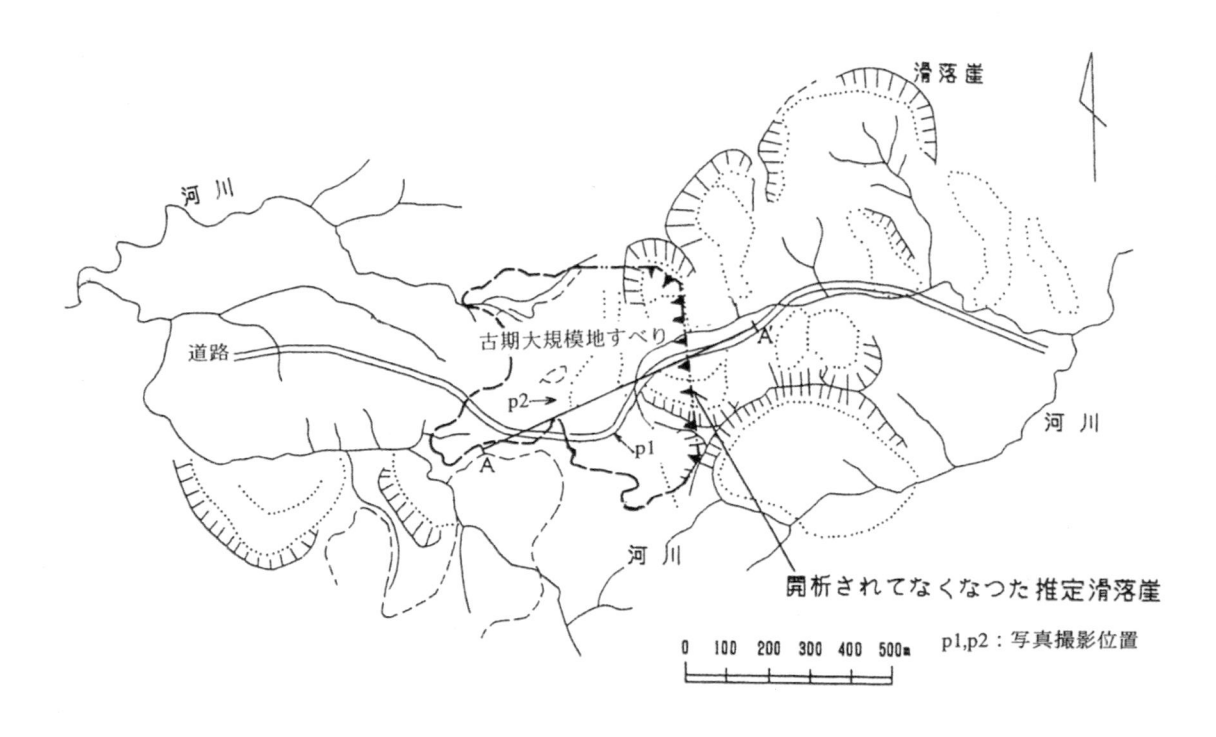

図-6 地すべり範囲と失われた滑落崖の推定位置（P1、P2は写真1、写真2の撮影地点）

度傾斜しており、泥岩上面をすべり面として砂岩を主体にした地層が移動層となっている。写真-1や図-5に示すように、地すべり移動層の中央ブロックでは明瞭な地質構造が残されており、多くの正断層的な破断面が認められる。移動層の頭部と末端付近では構造が乱されて土砂化している。また、地すべりの横断方向の露頭では写真-2に示すような砂岩ブロックの破砕状況を見ることができる。

地すべりAの滑落崖は、地すべりBの東側に連続していたものと考えられるが、現在ではそれが侵食により失われており、地すべり地形Bの二次的な滑落崖だけがその西側に認められる（図-5および図-6）。地すべり押出域の末端は滑落崖から700～800m西方に達しているが、平面的には侵食されて失われた部分が多い。

6. 地形発達史の推定

以上の結果から、この地域の地すべり地形の地形発達史は次のように推定できる。①第三紀泥岩・砂岩・凝灰岩層の構造に規制されて、大規模な地すべり(地すべり地形 A＋B)が西向きに発生

した。②地すべり地形Bの滑落崖は東からの侵食により失われ、西側からの河川による地すべり押出域末端部の侵食も進行した。③地すべり地形Bの滑落崖を侵食した東側河川の谷頭部では南北両岸に小規模な地すべりが発生。地すべり地形Aの末端部の侵食により、地すべり地形Cやその内部の小ブロックが形成される。地すべり地形Bでも同様に侵食が進み、不安定化によるした斜面内に南北方向の溝状凹地（二重山稜）が形成された。

（上野 将司）

キーワード
地すべり地形
古期地すべり
化石地すべり
滑落崖
二重山稜
溝状凹地

まとめ

　過去に発生した地すべりが比較的長い期間にわたって活動を停止し、侵食による地すべり地形の開析を受けたものが古期地すべり（化石地すべり）である。古期地すべりには、地すべり移動層の大半が残存している場合と、移動層が侵食され、その一部のみが残存するものがある。地すべりを判読する場合、特に地すべりが多発している地域では、判読範囲を対象地の周辺に少し広げるとよい。そして、失われた地すべり地形がある可能性を念頭に置いて、隣り合う地すべり地形の元の位置を推定したり、連続性の途切れた地形を探したりして、元の地すべりの範囲を推定してみることが重要である。

開析された地すべり地形の事例

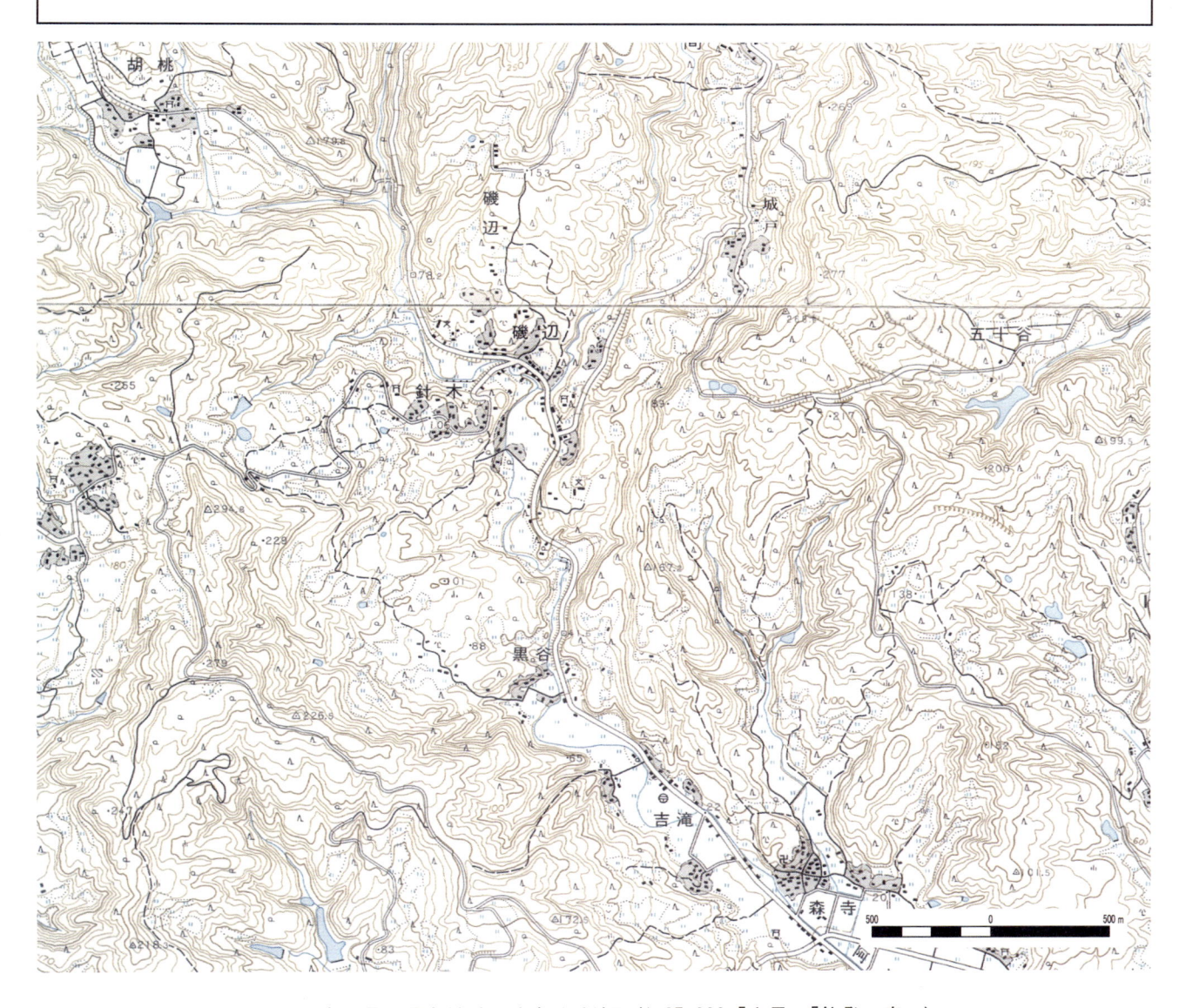

図-7 富山県氷見市付近の地すべり地形（1:25,000「氷見」「能登二宮」）

黒谷、針木地区などには大規模な地すべり地形が認められるが、滑落崖の崩壊や移動土塊の侵食により地すべり地形が不明瞭になりつつある。図の右上の五十谷では1977年（昭和52年）3月29日に融雪に伴う地すべりが発生し、農地・家屋・県道に大被害を与えた。地すべりは住民や警戒中の人々約70名を乗せて大きく移動したが人的被害はなかった。この地すべりは尾根の背後から発生したため、地すべり頂部の滑落崖部分にはすべり面が露出することになった。

2．2　トンネル上の池の成因

1．課題

　山の上には時として大小の湖沼が存在する場合がある。一般的な成因としては、火山活動・崩壊・地すべりによって河道が閉塞されてできる天然ダム湖の場合が多い。2004年10月の新潟県中越地震では地すべりや崩壊が発生して多数の天然ダム湖が形成された。また国内では高山地域に限られるが氷河堆積物によって形成された氷跡湖がある。
　この課題では山岳トンネルの上部に位置する池がどのような斜面変動によって生じたのか、空中写真判読を主体に検討する。

2．対象地域の特徴

　図-1に示す地形図では高速道路の南唱谷トンネル上に小さな池が存在する。池面の標高は約130mで、東側の谷底平野との比高は90mほどもある。トンネル周辺一帯の地質は中生代の和泉層群に属する砂岩泥岩互層である。トンネル施工に際して、トンネル中央付近に土被り約40mで水深2mの池があって水生の貴重植物が生育することから、トンネル掘削による池の枯渇が心配された。このためトンネル着工とともに、池底の地質確認と水位観測工を設ける目的でボーリング等の調査が実施された。調査結果では図-2に示すように池底に軟弱粘土が厚く堆積していることが明らかにされ、池の成因として地すべり移動によって形成された凹地に水がたまったものと考えられた。

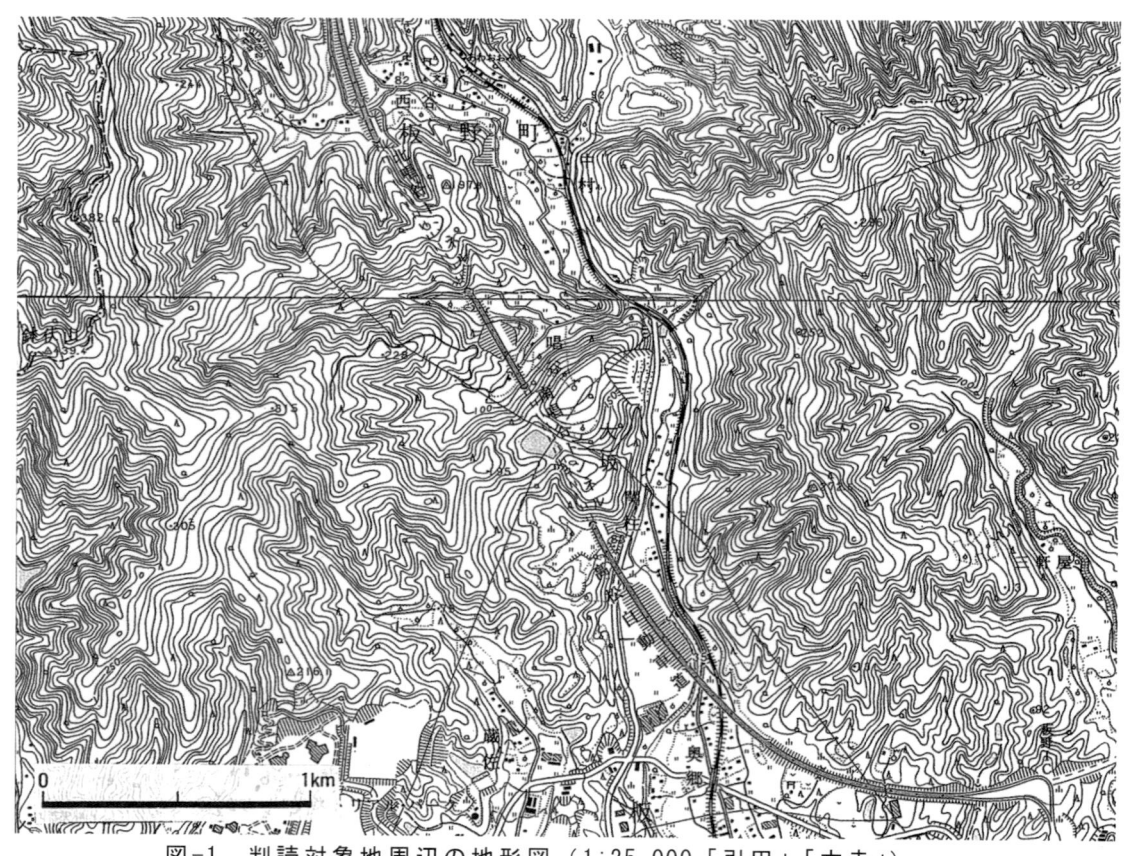

図-1　判読対象地周辺の地形図（1:25,000「引田」「大寺」）

3. 空中写真判読

　地すべりによる凹地の形成過程は図-3 のように考えられる。これを参考にして図-4 の空中写真（高速道路建設前）を用いて地すべり移動土塊の分布を判読し、地すべり変動に伴う池の成因を推定してみよう。

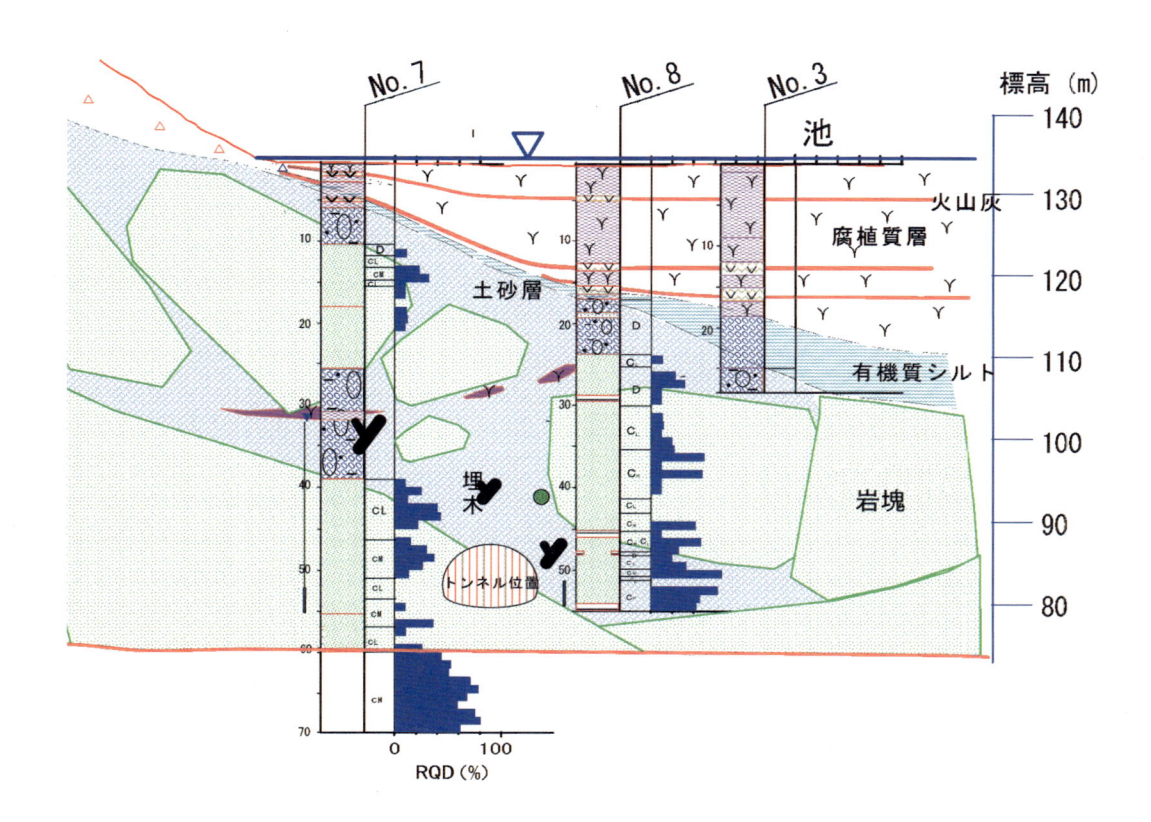

図-2　池でのボーリング調査結果

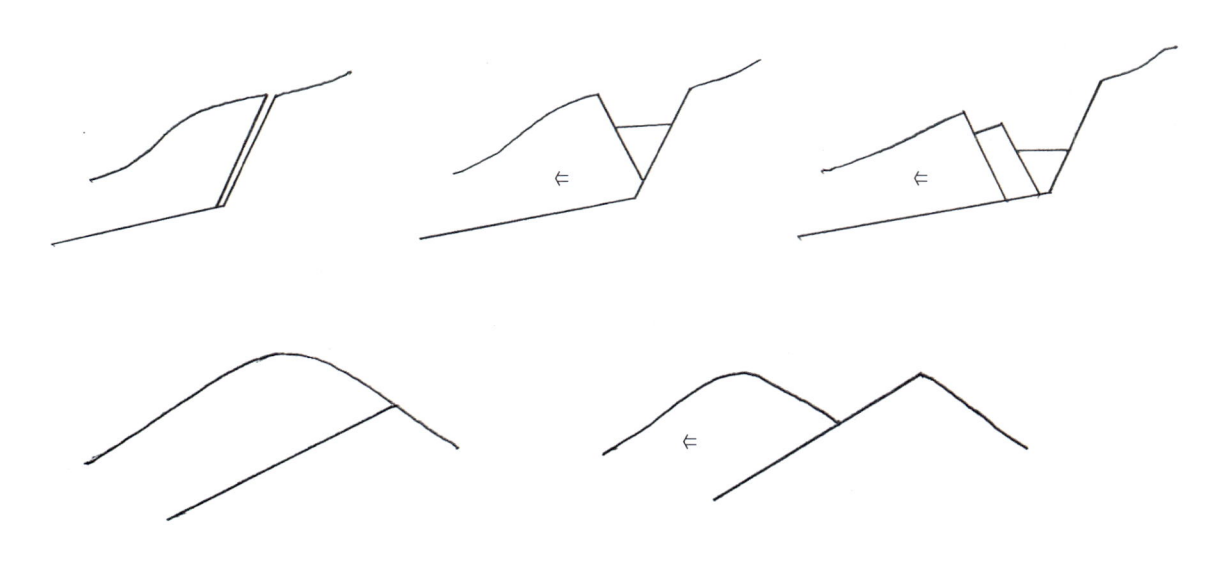

図-3　地すべり頭部に形成される凹地の形成過程
上段の図は申(1995)による地すべり頭部における陥没凹地の形成過程を簡略化したものであり、下段は尾根の背後からすべる場合の地すべり頭部の凹地の形成過程を示す。

70　第2章　地すべり

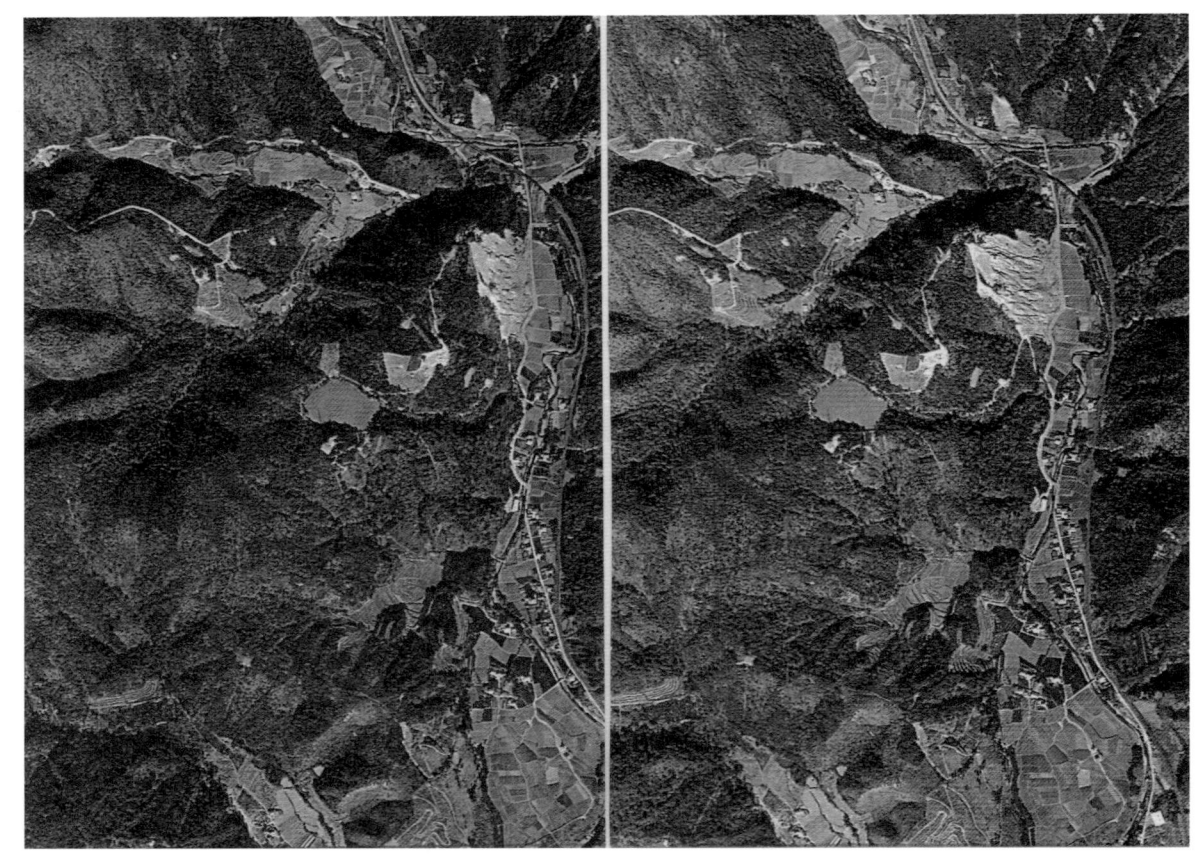

写真-1　判読用空中写真（C SI-74-8 C7-28, 29）

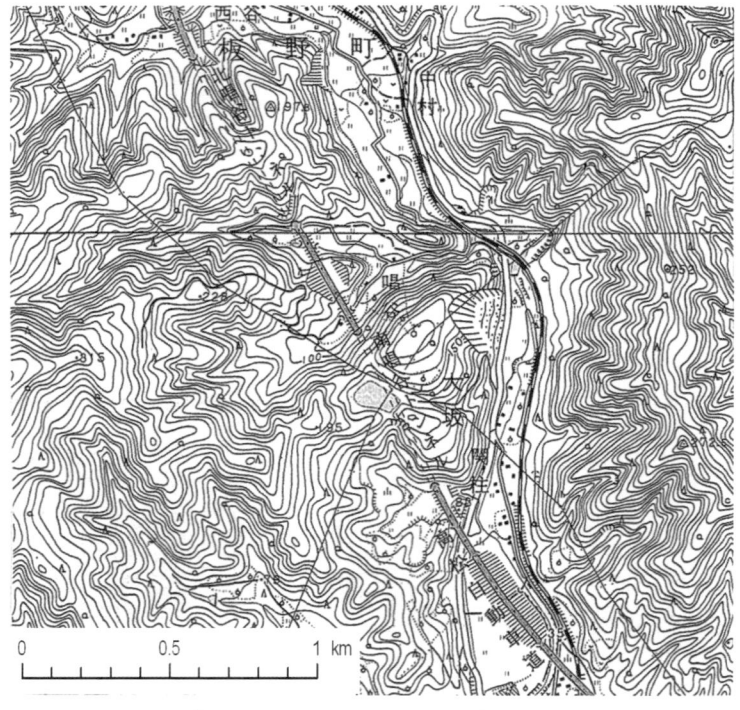

図-4　作業用地形図（1：25,000「引田」「大寺」）

4．判読結果の記載

まず5人の判読者（A、B、C、D、E）の空中写真判読記載例について紹介する。各判読者の説明文中に示されるブロック名、a、b、c、dおよびリニアメントL1、L2は図-5の地すべり平面図（冨田ほか、2000）に示した。

（1）判読者A
①a、b両地塊ともに微小滑落崖が発達し、緩んだ岩盤である。とくにa地塊は前面に大崩壊地があり、緩んでいることを明確に示している。
②a、b地塊の南北両側に沢があって沢口が狭くなっている。このような小規模、かつ勾配の比較的急な沢の場合、ロックコントロールで成因を説明するのは困難と思われ、地塊の移動の結果と判断したい。
③a，b地塊が別方向に動いたとなると、両者の間に地隙があってしかるべきであるが、現実はそうなっていない。a，b地塊の移動方向はよくわからない。
④b地塊の下流側に段丘化した沖積錐があるが、地すべりが一時的に南流する河川をせき止め、破堤した際の土石流の痕跡かも知れない。

（2）判読者B
①南唱谷トンネルの尾根部は緩傾斜地が形成され、風化層が厚いことを示している。崩壊地には雨裂が発達しており、風化が進行していることを物語っている。
②地形の遷緩部や鞍部、直線状の谷を結んだリニアメントはNE-SW方向のL1とトンネルに平行なNW-SE方向のL2が判読される。L2はNE-SW方向に延びる尾根を胴切りにする線状模様で、後で述べる陥没凹地や岩盤地すべりの形成に関与している地質的弱線と推定する。
③NE-SW方向に延びる尾根の南斜面は、頭部に陥没凹地（池）を伴う大規模な岩盤地すべりと推定する。岩盤地すべりはNW-SE方向のL2の線状模様により、東側地すべりブロック（b）と西側地すべりブロック（c）に区分される。bブロックは陥没凹地の池から東側に延びる溝状凹地が発達し、頭部が台地状の地すべり地形を示す。cブロックは陥没凹地前面に位置し、全体として急斜面からなる。
④bブロック背後の凹地は東に高度を低下させ、陥没凹地（池）に貯留された地表水が降雨時にあふれて流下することによって谷地形に発達したものと推定される。溝状凹地を挟んで位置するa，bブロックの山頂緩斜面は、地すべり発生前は一連の連続した斜面と推定される。
⑤bブロックの先端部には狭窄部が形成され、その西側にはbブロックが滑動する事によりせき止められてできたと考えられる小規模な平坦面が存在する。

（3）判読者C
①周辺の尾根が平面的に西向きに凸の配列をなし、西側斜面が急傾斜で東側斜面が緩傾斜の特徴的な地形を呈している。これは当地域の地質が東傾斜でその走向が西に凸の弧を描くような構造であること。また、尾根部が堅固な岩盤からなり、谷部が相対的に柔らかい地層からなることを暗示している。ここでは堅固な岩盤は砂岩で、相対的に柔らかな地層は頁岩と考える。
②相対的に柔らかな頁岩が流れ盤で分布するd斜面は、古い時代に南流する河川の攻撃斜面になっていたと思われ、このときにd斜面の大規模崩壊が生じたものと考える
③d斜面の崩壊土砂が河川によりある程度取り除かれた時点で、落ち残っていた隣接斜面のb、cブロックが崩壊し、その背後の陥没凹地に水が溜まり池となった。
④このような地形解析によると、トンネルの地質は北側から、少しの間は砂岩の堅岩が分布するが、すべり面を境にして南側はbブロックの崩壊土砂が南側坑口まで連続するものと想定する。

（4）判読者D
①山地斜面の傾斜を見ると北西〜西側の斜面は傾斜が急で、東〜南東側の斜面は相対的に緩やか

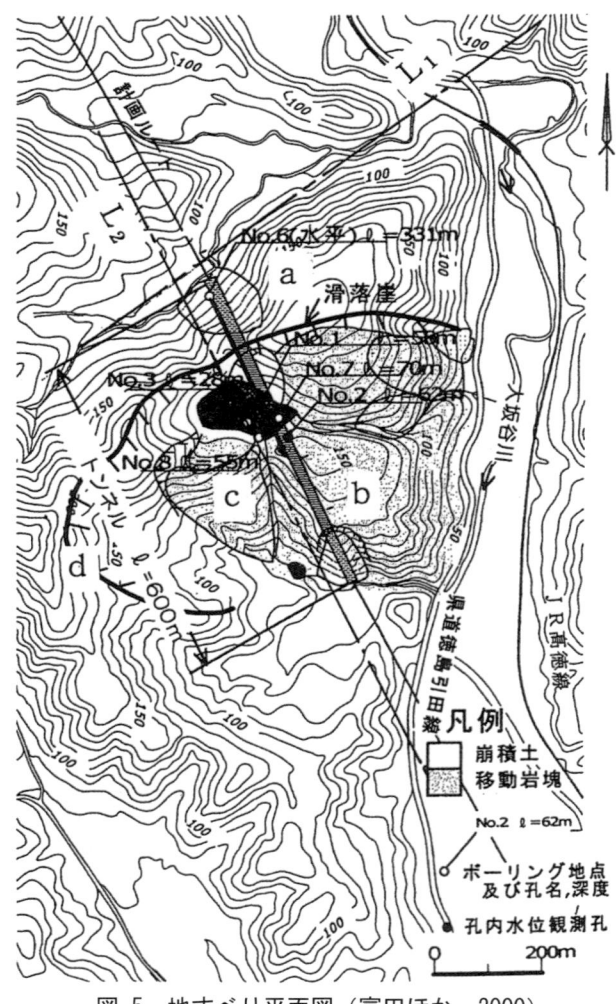

図-5 地すべり平面図(富田ほか、2000)

な非対称地形である。これは東に傾斜する地質構造を反映していると考えられる。
②高速道路の南唱谷トンネル上の地塊は、隣接斜面との関係や南流する河川によって形成された谷底平野の形状から判断して、東側に張り出しているように見える。またトンネル南坑口付近や北坑口の唱谷当方には沢の流路に不自然な狭窄部が見られる。したがって、この地塊(a、b)は異地性のものであり、移動ブロックである可能性がある。
③移動ブロックの給源については、決定的な証拠は判別できないが、南唱谷トンネル西方の標高240m峰の東斜面の地形が特徴的に平滑であることから、標高195mの独立標高点の峰を含めて、西側から移動したものであるかも知れない。

④このブロックの移動時期については、南流する河川の下刻が十分に進み、土塊が移動できる空間が形成された以後と考えられるので、最近2～3万年前以降と考えられる。これを明らかにするためには、ブロックの移動で生じた陥没凹地(池)の堆積物を連続的に採取し、年代測定を行うとともに含まれる広域テフラを分析すればよい。
⑤南流する河川の対岸(左岸)の地形も、崖錐がよく発達し極めて平滑なことから、大規模な崩壊跡地のようにも見える。

(5) 判読者E
①周辺の地質構造は、全体に西向き斜面に対して東向き斜面が緩傾斜であるので東傾斜の構造が考えられる。
②トンネル南坑口西方に大規模な滑落崖(d斜面)が認められる。移動土塊は大半が消失しており、古い地すべり地形と考えられる。
③a，bブロックは下記の地形的特徴により、d斜面の地すべりから分離して東に移動した岩塊に見える。
・背後の山地からa，bブロックが分離したため、東に開いた半円状に連続する鞍部・谷線と陥没凹地(池)が形成された可能性がある。
・a，bブロック前面(東側)の河川の谷幅が狭い。
・古い地すべり地形dの谷口は異常に狭い。
④a，bブロックは最近まで活動していた可能性がある。それは南流する河川の下流に段丘面のような異常地形の存在による。
⑤トンネル掘削時にはa，bブロックの移動に対応するようなすべり面が出現したものと考えられる。

5. 地形判読のポイント
bブロックの移動はすべての判読者があげており、判読者A，D，Eはaブロックも同様に移動したものと判読している。移動の根拠としては次のようにまとめられる。
①a，bブロック背後に両ブロックの移動で生じたと考えられる陥没凹地(池)が存在する。

②トンネル北坑口の北東には沢の狭窄部があって、この部分はaブロックの末端にあたる。
③トンネル南坑口付近にも沢の狭窄部があって、この部分はbブロックの末端にあたる。
④a，bブロック前面(東側)の河川沿いの低地の平面形状からは両ブロックの東への移動が想定できる。
⑤判読者A、Eは河川下流の一段高い段丘状地形の成因をa，bブロックが一時的に河川をせき止めた後、破堤した際の堆積物によるものとしている。

　池の成因は間違いなく地すべり移動によるものであるが、bブロックを対象にした調査であったのでaブロックの移動状況は不明である。図-5の地すべり平面図ではaブロックの移動は示されていないが、以上の根拠からすれば判読者A、D，Eの指摘するようにaブロックもbブロックとともに動いた可能性がある。

　判読者Dはa，b，cブロックに加えて独立標高点195mの尾根をも含む大規模な移動ブロックの可能性を指摘している。この指摘も否定できないが、ボーリング等の詳細な調査資料が無い部分であるので残された課題である。

6．池の成因について

　当地域の和泉層群の地質構造は走向NW-SE、傾斜30～50°NEであり、各判読者が地形的特徴から大局的に推定した結果に一致する。地質調査結果から明らかになったトンネル縦断図を図-6に示す。この図によれば池はbブロックの地すべり移動によって形成された陥没凹地であり、電気探査結果の比抵抗断面ではトンネルレベルまで陥没凹地に対応する低比抵抗帯となっている。

　陥没凹地(池)でのボーリング調査では、池底から約20mの厚さで腐植土、粘性土、火山灰が堆積し、この下位には和泉層群の岩塊や岩塊の間に木片を含む粘性土が充填されていた。深度30m以深に分布する木片の年代測定結果では46,000年前が得られ、始良Tn火山灰が深度16m付近、アカホヤ火山灰が深度6m付近に狭在されることが明らかになった。

　したがってbブロックの滑動時期は46,000年前頃であり、同時にaブロックやその他の部分も移動した可能性がある。池の堆積物がタイムカプセルのように年代順に整然と堆積していることから、その後は大きな地すべり変動が無かったようである。また陥没凹地の集水域が極めて小さかったため、陥没凹地は短期間で埋積されず、静かな環境下で少しずつ土砂の堆積が進み、最終的に浅い池が形成されたものと考えられる。

（上野　将司）

引用文献

富田守・市原健・上野将司・水野敏実(2000)：和泉層群中における古期大規模地すべり地形の形成過程、日本応用地質学会中国四国支部平成12年度研究発表会発表論文集、pp.29-32

申潤植(1995)：地すべり工学 - 最新のトピックス、山海堂、p.79

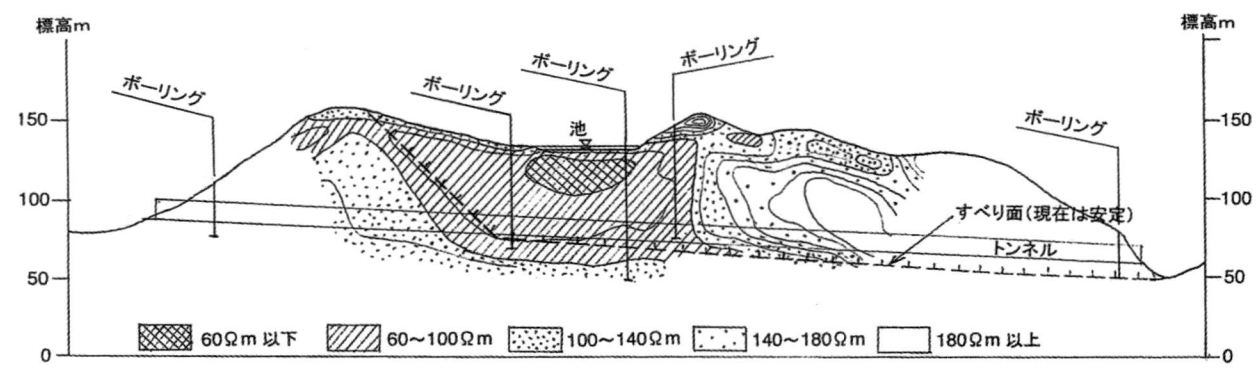

図-6 トンネル沿いの比抵抗断面図（富田ほか、2000）

キーワード
地すべり地形
地すべり移動層
滑落崖
陥没凹地
池の成因
狭窄部

まとめ

　地すべり移動土塊が直線すべり面を滑動する場合や、円弧すべりのようにスランプすると、地すべり頭部付近に陥没凹地が形成される。陥没凹地には水がたまって池ができることがある。池は1つとは限らず複数できることもある。また滑落崖の崩壊により、陥没凹地は崩壊物で埋まっていることもある。

　対象地区の場合、地すべり頂部は尾根を越えた部分にあたり、明瞭な滑落崖が残っていない点が判読を難しいものにしている。aブロックやその他の部分の移動も考えられるが調査範囲が限定されているので詳細は不明である。

地すべり変動により形成された池の事例

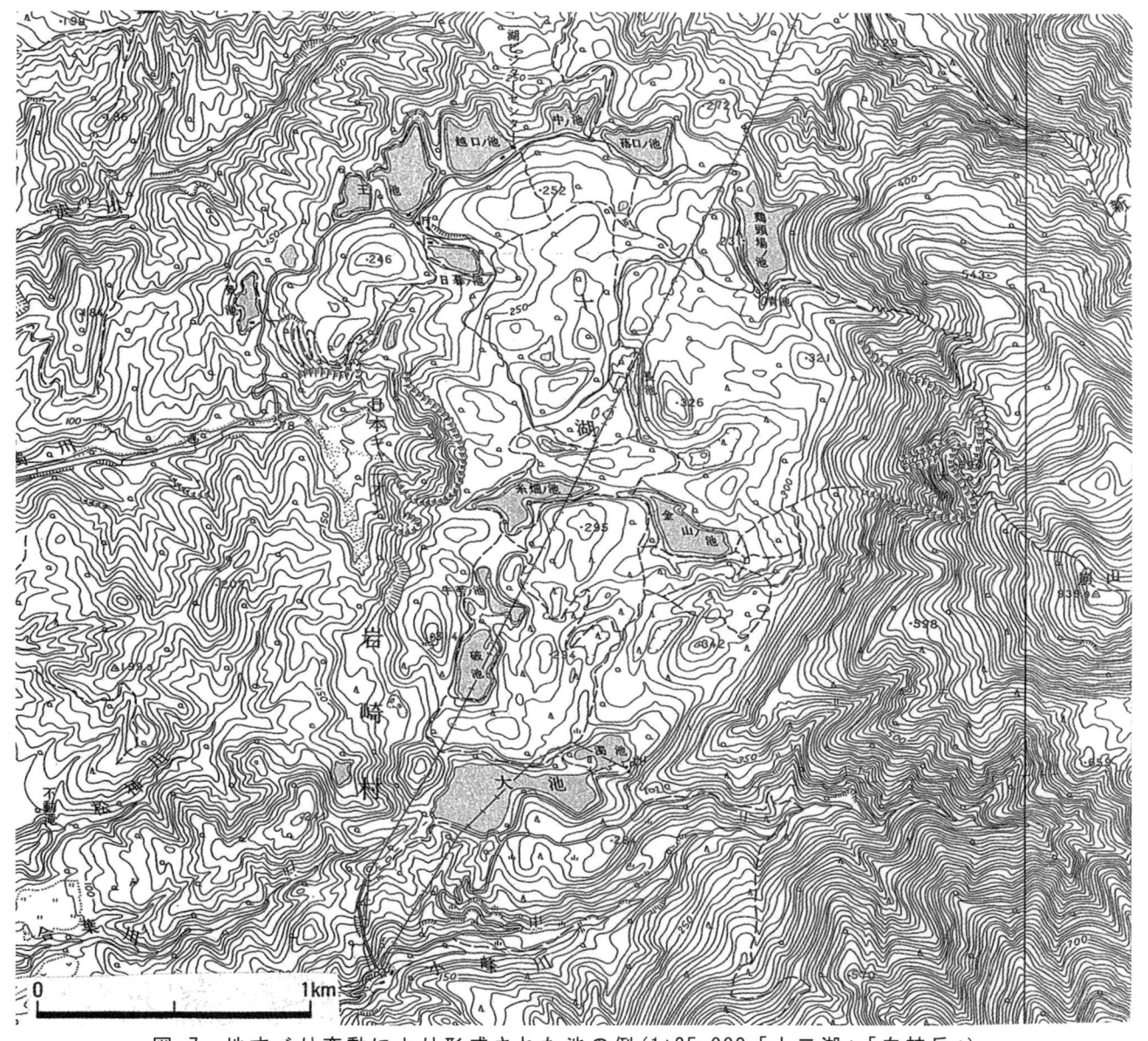

図-7 地すべり変動により形成された池の例（1:25,000「十二湖」「白神岳」）

大規模な地すべり地形の中に多数の池が存在する。地すべり移動土塊の複雑な動きにより多数の凹地が形成され、水が溜まって池になったものであるが、中央部の金山池の南には2箇所の水のない凹地（カラ池）が認められる。移動土塊の透水性や地下水位との関係で水が溜まったり溜まらなかったりする。

2.3 地すべり移動層の再活動

1. 課題

道路や鉄道沿線の斜面防災上の課題に対しては、最近は防災点検カルテなどが整備され、道路台帳や施設図などと照合され、維持管理上の重要な情報を提供している。しかし、これらの基図に関しては、必ずしも統一的な規格で整備されておらず、沿線のある程度広い範囲でのハザードを抽出するに耐える大縮尺の地形図は、まだ少ないのが現状である。

狭い範囲の情報では、問題ないとみられる斜面も少し広い視点での地形の位置づけなどをみていくと重要な見落としがある場合がある。この課題では、大規模な地すべり地形周辺の鉄道と道路の位置関係の変遷をふくめて、斜面防災問題について検討する。

2. 対象地域の概要

この地域(図-1)は、米代川が顕著に蛇行して流れる秋田県の二ツ井町と鷹巣町の境界に位置している。国道7号とJR奥羽本線が、河川の北岸側を通過している。この地域には、東北の新第三系を代表する女川層、船川層の堆積岩類や凝灰岩が分布し、北北東-南南西の波長の短い褶曲構造や断層に規制され、これら地層が繰り返している。

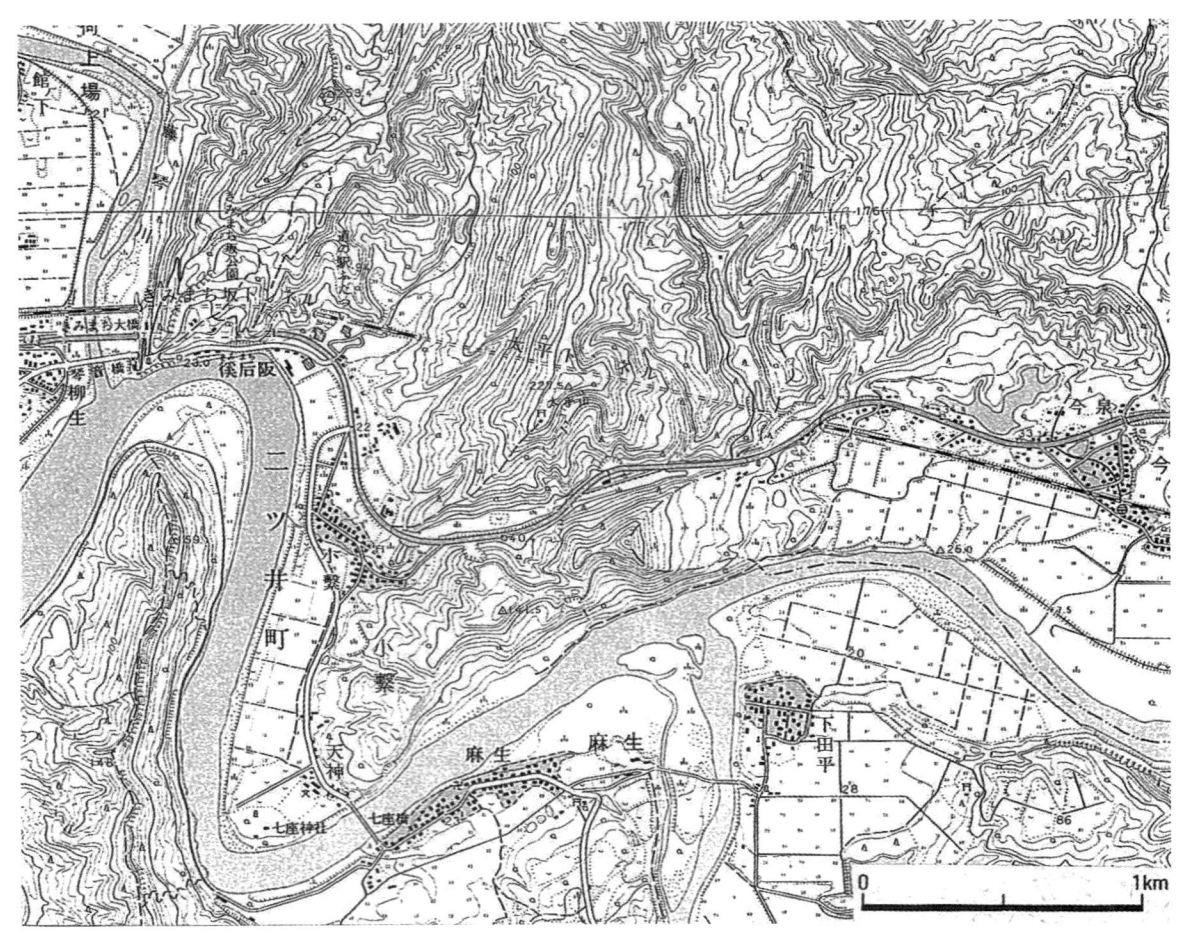

図-1 判読対象地付近の地形図(1:25000 「鷹巣西部」)

3. 空中写真判読

鉄道と道路の位置関係は、現在は図-1のようになっているが、過去はちがっていた。地形図や空中写真で過去の鉄道ルートを推定することができるが、それが変更された地形・地質的要因を考察するとともに、国道沿線における道路防災上の問題点を抽出する。

図-2および写真-1の国道沿いのA、B、Cの各地点はそれぞれ道路際の切土のり面である。ここで想定される道路防災上の課題を抽出するとともに、道路南側のスキー場の地形や沢の流れる方向などに着目して、道路が通過するこの付近がどのような地形的位置にあるかを判読する。判読に必要な基礎的知識は「2.1 解析された地すべり地形」の図-2と同じであるが、現場での地すべり移動層の露頭を見る際の参考として図-3を示す。

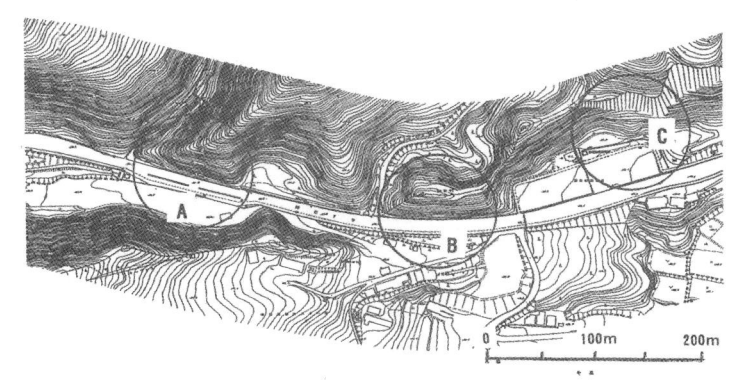

図-2　災害発生地点（道路防災点検抽出箇所）　基図1/1000

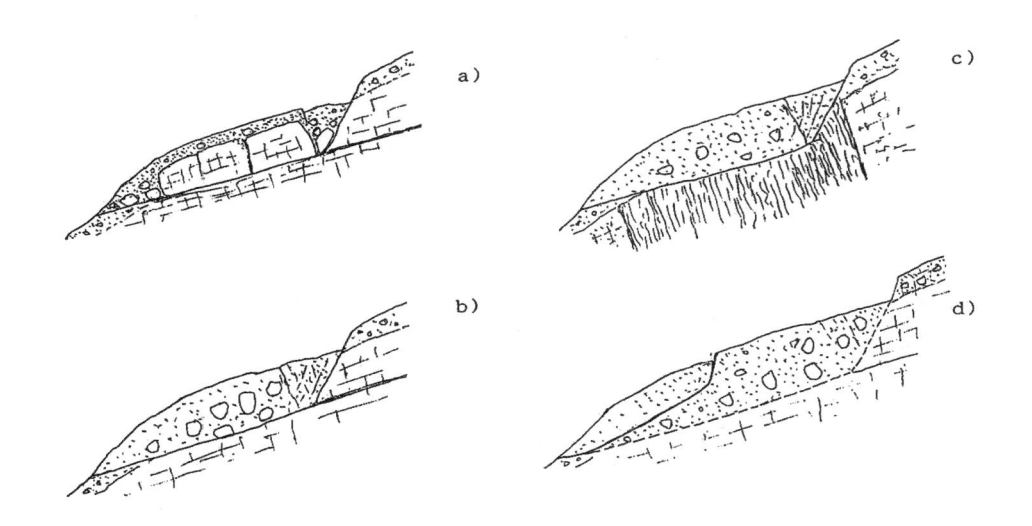

図-3　地すべり移動層と基盤岩の関係（上野、2002）
a) 移動層と基盤岩が新鮮な岩盤　b) 移動層は土砂化、基盤岩は新鮮な岩盤
c) 移動層は土砂化、基盤岩は破砕帯　d) 大規模地すべりの一部が移動層
露頭で地すべり移動層と基盤岩を見分けることは a)〜d) の種々の関係があって難しい。地形とあわせて総合的な判断が求められる。

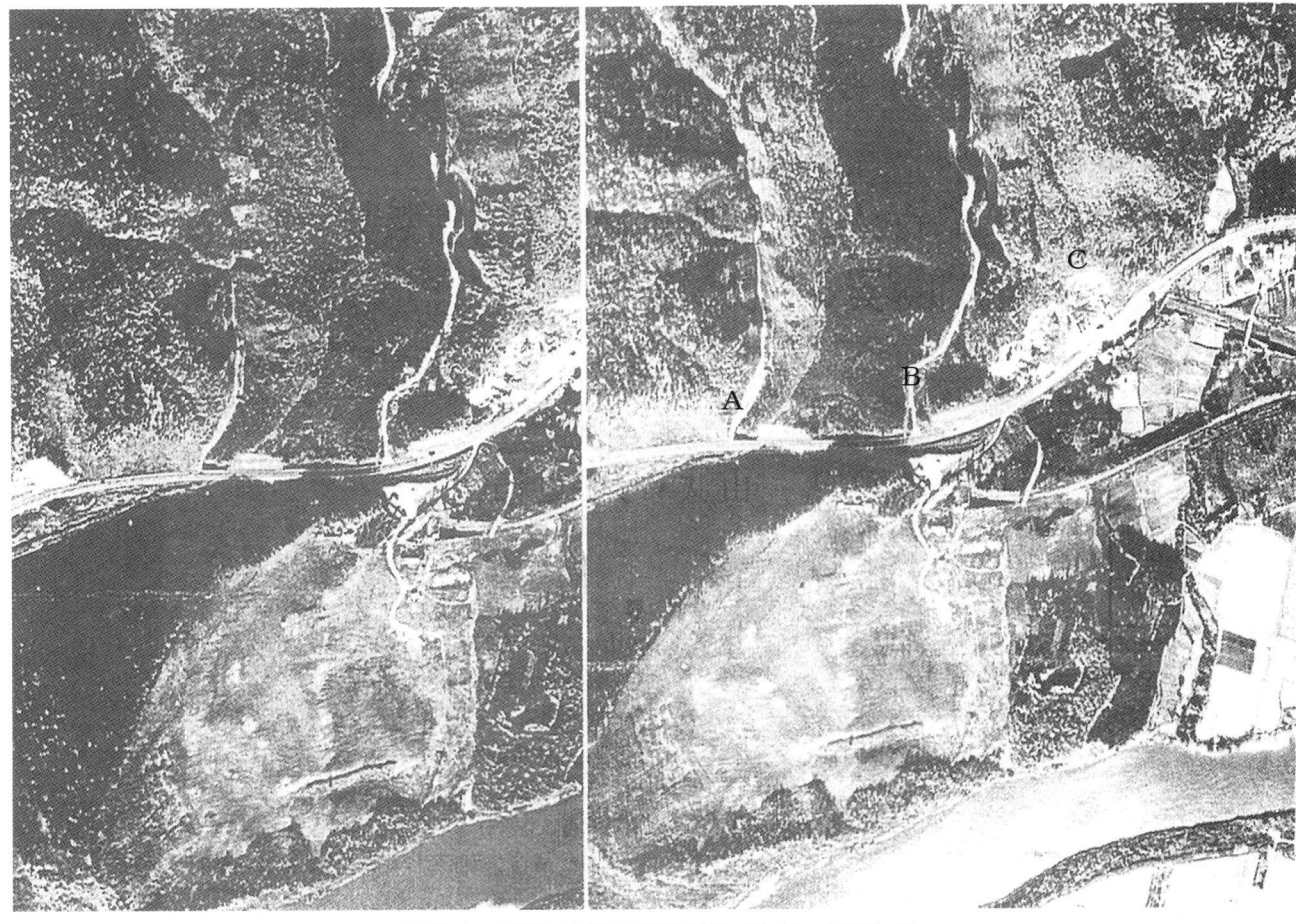

写真-1　判読用の空中写真（CTO-75-22　C11B1-2）

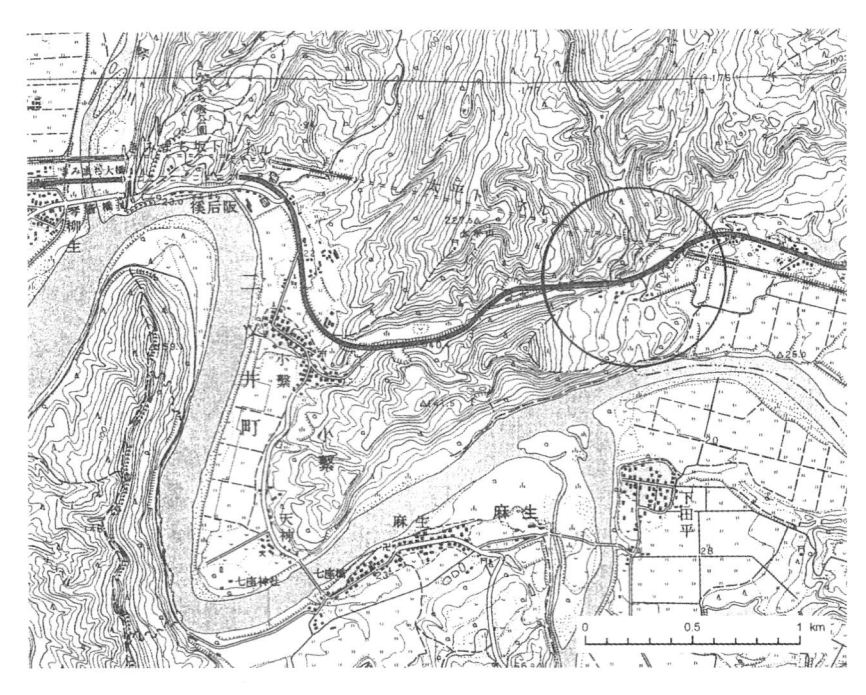

図-4　作業用地形図（1:25000「鷹巣西部」、円内は図-2の範囲）

4. 判読結果の記載

ここでは、2名の判読者に考察してもらった。旧鉄道ルートに関しては、河川沿いの低地が狭く、蛇行に制約されて現在の国道とほぼ並行して通過していると推定することは、比較的容易であったとおもわれる。これについては後で述べることにし、ここでは、斜面A、B、Cについて主に道路防災上の問題点を記述する。また、国道が通過している西側の直線谷の成因に関しての考察も議論になったので、それについても記載する。

(1) 判読者A

地域の地質は基本的に成層した堆積岩と考えられる。地質構造は、南北から北北東〜南南西の褶曲軸をもつ褶曲構造のくり返しがある。斜面Aは、渓流をはさんでさらに西側の対岸斜面に地すべりブロックがあり、その一部の可能性もあるが、リッジ状で斜面の縦断形も直線的であることから、移動していない地山の部分であると考え、泥岩・砂岩の岩盤であると推定した。地質構造的には背斜軸のすぐ東に位置し、流れ盤の緩んだ岩盤の可能性が高く、岩塊の落石が予想される。

中央の斜面Bは、渓流をはさんだ西側の対岸に地すべりブロックが認められる。また、国道をはさんだ南側のスキー場一帯も大きな地すべりブロックが認められる。従ってB斜面を含む小山自体が地すべり移動層の一部もしくは一部が張り付いている可能性が高い。地山は非常に緩んだ岩屑からなり、岩塊を含んだ土砂崩壊が予想される。

斜面Cは、北側の斜面一帯が地すべりと考えられ、地すべり土塊末端の崩壊が予想されるが、現在は活動的でない。なお、二ツ井町と鷹巣町の行政境界は地すべり土塊によって複雑になった分水界を反映している。

(2) 判読者B

斜面Aでは崩壊が想定される。斜面B、Cでは層すべりの発生が懸念される。斜面近傍に層すべり地形が見られる。斜面A、Bの南側のスキー場斜面が層すべりを起こしているが、すべり面とおもわれる層準を含んでいる。

鉄道ルートの変更は、南側斜面における層すべりの影響を避けるためと推定する。

(3) 判読者A、Bを含めた直線谷の成因に関する議論

出題箇所の西にみられる約1.5kmほどの直線谷は、北北東〜西南西の褶曲構造で規制された山地を横切って西に流れる。非常に明瞭な谷であり、米代川が先行谷であるように、この谷もある程度古くから存在していたと考える方が自然である。スキー場の地すべりの北端で流路が変わっているように見えるが、この谷がさらに東にのびていたと考えることもできる。この場合、米代川のかつての北への蛇行により、南側の地形が削り取られてしまったと考えられる。この谷に北側から合流していた水系も、東部地域に発達する地すべり地形や開析の進行により、不明瞭になってしまっている。

あるいは、一時的に米代川の一部が流れていた可能性もある。この箇所が、褶曲の発達と隆起の活発なところであることを考えるとありうることである。これらを解明するには、もっと広い範囲の地形の読図が必要になる。

5. 地形判読のポイントと地すべり

図-5に地形判読図を示す。各判読者が指摘するように、この地点の道路防災的視点での課題を抽出するには、南側の地すべりとの関係を見逃すことはできない。

旧鉄道のルートは、国道の南側にあるスキー場の東端から東北東に直線的に延びているのが、空中写真でも確認される。西側部分は、国道が通過している東西性の直線谷の中で国道と並走していた。その先も、鉄道と国道はほぼ並行してきみまち坂に至っている。きみまち坂は米代川の水衝部にある有名な地すべり地で、河川と道路、鉄道がこの部分で隣接していた。現在は、地すべりの下盤にトンネルを設け鉄道も国道も北側にシフトし、鉄道はほぼ直線的にルートが変更されている。

凡例:
- 地すべり地形
- 鉄道旧ルート
- 旧流路
- ため池
- 最低位段丘
- 低位段丘
- 中位段丘

図-5　地形判読図（地すべり地形と段丘面）

　問題のスキー場は、地形図でもよみとれる明瞭なスプン様の地すべり地形を呈している。鉄道旧ルートは、この地すべりの北側縁付近を短いトンネルで通過しており、地すべり末端付近に坑口が位置していた。この地すべりは、基盤岩の東傾斜の地質構造を反映し、女川層上位の船川層七座凝灰岩が滑動しているものである。ほとんどはすべり落ちており、末端部に土塊がたまっている様子も、空中写真で判読できる。

　一方、西側の直線谷の上流側は、国道と最接近するあたりで北に折れ、小さなやせ尾根（図-2のB）の背後をまわり、北へとのびている。この北に折れる地点で川底と道路の高さはほぼ同じになっている。国道の縦断形はこの付近で拝み勾配になっている。川の流れがここで西に向くことと、Bのやせ尾根と国道をはさんで南側に小さな切土があることから、国道はここで小さな峠を切り開いて通過していることがわかる。注意してみると1:25,000地形図の行政境界は、この地すべりの形と微妙な水系境界にひかれていることがわかる。

　さらに、議論になった直線谷の東側には、古い米代川の流路が、今泉の西にあるため池のあたりを通り、国道に沿って大きく蛇行して流れていた時期があったとみられる。スキー場の地すべり末端部をえぐりとるようになっており、ここでB地点周辺の分水界が最もせばまっている。

　B地点はこのような位置にあり、道路も緩くカーブしていることから、視距改良の目的で法面の拡幅工事が実施された。そのときこの斜面が、写真-2の写真に示すような地すべりを起こした。その移動方向は図-6に示すとおりである。これは、基盤の上の古い地すべり土塊が再活動したもので、

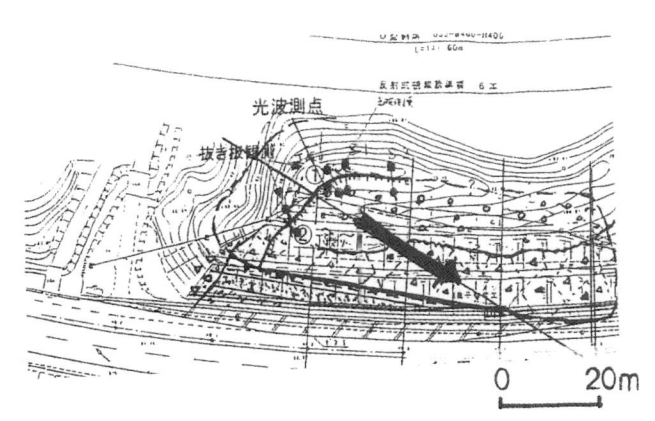

図-6　地すべり土塊の移動方向(B地点)

写真-2　切土面に発生した地すべり土塊の再活動

まさに微妙なバランスで安全度を保っていたものがわずかな切土ですべりだしたものである。尾根横断方向の地質調査の結果このやせ尾根の大部分が一度地すべりを起こした土塊であり、明瞭なすべり面を有し、基盤も緩い流れ盤構造にあることが判明した。南側の大規模な層すべりの範囲が、ここまでおよんでいると判断された。地すべり移動層と基盤岩の関係で見ると、図-3のb)のケースに相当している。

しかし、工事前の現地道路のり面状況だけではこのやせ尾根地形が、南側の地すべり地形の末端部にあたると判断できるかは難しい。実際、国道における道路防災点検においては、スクリーニングの段階においてA、C地点と同様にピックアップされていたものの要注意箇所からはもれてしまっている。ちなみにA地点では法面保護工が実施されており問題なしとされ、C地点は駐車場の背後の急崖で落石などの履歴があることから、要注意箇所として抽出された。

この事例にみるように、道路や鉄道の維持管理段階における防災的観点においても、広い視野からの地形・地質の見直しや考察が必要であることを改めて考えさせられる。

（中曽根　茂樹）

引用文献

上野将司(2002)：地すべり調査における物理探査の適用性、物理探査、第55巻第6号、pp.505-512

中曽根茂樹、熊谷周、鈴木聡樹、佐藤隆洋(2001)：道路災害と危機管理、応用地質学会H13年度研究発表会講演論文集、pp251-254

能代工事史(1980)：東北地方建設局能代工事事務所

鈴木隆介(2000)：建設技術者のための地形読図入門、第3巻、古今書院

キーワード
地すべり移動層
道路防災点検
地すべり末端部
水衝部
先行谷
切土法面
層すべり
直線谷

まとめ

斜面防災の視点で地すべりを抽出するときに、範囲を特定することは基本的なことだが、縁辺部の地形改変が進み地形要素がほとんど失われてしまうと、周囲の地形と区別がつかなくなることがある。そのような場合でも、少し広い範囲で地形発達史的な視点から地形をながめたり、周辺の土地利用の変遷などをみることから、潜在している問題が浮きぼりになる。

地すべり移動層の再活動の事例

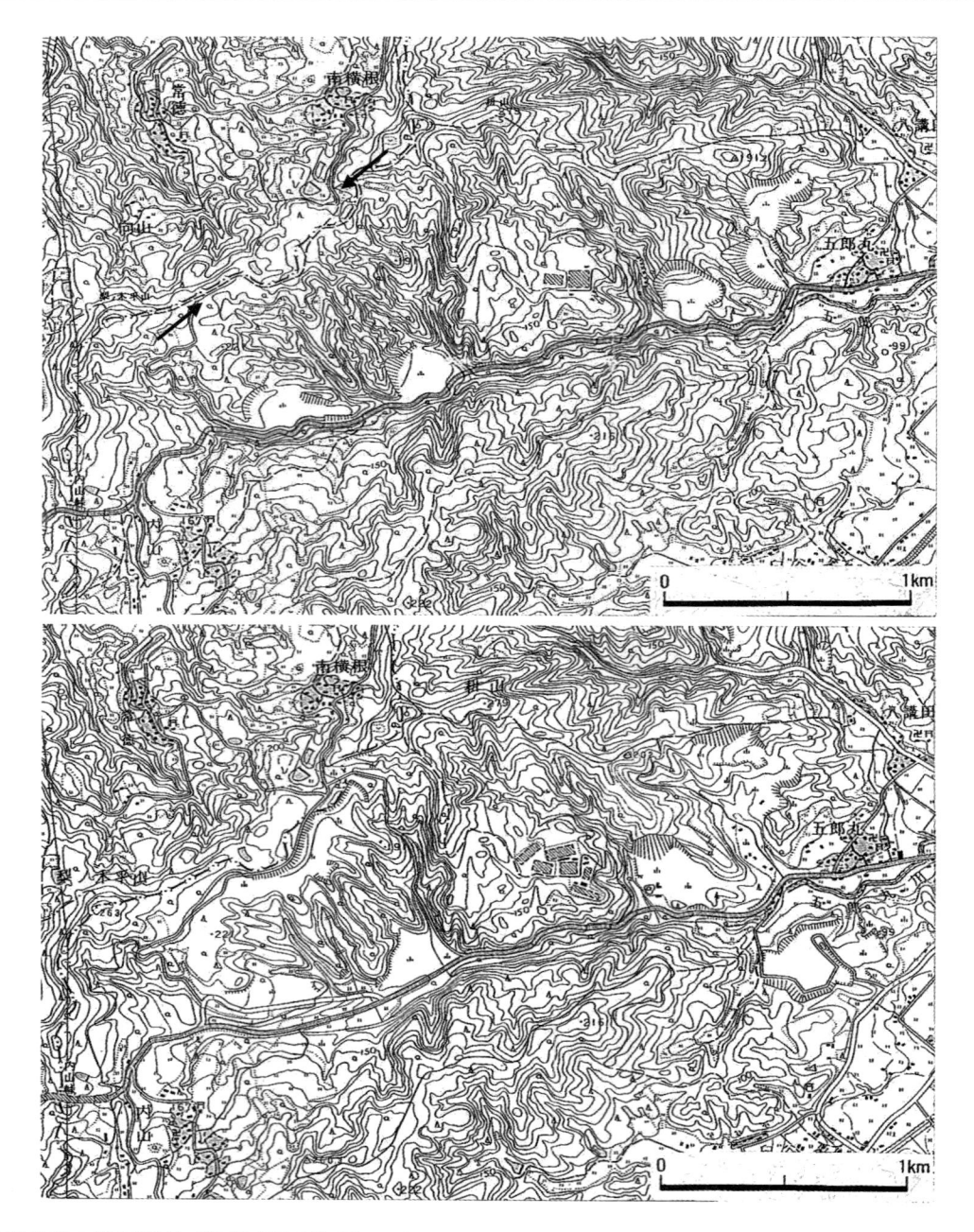

図-7 地すべり前後の地形図（1：25000「倶利伽羅」、上：昭和59年修正測量版で地形は昭和57年撮影の空中写真、下：平成12年修正測量版）。

　地すべりは南横根集落と内山集落の間にあり、幅1300m、長さ1000mの大規模なもので、昭和58年7月の豪雨時に大きく滑動して末端の五郎丸川を埋積し、東西に延びる国道359号は延長1200mの区間が寸断された。地すべり頭部は県境の尾根を含んでおり、石川県と富山県にまたがった地すべりである。尾根には以前から陥没凹地（矢印部分）が存在するが、地すべり地形は侵食されて不明瞭になっている。地すべり移動層の末端付近には2箇所の土取り場があって地すべり地とは思われずに土砂の採取が行われていた。

2.4　地すべり地と潜在地すべり地の区別

1．課　題

　開析された地すべり地形の項で述べたように、地すべり地の中には地すべり特有のいわゆる地すべり地形を呈しないものがある。特に地すべりに至らない前の潜在地すべり地は多様な地形を示すため、潜在地すべり箇所と認識されないことも少なくない。

　この課題では地すべり多発地域を地形判読し、地すべり箇所と潜在地すべり箇所を抽出する着目点と記載法について検討する。

2．対象地域の特徴

　図-1 に示す地形図には明瞭な地すべり地形を示す箇所があり、それ以外に明瞭な地すべり地形は示さないものの稜線近くに緩斜面の存在や谷の発達の悪い平滑(等斉直線)斜面が見られる。図中央を東西(左右)に流れる川もいわゆる正常蛇行をしていない。このような地形、特に平滑斜面はどうしてもたらされたのであろうか。地形判読の結果と現地でのボーリング・横坑等の調査結果と対比しながら推定する。

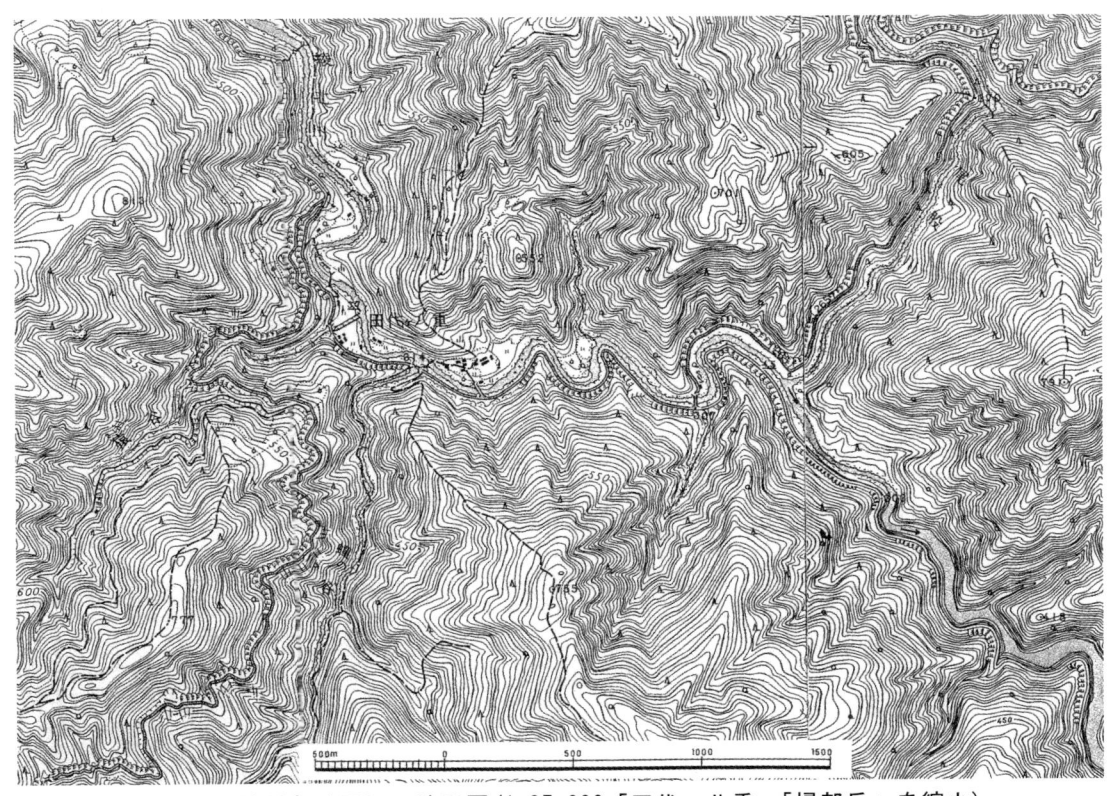

図-1　判読対象地周辺の地形図(1:25,000「田代ヶ八重」「掃部岳」を縮小)

3．空中写真判読

　写真-1 及び図-2 に、空中写真とその実体視できる範囲の地形図を示す。この空中写真を用いて地すべり地形を示唆する地形的特徴を判読し、地すべり地あるいは潜在地すべり地と判断した根拠となる要素を明らかにし、地形図に記入してみよう。

84　第2章　地すべり

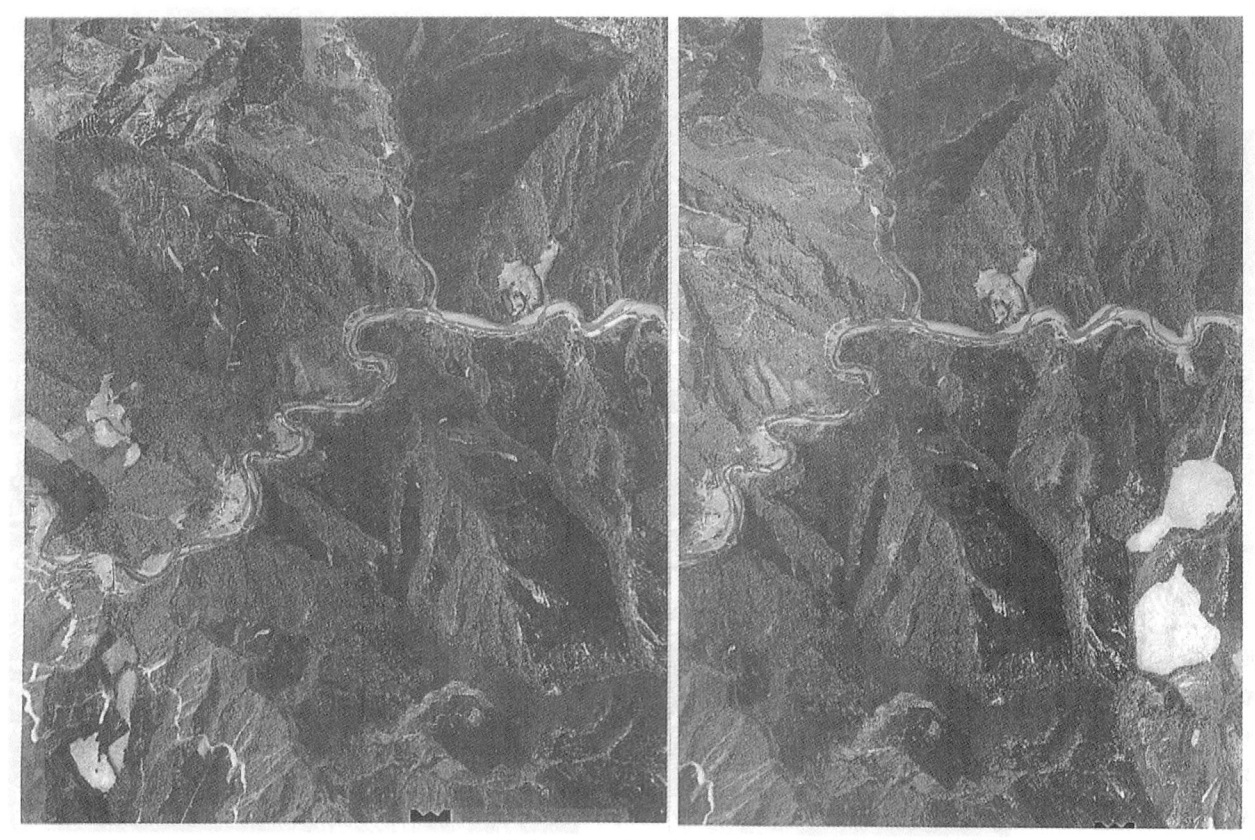

写真-1　判読用空中写真

図-2　作業用地形図（1:25,000「田代ヶ八重」「掃部岳」を縮小）

課題の基礎知識：「初生すべり」

斜面が侵食等により形成されると、物理的に化学的により安定した方向に変化していく。すなわち物理的風化や化学的風化によって変質し、劣化していく。これが進行すると、より物理的に安定になるように斜面は変形(緩み、クリープ)し、斜面内部には不連続な分離面が形成されるとともに、地表では二重山稜や線状凹地などの微地形を生じる。この斜面が降雨、地震、切り土等の誘因によって分離面が連続し、滑動する。そして分離面より上の移動体はより風化が進行し、強度も低くなり、滑動を繰り返すようになる。この最初の連続した分離面が形成され加速的に滑動したときに初生すべりの発生といい、その後の過程を地すべり滑動という。すなわち初生すべりは過去の滑動履歴のない地すべり滑動で、階層性の認められない単一の地すべりをいう。

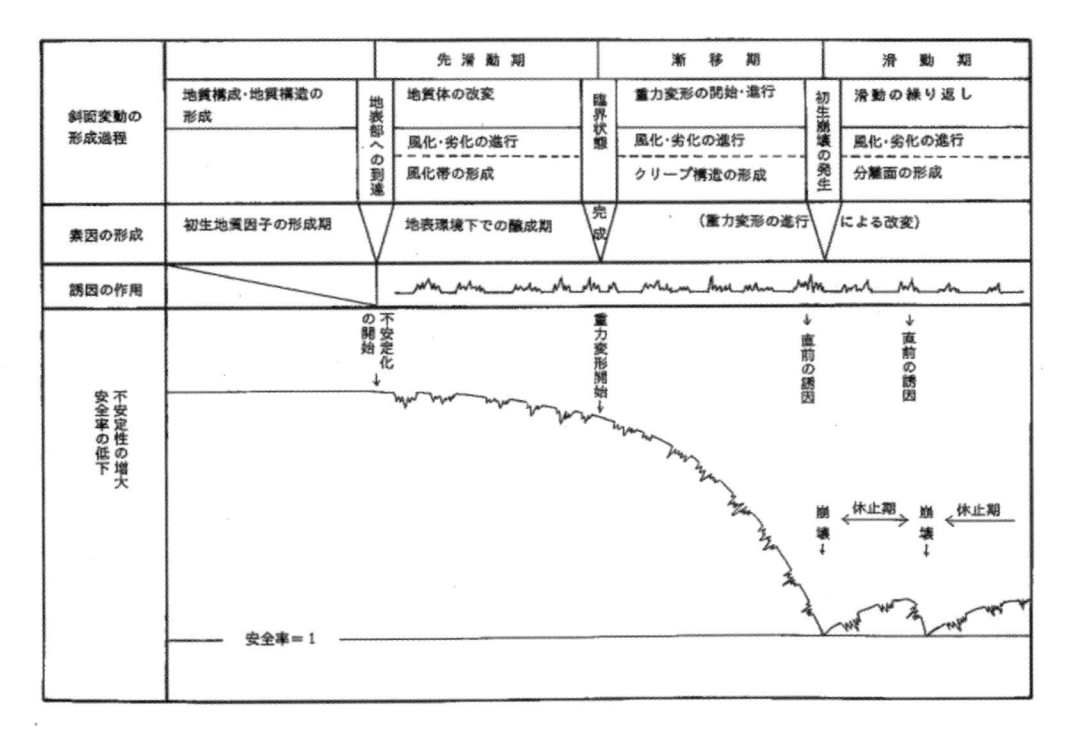

図-3 斜面変動の形成過程と素因・誘因の関係を示す概念図（横山、1999）

4．判読結果の記載

ここでは、判読結果として3人の判読者（A、B、C）による判読記載例を用いて説明する。各判読者がどのような地形要素に着目し、どのような用語使って記載しているか注意したい。

（1）判読者A（図-4参照）

判読箇所の主要な尾根や沢筋はENE-WSW方向を向いており、その南向きの斜面が急傾斜で北向きの斜面がやや緩斜面である。したがって、本地域の地質はENE-WSW走向の地層で北側に傾斜している地層と判断できる。つまり、南向き斜面は地層あるいは割れ目に対して受け盤で急斜面となる。また、北向き斜面は流れ盤となり、その斜面傾斜はほぼ地層あるいは割れ目の傾斜と推定される。

地質構造を反映して主として流れ盤となる綾北川右岸側斜面は崩壊跡が多く、斜面はいつも不安定で斜面下には段丘面は発達していない。ただし、その崩土の厚さは厚くない。

それに対して、綾北川左岸側は受け盤になることが多く、斜面は概ね安定しているが、崩土岩塊の厚い地すべり地形が2箇所(ls1、ls2)認められる。この地すべり地形の下方には段丘面が存在しており、これらの地すべり地形が段丘面形成当時に発生した古期地すべりと考えられる。また、綾北川右岸側でも地層の受け盤斜面となるls3、ls4については崩土の厚い古期地すべりと考えられる。これらの古期地すべりで、現在崩壊などの地表の変状が認められるは、古期地すべり末端の小ブロックのみであり、これらは地すべり末端の支沢の侵食によるものである。したがってls3、ls4全体については現在ほぼ安定していると考えてよい。

なお、受け盤の地すべり土塊が厚いのは本来、受け盤の地層は安定であり、斜面全体を長年かけて持ちこたえている間に緩んだ地すべりゾーンが厚くなるためと考える。それに対し、流れ盤の地すべりは常に不安定であり、不安定の部分は早め早めに崩壊し、結果的に厚い地すべり土塊を形成しないものと考えている。

（2） 判読者B（図-5参照）

滑動期に入った地すべりはみられないが、変動初期のマスムーブメントらしき地形が認められる。右岸側に3箇所(上流からイ、ロ、ハ、ニの変動域)と左岸側にホの変動域である。

イ変動域：変動域は三角形の平面形状を示し、両側方部の地表面輪郭構造は明瞭な谷に沿って走っているが、頭部は不明瞭である。末端部は綾北川に面し、縦断面形はややふくらんでいて、小崩壊も発生している。末端部のふくらみは右岸側の尖端が顕著で、この部分だけ分離しているかも知れない。変動域の地形は平滑で側方部の形と合わせて考えると、層理面か劈開に沿った並進すべりに進展するものと推定される。

ロ変動域：頭部の地表面輪郭構造(主滑落崖に相当)はその上流から延びる谷を明瞭に切っているが、主滑落崖は途中で途切れていて連続しているようには見えない。左岸側の地表面輪郭構造は末端部に近づくと比較的明瞭な谷に沿っているが、右岸側のそれはあまり明瞭ではない。末端部は綾北川に向かった横断面形、縦断面形共に凸形を示し、はらみだしているように見える。そして、右岸側の末端部では小崩壊が起こっている。変動域の地形は等高線間隔が著しく変化する。また、変

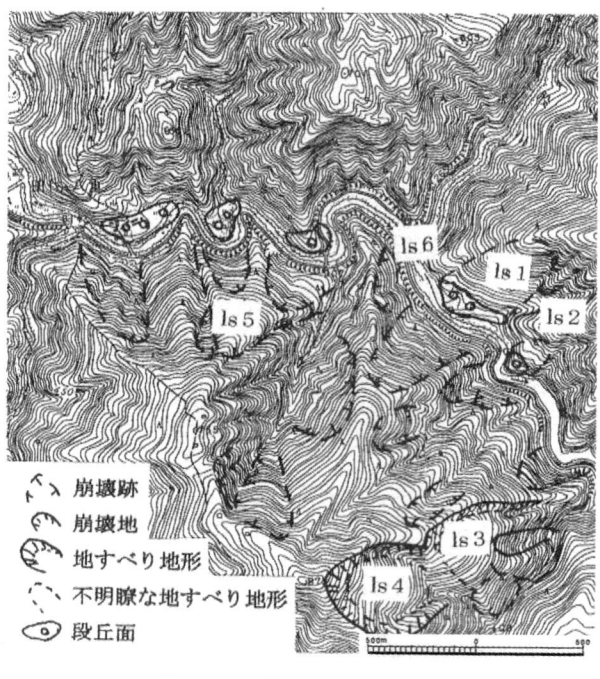

図-4　判読者Aの判読図

図-5　判読者Bの判読図

料金受取人払

神田局承認

1606

差出有効期間
平成20年6月
9日まで

郵便はがき

101-8791

502

東京都
千代田区
神田駿河台2-10

古今書院 行

年2回抽選でフィールドノートが当たるアンケートカード・記入して投函するだ

Q1　このカードが入っていた書名　　　　　　　　

Q2　この本は書店の棚にありましたか、取り寄せですか［○で囲む］
　　　A　書店の棚で見つけた　　B　書店で取り寄せた
　　　C　小社から直送　　　　　D　その他寄贈など

Q3₁　Q2でA・Bと答えた人へ　どこの書店ですか　地域名/駅名　書店名
　　　　　　　　　　の　　　　　　　　　　書

Q3₂　Q2でCと答えた人へ　送料・郵便振替手数料が不要であることを
　　　A　知っていた　　　B　知らなかった

Q4　この本を購入した時の一番の決めては何ですか（購入動機）
　　　A　指定されたテキストとして　　　B　人に勧められて/書評を見て
　　　C　著者に興味　　D　書名に惹かれて　　E　仕事で必要　　F　その

Q5　この本の著者へのメッセージを一言どうぞ

Q6₁　小社の新刊は次の雑誌などに広告しています．比較的よく見るのはどれで
　　［○で囲む］．1 地理　2 地理学評論　3 UP（東大出版会）4 本の話（文芸春
　　5 科学（岩波書店）　6 朝日新聞出版一行広告
　　10 季刊考古学（雄山閣）

Q6₂　あなたがよく見る本の広告媒体は何ですか
　　A 新聞（　　　　　）B 雑誌（　　　　　　　）C その他DM（

Q7　お名前／生年　　　　　　　　　　　　　　　19　　　年

Q8　住所（〒）

Q9　所属学会・研究会［　　　　　　　　］

Q10　ご職業［○で囲む］は、
　　学生（小・中・高・予・大・専・院）　教職員（小・中・高・予・大・専）
　　マスコミ　会社員（営業・技術・事務）　会社経営　公務員　研究職・自由
　　自営業　農林漁業　主婦　その他

Q11　古今書院のホームページを見たことがありますか　　YES　　NO

動域を抉る谷が複数走っていて、これらの谷の流路は著しく曲がっている。複雑な地表面変動が推定される。おそらく単純な並進すべりではないと考えられる。

ハ変動域：比高 40m 程のなめらかな主滑落崖と、その直下に縦断面形、横断面形共に凸形のなめらかな斜面からなる変動域とが形成されている。変動域の末端部は山神谷に向かって押し出し、小崩壊も発達している。両側方には明瞭な滑落崖は形成されていないが、地表面輪郭構造は小さな谷に沿って走っているものと思われる。

ニ変動域：地表面輪郭構造は冠頂と尖端とが閉じたボトルネック状の形態をもち、末端部ほど明瞭な谷に沿っている。変動域は縦断面形、横断面形共に凸形の斜面を形成し、地表面はなめらかである。

ホ変動域：綾北川に面した小尾根の変動で、比較的明瞭な主滑落崖と下流に凸の変動域が形成されている。

（3） 判読者C（図-6参照）

判読箇所周辺は、遷急線の明瞭さなどから判断すると急激な地盤の上昇があり、その上昇によって急峻な地形をなし、特に判読箇所中心の綾北川左支川尾股川は表成谷となっている。地層の走向傾斜は、大局的にはENE－WSWを示すが、NE-SW～ESE-WNWと局所的な変化が大きい。したがって、北向き斜面は流れ盤、南向き斜面は受け盤となり、北向き斜面に地すべりを含む不安定斜面が多く分布している。

綾北川右岸にはL-1・2・3・4・5等の、左岸にはL-6・7・8・9等の不安定斜面が見られる。L-1とL-4は特に大規模であり、地質構造に起因する深部に及ぶ崩壊と思われ、L-1は既にその表層が小～中崩壊の繰返しによって解析が進んでいるのに対して、L-4は谷の発達が少なく、その末端部にやや活動的と思われるブロックがあるが、まだ未開析である。L-2は恐らく崖錐性で、L-3は綾北川の急速な削剥によってトップリング的な動きをしているものと思われる。

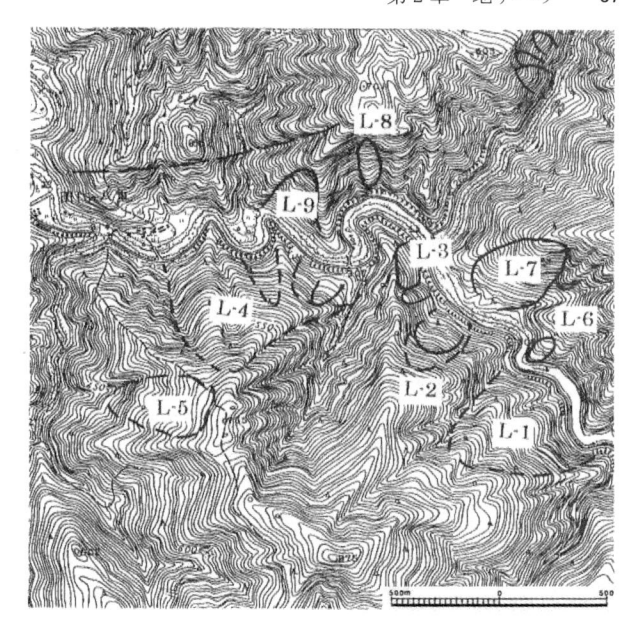

図-6 判読者Cの判読図

左岸は受け盤のため、比較的規模は小さいが、L-7は湾曲状の沢が入り、比較的規模が大きい。これは綾北川がもっと上位標高を流れていた時代に形成されたものと思われる。右岸のL-2が崖錐性であるのと対極的である。

5．地形判読のポイント

調査地点の地質は四万十層群で、数 m～数 10m のブロック構造をなし、地層の走向傾斜は著しく変化するが、大局的にはENE-WSW～ESE-WNW、北落ちを示す。したがって、北向き斜面では流れ盤、南向き斜面では受け盤となり、北向き斜面では層すべりが多発している。

詳細な調査が行われたのはA判読者の1s5地点、すなわちB判読者のイ変動域、C判読者のL-4地点である（写真-2）。この地域では、図-7に示すように、屈折波法弾性波探査4測線、ボーリング23本、横坑5坑が行われた。その結果を図-8、図-9に示す。

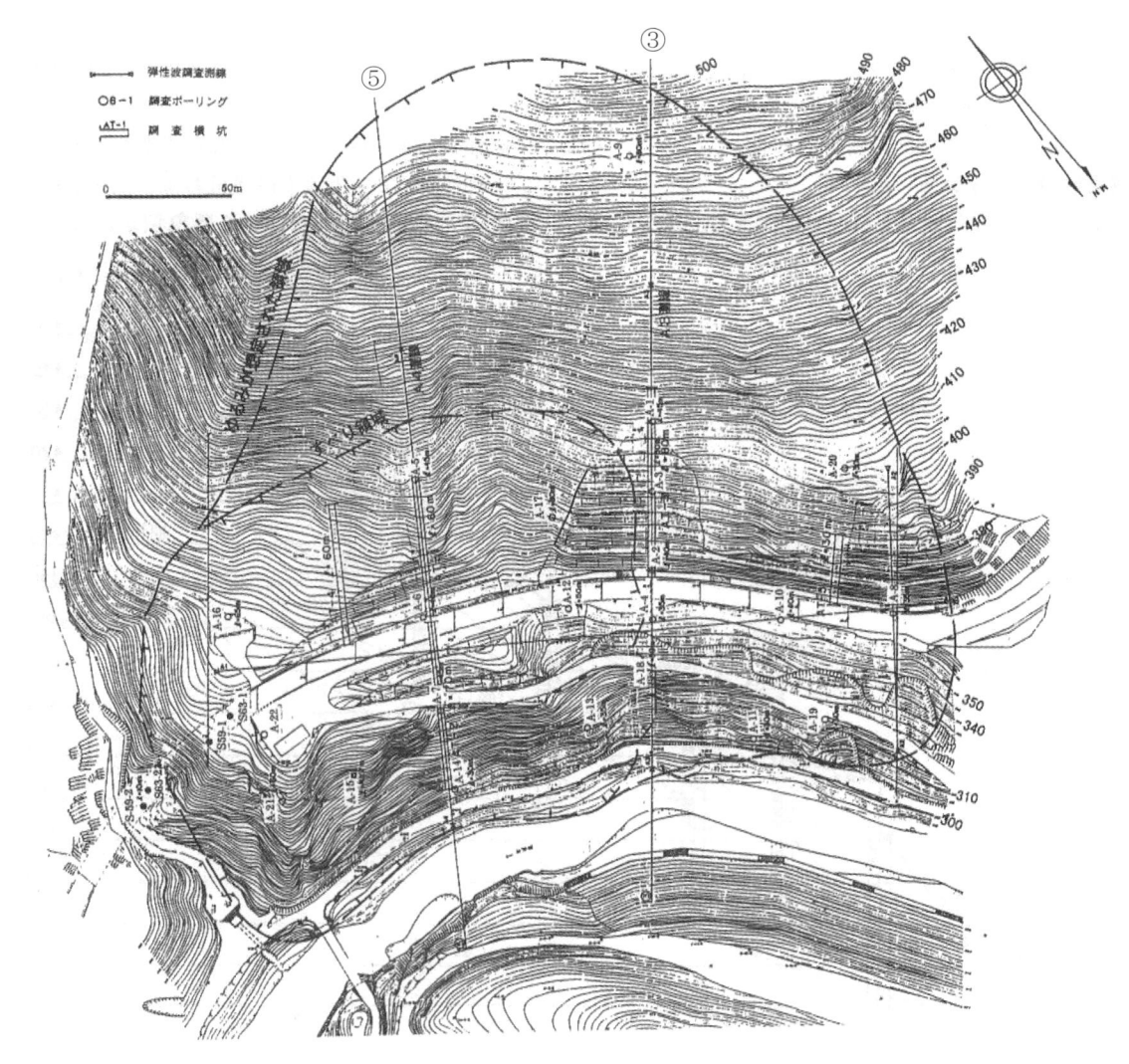

図-7 調査平面図

写真-2 詳細調査対象箇所

第 2 章　地すべり

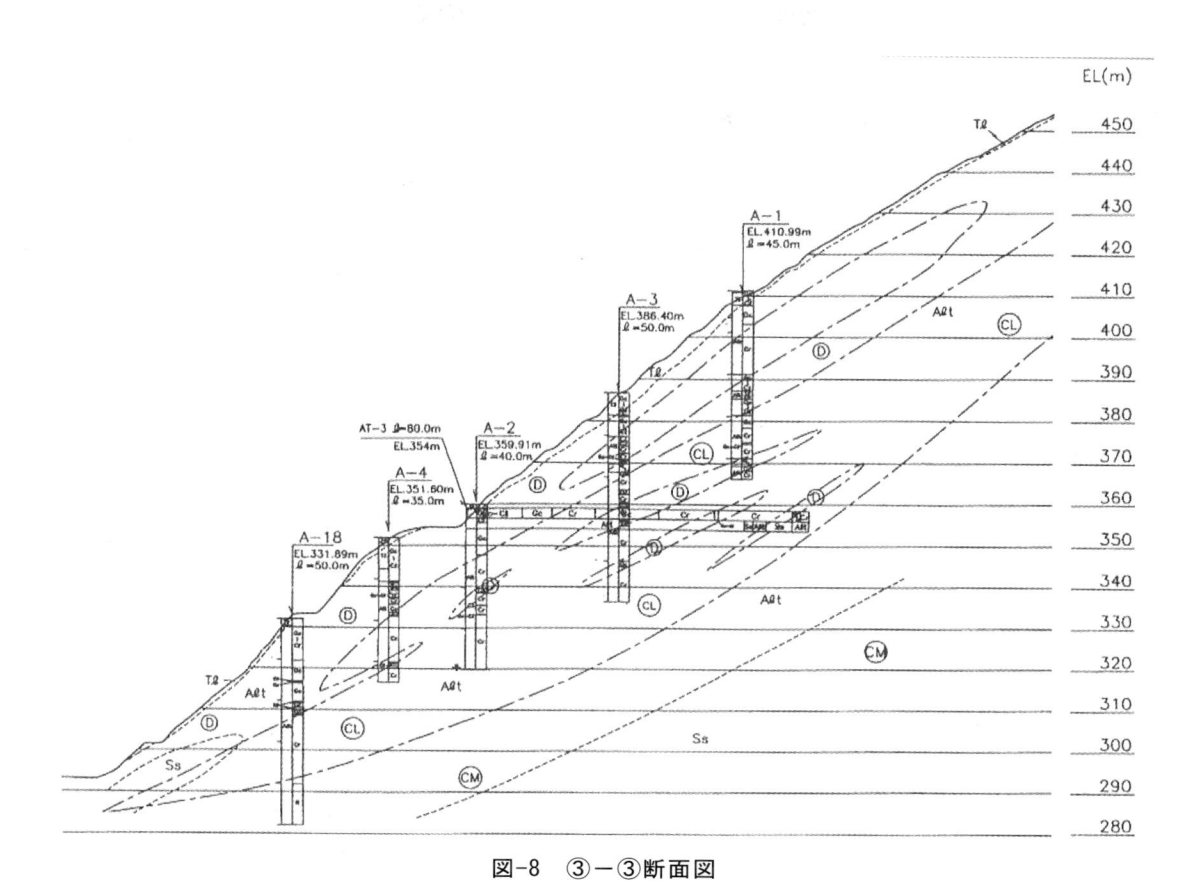

図-8　③-③断面図

図-9　⑤-⑤断面図

地層の走向は、前述のように、ENE-WSW～ESE-WNW と斜面にほぼ平行であるが、下流側では下流側面に谷が形成されているために滑動しやすく、明瞭なすべり面を形成しているのに対して、上流側の断面では僅かに受け盤的になっているため、この断面では明瞭なすべり面は形成されていない。全体としてはＡとＣが判読したようにより不安定領域が斜面末端付近に形成されているが、ＢとＣが判読しているように、イ変動域下流末端の小ブロックがより明瞭なすべり面を形成しているブロックとなっている。

変動域全体は谷のほとんどない平滑な斜面をなしている。この原因として、下流下段横坑および上流横坑の最奥部に写真-3 に見られるようなせん断亀裂があり、この亀裂から湧水が多いことから、この亀裂の上盤は僅かに緩んでいて透水性が高いことが考えられる。地すべりも岩盤の透水性が高いことによって風化が進行し、すべり面を形成したと推察される。

このような平滑な斜面ではすべり領域をブロック区分することは地形図や空中写真で区分することは極めて困難であるが、地形図に表れない微地形を現地踏査によって読み取ることが肝要である。この変動域には綾北川に張り出す２つの尾根があり、この尾根を境に小ブロックに分けられ、このうち最下流の小ブロックは、図-7 の大縮尺地形図で見られるように、道路盤付近に膨らみが見られ、その膨らみは下流側ほど大きく、緩みが推定された領域の中央付近より上流側では見られない、また地表も上流に比べ凹凸がある等の特徴がある。これらが判読のポイントとなろう。

また、図-3 の 1s1 対岸上流の 1s6 および図-5 に示す L-3 もすべりを生じている。

本地点では、日本応用地質学会物理探査評価研究小委員会で屈折法弾性波探査の再解析が行われた（桑原ほか、2001）。当初の萩原の方法による結果（図-10）を見てみると、最下層速度は 4.2km/sec と速いが、河床部付近を除くと、速度が 2.1km/sec と遅い層が厚く分布している。速度層境界は中間部で深く、下端の河床部付近では浅くなっており、すべり面は 2km/sec 速度層内にあり、すべり面と速度層はほとんど関係ないように見える。図-11 には同じデータを用いてトモグラフィ的解析を行った結果を示す。同図には併せてすべり面を示している。萩原の方法と同様に河床部付近を除いて速度の遅い層が厚く分布するが、距離程 100～125m に船底型の凹みが見られ、すべり面を規制するかのように速度コンターの凸部が見られる。萩原の方法による最下層速度上面およびトモグラフィ的解析における 3.75km/sec 層はCM級岩盤の分布とよく一致している。

トモグラフィ的解析における船底型凹みは A-6 ボーリングで見られたD級岩盤の影響を示しているものと思われる。

写真-3　⑤-⑤断面下段横坑最奥部で見られるせん断亀裂

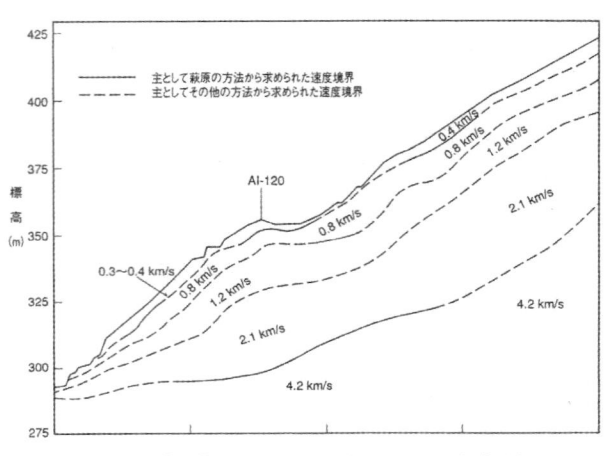

図-10　⑤-⑤断面萩原の方法による解析結果

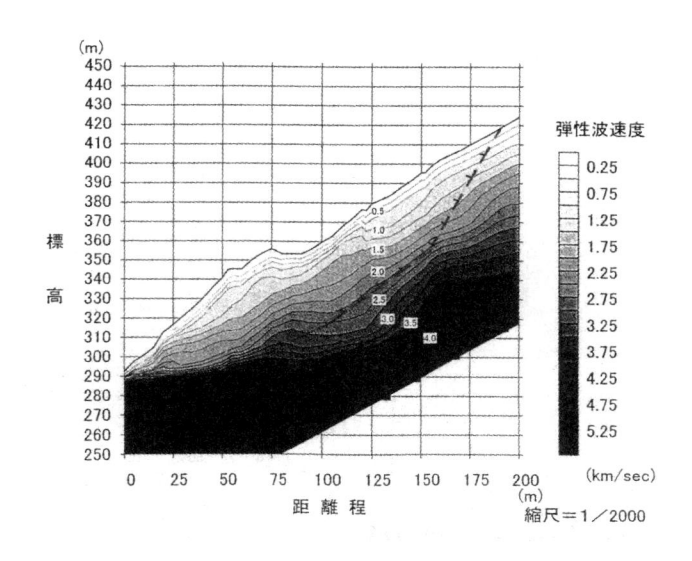

図-11 ⑤-⑤断面トモグラフィ的解析結果

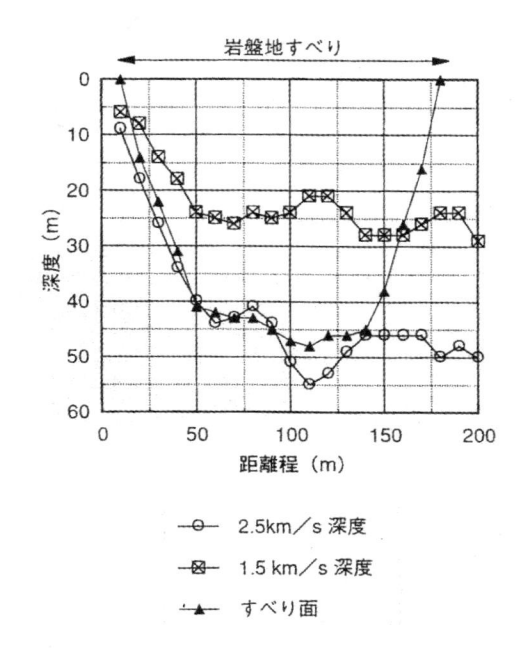

図-12 弾性波速度とすべり面の比較

　図-12にはトモグラフィ的解析における1.5km/secおよび2.5km/secの深度とすべり面の深度を示すが、2.5km/sec層とすべり面位置がよく一致していることが分かる。他の潜在地すべり斜面でも、このように中間速度層が厚く分布していることが特徴となっている。

　地形解析や岩盤の緩み状態を示すルジオン試験結果と弾性波探査結果を併せて解析することによって、岩盤の潜在地すべり地をより客観的に抽出することができると思われる。

（桑原 啓三、服部 一成）

引用文献

桑原啓三、渡辺文雄、太田直樹（2001）：岩盤地すべりを対象とした屈折法弾性波探査のトモグラフィ解析（その2）、

日本応用地質学会（1999）：斜面地質学、50p、図2-29（横山俊治）

キーワード
潜在地すべり
初生すべり
平滑斜面
（等斉直線斜面）
正常蛇行
古期地すべり
弾性波探査
トモグラフィ的解析

まとめ

　潜在地すべり地の地形的特徴は、一般的には削剥が激しいところで、谷密度が周辺と比べて少なく、斜流谷が発達し、斜面中間に緩斜面と末端部に異常な膨らみが見られる。特に、頭部の陥没地形や多重山稜地形を示すところは潜在地すべりの可能性が高い。

潜在地すべり地の事例

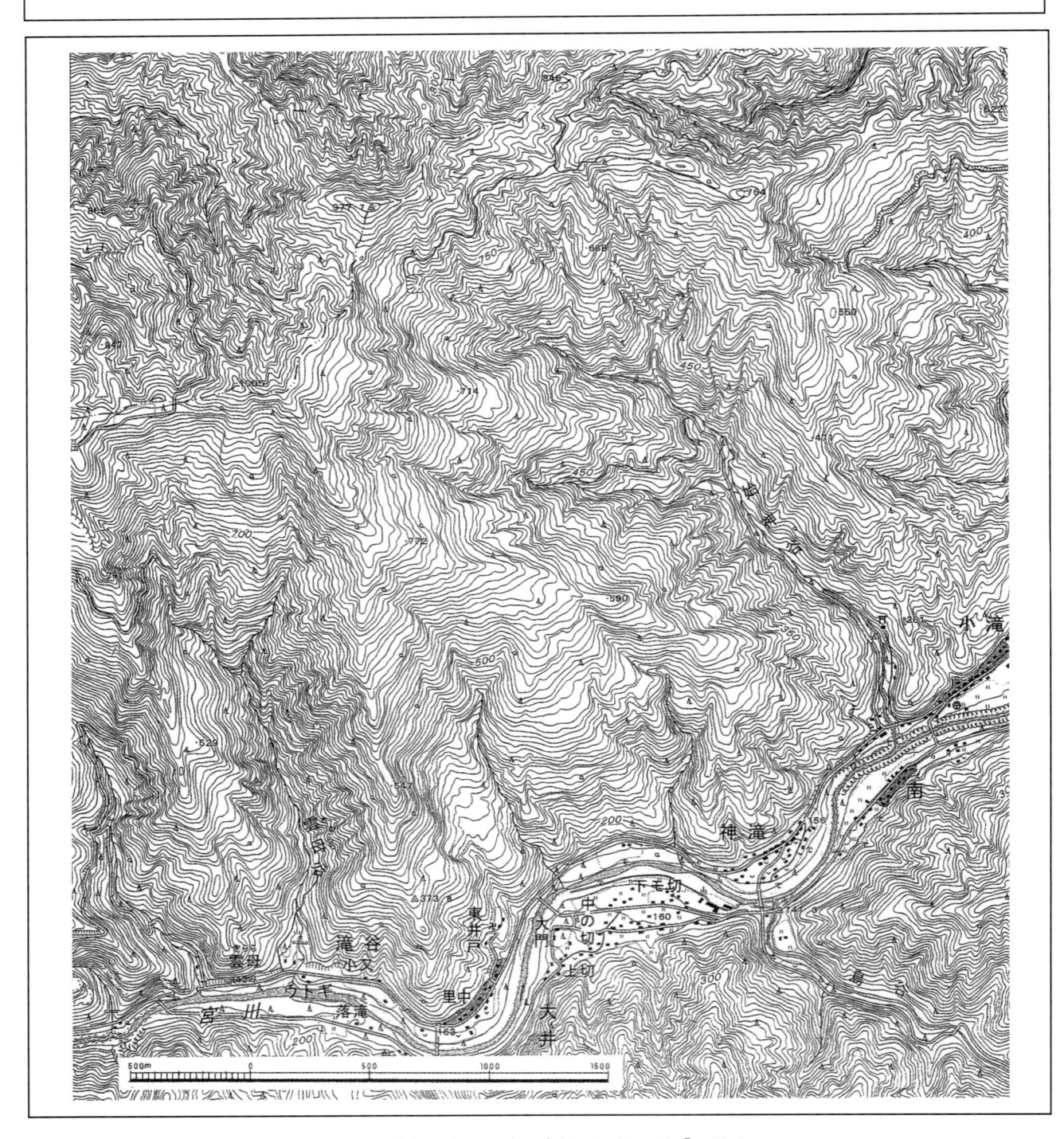

図-13　潜在地すべり地の事例（1:25,000「江馬」）
注記小滝から雲母に至る山腹斜面は、宮川の支谷の浸食により遷急線付近より下には新しい谷が刻まれている。山腹緩斜面と谷の形状、等高線の乱れなどに留意して不安定斜面を抽出してみよう。

2.5　河谷斜面に見られる地すべりの活動性と斜面地質の推定

1. 課　題

山梨県早川流域、京ヶ島付近の右岸には急峻な山地斜面の中腹に特異な緩斜面が認められる。これらは地すべりによる移動土塊の存在を示唆しているようである（図-1）。

テーマは、斜面の中の地すべり移動土塊を抽出し、その形態的特徴から活動の程度や移動土塊の岩盤の性質について検討することである。ここでは、地形判読において記載をおこなうポイントや現地調査で確認すべき事柄について考えてみよう。

2. 対象地域の特徴

早川は急峻な山地部を蛇行して図-1の地形図の東方範囲外で富士川に合流する。蛇行部の外側は河川の水衝部にあたり、侵食作用が活発なため急峻な斜面が形成されている。急峻な斜面は不安定化しやすく、崩壊や地すべりが発生しやすい環境にある。これに対して、過去の蛇行部が段丘化して背後の斜面が安定化し、集落が分布するようになった部分もある。

地質的には、図-1の右端付近を南北に通過する糸魚川・静岡構造線の西側にあたり、古第三紀瀬戸川層群の砂岩・頁岩などが分布する。

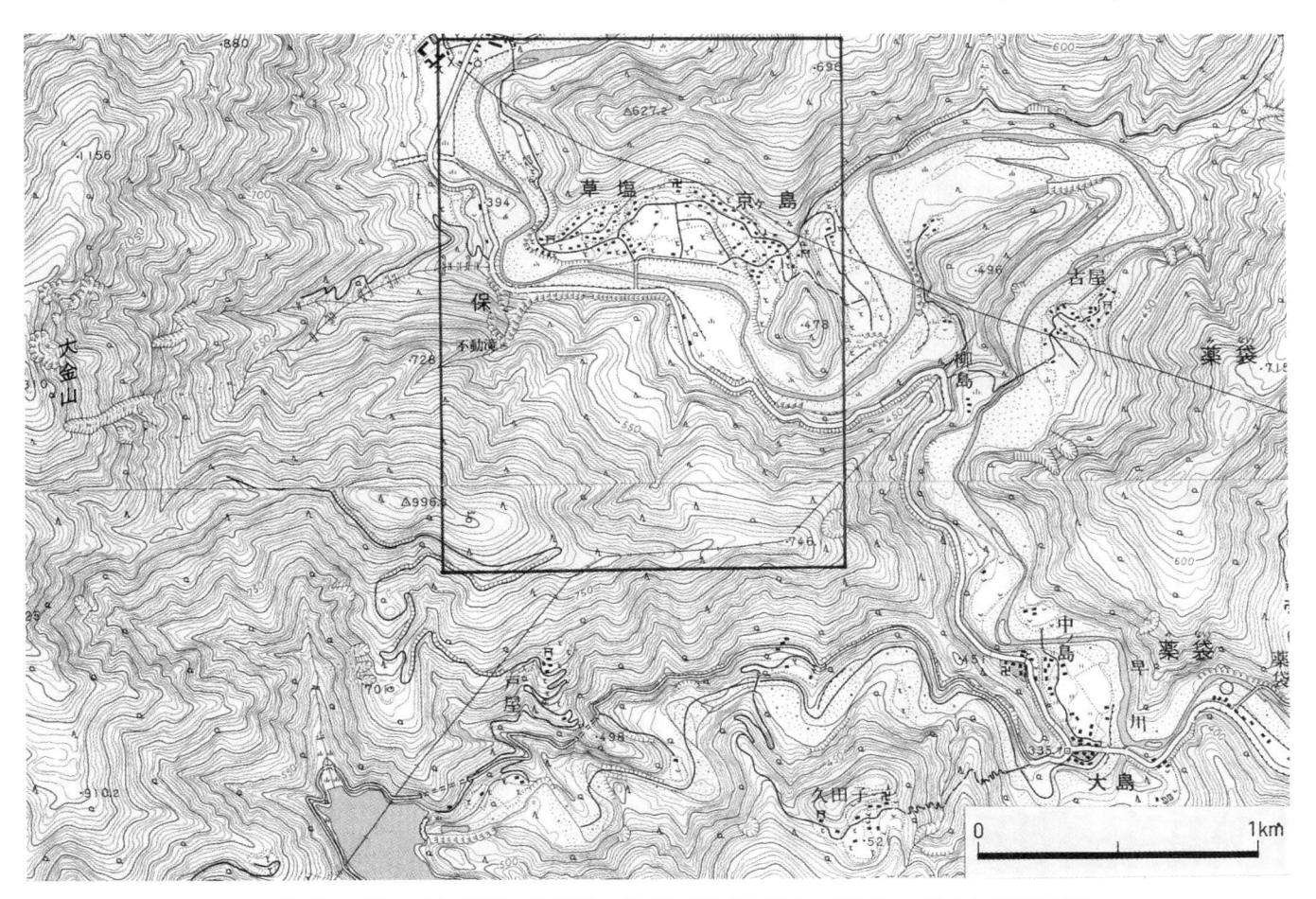

図-1　判読対象地周辺の地形図　（1:25,000「七面山」「新倉」、枠内は判読対象）

3．空中写真判読

図-1の地形図から、蛇行する河川によって侵食されつつある斜面や、斜面下に河成段丘があって現在では河川による侵食が停止している部分を読み取ることができる。また、斜面にはいくつかの遷急線や遷緩線が存在し、不安定化した斜面が認められる。

基礎的な知識として、水衝部における斜面の不安定化、およびその後の地すべりや崩壊の発生に関する説明を図-2に示す。この図を参考にして、空中写真（写真-1）判読により地形の明瞭さや新旧の関係から、斜面の活動性に注目した記載をしてみよう。

1) 急斜面の形成
2) 斜面の不安定化
3) 不安定化の進行
4) 崩壊や地すべりの発生

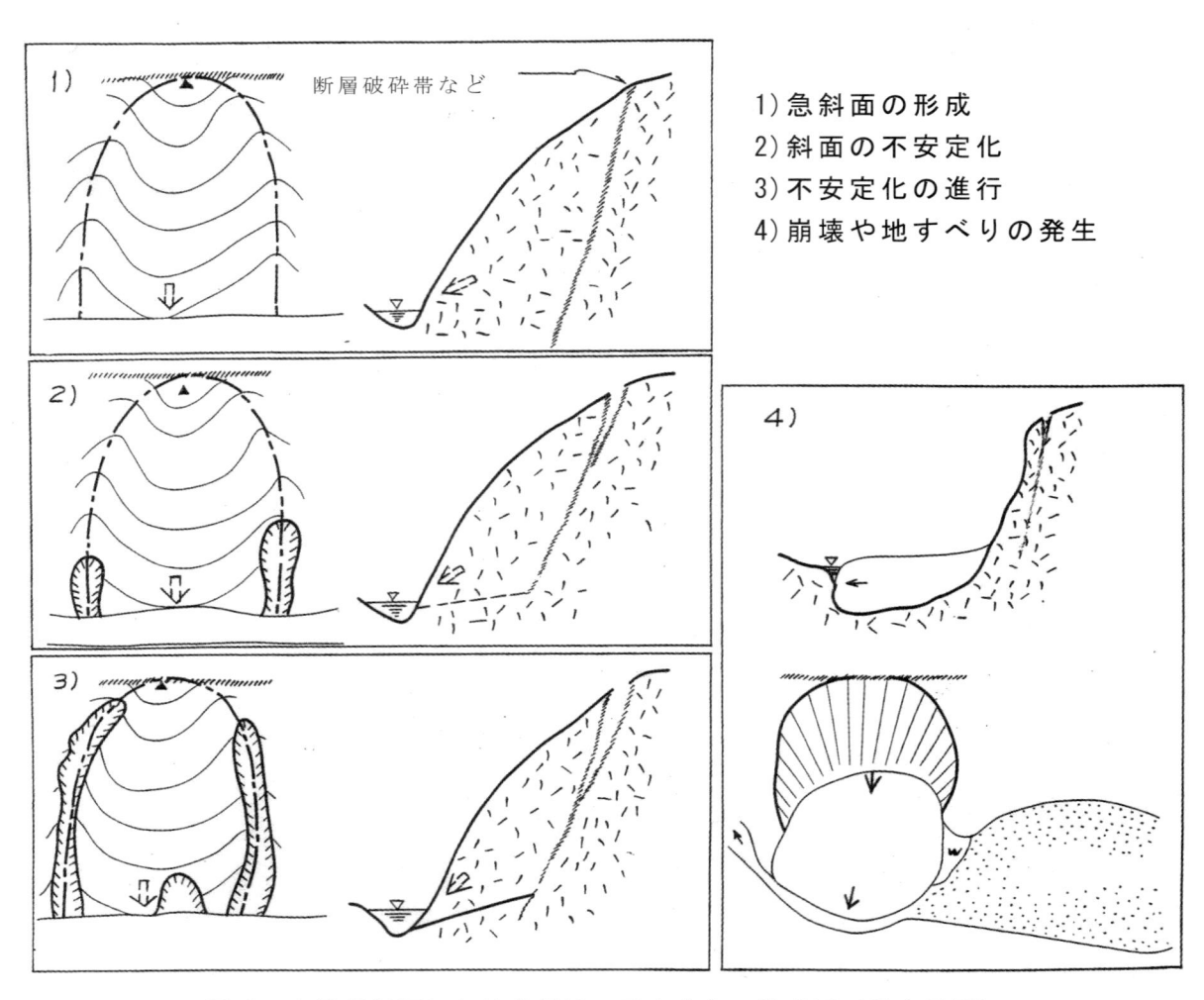

図-2　水衝部斜面における斜面の不安定化の模式図（足立原図）

1) 急斜面の形成：河川の侵食により形成された一連の斜面に0次谷が形成。内部には断層破砕帯などの潜在的弱面が存在する。
2) 斜面の不安定化：0次谷の末端付近に河岸崩壊が発生し、内部の弱面を利用して斜面が不安定化する。
3) 不安定化の進行：河岸崩壊が0次谷に沿って斜面上方に波及拡大。ブロック末端部の新たな河岸崩壊が発生し、内部の弱面が顕在化して更に斜面は不安定化する。
4) 崩壊や地すべりの発生：豪雨時の出水で末端部が侵食され、弱面への流入水の間隙圧力で斜面は大崩壊に至る。

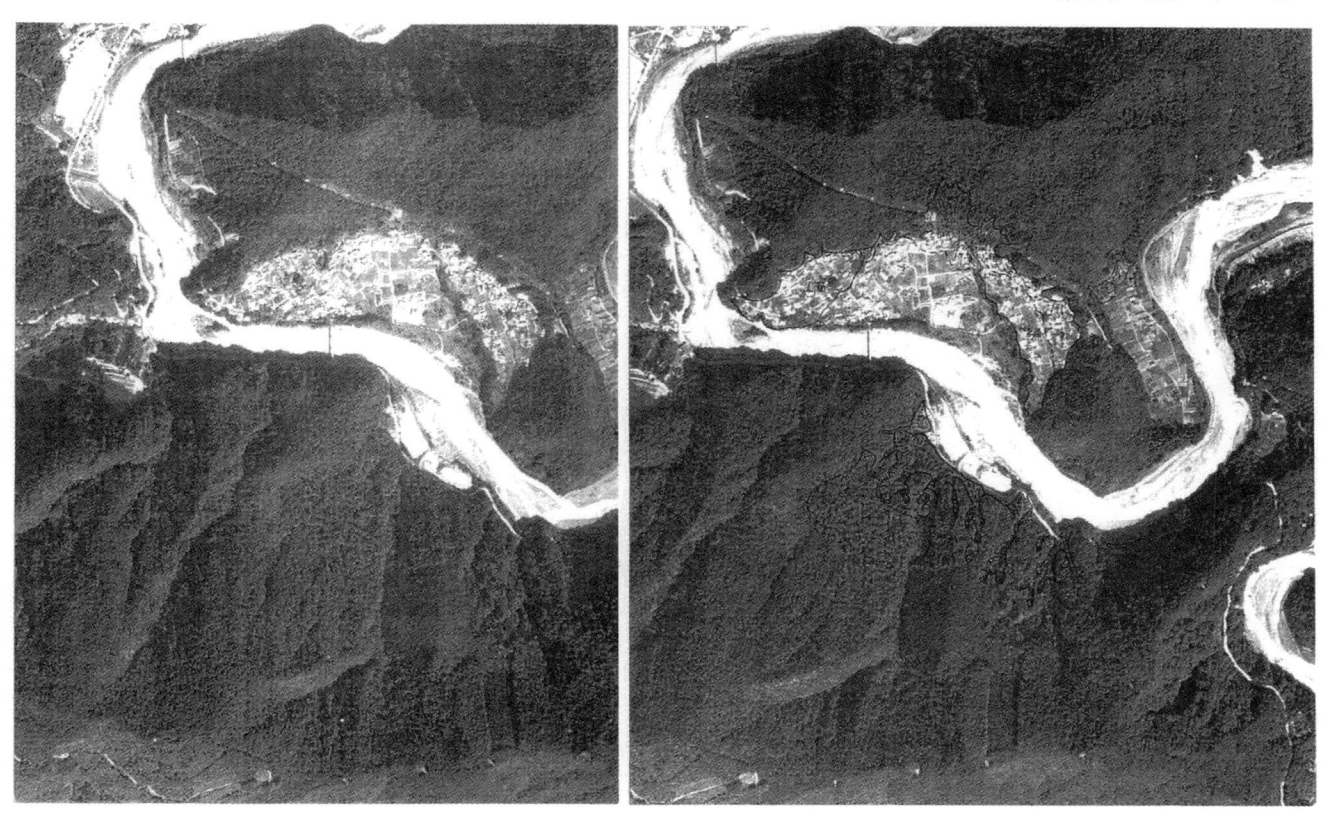

写真-1 判読用空中写真（MCB-72-8Y、C5-21, C6-16）

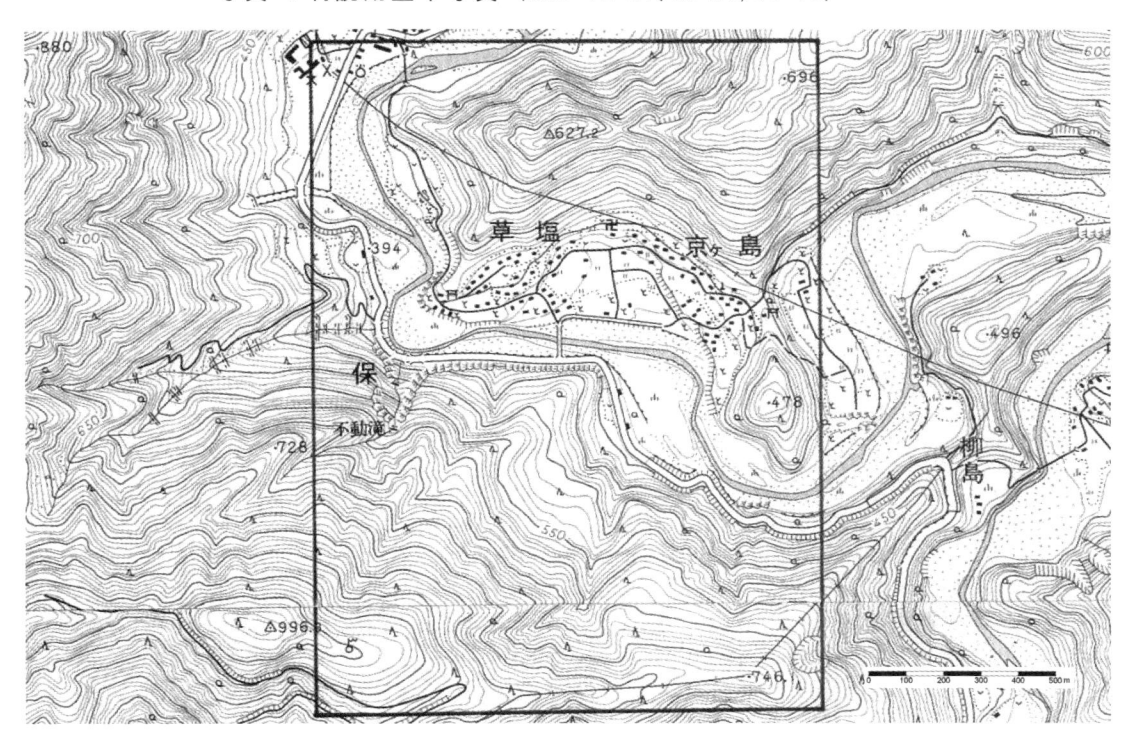

図-3 作業用地形図（1:25,000「七面山」「新倉」枠の内部が判読対象範囲）

4. 判読結果の記載

対象判読事例を5例示すが、いずれの判読者も斜面をいくつかに区分して説明している。区分の仕方はおおむね共通であるので、その代表例を図-4に示し、以下この区分にしたがって説明する。

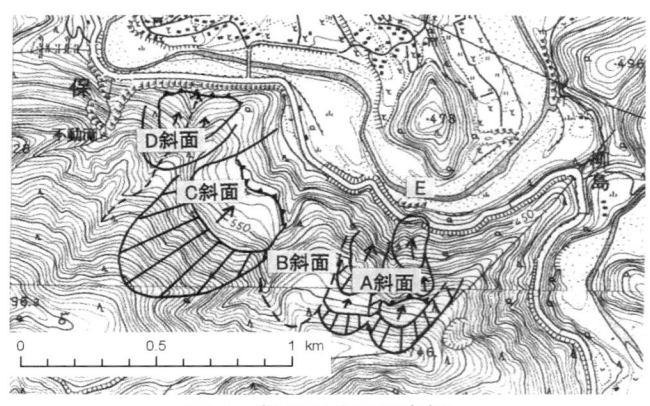

図-4 斜面区分の代表例

（1）判読者A（図-5参照）

A斜面：
　比較的明瞭な滑落崖と地すべり土塊の緩斜面が認められる。緩斜面は明瞭な遷急線をもって下方の急斜面と区別できる。下方の急斜面には明瞭な小水系による侵食が進み、堅硬な岩盤の分布を示唆している。したがって移動土塊の末端は河床に達しておらず、本流の浸食によって活発に活動しているわけではないと考えられる。本川の屈曲部には不自然な突出部（E）が見られるが、崩落土塊である地形的特徴は明瞭ではない。

B斜面：
　A、C斜面のような明瞭な滑落崖と緩傾斜部が認められない。しかし斜面下方の本流に面した部分には遷急線があり、その上方はやや緩傾斜となっている。この部分はC斜面の地すべり移動土塊の張り付きであり、B、C斜面の境界部の水系によって侵食された可能性がある。

C斜面：
　A斜面よりさらに明瞭で長大な滑落崖と幅広い緩傾斜地を持つ地すべり土塊が認められる。滑落崖には3条のガリー状の水系が認められるが、移動土塊中で消失する。水系線が線状で直線的であることは、地すべり発生後ある程度時間が経過していることと、滑落崖の部分の岩盤は堅硬であることを示唆している。地すべり移動土塊より下方の斜面では崩壊などによる侵食が進み、本川河床への土砂の押し出しが見られるがその規模は小さい。したがって、地すべりは比較的古い時代に活動したと考えられる。

D斜面：
　緩傾斜部は地すべり移動土塊、その背後の急斜面は滑落崖と考えられる。この地すべり移動土塊は三角点996.3mの峰から流下する渓流によって後から浸食されており、現在はあまり活動的ではないと考えられる。

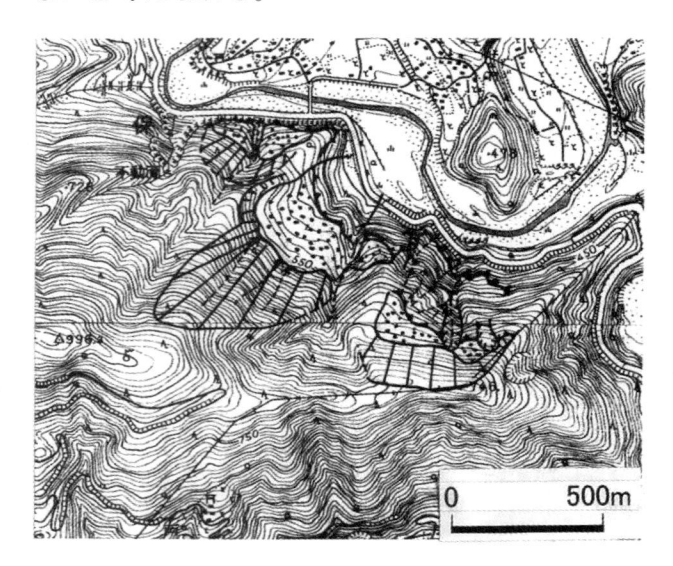

凡例：
- 緩斜面
- 地すべり小ブロック
- 滑落崖
- 崩壊地
- 遷急線
- 水系

図-5 判読者Aによる判読図 （凡例は以下の図-6～8で共通）

（2）判読者B（図-6参照）

A斜面：
斜面中部に緩斜面が形成され、その下方に崩壊跡地形と水系が発達する。緩斜面の最も東の部分では、下方に円弧状の線状模様が判読でき、その末端部（E）は本川の水衝部に押し出した形状を成す。A斜面の全体は、緩傾斜部を頭部とした岩盤地すべりと岩盤クリープであることが推定される。その原因としては、本川の水衝部で岩盤が押し出し

ているように見えることから、河川の側方浸食による、斜面全体の不安定化が考えられる。

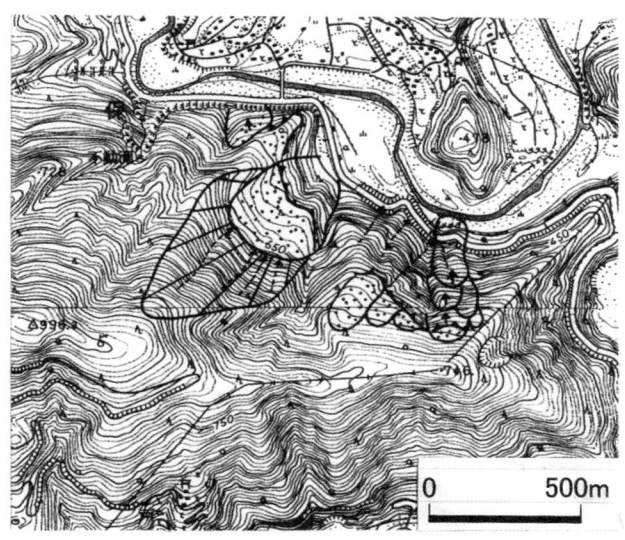

図-6　判読者Bによる判読図

B斜面：
　尾根状になった斜面中腹部に、傾斜変換点と緩傾斜部が形成されており、それらはA斜面の緩傾斜部に連続すると推定される。
C斜面：明瞭な地すべり地形
　明瞭な地すべり地形を示し、滑落崖と崩積土（地すべり土塊）とが明瞭な傾斜変換線によって区分できる。滑落崖には不明瞭な水系が4条見られ、地すべり移動土塊付近で消失する。地すべり移動土塊の下部には遷急線が形成され、その下方には崩壊地形や谷壁が拡大した水系線があって、崩積土の浸食が進んでいることが伺える。

（3）判読者C（図-7参照）
A斜面：
　斜面上部には滑落崖は認められず、中腹部に認められる緩傾斜部は段丘面である可能性がある。緩傾斜部の下方には滑落崖があり、その下方の斜面が地すべりの移動土塊と考えられる。地すべりは東西の小ブロックに分かれており、特に東端部に位置する小ブロックには、本川の水衝部への張り出し(E)が認められる．
B斜面：
　斜面中腹に見られる緩傾斜部の中の地形的高まりは、伐採に取り残された樹木によるものと考えられる。この斜面の活動性は不明瞭である。少なくとも、最下部に認められる本川沿いの段丘面が形成された後には、ほとんど活動していないことが推定される。
C斜面：
　明瞭で長大な滑落崖と、その下部に緩傾斜な移動土塊を持つ、明瞭な地すべり地形を示す。

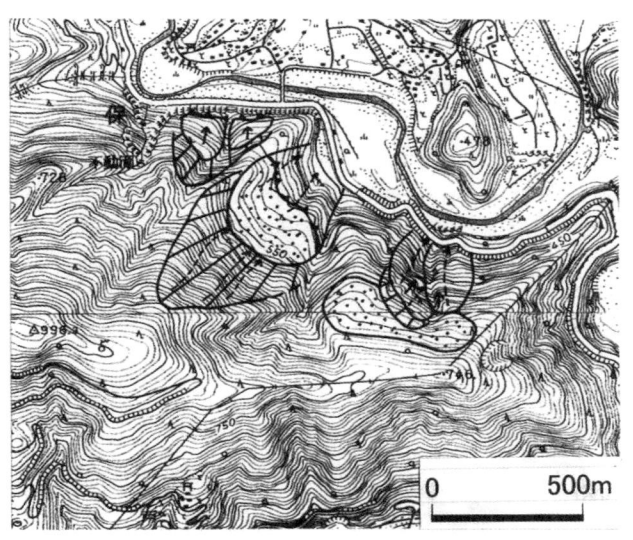

図-7　判読者Cによる判読図

（4）判読者D（図-8参照）
A斜面およびC斜面：
　これらの斜面は、傾斜の急な山地斜面にあって特異な緩傾斜を示すうえに、その上部の急傾斜地との組み合わせが特徴となっている。また、下方の斜面とは顕著な遷急線を持って接しており、緩傾斜部の構成物質が脆弱であることを示している。これらから、A斜面とC斜面の緩傾斜部は、地すべりの押し出し岩屑と判断できる。これらの岩屑は、比較的厚さが薄いと考えられる。それは、下方の斜面には線状の谷地形が進入しており、斜面が堅硬な基盤岩から形成されていることを示唆するからである。脆弱な岩屑のなかでは明瞭な線状の谷地形が着実に成長することはない。
B斜面：
　この斜面は比較的傾斜が緩やかである上、谷密度が特に小さい。このことは斜面の透水性が大で

あるか、あるいは小規模な斜面変動が起こりやすく、谷が継続的に発達しないという理由を示唆する。一方、斜面の上部には滑落崖に相当するものがない。また下方の斜面には顕著な遷急線がない。さらに最下部に見られる段丘面上に大量の土砂が崩落した形跡もない。これらを総合的に判断すると、斜面Bは活動した形跡はあるものの、その活動度は小さく、地すべりには至っていないと考えられる。

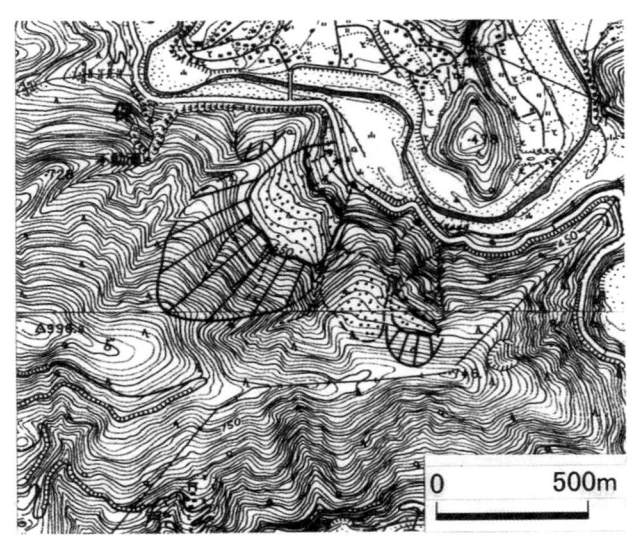

図-8 判読者Dによる判読図

（5）判読者E

判読者Eは、斜面の傾斜度や傾斜変換線の存在を判読者A～Dとほぼ同様に認識した後、A、B斜面とC斜面に分けて、次のような点に着目している。

A斜面およびB斜面：

斜面上部の地形は明瞭な滑落崖の特徴を示さないが、地すべり土塊は尾根から斜面の途中までずり落ちたものと考えられる。緩傾斜部は水系の発達が悪く、透水性が高いことが推定される。また、その地すべり土塊下端部の一部は本川に押し出しており、段丘面が埋没しているように見える。

C斜面：

滑落崖と崩落土砂との境界や、崩落土砂の堆積緩斜面が明瞭であり、完全に崩落した地すべりブロックと考えられる。滑落崖には、土砂崩落後に谷が形成されつつあり、活動後の時間経過が長いことを反映しているが、これらの谷は下方の緩斜面では消滅する。

5．地形判読のポイント

本課題に対しては、地形的特徴から地すべりの移動土塊を区分して記載するとともに、その構成物質や活動性の違いを推定することが重要である。

判読事例では、地すべり地形の区分についてはほぼ同様な判読結果となっている。また、地すべりの活動性を示唆するいくつかの重要な情報も共通に示されている。今回の判読地点については、地形判読による岩盤状況の推定結果を、ボーリングなどの調査結果によって検証する資料はないが、どのような点に着目し記載することが重要であるかについて、斜面区分ごとにまとめてみよう。

（1）A斜面

判読者の多くが、斜面頂部の滑落崖と平滑な滑落斜面、およびその下部の緩傾斜面の組み合わせにより、地すべり地形を認識した。また移動土塊中の水系の発達程度が悪いことから、土塊の透水性が高いこと、下方斜面は水系が発達し崩壊も進んでいることも共通に指摘されている。さらに、滑落崖の明瞭度の違いから、岩盤地すべりである可能性や、地すべり移動土塊が崩落しきっていない可能性も指摘されている。また、緩傾斜部には下方斜面から延びる水系が切り込み、侵食が進んでいることから、地すべりの活動性が高くないという指摘もある。

意見が分かれているのは、河川の水衝部に張り出したように見える部分（E）である。河川の攻撃斜面にあり、侵食にさらされながら、なお河川に向かって張り出すことから、この部分は現在も活動的な地すべりブロックである。地すべり土塊の端部が再崩壊した部分であることを指摘する判読者がいる一方で、崩落土砂とは見ない考えもある。現地調査は、このような点を確認するために実施される必要がある。

A斜面の西端部については、緩傾斜部の下方斜

面の形状について線状谷が発達している。すなわち透水性が低く、この部分が脆弱な崩落土砂ではなく堅硬な基盤が露出しており、崩落土砂の厚さは薄く、河床に達していないという指摘が注目される。

（2）B斜面

この斜面は、滑落崖、傾斜変換線、緩斜面が明瞭ではないこと、斜面基底部に崩落土砂の痕跡がないことから、いずれの判読者も活動的な地すべりを認めていない。しかし、水系が特徴的に未発達で谷密度が小さいことから、岩盤の透水性が高いことが指摘され、岩盤のゆるみや初生岩盤すべりの可能性が考えられている。

（3）C斜面

全判読者が、斜面上部の滑落崖、緩傾斜な地すべり土塊、遷急線とその下方の急斜面を認め、明瞭な地すべり地形であることを認識した。また、線状の浅い水系の発達から、滑落崖の部分と下方斜面は岩盤が堅硬であること、逆に水系の発達がみられない緩傾斜部は脆弱で透水性が高いことは重要な指摘である。

（4）地すべりの活動性について

地すべりの活動性については、滑落崖の発達の規模と移動土塊の位置、移動土塊の上面が滑落崖からの崩落土砂に覆われているかどうか、あるいは滑落崖や地すべり土塊の末端部の開析が進んでいるかどうかに注目することが、判定に役立つと考えられる。とくに、河川の水衝部に張り出したように見える部分（E）に代表される地すべり末端部と河川との動的な関係は、地すべり活動性の評価にあたって注目すべき場合が多い。また段丘面などの基準面と地すべりとの関係は、地すべりの活動時期を明らかにする上で注目される。

（川崎　輝雄、品川　俊介）

キーワード

地すべり地形
滑落崖
地すべりの活動性
水衝部
斜面の透水性
地すべり移動土塊
0次谷
遷急線

まとめ

地すべりの認定においては、形の特徴に基づく判定のみならず、斜面の透水性の違いに起因する谷密度や谷地形の形状に着目した斜面地質の推定が有効な場合がある。

地すべりの活動性については、滑落崖の発達の規模と移動土塊の位置、移動土塊の上面が滑落崖からの崩落土砂に覆われているかどうか、あるいは滑落崖や地すべり土塊の末端部の開析が進んでいるかどうかに注目することが、判定に役立つと考えられる。とくに、地すべり末端部と河川との動的な関係は、地すべり活動性の評価にあたって注目すべき場合が多い。また段丘面などの基準面と地すべりとの関係は、地すべりの活動時期を明らかにする上で注目される。

水衝部における地すべりの例

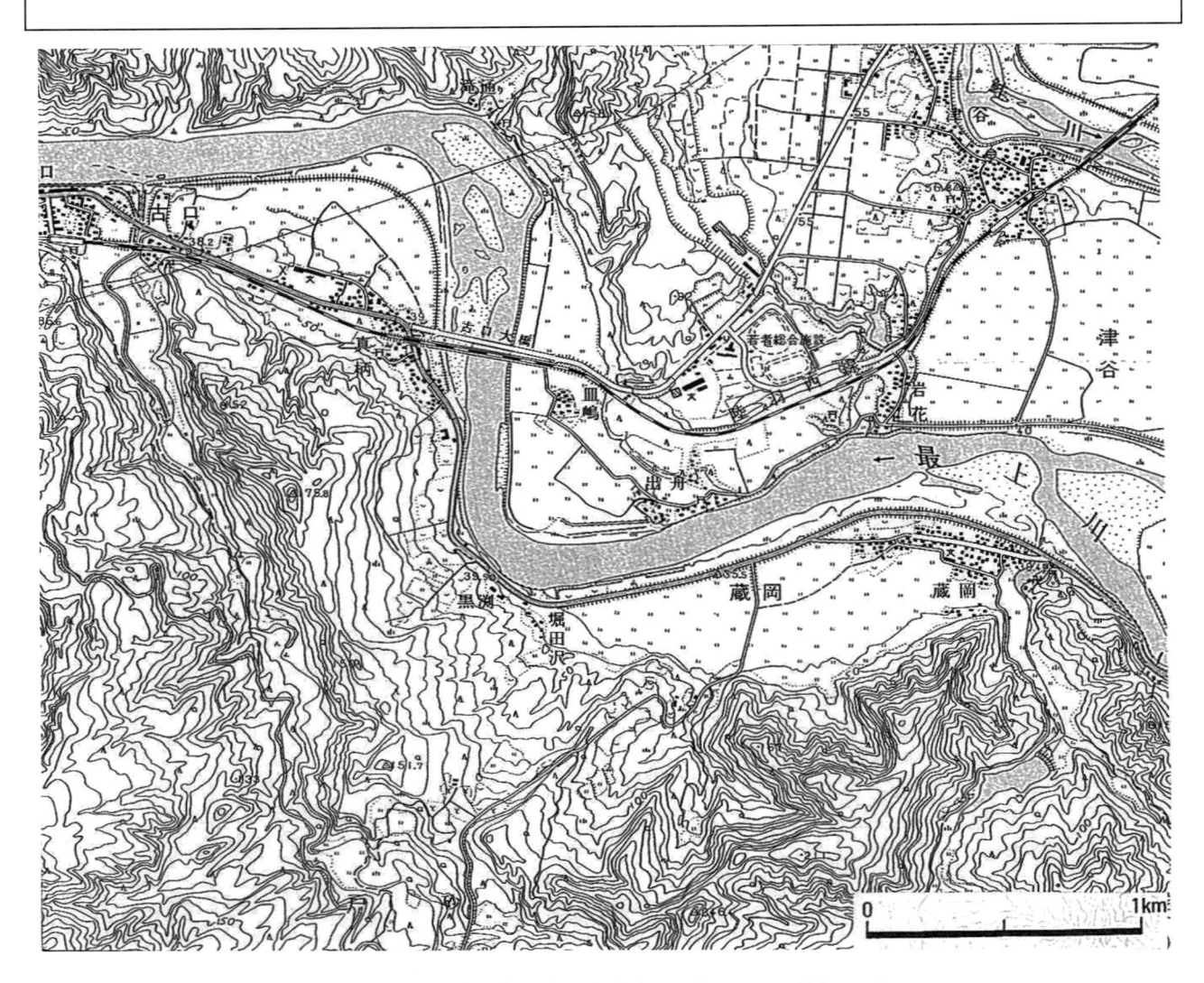

図-9 最上川水衝部における地すべり（1:25,000「古口」）
　鉄道橋上流（南側）の水衝部の黒淵地すべりは、地すべり末端を侵食されて不安定化し、河床の隆起を伴って活発に活動した。現在は種々の地すべり対策工が施工されて地すべりは安定化し、道の駅として利用されている。

第3章　緩　み

北アルプス白馬岳北方の三国境付近から小蓮華岳へ続く稜線には、かつて舟窪地形と呼ばれた二重山稜が発達しており、部分的に多重山稜になっている。

［上野将司　撮影］

３．１　二重山稜

１．課題

　山地の尾根付近には、まれに、「二重山稜」あるいは「線状凹地」と呼ばれる微地形が発達している。このような微地形の多くは尾根付近に発生した開口クラックに起因したものであると考えられる。開口クラックが形成された直後であれば、地盤中に形成された開口クラックを直接目で見て確認することができるが、時間が経つにつれて、クラック壁面の崩壊や表土・落ち葉等の流入のため、地表に線状の凹地が残るだけになる。これが線状凹地である。規模の大きな線状凹地では、凹地の両側に微小な尾根がつくられることがある。二重山稜とはこの微小な尾根に着目した地形用語である。

　四国では、二重山稜や線状凹地が標高200mを越える尾根に現れ、400m以上の尾根で頻発している（布施・横山、2003）。ここでは、そのひとつ、高知県高岡郡津野町（旧東津野村）と仁淀川町（旧仁淀村）の行政区境界に位置する大引割峠（おおひきわりとうげ）付近（図-1）の二重山稜について、1：25,000 地形図の読図と空中写真（図-2、写真-1）の判読を比較し、現地調査の結果と照合してみよう。二重山稜についての概念は図-3の模式図を参照されたい。

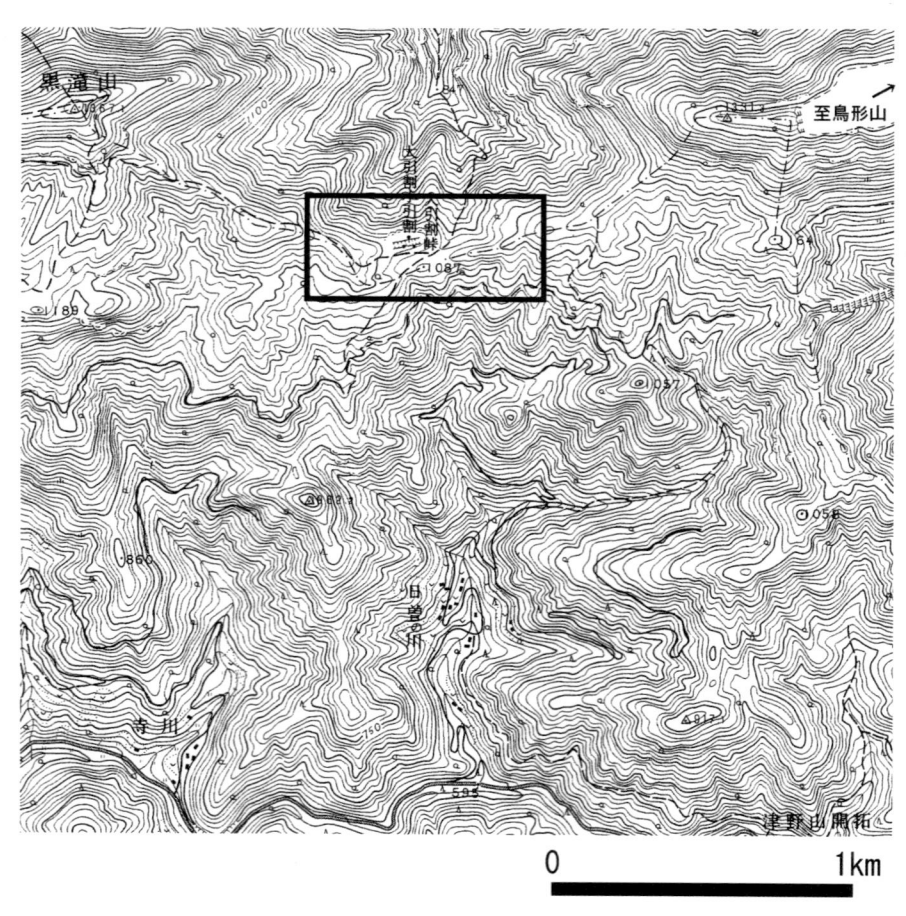

図-1　判読対象地周辺の地形図（1：25,000「王在家」）
□：課題の地域（図-4〜8の範囲）

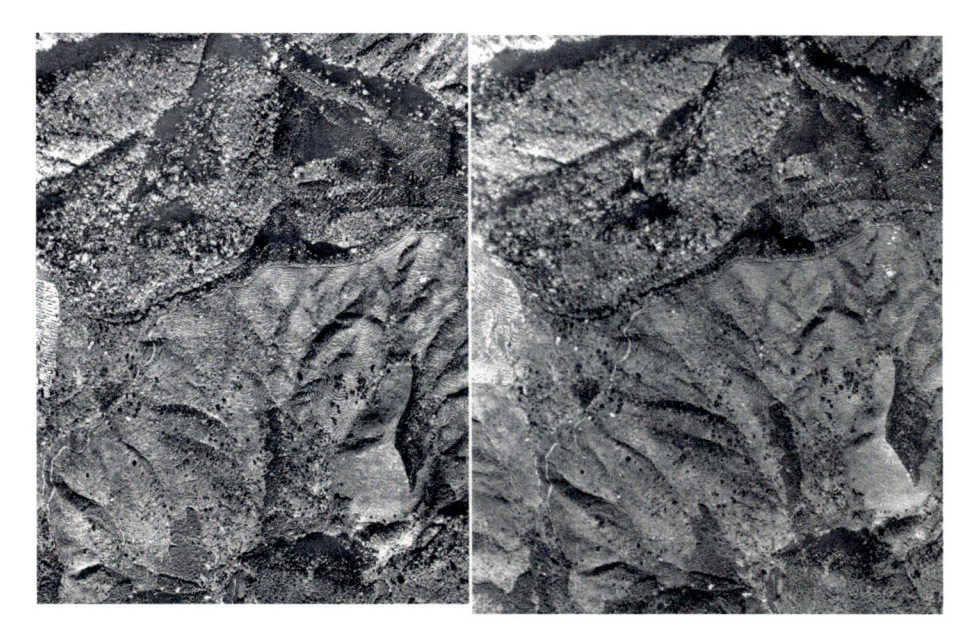

写真-1　判読用空中写真（SI-75-8　C2-30、31）

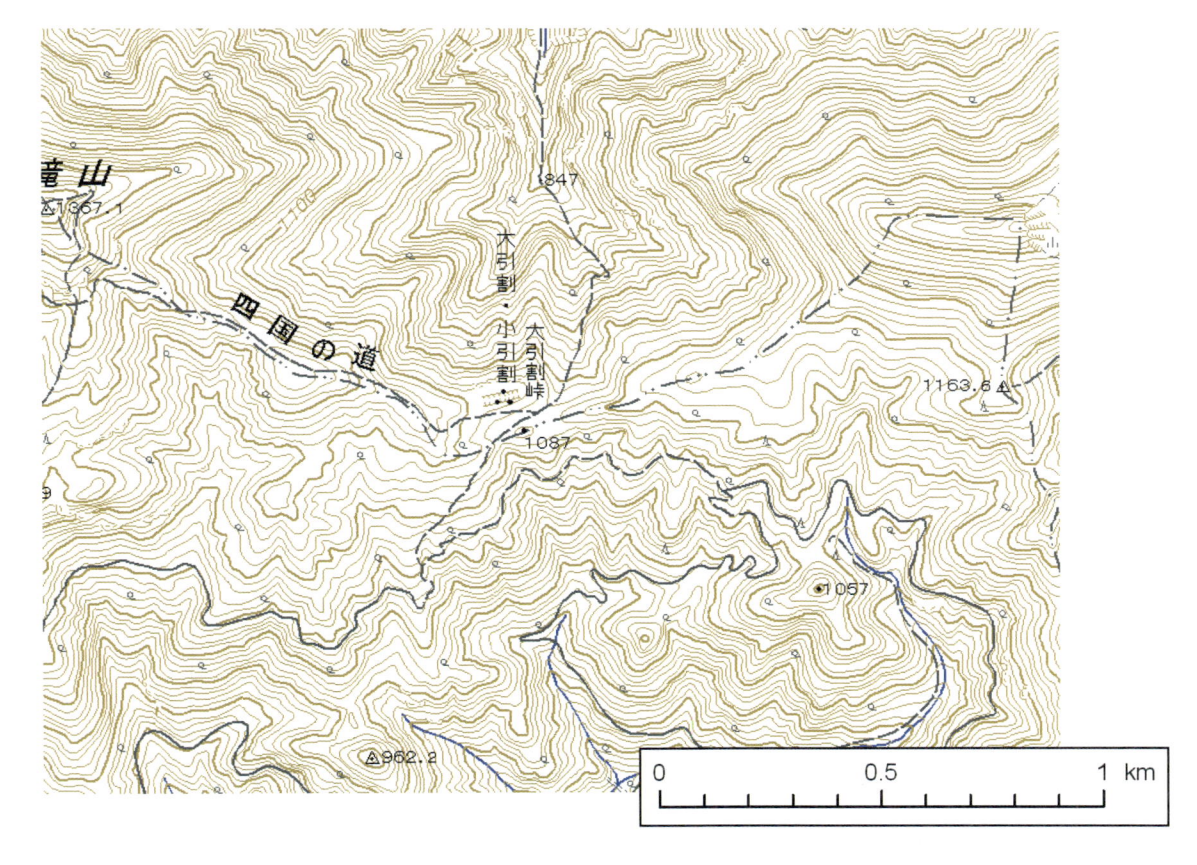

図-2　作業用地形図　（1:25,000「王在家」）

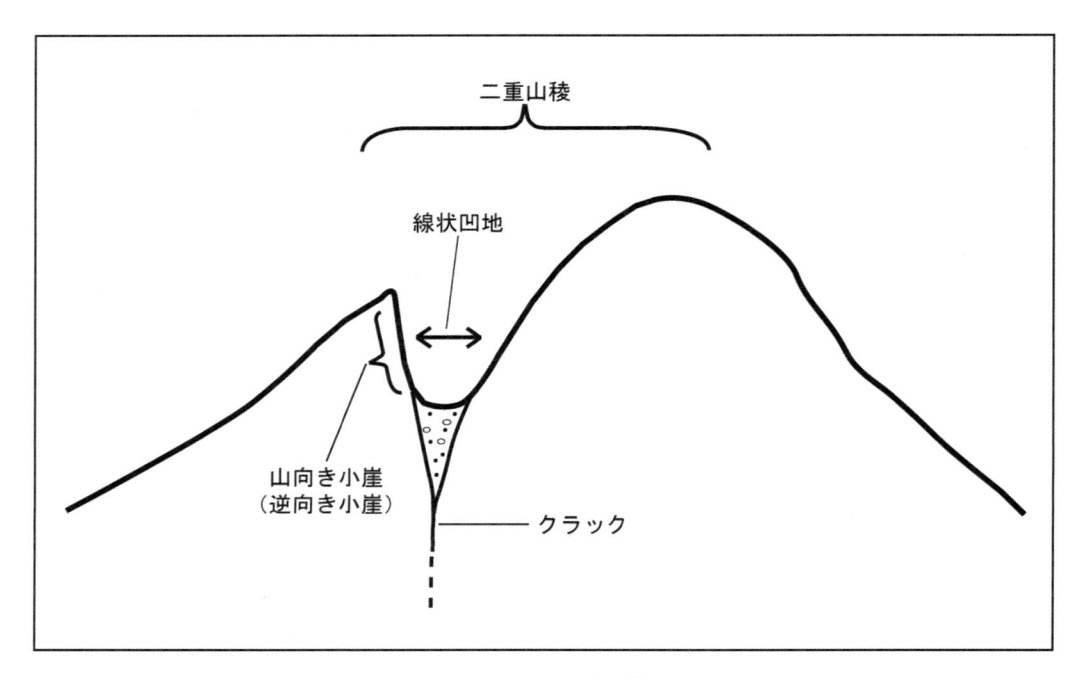

図-3　二重山稜の模式図

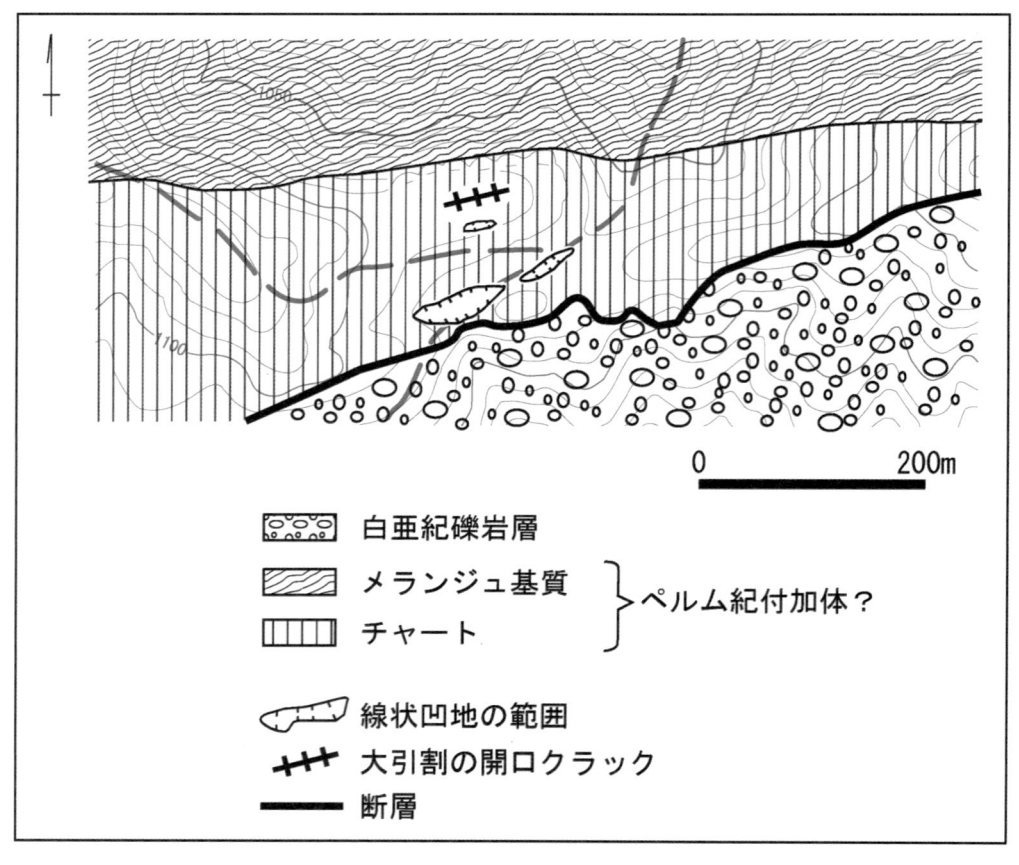

図-4　課題の地域の地質図

2．地形読図および空中写真判読
（1）地形・地質概要

　大引割峠は、東の現在石灰岩を採掘している鳥形山（約 1350m）と西の黒滝山（1367.1m）とを結ぶ尾根上にあり、標高1087mのピークを北に下ったところに位置する（図-1）。鳥形山と黒滝山を結ぶ尾根は大引割峠を中心に北に凹型の弓なりに湾曲している。この尾根の北側斜面は急崖をなし、南側斜面は緩傾斜の山頂小起伏面が稜線から幅30～100mの範囲に広がっている。標高1087mのピークのすぐ南をほぼ東西に走る断層に沿って、その北側に分布するペルム紀付加体のチャートが、南側に分布する白亜紀礫岩層（物部川層群相当層）に衝上している（図-4）。

　昭和37年に高知県仁淀村（甲藤、1962）が調査し、昭和61年（1986）に天然記念物に指定された山の割れ目「大引割・小引割」（写真-2）は大引割峠のすぐ北に位置している（図-1　∴マーク）。

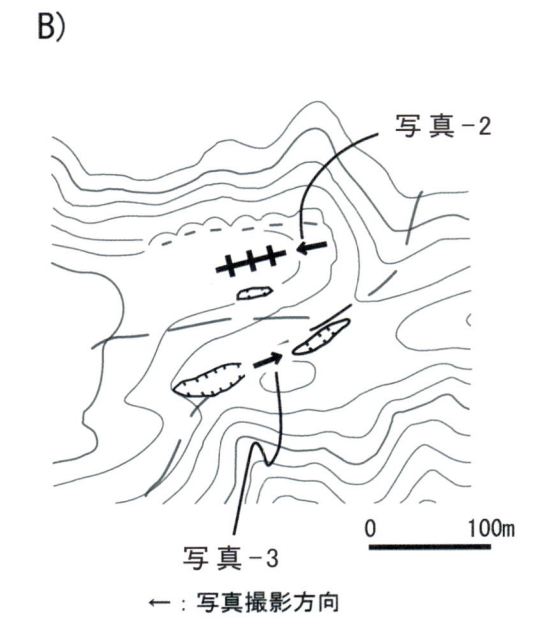

写真-2　A）大引割の開口クラック、B）写真位置図
開口クラックの東端のクラック底からクラックを見上げる。ここは開口幅の最も狭い部分で約3mある。深さは30mに達する。

（2）1:25,000 地形図の読図結果とポイント

　1:25,000 地形図で等高線の形から読み取った線状凹地を図-5に示す。まず、大引割峠付近の地形を詳しく見ると、大引割峠を挟んで、標高1087mのピーク（a地点）の微小尾根と、その北側にある天然記念物大引割・小引割のクラック記号（b地点）が付記されている微小尾根とが平行に配列している点に注目したい。ピーク（a地点）を表現している標高1080mの等高線はやや東北東-西南西方向に伸長した楕円形をなすだけで、尾根の延びは明瞭ではない。

　上記の南北平行に走るふたつの微小尾根に挟まれた領域は、東北東に向かって流れる頂流谷（対接法面異常の一種）になっている。d地点は東から延びる頂流谷の西端にあたる。この頂流谷を東に追っていくと、大引割峠（e地点）を通って、標高1087mのピーク（a地点）の北側まで谷地形は明瞭であるが、谷底の傾斜は非常に緩傾斜であ

る。さらに、f 地点に谷頭をもち北に流れる深くえぐれた谷まで、等高線を見る限り、谷地形は不明瞭である。仮に頂流谷が f 地点まで続いていたとしても、頂流谷と南に流れる谷とは谷底の勾配が不連続である。f 地点に到達するまでに、頂流谷の東端が閉じている可能性も高い。東端が閉じていれば、頂流谷は単なる侵食地形ではなく、開口クラックに起因した線状凹地である可能性が高くなる。

以上、1:25,000 地形図の読図では、d 地点から f 地点の手前（厳密に地点を確定することはできない）までが線状凹地の可能性のある範囲であると判断した。このような判断に従うと、頂流谷の南側と北側に発達する微小尾根が二重山稜に相当する。

（3）空中写真の判読結果とポイント

空中写真判読の結果を図-6 に示す。1:25,000 地形図の読図で読み取った頂流谷に相当する東北東－西南西方向の細長い凹地は空中写真でも判読できる。では、頂流谷を西から見ていこう。

d 地点から標高 1080m の等高線にぶつかるあたりまで、確かに頂流谷は存在しているが、明瞭な凹地は存在しない。深く切り込んだ明瞭な凹地が出現するのは標高 1080m の等高線より東側で、その凹地の東半部は谷底が西に傾斜しながら次第に浅くなっていき、大引割峠（e 地点）の西側で閉じている。ところが、大引割峠（e 地点）のすぐ東側で再び谷底が東に傾斜した凹地が現れる。この凹地も東半部の谷底が西に傾いていて、g 地点で閉じている。f 地点の谷頭と g 地点とは少しずれ、両者の間は高まりになっていて、高まりの上を山道が通っている。

また、1:25,000 地形図で連続性が不明瞭であった頂流谷の南側の c 地点から a 地点に延びる微小尾根は連続していることがはっきりと読み取れ、かつ頂流谷の北向き斜面の方が南向き斜面よりも急傾斜になっていることがわかる。この北向き斜面は、g 地点から h 地点までスムーズに連続しているように見え、さらに、h 地点から i 地点の南側に発達している北向き斜面まで続いているように見える。h 地点から i 地点にかけては、北向き斜面と平坦面との境界が浅い凹地になっているように見える。

以上、空中写真判読では、頂流谷の存在は明白である。また頂流谷の谷底の微地形も細部まで判読できた。1:25,000 地形図の読図では判らなかった大引割峠（e 地点）付近の高まり、f 地点と g 地点との間の高まりが確認され、大引割峠（e 地点）を挟んで、両端の閉じた線状凹地がふたつ発達していることが明らかになった。なお、空中写真判読でも b 地点に存在する大引割の開口クラックを検出することはできなかった。

（4）現地踏査による結果

現在、大引割峠の南方約 1km に位置する日曽の川集落から延びる林道が標高 1087m のピーク（a 地点）のすぐ南まで建設されており、林道の終点から大引割・小引割までは整備された山道が続いている。林道の切土斜面には白亜紀礫岩が連続して露出している。切土斜面の一部でペルム紀付加体のチャートが白亜紀礫岩に衝上しているのが観察できる。林道の終点は標高 1087m の a 地点の東にあたり、現在は鞍部になっている。鞍部には、基岩の礫岩の上にチャートの角礫が分布し、さらにその上を、アカホヤ火山灰（と推定）を含む未固結堆積物が覆っている。

この鞍部のすぐ西側を a 地点のピークを巻く山道が通っている。この山道に沿って尾根を越えると、そこには明瞭な谷（頂流谷）が東北東-西南西方向に延びている。頂流谷の谷底に降りると、山道が大引割峠（e 地点）を通過していて、地形の高まりは明瞭である。この高まりを境に、東側と西側に線状凹地が形成されている（図-7）。大引割峠（e 地点）よりも西側の線状凹地は空中写真では細長く見えるが、現地では最大幅 21m のずんぐりした形に見える。これは、空中写真で見たときには、線状凹地の北向き斜面が急勾配で陰になっているためと思われる。また、西側の線状凹地の南向き斜面の一部は規模の大きなチャートの壁

面と一致している。一方、e地点よりも東側の線状凹地のへこみは西側の線状凹地のそれと比べて浅いが、それでも凹地であることははっきりとわかる（写真-3）。いずれの線状凹地も水を溜めうるだけの深さと広さをもっているが、水はまったく溜まっていないし、湿地にもなっていない。このことから、凹地の底には開口クラックが形成されているものと考えられる。

大引割峠（e地点）からさらに北に向かって山道を登っていくと、右手に幅2mほどの浅い線状凹地が現れる。さらに斜面を登り詰めると、頂上は平坦になっていて、そこに長さ60m、幅3～6m、深さ約30mの開口クラックがチャートの岩盤中に発達している（写真-2）。この大きな開口クラックが大引割である。大引割の開口クラックは南側の崖よりも北側の崖が数10cm～5mほど高いだけで、開口クラックの両側に明瞭な山稜、すなわち二重山稜が発達しているとは言い難い地形である。そのため、大引割は非常に深い開口クラックであるが、1:25,000地形図の等高線には現わすことができない。また、空中写真で判読できなかった理由は、開口幅が狭いことと、樹木によって隠されたことによると考えられる。

大引割やその北の小引割のほかにも、大引割の北側や東側の領域には、多数の開口クラックや小規模な線状凹地が発達している。これらの開口クラックが形成されているチャート岩盤に、岩盤クリープによる谷側への曲げ褶曲（重力性傾動構造）は生じていない。ただし、尾根の北側の急崖に近づくと、小引割のほか、比較的小規模な開口クラックで転倒が始まっている。さらに最近崩壊したように見える崩壊面と、そこから崩壊したと思われる落石が急崖直下の斜面に堆積している。

なお、h地点とi地点との間で、空中写真判読で推定されていた凹地は現地で確認することができなかった。

写真-3　課題の線状凹地
大引割峠の西側に発達する線状凹地で、大引割峠の山道から東に向かって撮影した（写真位置は写真-2参照）。線状凹地の横断面形状は非対称で、北向き斜面の方が急傾斜である。

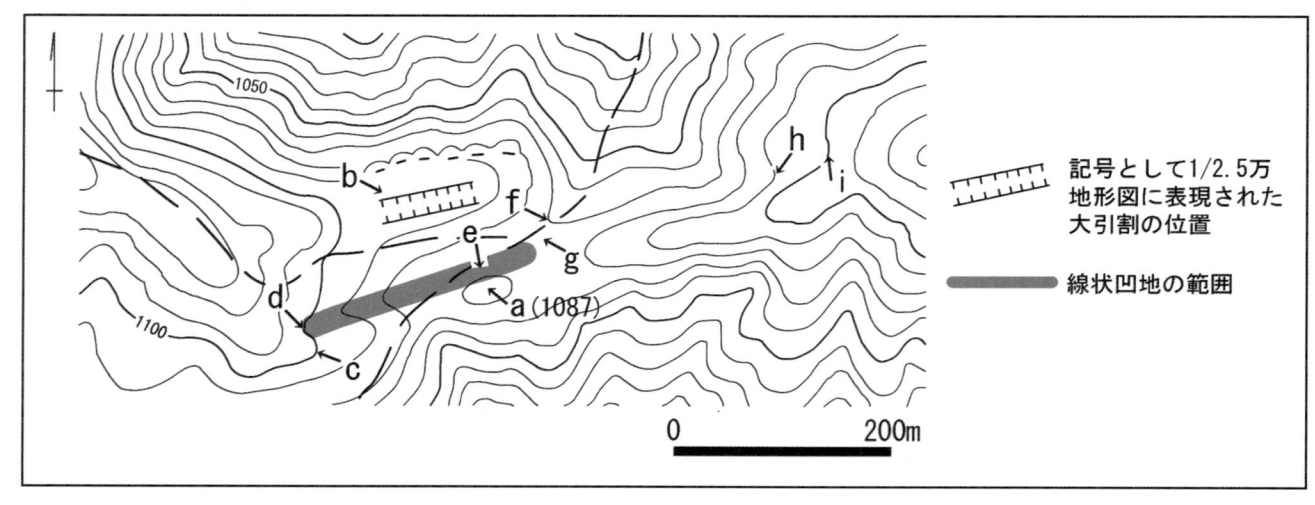

図-5　1:25,000 地形図読図による二重山稜・線状凹地の検出結果

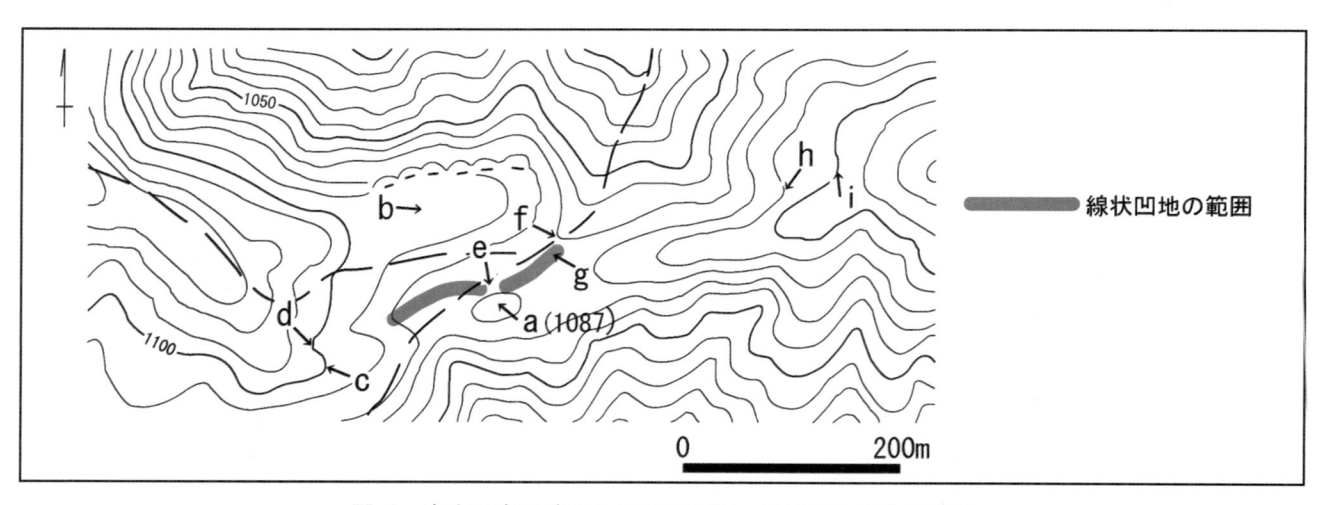

凡例:
- 記号として1/2.5万地形図に表現された大引割の位置
- 線状凹地の範囲

図-6　空中写真判読による二重山稜・線状凹地の検出結果

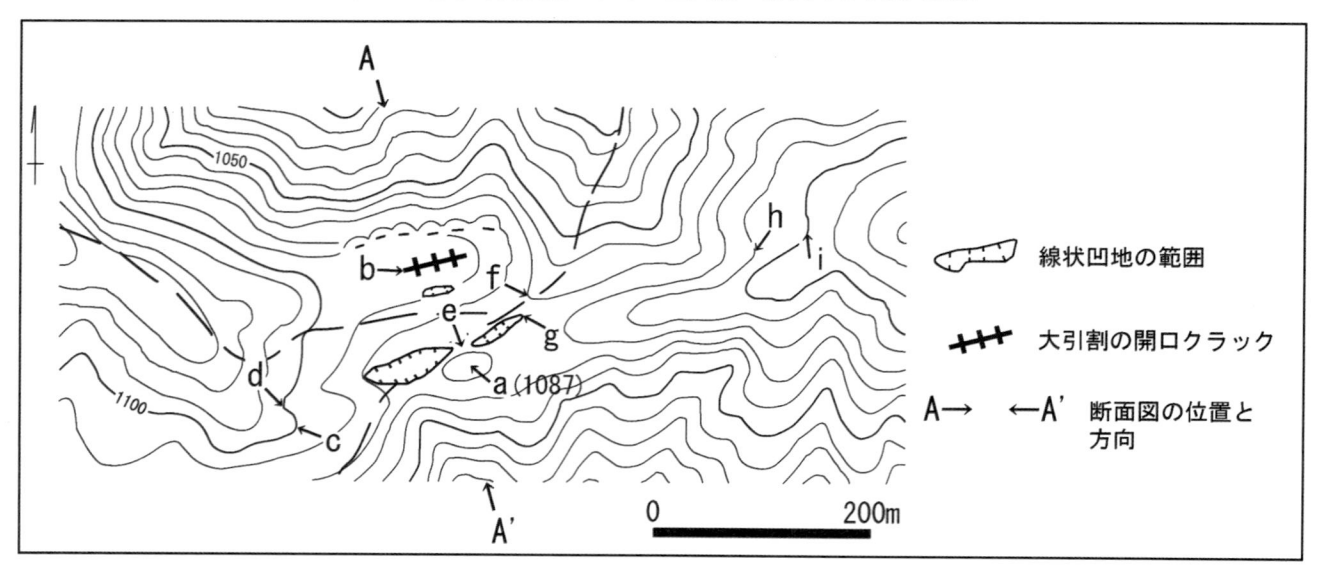

凡例:
- 線状凹地の範囲

図-7　現地踏査による二重山稜・線状凹地・大引割の開口クラックの検出結果（小引割ほかの開口クラックは省略する）

凡例:
- 線状凹地の範囲
- 大引割の開口クラック
- A→ ←A'　断面図の位置と方向

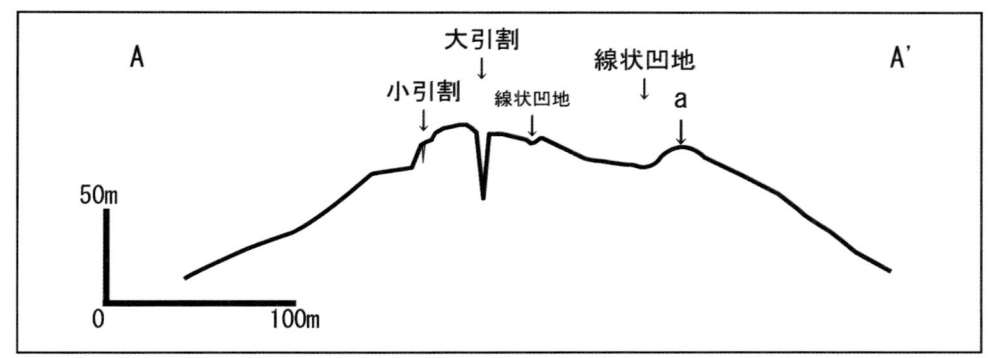

図-8 課題地域の模式地形断面図（断面位置は図-7に示す）

3．二重山稜に関係した地形発達史

　図-8は、線状凹地や大引割・小引割の開口クラックを南北に横切る地形断面の概略図である。地形断面図の右側（南側の）線状凹地がこれまで詳しく述べてきた線状凹地で、a地点の微小尾根と大引割・小引割の開口クラックが形成されている微小尾根が二重山稜をつくっている。ふたつの微小尾根の間の谷地形は非対称で、空中写真で判読したように北向き斜面の方が急傾斜である。

　線状凹地（開口クラック）を構成している二重山稜はどのように形成されたのであろうか。線状凹地の両側斜面が非対称で北向き斜面が急傾斜であること、それから、線状凹地の南側の尾根と比べて、北側の尾根が比較的なだらかで、かつ幅が広いことから、線状凹地は、その北側の尾根全体の沈下、あるいは大引割の開口クラックまでの領域が陥没によって形成された可能性がある。また、d地点からi地点にかけて、かつては線状凹地群が頂流谷を形成していた可能性がある。その場合、g地点からh地点の区間で南側の尾根が崩壊し、さらにg地点を谷頭とする谷が頂流谷を河川争奪し、現在に至ったと考えられる。

4．1:25,000地形図読図・空中写真判読・現地踏査による二重山稜検出の有効性と限界

　二重山稜の多くは1:25,000地形図の等高線（10m間隔）で、1～2本に現れる程度の微地形であるので、池や湿地、小凹地などの記号は二重山稜検出の手がかりになる。今回の課題のように手がかりが得られないところでは、等高線を読むしかないが、線状凹地と山稜との比高が10m以下になると、同じ規模でも等高線に現れたり、現れなかったりすることになる。しかし、日本列島全域をカバーする1:25,000地形図を用いた二重山稜検出の精度を高めておくことは大いに意義がある。

　課題でも明らかなように、1:25,000地形図で検出された二重山稜は空中写真でも検出でき、地形図では曖昧な点が明確になることもある。ただし、1:25,000地形図で検出されていないものでも空中写真なら検出できるかというと、それは疑問である。現に課題の地域でも空中写真で検出されていない開口クラックや線状凹地は多数存在する。

　二重山稜・線状凹地の最終的な確認には現地踏査が重要であるが、形成時から時間が経って、地表に線状の凹地が残るだけになると、地質学的にも地形学的にも開口クラックであることを実証するのは難しくなる。このようなとき、凹地をまたぐ緊張した樹根をはじめとする異常樹木の存在が線状凹地の認定に有効になる（横山・横山、2003）。

（横山　俊治、布施　昌弘）

引用文献

甲藤次郎（1962）：大引割・小引割調査報告書、仁淀村

布施昌弘・横山俊治（2003）：四国島の線状凹地の分布と特徴、第43回日本地すべり学会研究発表会、pp.561-564

横山賢治・横山俊治（2003）：異常現象を示す樹木をセンサーとする地すべり性開口クラックの検出と解析、地すべり、Vol.41、No.3、pp.1-8

キーワード	まとめ
二重山稜 線状凹地 開口クラック 頂流谷 岩盤クリープ 重力性傾動構造 河川争奪	開口クラックの形成に伴って山地の尾根付近に生じた凹地が線状凹地であり、線状凹地の両側の稜線に目を向けた場合の地形用語を二重山稜という。ただし、事例の大引割のように大規模な開口クラックが形成されていても、明瞭な山稜は存在しない場合もある。二重山稜・線状凹地を 1:25,000 地形図読図によって検出する際には、凹地、小凹地、池、湿地などの地図記号を重要な指標にするほか、1、2本の等高線の形態に注意して稜線・凹地の存在を推定する。検出された二重山稜・線状凹地を空中写真で確認することによって、その存在はより確実なものになる。

二重山稜の事例 1

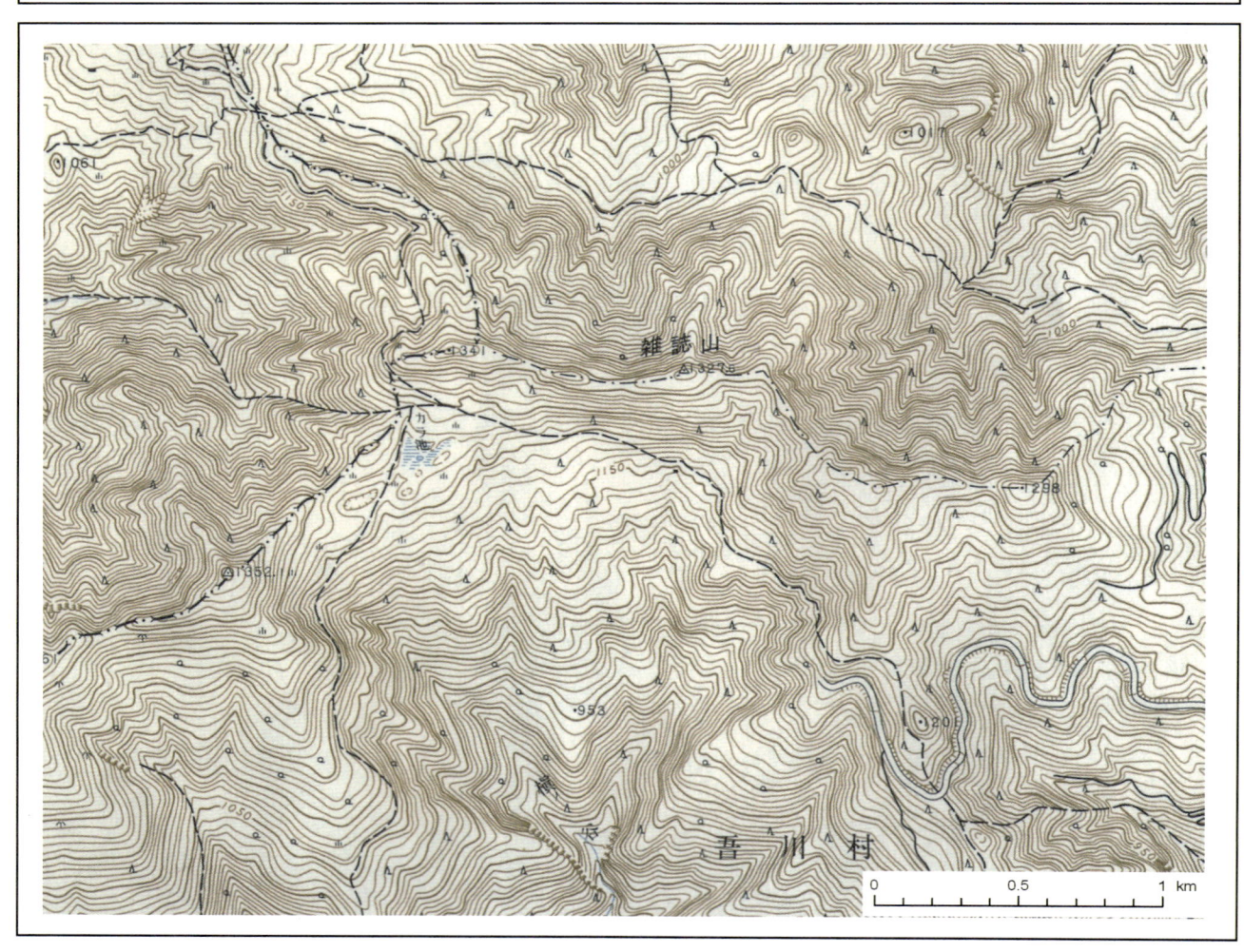

図-9　雑誌山西南西の二重山稜（1:25,000　「東川」）

雑誌山から西南西に延びる尾根には凹地やカラ池と呼ばれる湿地があり、山頂部にありながら溝状の凹地の存在を読み取ることができる。地質は秩父帯の粘板岩やチャートで構成され、割れ目が発達する岩盤である。

二重山稜の事例２

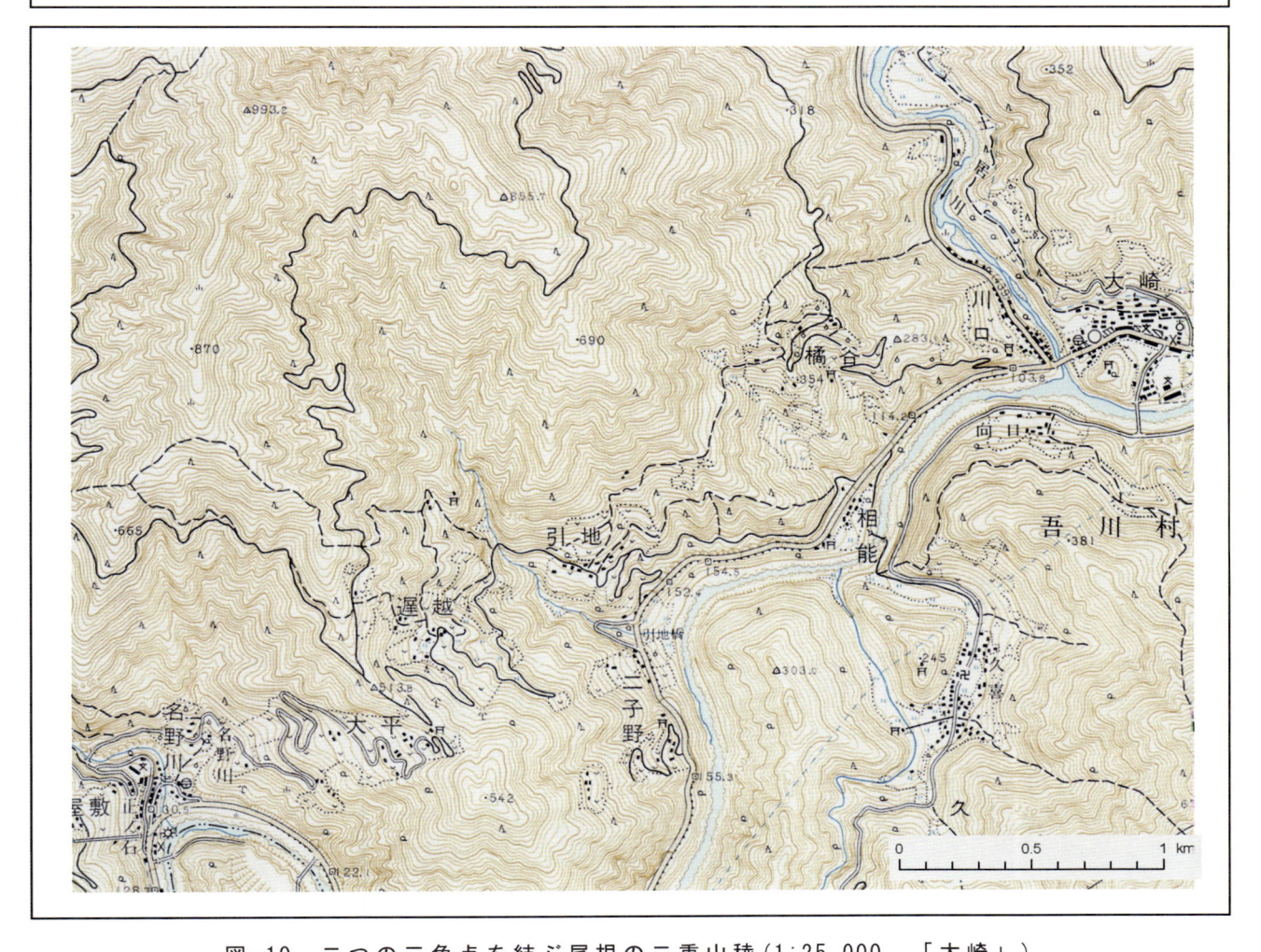

図-10　二つの三角点を結ぶ尾根の二重山稜（1:25,000　「大崎」）
　図の左上、993.2m三角点と855.7m三角点を結ぶ尾根上に凹地こそないが、尾根に平行するように小さな２つの凸地形が存在する。この凸地形と855.7m三角点の存在する尾根の間に等高線に表現されない溝状の凹地を読み取ることができる。

「コラム」
山体の隆起と解体の黒幕としての中新世花崗岩

長谷川修一

　ネパールは、南側のインド亜大陸が北側のユーラシア大陸に衝突し、その下に沈みこんでいる衝突帯で、東西に伸びる8000m級のヒマラヤ山脈に特徴付けられる。一方、日本列島は東側の太平洋プレートおよび南側のフィリピン海プレートが北西側のユーラシア大陸プレートの下に沈みこんでいる沈み込み帯の島弧である。このようにネパールと日本とは、プレートテクトニクスとしては異なる環境にあるにもかかわらず、ネパールと四国山地の景観には類似した点も多い（吉川ほか、2003）。吉川ほか（2003）は、西南日本とネパールの地形断面の比較から、西南日本では四国山地が、またヒマラヤ山脈－チベット高原では高ヒマラヤがぬきんでて高いことを指摘している。

　西南日本外帯における山地の隆起は中期中新世の花崗岩類の形成と密接に関係している。西日本の最高峰は、近畿では大峯山脈の八経ヶ岳（1915m）、中国では大山（1729m）、四国では石鎚山（1982m）、九州では宮之浦岳（1935m）である。大山を除けば、いずれも中期中新世の花崗岩体から構成されているが、花崗岩体が近くに分布する。また、西南日本外帯における南北軸波曲の形成は、堆積盆地の形成時期から外帯花崗岩や熊野酸性岩類などの貫入活動とともに形成され、東西軸の波曲も瀬戸内火山帯凹地の形成から中期中新世にその芽生えがある（木村、1985）。

　一方、高ヒマラヤにおいてもエベレスト、マナスルなどの8000m級の高峰に中新世の年代を示す優白色花崗岩が分布している。そして、ヒマラヤではこの花崗岩の貫入によって、約2000万年前前後に隆起したテチス堆積物がデタッチメント断層によってチベット方向へ滑動したと推定されている（酒井、1997）。

　西南日本外帯とヒマラヤ山脈において、現在地表に露出している花崗岩体は氷山の一角で、地下には大規模な花崗岩体が伏在している可能性が高いと考えられる。また、西南日本外帯とヒマラヤ山脈は、ともに中新世における花崗岩体の形成後に隆起しているようである。これは、大規模な花崗岩マグマが形成され、その後地下に伏在する密度の小さな花崗岩体が浮力によって上昇した可能性を示唆している。花崗岩の形成に伴う隆起は岩体形成後徐々に進行し、次第に上昇速度を増して、地殻の均衡に近づくと上昇は次第に緩慢となり、ついには上昇を停止するような成長曲線をたどると想定される。この隆起モデルでは、プレートの沈み込みや衝突は継続していても、山脈の上昇はある時期に終息してしまうことを示している。

　ヒマラヤ山脈の隆起のピークは、シワリク層の堆積から中新世後期～更新世前期と一般に考えられている。これに対して、四国山地は第四紀における隆起によって形成されたと、一般に理解されている。しかし、四国西部では、中期中新世花崗岩体からなる高月山（1229m）の山麓の標高220m付近にメタセコイアを産する水分層が分布している。この間には活断層はないので、約1000mの起伏は更新世前期までに形

写真-1　エベレスト山体を構成する中新世の花崗岩（2005年11月20日長谷川修一撮影）。雪が付着した斜面内に見える優白色の露岩が中新世の優白色花崗岩。

成されていなければならない。また、四国東部の剣山(1955m)系は、この100万年間に約2500m隆起して、約1000m削剥されたと推定されているが(大森、1990)、山地斜面の風化層や一ノ森(1879m)山頂部の線状地に堆積したアカホヤ火山灰(寺戸、1995)の存在から見てありえない話である。また。徳島県における中央構造線活断層系では、基本的に北側の讃岐山脈側が隆起している。今後更に検討が必要であるが、四国山地は第四紀までの隆起によってその原型が形成された可能性が高いのではないだろうか。

西南日本外帯やネパールには第四紀の火山活動がなく、また中新世の火成岩体の分布もわずかなため、中新世の火成活動に伴う熱水変質作用による岩盤劣化が見逃されている。四国の中央構造線沿いには、中期中新世の流紋岩の貫入に伴う熱水変質帯が形成されており、地すべりの素因となっている。同様の熱水変質作用は、中央構造線付近だけでなく、地質帯を問わず広く四国地方に存在する可能性が高く、地すべりの素因として注目される。ネパールでも、変質粘土がすべり面となった可能性のある地すべり、崩壊が認められる。

西南日本の地下に伏在すると推定される中新世の花崗岩体は、古傷のない塊状の岩体のため、地震活動も低調で、活断層の分布もまれである。しかし、中新世花崗岩マグマはその上方に位置する古期岩類には熱水変質作用を与えて、地すべりなどの素因となっている。このように考えると、西南日本とヒマラヤに分布する中新世花崗岩体は山地の隆起と解体の黒幕といえよう。

引用文献

木村敏雄(1985):日本列島-その形成に至るまで(Ⅲ下)-、古今書院、1715-2155.

大森博雄(1990):四国山地の第四紀地殻変動と地形、米倉伸之ほか編著「変動地形とテクトニクス」、古今書院、60-86.

酒井治孝(1997):ヒマラヤ山脈の成り立ち、酒井治孝編著「ヒマラヤの自然誌-ヒマラヤから日本列島を遠望する」、東海大学出版会、1-20.

寺戸恒夫(1995):14 剣山-頂上の地形-、寺戸恒夫編著「徳島の地理」、徳島地理学会、58-61.

吉川宏一、大野博之、稲垣秀輝、平田夏実(2003)、オムニスケープジオロジーネパールと四国の比較-. 応用地質、44、14-24.

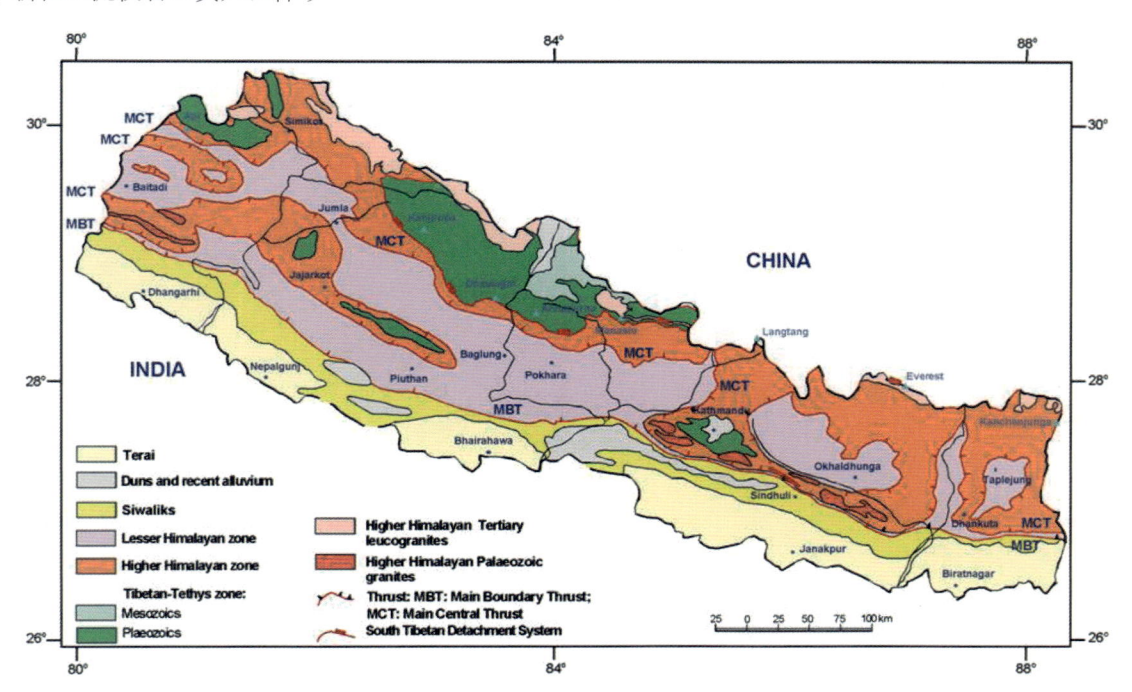

図-1 ネパールの地質図 (Ranjan Kumar Dahal原図)
ネパールと中国との国境を画するヒマラヤ山脈の最高峰に沿って第三紀の優白色花崗岩が分布している。

3．2　河谷斜面の形成過程と岩盤の緩み

1．課　題

ダム建設などの調査において、左右岸非対称な谷地形に出会うことがある。この非対称地形は層理面など不連続面が規則的に発達することの多い堆積岩類分布地域ではごく普通に見られるが、深成岩類の分布域においても、しばしば遭遇する。

一般に、斜面の傾斜は「地質構成」や「地質構造」、「形成時期の新旧（風化）」、「気候的条件（南側斜面か北側斜面）」、「岩盤の緩み」などを反映していると考えられ、河谷の形成史を考察し、斜面の新旧や規模との関連に注目して説明すると説得力がある。

この課題では、山形県寒河江ダムにおいて、河谷斜面の左右岸の岩盤状況に違いを生じた原因を考察してみる。

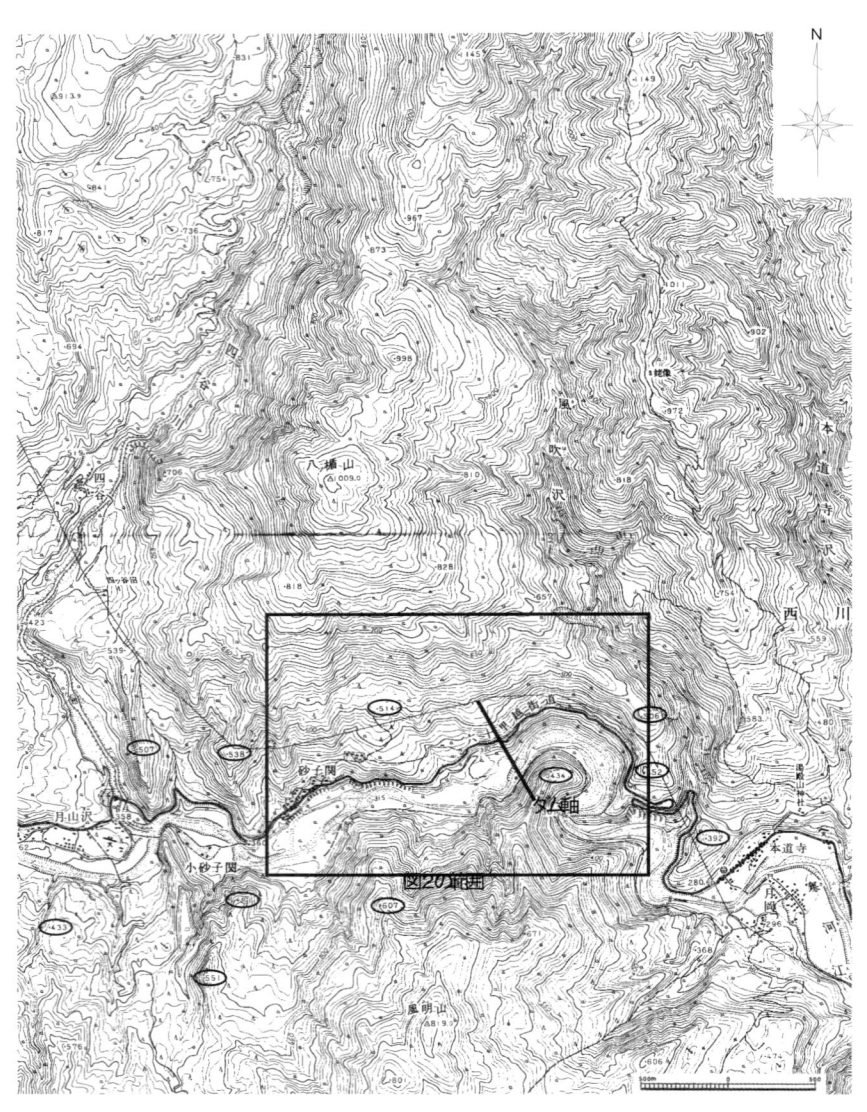

2．対象地域の特徴

本ダムサイト周辺は花崗岩類よりなる。地形図(図-1)、地質図(図-2)、岩級区分図(図-3)、ルジオンマップ(図-4)を用いて左右岸の岩盤状況を比較すると、左岸は地すべり地形とともに、オープンクラックが発達していて岩盤状況が悪く透水性が深部まで高いが、右岸は比較的良好な状態にある。実際に調査横坑内で観察すると、その差は図面で見るよりも顕著である。

こうした差が生じるのは左岸が「流れ盤」、右岸が「受け盤」のためと説明できるように思えるが、良く注意してみると、右岸も岩級区分図やルジオンマップ（以下、双方合わせて「断面図」と略す）の右端の谷から見れば「流れ盤」なので、上記の説明のみでは不充分である。

図-1　判読対象地周辺の地形図　　（1：25,000「本道寺」）
◯　囲みは独立標高点

第3章 緩み　115

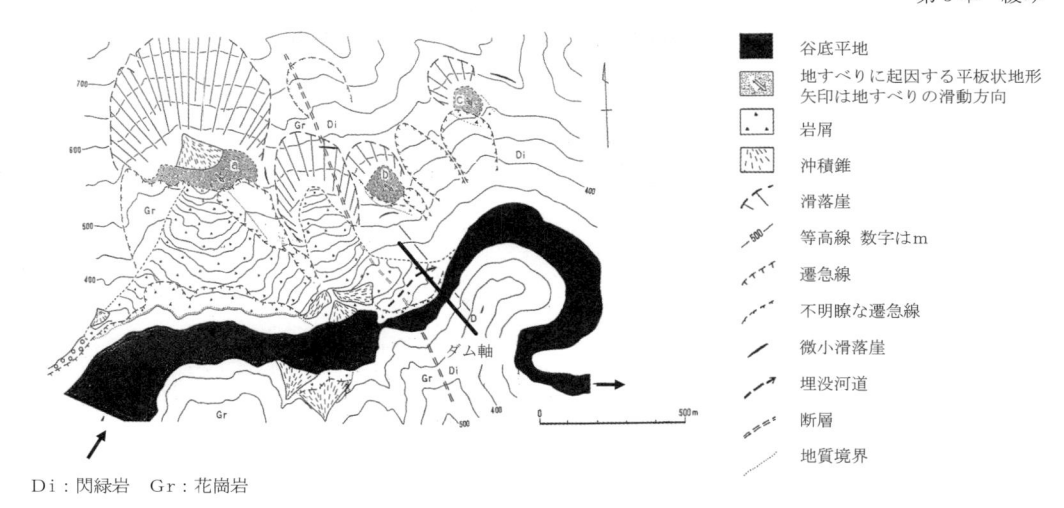

図-2　寒河江ダムダムサイト周辺の地質図

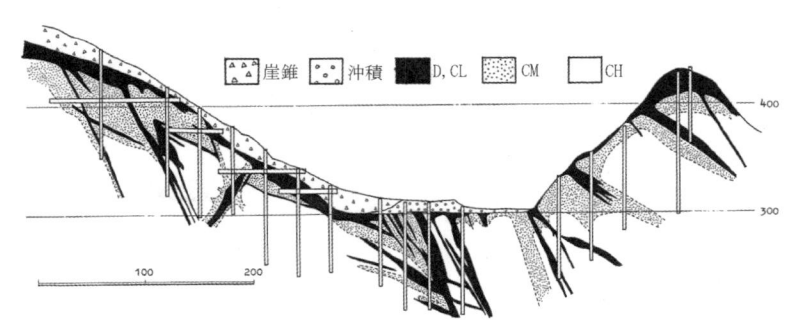

Di：閃緑岩　Gr：花崗岩

凡例：
- 谷底平地
- 地すべりに起因する平板状地形　矢印は地すべりの滑動方向
- 岩屑
- 沖積錐
- 滑落崖
- 等高線　数字はm
- 遷急線
- 不明瞭な遷急線
- 微小滑落崖
- 埋没河道
- 断層
- 地質境界

図-3　寒河江ダム　ダム軸岩級区分図

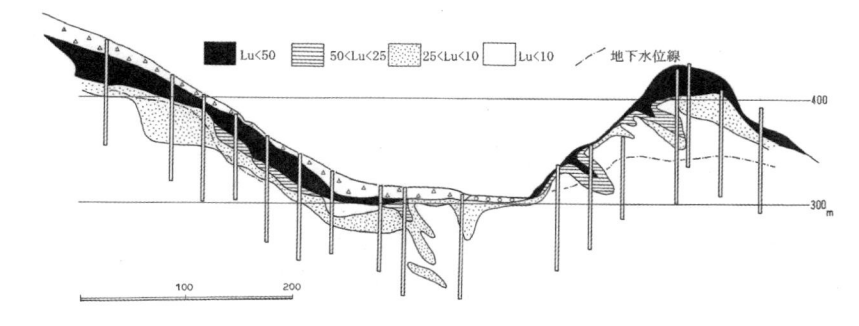

凡例：崖錐、沖積、D, CL、CM、CH

図-4　寒河江ダム　ダム軸ルジオンマップ

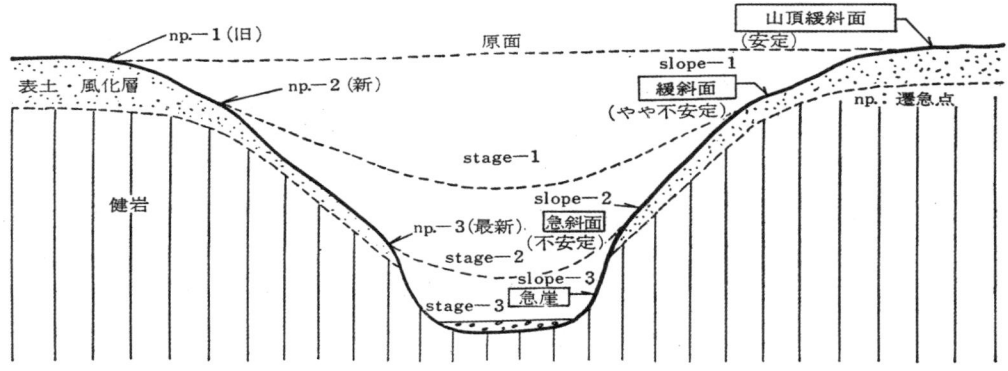

凡例：Lu<50、50<Lu<25、25<Lu<10、Lu<10、地下水位線

図-5　遷急線と侵食に対する斜面の安定性（この課題についての基礎知識）（文献2）

116　第3章　緩み

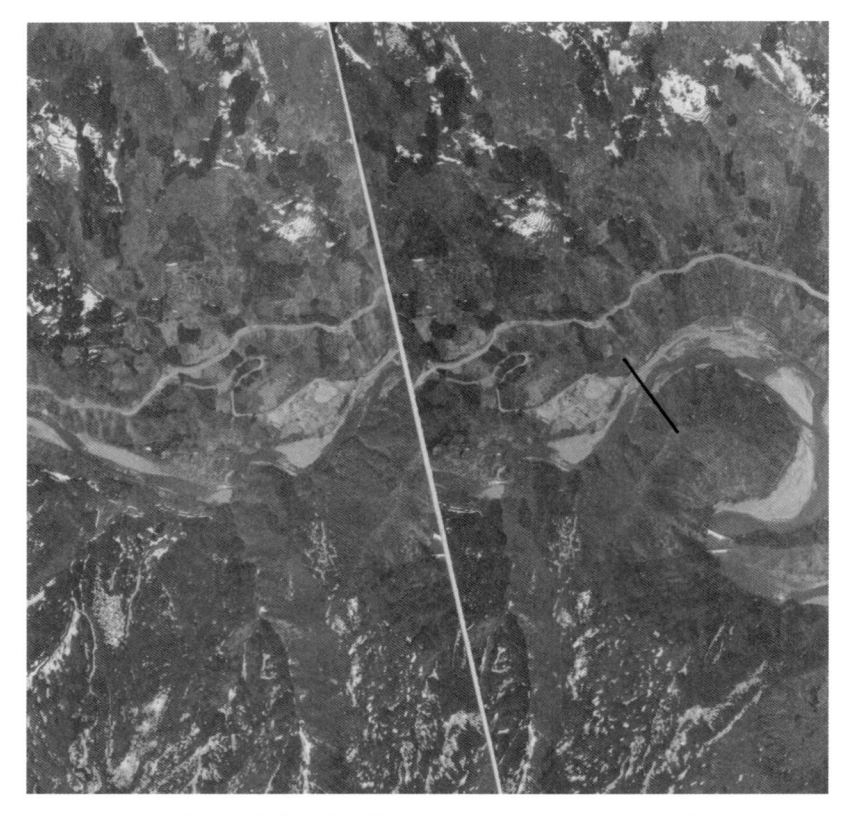

写真-1　空中写真判読図（K2188A　RF-400　89、90）

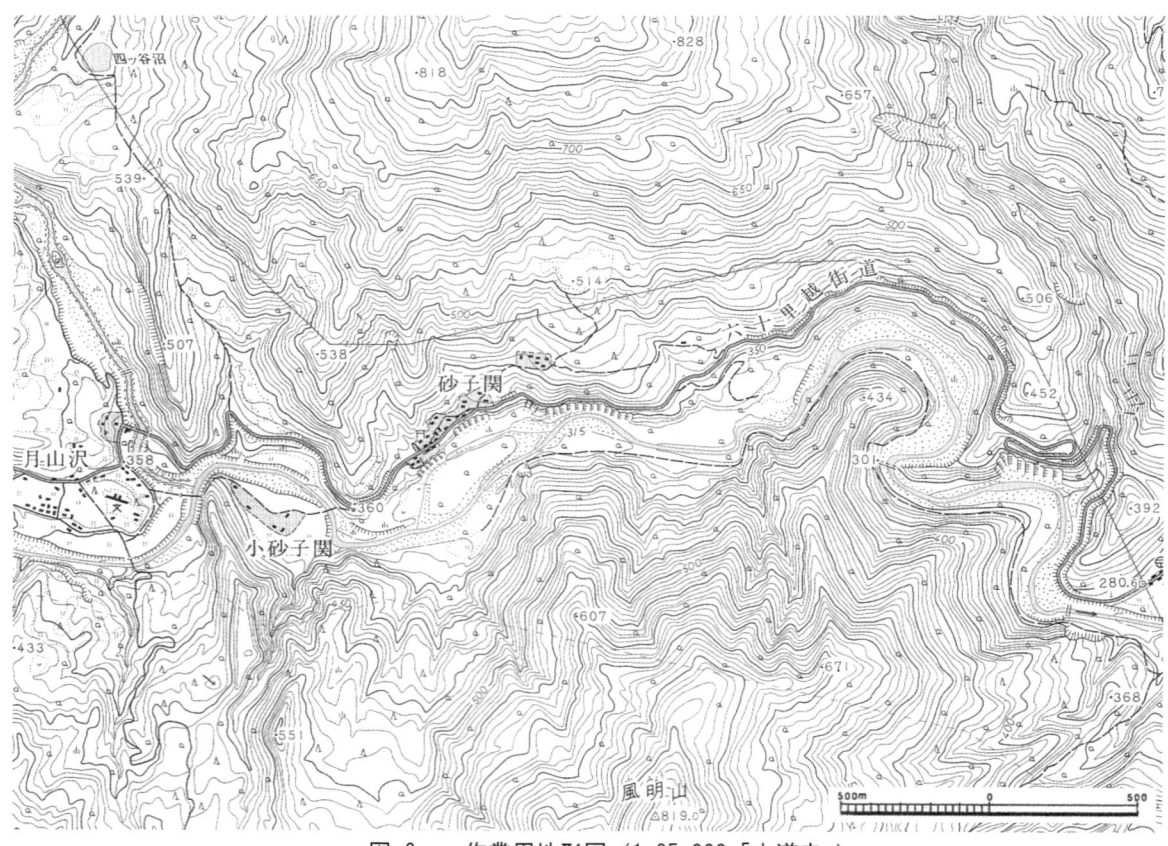

図-6　作業用地形図（1:25,000「本道寺」）

3. 空中写真判読

ここでは、河谷の形成過程と岩盤の緩みとの関係について考察してみる。河谷地形の形成と斜面の性質についての基礎的な概念は図-5に示したとおりである。空中写真(図-6)と地形図(図-7)から、斜面の地形区分をおこなってみよう。

4. 判読結果の記載

以下に空中写真判読に基づく地形解析の4人の見解(A～D)を紹介する。

(1) 判読者A (図-7参照)

深成岩体の内部構造を反映したものであり、左岸斜面の表層全体が内部構造に沿う劣化ゾーンに位置し、右岸山体はその上位の比較的良好な堅岩ゾーンに位置することが、左右岸の岩盤状況の差を生じた原因である。

①地質図(図-2)のとおり、当地域周辺の地質は深成岩類からなる。地形図から読みとれる遷急線の分布状況(図-7)から、これらの深成岩体には全体的に南東に傾斜する面的な構造(流理)が存在し、この構造に伴う劣化ゾーンはかなり幅広い間隔(700～300m)をあけて存在すると推察できる。

②断面図(図-3、4)をみると、通常の緩みでは劣化し得ない河床深部まで劣化ゾーンが連続し、左岸斜面を代表とする構造的な劣化ゾーンが存在する可能性が高い。

③一方で、右岸山体は厚さ700m程度の層状を呈する堅岩ゾーン内に位置し、標高も低いため(最近の侵食により露出した山体であり)、緩みは深部に及んでいない。

④右岸側中腹において認められる受け盤方向に傾斜した劣化部は、左岸斜面を代表とする劣化ゾーンと比較して劣化程度の低い(次元の低い)流理構造などに沿う劣化と考えることもできる。

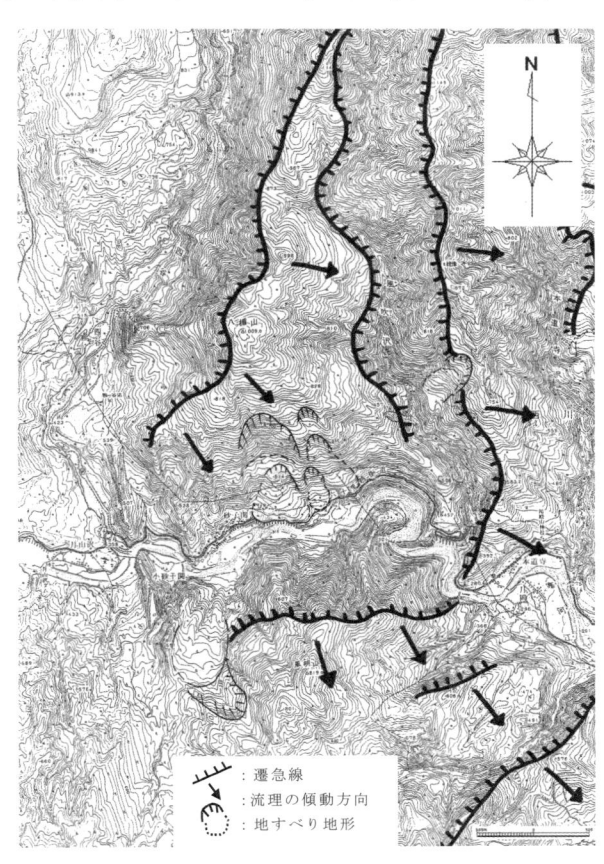

図-7 判読者Aによる判読図

図-8 判読者Bによる判読図

118　第3章　緩み

（2）判読者B（図-8 参照）

ケスタ状の地形を反映した侵食場の違いが本流両岸の岩盤状況の差となって表れたものである。

①空中写真（図-5）から、左岸部には地すべり地形が判読できる。地質は花崗岩や閃緑岩であり、左岸よりも右岸が強度の大きな良好な岩盤であることが推察できる。

②地形図（図-8）で広い範囲をみると、山稜は南北方向に延び、東向き斜面は緩傾斜、西向き斜面は急傾斜を示すケスタ状の地形を呈している。

③寒河江川本川はこれらの山稜を東西に分断する横谷を形成しており、南側に流路を移動させつつ右岸部を激しく侵食している。

④以上から、西～北向きの斜面は活発な侵食場にあたるため、緩んだ岩盤は斜面崩壊を起こし速やかに運搬除去されてしまい、良好岩が地表浅部で分布する。一方、東～南向き斜面は激しい侵食を免れた古い地形面で、長時間の風化により弛んだ岩盤が残存するものと推察できる。

（3）判読者C

左岸側斜面は長大であり、山体荷重が斜面下部に加わり、岩盤をクリープせしめた。これに対し右岸側は斜面長が短く、こうした状況になかった。

（4）判読者D（図-9、図-10 参照）

岩盤の緩みは、段丘形成時代からの地形を考慮すべきである。左岸側は段丘形成時代から現在にかけて応力の解放面（地形）と岩盤の弱面の方向が常に一致していた。これに対し、右岸側はかつて河床下にあり、こうした状況になかった。

①寒河江川の両岸を概観すると、標高 400～550m の平坦面起源の出尾根が所々にある（図-1 中の独立標高点数値に注意）。ダムサイト右岸山体は、形態的にこれらの出尾根群の一つとみることができる（図-9）。

②また、背後の山域に目を移すと標高 600m 以上の稜線が寒河江川と直交方向に横たわるため、寒河江川は現在とほぼ同じ川筋を守りながら 200m 以上掘り込んだと考えられる。上述の出尾根群は、

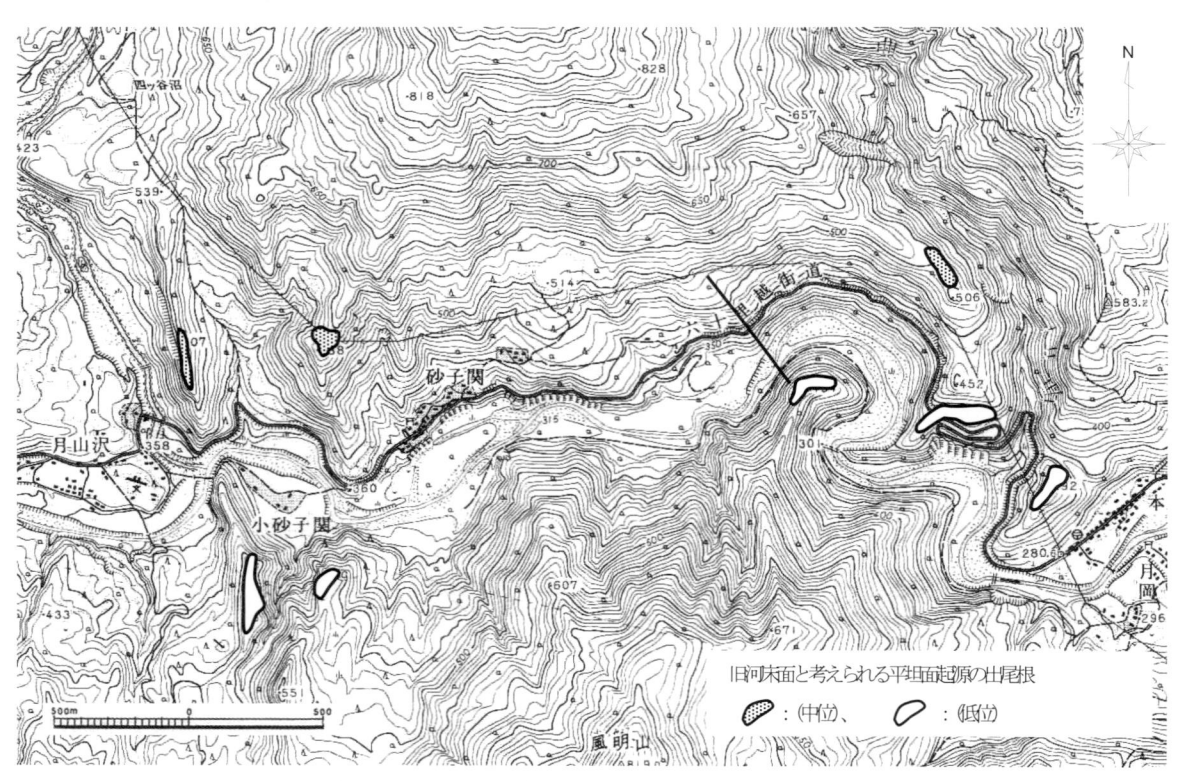

図-9　判読者Dによる判読図その1

寒河江川が下刻する過程で造られた小規模な平坦面を起源とする。

③ダムサイト右岸山体上を寒河江川が流れていた時期、左岸側には比高500m以上の長大な流れ盤斜面が存在し、岩盤の緩みが始まっていたが、右岸側は河床下にあり、「緩み」から守られていた。その後、河道は北（左岸側）に移動し130mほど下刻し、左岸側は河床の低下により斜面の不安定化は促進される。下刻により新たに露出した岩盤も、元々存在した緩みがさらに進行した。

④右岸側の山体の緩みが始まったのは下流側の谷の形成後であり緩み開始時期が遅く、比較的良好な岩盤状況を残すこととなった。

5．地形判読と記載のポイント

以上、左右岸の岩盤状況差の原因について4人の見解を紹介した。簡単に要約すれば次のようになる。

①判読者A：岩石学的には差が無いとしても、内部構造の傾斜方向との関係により、左右の岩体の緩みや風化が異なる。

②判読者B：侵食作用（劣化岩盤の取り除き作用）が左右で異なる。

③判読者C：斜面長（山体荷重）が左右で異なる。

④判読者D：左岸は過去一貫して緩みの発生しやすい流れ盤であったのに対し、右岸はかつて河床下にあり、下流からみて流れ盤になったのは、比較的最近のことにすぎないためである。

判読者A、B、Cが現在の岩盤や地形の差に原因を求め、かつ岩盤劣化の具体的メカニズムに触れていないのに対し、判読者Dは、過去の地形発達史と応力解放の具体を関連づけているのが特徴である（図-9）。

さて、諸見解の内どれが適切かは実はわからない。現在の段階ではいずれもが関係しているとしておくのが無難なところと思われる。

なお、深成岩類には堆積岩類とは異なり、一般にケスタ構造（流れ盤・受け盤構造）は存在しないと思われているが、判読者A、Bが注目した深成岩に発達する内部構造に起因すると思われるケスタ状の構造の例は、日本でも認められることには留意されたい。

（中下　惠勇）

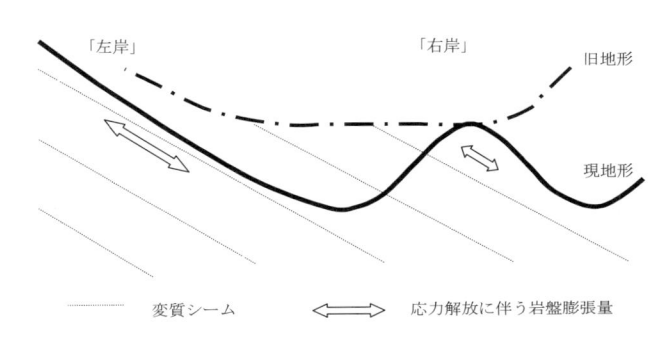

左岸では旧地形下でも応力の解放面（地形）と岩盤の「目」が一致、バックリングが発生しやすい、「右岸」はそうした状況にない。

図-10　見解Dの説明図その2（ダムサイト付近の推定地形発達史）

引用文献

東北地方建設局河川部河川計画課：地形による山地地盤調査法、1979

今村遼平・岩田健治・足立勝治・塚本哲：画でみる地形・地質の基礎知識、鹿島出版会、1983

キーワード

遷急線
段丘
緩斜面　急斜面
応力解放
流れ盤　受け盤
長大斜面
非対称地形
オープンクラック

まとめ

斜面の傾斜は「地質構成」や「地質構造」、「形成時期の新旧（風化）」、「気候的条件（南側斜面か北側斜面）」、「岩盤の緩み」などを反映していると考えられる。斜面（岩盤）の劣化（緩み）を論ずる場合には、特に斜面の新旧や規模との関連に注目して「河谷の形成史」を考察し説明することが重要である。

河谷斜面の形成過程と岩盤の緩みの事例

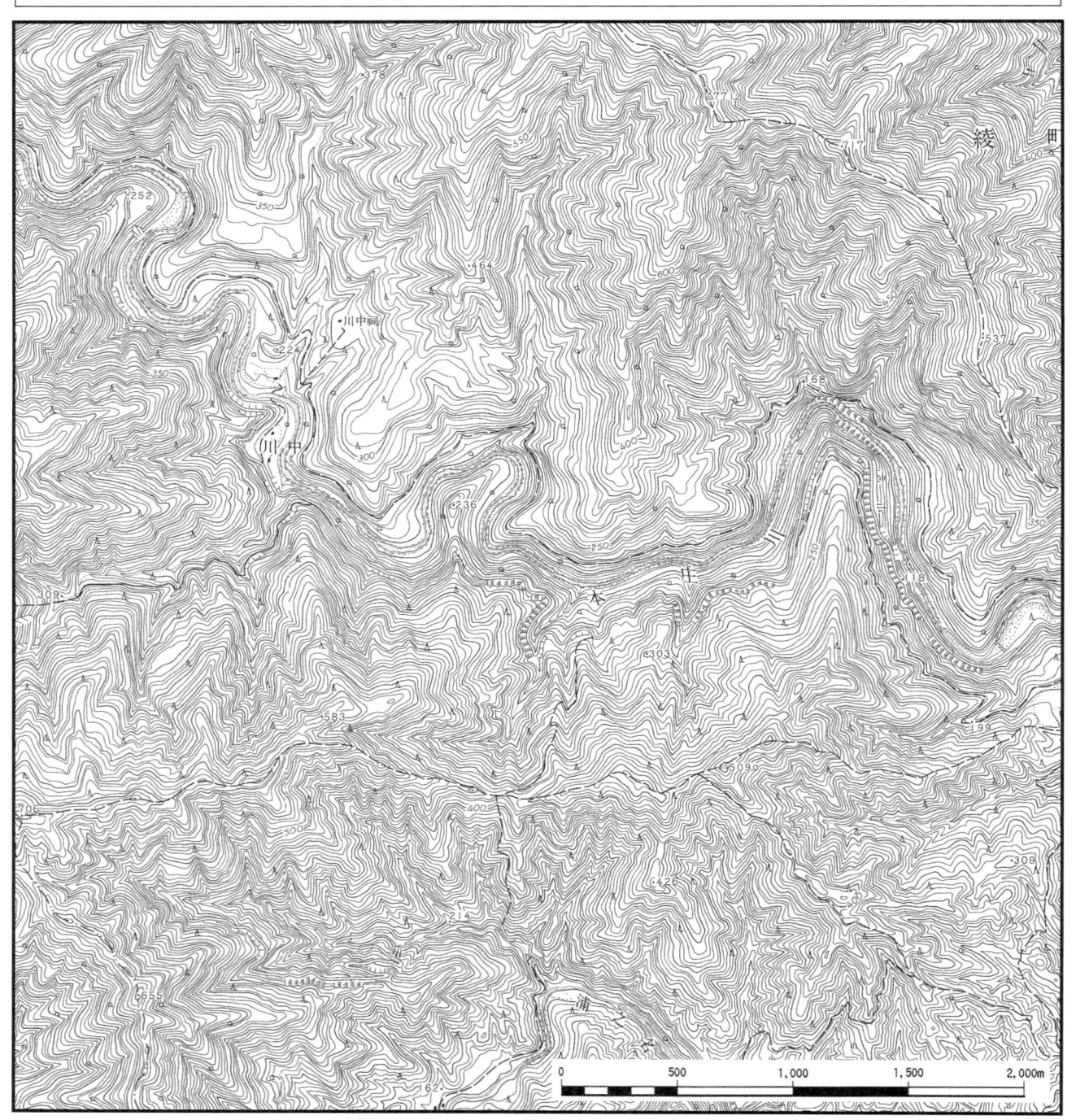

図-11　宮崎県本庄川流域における河谷斜面の形成過程と岩盤の緩みの事例（1:25,000「大森岳」）

「本庄川」と明示してある付近の南側斜面は「緩やかで支沢が発達する」ことに較べて、北側斜面は「支沢の少ない急崖」である。また、その上下流の河川に張り出した尾根上には緩斜面が分布している。これらの地形的特徴から、基盤地質や河川の屈曲，下刻などの地形形成史を想像してみよう。

3.3　地形に規制される節理系

1．はじめに

　岩盤中の節理の発達状況は、地形や地形発達過程によって規制されていることが少なくありません。ここでは設問形式で、ダム周辺の地質調査によって判明した節理の発達状況と地形との関係を解説します。次の文中にアンダーラインの部分があります。{　　}については適切な用語を選んでください。[　　]については適切な用語を書き入れてください。

2．白川ダム周辺の地質概況

　写真-1および図-1は、山形県白川ダム周辺の空中写真及び地形図、図-2は地質図である。新第三系置賜層群の砂岩、砂質凝灰岩、凝灰岩よりなり、いずれもほぼ直立している。地質工学的には、次の3層に分類できる。

① 軟岩層（白色表示）：砂岩、凝灰岩、一軸圧縮度は $29,430kN/m^2$ 以上
② 中硬岩（粗い網点表示）：砂岩、シルト岩、一軸圧縮度は $19,620kN/m^2$〜$29,430kN/m^2$
③ 硬岩（密な網点表示）：砂岩、砂質凝灰岩、凝灰岩、一軸圧縮度は $19,620kN/m^2$ 以上

3．設問1　地形性節理の成因

　約10本の調査用横坑が、中硬岩の発達する区域に掘削されている。この横坑の方向は様々であるが、いずれにおいても卓越する節理は谷方向に傾斜している。（凡例15参照）。したがって、この地域に発達する節理は地形に規制されていると考えられ、地形性節理と呼ばれる。

　地形性節理の形成要因は①重力作用と②剥離節理作用(exfoliation)が考えられる。なお剥離節理作用とは、図-3に示す原理で節理が形成されるプロセスであり、玉葱状風化や花崗岩に多いとされるシーティングもこの範疇に入る。この地域の地形節理が上記①②のいずれの作用によるものであるか、検討してみよう。

　横坑の代表的な状況を図-4に示す。坑口より入ると約4mでシルト岩が現れる。元来は暗灰の還元色をなしているが、30m付近までは赤茶色に風化している。節理の卓越方向はいずれも坑口方向（谷方向）である。節理は手前の「風化部」と30m以奥の「未風化部」で特徴が異なる。すなわち、

　手前：節理は密に入っている。
　奥：節理は粗に入っており、傾斜が「風化部」のものより {小さい、大きい}[1]（図-5）。

なお、22〜27m付近では両者は重なっており、図からはよくわからないが、「未風化部」の節理に風化部のそれが重なったようにも見える。

　これらの状況は次のように考えれば合理的に説明がつく。

1）奥の節理は手前のものより傾斜が小さい。従ってこの節理は谷底が現在より高い時代の、現在より傾斜の {大、小}[2] な斜面に対応している。

2）坑口に近い節理の傾斜は現在の斜面傾斜とほぼ同一であり、その形成は {古い、新しい}[3]。

3）坑奥で見られる節理間隔の粗な節理は、恐らくは {応力解放、風化の進行}[4] によって発達した。

4）上記の節理の形成により岩盤の透水性が高まり、以降、化学的風化が激しくなった。化学的風化の進行により岩盤はさらに膨張し、[　　][5] がさらに進んだ。

27m〜30m付近は、酸化色を呈しているにもかかわらず未だ新規節理の発達が悪いが、これは新規節理の形成の前提に風化の進行が必要であることを示していると思われる。

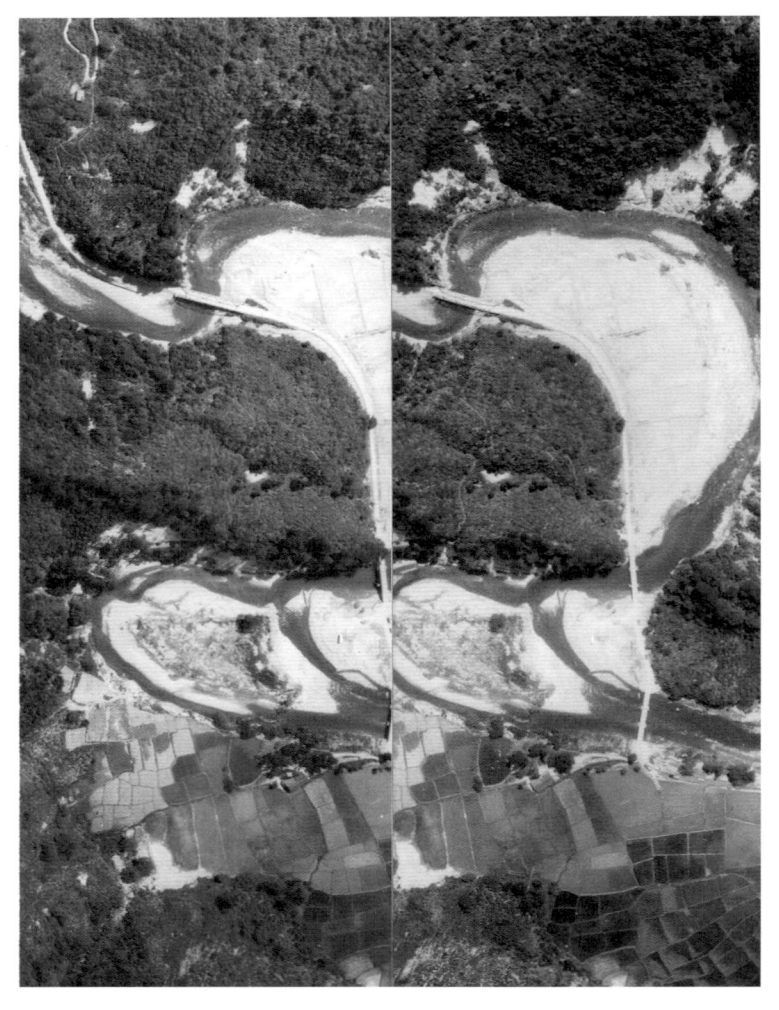

写真-1　判読用空中写真（K-2090　RC-527　35、36）

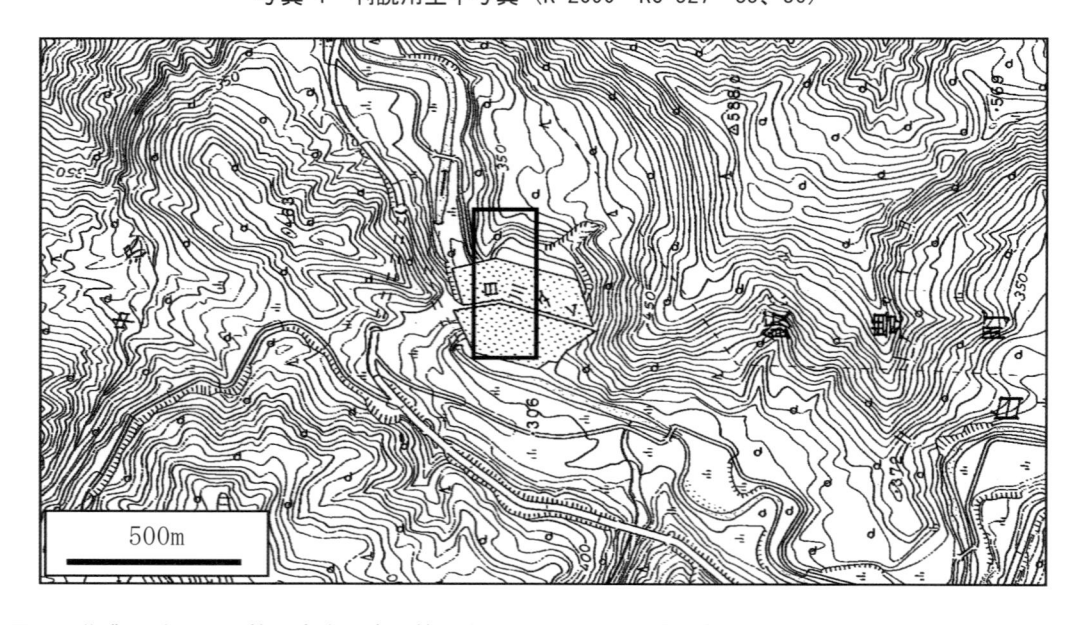

図-1　作業用地形図　枠は空中写真の範囲（1：25,000 地形図「玉庭」昭和50年測量、昭和51年発行）

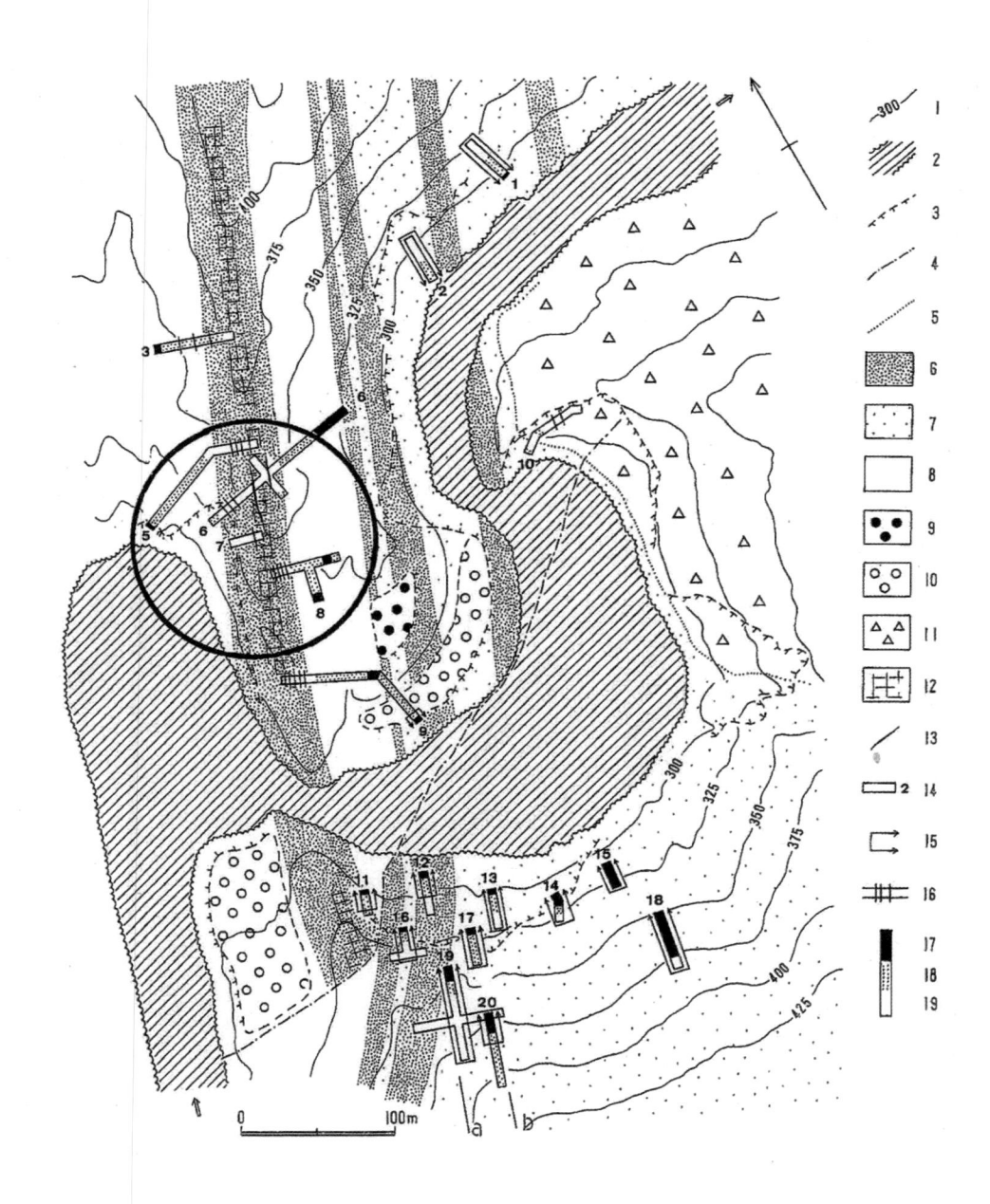

図-2 山形県白川ダム付近の地質と節理（江川、1982　以下図-3～図-6についても出典は同様）
1：等高線　2：谷底平地　3：遷急線　4：断層　5：地質境界　6：硬岩　7：中硬岩　8：軟岩　9：段丘Ⅱ　10：段丘Ⅰ　11：岩屑　12：節理の発達が著しい場所　13：顕著な開口節理（開口幅3～4cm）　14：横坑およびその番号　15：谷落ち節理の存在範囲　16：垂直節理の発達する区間　17：風化階Ⅳ　18：風化階Ⅲ　19：風化階Ⅱ、Ⅰ　a：断面図（図-5）の位置

124　第3章　緩み

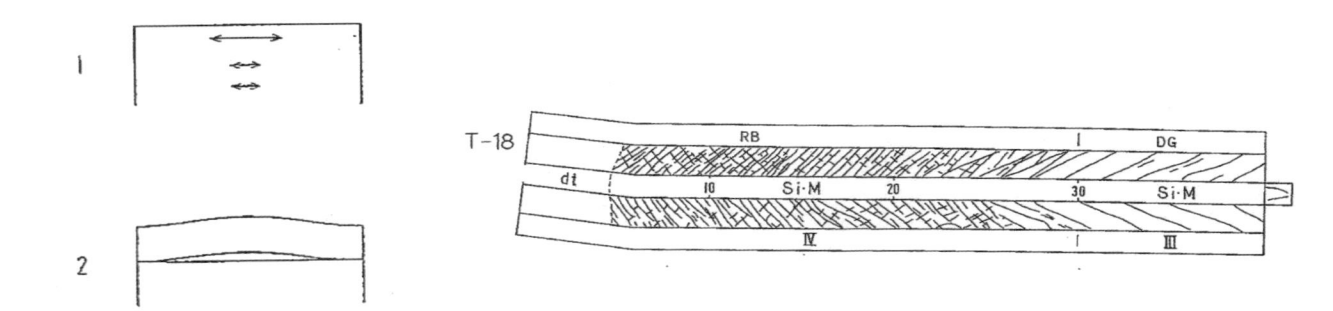

図-3　剥離節理形成のメカニズム
　　　岩盤表層の進展がバックリングを発生させる

図-4　T-18横坑における新期節理と旧期節理
　　　RB：茶褐色　DG：暗灰色　dt：岩屑　Si：シルト岩

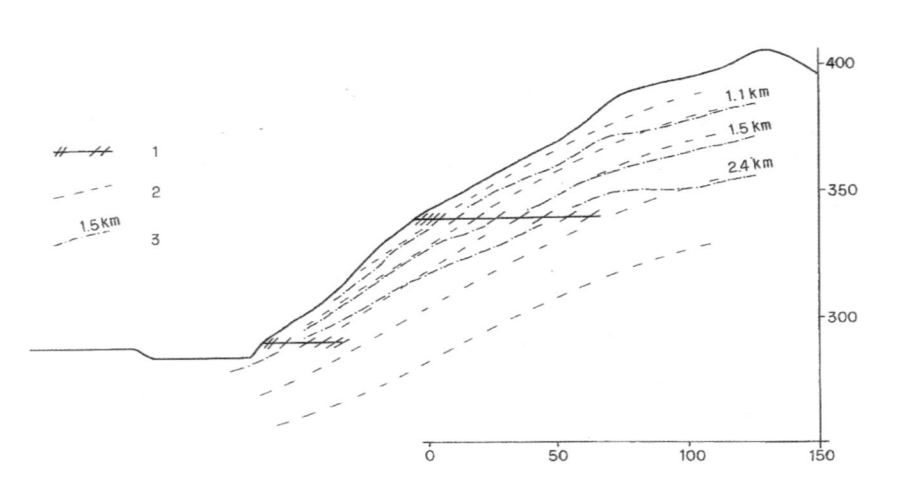

図-5　斜面形と新期節理・旧期節理
1：横坑および節理の傾斜
2：旧期節理系の状況
3：弾性波速度限界

旧期節理の勾配が緩いのは形成時の河床面が現在よりも高かった故と考えられる。

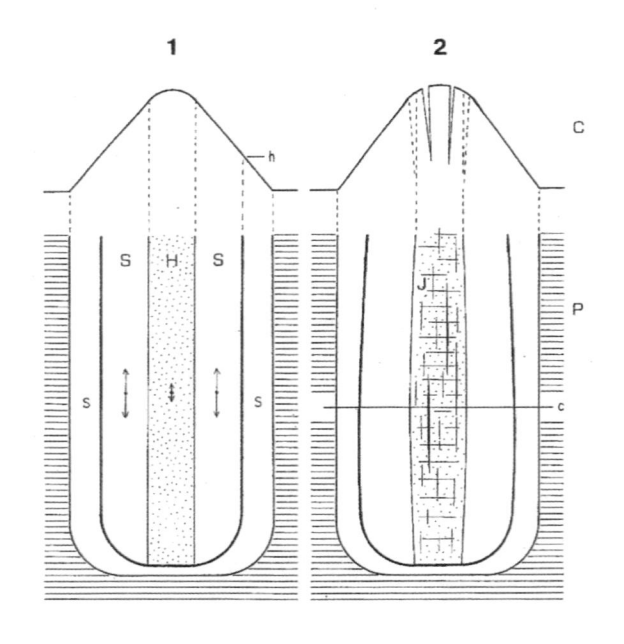

図-6　軟岩が硬岩を挟んだ尾根における節理発生の模式

1：節理形成以前の状態
2：節理形成後の状態
P：平面図
C：cでの断面図

横縞：谷底平地
s　：斜面
太線：標高hで山体を水平に切った場合の斜面との
　　　交線（等高線）
S　：軟岩
H　：硬岩
矢印：岩盤の膨張量
J　：節理、太く表示したのは顕著な剥離節理

4. 設問2 直立の軟岩互層硬岩に働く節理系の事例

図-2 の中央に円で囲った区域では、それぞれ直立する厚さ約50mの2枚の軟岩層(白色表示)が硬岩層(網点表示)を挟んでいる。図-2 の左岸側(円を描いた方の地域)は、この硬岩と軟岩層の互層による尾根を形成し、川がこの硬岩層を横断する部分では、谷底平地は狭くなっている。この模式図が図-6 であり、以下、これに基づいて記述する。

一般に、岩は応力解放や風化が進行すると膨張する。この程度は軟岩と硬岩で異なり、前者、すなわち軟岩層で大きい。

1) 軟岩は変形を受けた場合、節理が発生し[易い、難い] 6)。
2) 硬岩は変形を受けた場合、節理が発生し[易い、難い] 7)。
3) 硬岩層中では、両側の軟岩の伸びに引っ張られて、層面に直交する節理が発生する。
4) 岩盤は、地表に近い部分が膨張すると図-3 のように[　　　] 8) が発生する。
5) 図-3 の模式図において2枚の軟岩層は、外側、応力の拘束の無い方向に湾曲するバックリングが発生する。
6) 硬岩層中には軟岩層のバックリングの影響を受けて層面に平行する節理が発生する。
7) 上記 5)で、2 枚の軟岩層は外側にバックリングする、としたが、谷底部付近は拘束が大きくバックリングの程度は {大きい、小さい} 9)。一方、尾根上部は風化に曝された時間が長いため膨張の度は大きく、また応力の拘束も小さい。

従って軟岩のバックリングは尾根上部が谷底部付近より {大きい、小さい} 10)。尾根上部には、開口幅が 10cm 以上に達する「風穴」が存在するが、これが原因と考えられる。

(江川 良武)

引用文献

江川良武(1982):山形県白川中流部におけるシーティング節理、地学雑誌、91-1, pp. 17-29

キーワード
- 地形性節理
- 調査横坑
- 重力作用
- 剥離節理作用
- 玉葱上風化
- 応力開放
- シーティング
- バックリング
- 開口節理

まとめ

岩盤中の節理の発達状況は、地形や地形発達過程によって規制されていることが少なくない。節理の発達方向が地形の起伏などと強い関係を持つものを地形成節理という。地形性節理の形成要因は、①重力作用と②剥離節理作用(exfoliation)が考えられる。斜面においては、表層部に風化の進行に伴う節理が斜面と平行に発達する。しかし深部では、侵食が進む前の旧地形面の形状を反映した方向に、応力開放による節理が発達することがある。

また地形的に谷部のような応力拘束場と、尾根部のような応力開放場では、節理の発達程度も異なることが多い。

解説文中の設問の解答

1) 小さい、 2) 小、 3) 新しい、 4) 応力解放、 5) 剥離節理作用、 6) 難い、 7) 易い、 8) 剥離節理、 9) 小さい、 10) 大きい

地形に規制される節理系の事例

図-6 山形県最上川古口付近の多層岩盤 （1:25,000「古口」）
ホッグバッグ地形が見られ、層理を伴うような堆積岩等が単斜構造を成していることがわかる。河床付近とそれより上位のレベルでは応力の拘束の程度が異なり、また硬岩と軟岩で応力開放に伴う反応が異なることが予想される。

第4章　土石流・崩壊・植生

宝川内土石流の斜め写真（南）：南側からみた全体像。背後に見える海は津奈木湾。

[2003年7月21日　アジア航測株式会社　撮影]

宝川内土石流のモザイク写真：崩壊地から集地区まで5枚の空中写真をデジタル接合したもの。地形図と完全に重なるオルソ画像ではない。右が北方向。

[2003/07/21　15:30頃　アジア航測株式会社　撮影]

4．1　豪雨斜面災害を予測する

1．課題

水俣市周辺地域は台風の常襲地域であり、1997年7月の出水市針原地区土砂災害をはじめとして、過去に幾度も豪雨斜面災害が発生している地域である。そこで、図－1に示した地形図（国土地理院 1:25,000 地形図「水俣」）および図-2 の空中写真に基づき、水俣市久木野川沿い地域の豪雨時の斜面災害の種類・位置・規模などを予測したハザードマップを作成する。

2．対象地域の特徴

判読は図-1 に示した九州熊本県水俣市の南東方の水俣川の支川久木野川沿いの地域であり、台風の豪雨災害が頻発する地域でもある。地域に分布する地質は中生代白亜紀の四万十層群を基盤として、その上位に第三紀鮮新世の肥薩火山岩類で難透水性の凝灰角礫岩や、透水性の高い安山岩が溶岩台地のように分布している。また山裾や川沿いには未固結の堆積物が堆積している。豪雨災害には、土石流や斜面崩壊、落石などがあり、その発生源を斜面形成史を考えながら判読する必要がある。

3．空中写真判読

写真-1 と図-2 は、対象箇所の熊本県水俣市久木野川ぞいの空中写真と、これを用いて実体視ができる範囲を記入した地形図である。まず、図-2 を用いて判読範囲の豪雨を対象とした斜面不安定地形要素を抽出し、それらを組み合わせて、斜面ハザードマップを作成する。

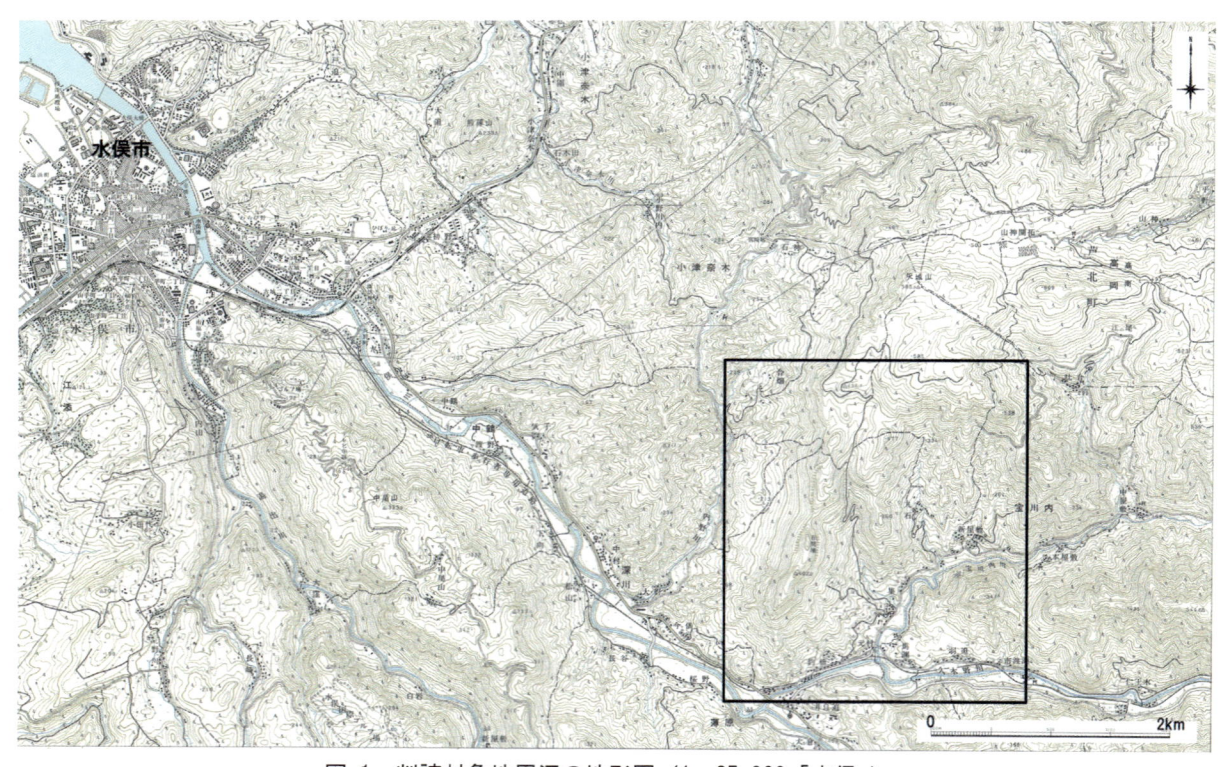

図-1　判読対象地周辺の地形図（1：25,000「水俣」）

第4章 土石流・崩壊・植生　129

写真-1　判読用空中写真（KU-2002-9X C10-4〜5）

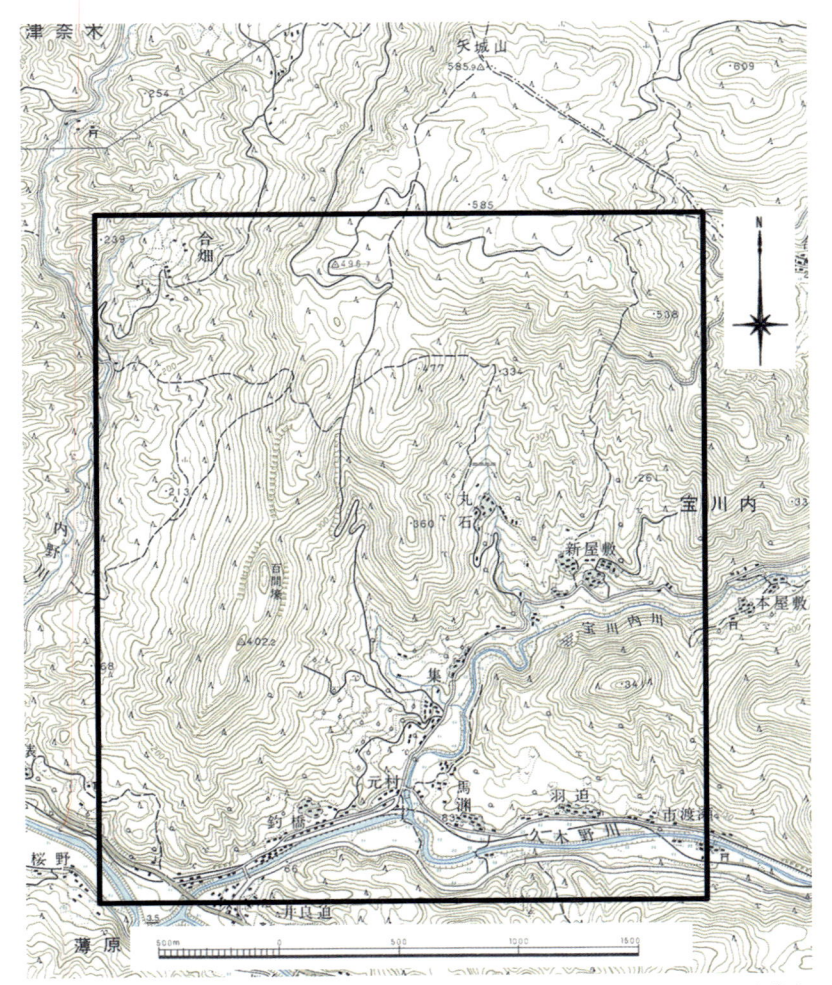

図-2　作業用地形図　（枠は実体視できる範囲　1:25,000「水俣」　図-3〜7の出典も同様）

4. 判読結果の記載

ここでは判読結果として、4人の判読者(A、B、C、Dによる判読記載例を用いて説明する。それぞれの判読者が、どのような地形要素に着目して、斜面ハザードマップを作成したかに注目して欲しい。

（1）判読者A（図-3 参照）

今回の判読地域は図-3 に示したとおり、山頂緩傾斜面とその端部に明瞭な遷急線が発達し、遷急線の下方斜面には緩傾斜の崖錐が形成されている。遷急線下方の斜面は崩壊や落石などの重力移動が活発であったことが伺われる。さらに集水地形の形成されている個所の下部斜面には崩積土堆や土石流堆の存在を示す沖積錐はみられる。これらの地形から豪雨時に予測される災害形態はつぎのように推定される。

① 土石流（０次谷からの小規模土石流も含む）

災害位置は土砂の流下経路の最下流部、崩積土堆・土石流堆（沖積錐）分布範囲であり、規模は０次谷からの小規模なものが多いと推定する。ただし、宝川内川に面した渓流（集、丸石、新屋敷の集落）の下流部に谷を埋積した土石流堆積物がよく発達するため、これらの渓流で発生する土石流の規模は大きくなると推定する。

② 崩壊（壁岩部の岩盤崩落を含む）

崩壊危険箇所の位置は、集水地形（０次谷）の頭部〜土砂の流下経路の区間周辺であり、その規模は最大で、０次谷の頭部の大きさから推定して幅が図上で100m程度と思われる。長さは斜面の高さに規制されると推定する。

③ 落石

落石危険箇所の位置は、壁岩・遷急線直下の急斜面〜崖錐の範囲であり、空中写真判読では規模の推定はできない。

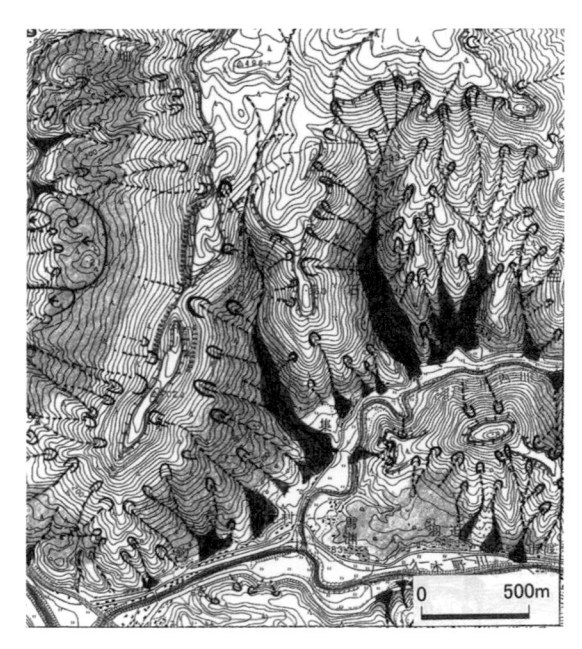

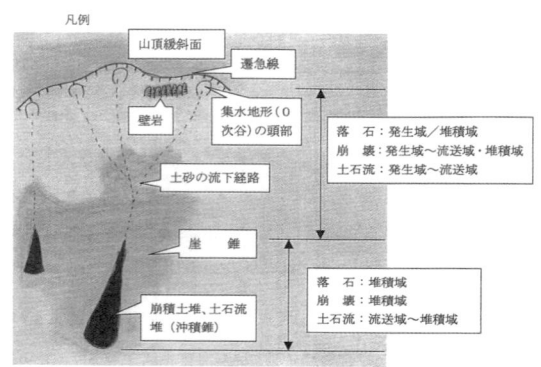

図-3 判読者Aのハザードマップ

（2）判読者B（図-4 参照）

図-4 に示したとおり、明瞭な遷急線（カギ印線）で境される標高400〜550mの山頂緩斜面が目をひく。メーサやビュートのような地形で香川県の屋島などの地形を思い浮かばせる。山頂緩斜面の谷は未発達で、透水性の良い火山岩類のキャップロックの存在が想定できる。また、西側斜面は平滑な斜面で谷が未発達である。山麓には尾根部から崩壊したと思われるやや規模の大きな堆積物の存在を思わせる地形が認められる（遷急線からの大規模な崩壊堆積物と推定）。さらに、東および南東斜面にはいくつかの谷が発達する。これらの谷末端で集落の存在する部分を中心に沖積錐と思

われる地形（△印の範囲）が認められる。また360m独立標高点の東側斜面では表層崩壊跡が3箇所認められる。以上から判断して、豪雨時には遷急線付近からの様々な規模の崩壊が考えられ、谷沿いではこれらの不安定土砂が土石流として流出する事が考えられる。

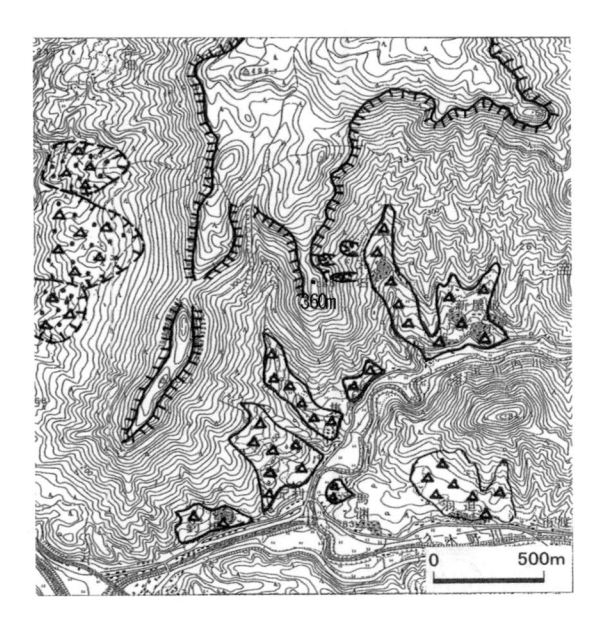

図-4　判読者Bのハザードマップ

凡例：遷急線　崩壊堆積物　沖積錐

（3）判読者C（図-5参照）

図-5に示したとおり、三角点496.7mを中心とし、南南西に伸びる斜面の地質は、台地状の緩やかな起伏をなし、谷の発達が悪く、その端部は崖や急斜面をなしていることから溶岩と思われる（ドリーネ等が見えないことから、石灰岩ではない）。その急崖の下位、すなわち遷緩線（実線）の下は緩い傾斜をなし、谷の発達が悪いことから、同質の火山砕屑岩からなると推定する。さらに、その遷緩線の下位は丘陵地形（ドット印の範囲）を呈していることから堆積岩と考えられる。ただし、中・下部は同じ地質である可能性もある。

久木野川および宝川内川沿いには狭い領域ではあるが、2段の段丘があり、その段丘を覆って、図中央の集集落、新屋敷集落、丸石集落には発達の悪い扇状地がある。

三角点496.7mから南南西に伸びる稜線の崖下には、谷の発達が悪いこと、また集集落から三角点に向かう道路沿いに土の崖があることから、崖錐が発達していると思われる（△印の範囲）。集集落から道路沿いに北に伸びる谷は、ガリー状の断面形状を示し、また谷頭は深くえぐれている（○印の範囲）。このことは、この谷はかなり侵食力が強いことを示している。

以上のことから、この地域では集集落に流れ込む谷に土石流の発生が予想される。丸石集落も同様のことが考えられるが、丸石上流には大きな砂防ダムがあり、土石流が発生してもかなり軽減されると思われる。

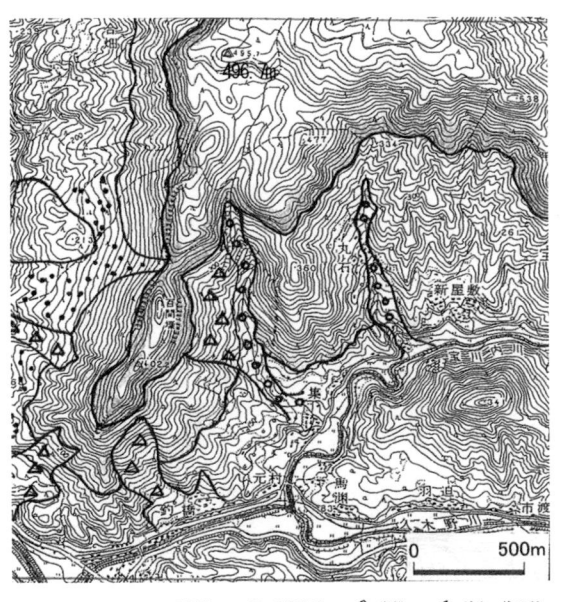

図-5　判読者Cのハザードマップ

凡例：台地状地形　遷緩線　丘陵地形　崖錐　ガリー状の谷

（4）判読者D（図-6参照）

図-6に示したとおり、本地域は基本的に、西～南西に緩く傾斜する平坦面を持った台地を、河川が深く下刻した地形である。平坦面を形成している物質は、緩やかに起伏する形状から、火山岩類でおそらく溶岩流と考えられる。火山岩の年代は、平坦面の侵食の程度から、第三紀末～第四紀はじめ頃のものと想像される。火山岩類は堆積岩類からなると考えられる基盤を覆い、キャップロック

132　第4章　土石流・崩壊・植生

構造を形成している。基盤は堆積岩であれば中硬岩と考えられる。

　台地の縁辺部は基本的には侵食の活発な部分であり、斜面での崩壊、壁岩からの岩盤崩落、落石が発生しやすい。しかし、その発生規模は場所の条件によって違いがあると考えられる。

　判読範囲の宝川内川右岸の斜面には、水系密度が異なる部分がある。西側の斜面では水系密度が小さく線状谷が深くないものが多いのに対し、東側の斜面では水系密度が大きく線状谷の発達がよい（新屋敷周辺）。これは西側の地域が相対的に新しい表層物質で覆われていることを示すのかもしれない。あるいは、東側の地域が後背山地斜面から常に水が供給されるような条件にあることと関係があるかもしれない。西側にある規模の小さなキャップロック構造の部分の集水量は、北～北東の台地部のそれよりもずっと小さい。

　十分に広い台地の縁辺部には、明瞭な水系が発達しており、水流による定常的な侵食により定常的に土砂が流出している。しかしキャップロック状の火山岩が小規模なトア状に残った部分は、水流による侵食が進まず、風化によって形成された崩壊予備物質が周囲に滞留しやすいと考えられる。強い降雨があった場合にはそれらが崩壊を発生させ、土石流となって流下する。相対的に規模の大きい崩壊－土石流の可能性が高いのは、明瞭な水系による侵食と土砂の定常的な流出を免れているような、小さいあるいは痩せ尾根状のキャップロック構造の下方にある急斜面である可能性がある。

　なお、判読範囲内では、大規模な岩盤崩落の痕跡はない。また東側の新屋敷の集落周辺はキャップロックが侵食（崩壊）により失われた地形と考えられるが、水系が明瞭なことから、斜面全体の形成年代は古く、谷は基盤まで下刻した渓流で、渓床堆積物も少なく、大規模な土石流は起こりにくいと考えられる。

5.　地形解析と記載のポイント

　判読地域では2003年7月19～20日に梅雨前線

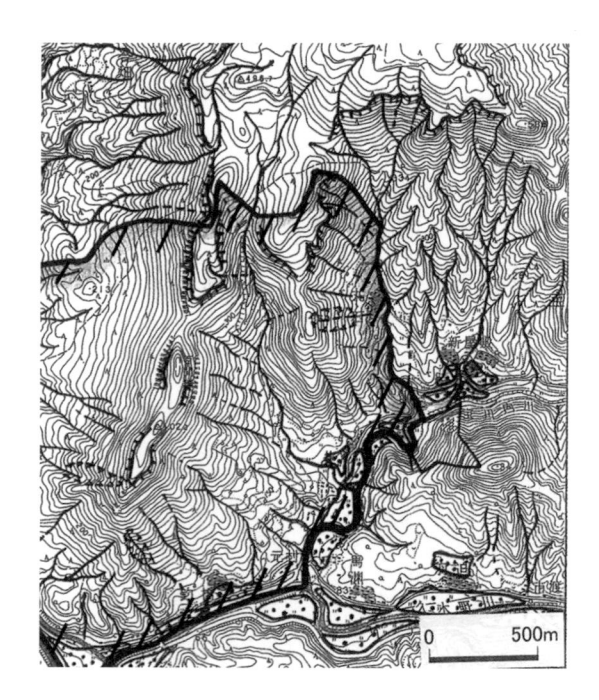

図-6　判読者Dのハザードマップ

の活発化による豪雨（最大時間雨量91 mm、総雨量429 mm：水俣市深川）により、多くの斜面崩壊や土石流が発生した（地盤工学会・土木学会九州地方豪雨災害調査団、2003）。

　特に、宝川内川の右岸支流の集川では上流部で大規模な斜面崩壊が発生し、土石流化した土砂が沢出口の集地区を襲い、15名の犠牲者を出した。

　図-7にはこの時の崩壊と土石流の範囲を示した。まず、本地域の地形は山頂に小起伏面が発達する。これは各判読者が示したように、第三紀鮮新世の肥薩火山岩類の安山岩が溶岩台地のように分布しているものであり、その下位には、難透水性の凝灰角礫岩が位置する。これらの火山岩類の下位には中生代白亜紀の四万十層群がフェンシュターのように一部不整合に顔を出している。

　また、判読者Bが指摘しているように山頂小起伏面の谷密度が小さいことから、この安山岩は透水性が高いことが推定され、山頂の安山岩内に貯留された地下水が、下位の凝灰角礫岩との境界で湧水し、大小様々な斜面崩壊が発達しやすい地形・

第4章 土石流・崩壊・植生　133

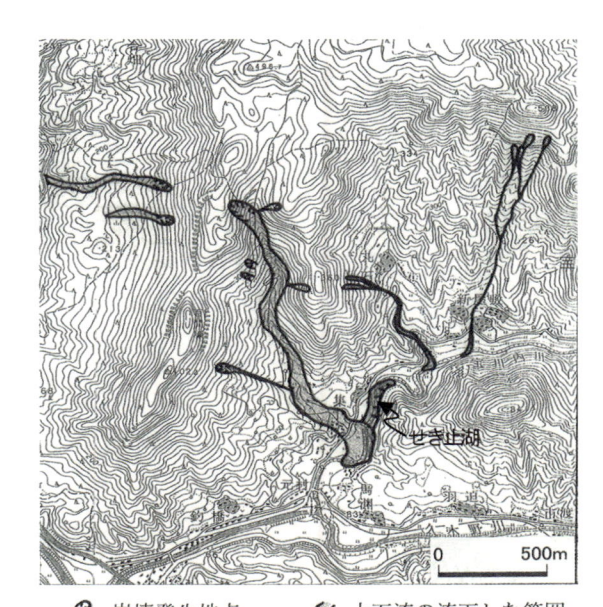

図-7 集地区土石流災害図（2003年7月20日）
崩壊発生地点　土石流の流下した範囲

などに基づく崖や渓流一つ一つの地形・地質の詳細調査とその被害想定の試みなど、降水分布や地質構造の解明などとリンクさせながら精度を上げていくのが現状のように思われる。写真-2～4には、2003年7月に発生した大規模崩壊と土石流流下跡、そして集地区の被災状況を示した。

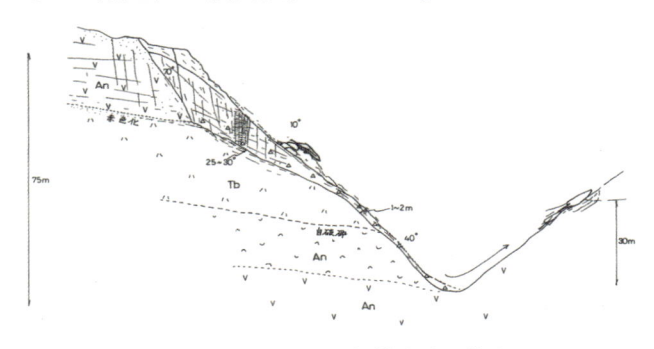

図-8 集地区上流斜面の大規模崩壊の模式断面図
（2003年7月20日）

地質条件であるといえる（図-8参照）。

2003年7月の豪雨の際にも、溶岩台地の急崖下位に多くの崩壊が発生した。これらの崩壊が土石流化し、沢を下り沢出口付近まで達することは、その付近に土石流堆や沖積錐が形成されていることから容易に予想することができる。つまり、今回の地形判読では判読者Aが指摘したように、崩壊の予想される0次谷の抽出と土石流の到達範囲を示す崖錐地形、土石流堆、沖積錐の抽出が重要といえる。大規模な土石流を発生させる崩壊の規模を推定することはむずかしいが、判読者Aが示した0次谷の幅や、判読者Cが指摘した谷の侵食幅などが目安になる。さらに、判読者Dは溶岩台地の侵食過程から大規模な崩壊範囲を示したが、その範囲内で今回の大規模崩壊が生じていることは地形判読の有効性を示すものである。最後に、地域の斜面崩壊や土石流のハザードマップの作成は地形解析により可能であるが（稲垣・柴田ほか、2005および稲垣・長谷川ほか、2005）、実際どの斜面や沢で災害が発生するかを正確に指摘することは困難が多い（稲垣、2001）。したがって、今回の豪雨のように局地的な雨の降り方が多くなることを考慮すると、気象庁が現在始めているタンクモデルを利用した土壌雨量指数の考え方や新砂防法

写真-2 集地区の大規模崩壊で、下位が難透水生の凝灰岩、上位が帯水層となる安山岩が緩い流れ盤で分布している。

写真-3 集地区の大規模崩壊に土石流流路で、攻撃斜面が高標高まで侵食されており、土石流が高速であったことを示している。

写真-4 集地区を襲った土石流は丘陵地を乗り越え 15 名の犠牲者を出した。

豪雨土砂災害を予測することは、防災上大変重要なことである。特に、財政上多くの費用がかかるハード対策に頼っていくことは無理があり、今後、避難や土地利用といったソフト対策への移行が大きなテーマとなっている。

しかしながら、土砂災害を事前に正確に予測することは、現状では困難が多い。その理由としては、災害の素因となる地盤状況を広域に詳細に把握できないこと、誘因となる降水条件が不確定であることがある。

したがって、今我々ができることは、地形解析などを用いたハザードマップをいかに実用的に作り、これらを防災に利用していくかである。最近では、災害は忘れないうちに次々とやってくる[5]。ハザードマップに基づく避難・土地利用のあり方をもう一度考え直して欲しい（稲垣 秀輝）。

引用文献

稲垣秀輝（2001）：暮らしとその安全のための応用地質、vol. 42、no. 5、pp314～318

稲垣秀輝・柴田拓・鈴木浩二・外山康彦（2005）：一般室レーザー測量による斜面ハザードマップ、地すべり、vol. 42. no. 4

稲垣秀輝・長谷川修一・高橋治郎・矢田部龍一・Netora P. Bhandary・Hari K. Shrestha・Er. Ramesh Rajbhandari（2005）：ネパール道路ハザードマップとリスク管理、第44回地すべり学会研究発表会講演集、pp233～236

地盤工学会・土木学会九州地方豪雨災害調査団（2003）：平成15年7月梅雨前線豪雨による九州各地の土砂災害調査速報、土と基礎、vol. 51、no. 10、pp. 40～44

キーワード

豪雨土砂災害
ハザードマップ
肥薩火山岩類

まとめ

豪雨土砂災害を正確に予測することは、現状では困難が多い。それは、災害の素因となる地盤条件を広範囲に詳しく把握することができないことと、誘因となる降水がどこでどのくらい降るのか予測しにくいためである。

しかし、地形判読を行い、災害の要因となる現象が繰り返し発生してできた地形を予め抽出することによって、地域の豪雨土砂災害の規模や範囲をある程度予測したハザードマップを作成することが可能となる。このような地形判読によるハザードマップは、災害時の避難対策の基礎資料となるだけでなく、そこに住む人々の日常的土地利用のあり方についても防災的観点から活用できる。

4．1　豪雨時に土砂災害が発生した山地斜面の事例

図-9　豪雨時に土石流が多発した小豆島の斜面（1:25,000　「草壁」）
　小豆島は昭和49年、51年の2回、集中豪雨で土石流災害を受けた。この地形図のすべての渓流で土石流が発生している。土石流は高標高部の0次谷部分における表層崩壊を発生源として、渓床の不安定土砂を巻き込みながら海岸まで達した。

第4章 土石流・崩壊・植生

[コラム] ネパール・ブータンにおけるハザードマップ作成

檜垣大助

　ネパール、ブータンは、ともにインドと中国に挟まれたヒマラヤの小国である。南から移動してきたインド亜大陸がユーラシアプレートに衝突してできたヒマラヤ山脈は、インド側からのプレートの潜り込み位置が何回か南に移動することで、いくつかの衝上断層ができ、その間には東西方向に共通する地形、地質帯の山地が連なっている。ネパールでは、それらは5つの自然地理的地域に分けられている(図-1)。このため、ブータンからネパール、インドにかけての地すべりや崩壊、ガリー侵食など起こりやすい災害は、同じ地形、地質帯では東西方向に共通している(図-1)。このため、たとえば、ネパールのある自然地理的地域の代表的な場所で土砂災害ハザードマップを作ることで、インドやブータンに応用できる可能性がある。ただ、土地利用は少し違っていて、ネパールでは山の斜面全体に農地の広がっているのに対し、ブータンは人口密度の小ささと積極的な森林保全政策で国土の70%に及ぶ森林被覆面積を持っている。

　ところで、これらの国で共通して最も恐れられている水、土砂災害が氷河湖決壊洪水(GLOF: Glacial Lake Outburst Flood)である。氷河末端部には、氷河の侵食、運搬で土砂が堆積してできる堤防状の丘(モレーン)が見られ、この背後に融氷水がたまり、氷河湖ができることがある。地球温暖化と関係してか、いくつかの氷河湖で近年急速に拡大していることがわかり、その決壊による洪水がしばしば起こっている。GLOFは大規模なサージを伴うだけでなく、急流を流れ下るため、その勢いで河岸や河床の侵食が起こり、土砂移動による災害も起こる(図-2)。とりわけ、変成岩や堆積岩からなる地帯や衝上断層周辺の破砕帯など地すべり地形が多数ある所では、その末端がGLOF時に削られて地すべりの再活動や崩壊が起こり、そこに新たな天然ダムができ、再度の決壊というケースも考えられる(図-2)。また、多量の細粒土砂が水利施設などへ流れ込むことによる災害も起こる。

　氷河湖決壊の進行シナリオを考え、それによる洪水流下シミュレーションを行うとともに、沿川の地形分類と各地形の侵食のされやすさ、地すべり発生危険度などを組み合わせた総合的なハザードマップ作成がGLOFに対して求められる。困難な仕事だが、先進国がもたらした地球温暖化が途上国でのGLOFの原因であるとすれば、我々はこのような災害の軽減に、まずソフト面から協力する責務があるのではないだろうか。

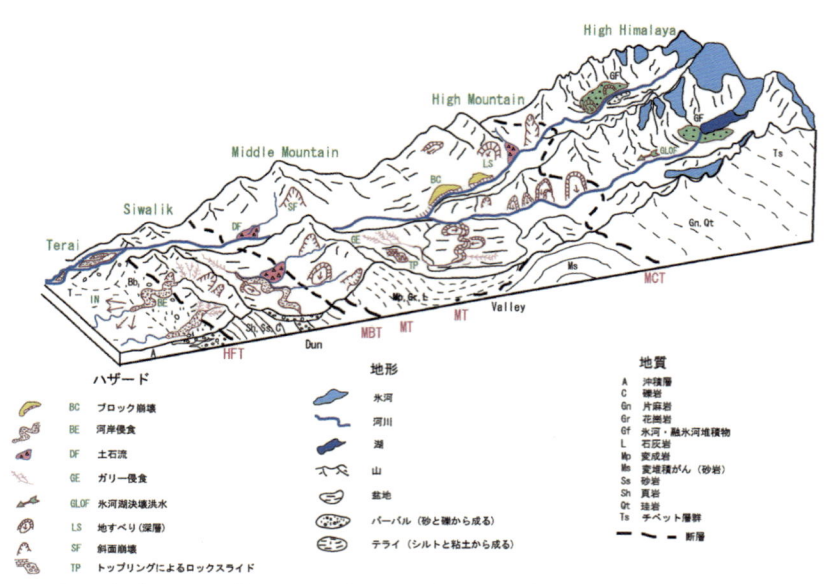

図-1 ネパールの自然地理的地域区分と水・土砂災害の分布（Higaki, 2005）

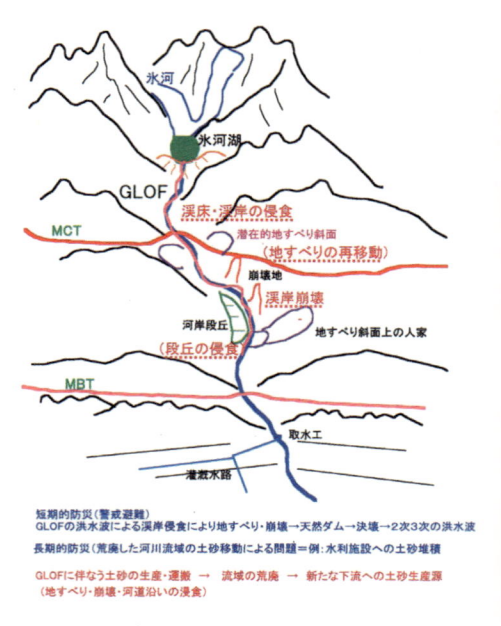

図-2 GLOFに伴う土砂移動により想定される災害

4．2　軽井沢高原の地形形成

1．軽井沢と碓氷峠の交通

　軽井沢は東京から長野新幹線で約1時間、標高約900m～1000mの高原の街である。この東に、日本二大河川である信濃川と利根川の分水嶺、碓氷峠がある。碓氷峠の位置は、時代と共に多少移動しているが、鉄道が通過する現碓氷峠は、軽井沢(駅)とわずか距離約1.3km、標高差10m余に過ぎない。「峠」は和字である。古代は峠のことを「坂」といった。碓氷坂、箱根坂である。利根川を坂東太郎、東国武士を坂東武士というのは、これによる。

　このような重要な峠の直近に古くからの街があるというのは、全国でも軽井沢だけである。これ故、古来、交通の要衝であり、京-東国を結ぶ古代からの東山道、後の中山道は、この軽井沢を通ったし、東京と新潟を結ぶ信越本線も同様であった。なお信越本線の開通は明治26年、それに対し、磐越西線の開通は大正2年であるから、実に約20年もの間、信越本線が東京-新潟を結ぶ唯一の大動脈であった（東京-新潟を直結する上越線の全通は、さらに18年後の昭和6年である）。

　碓氷峠の西側では、上田、小諸等の諸都市が、信濃川の上流である千曲川沿いに、ゆるやかに高度を上げてくる。小諸駅-碓氷峠間は直線で20km、標高差280mである。これに対し碓氷峠の東側のふもとは、関東平野の縁である横川である。碓氷峠-横川駅は8km、標高差550mである。距離は1/2、高度差は2倍なのだ。

　信越本線は、碓氷峠を最急勾配66.7‰で登った。電車型特急列車といえども、前後に急勾配用電気機関車EF63やEF62を重連で牽引しなければならなかった。ちなみに、長野新幹線は横川のはるか手前から登行を開始し、最急勾配は30‰である。それまでの新幹線最急勾配は関ヶ原の15‰であったから、計画段階では、軽井沢はトンネルで通過し、佐久(標高は軽井沢より約250m低い)に直行するという案もあったという（日本鉄道建設公団北陸新幹線建設局（1998）。

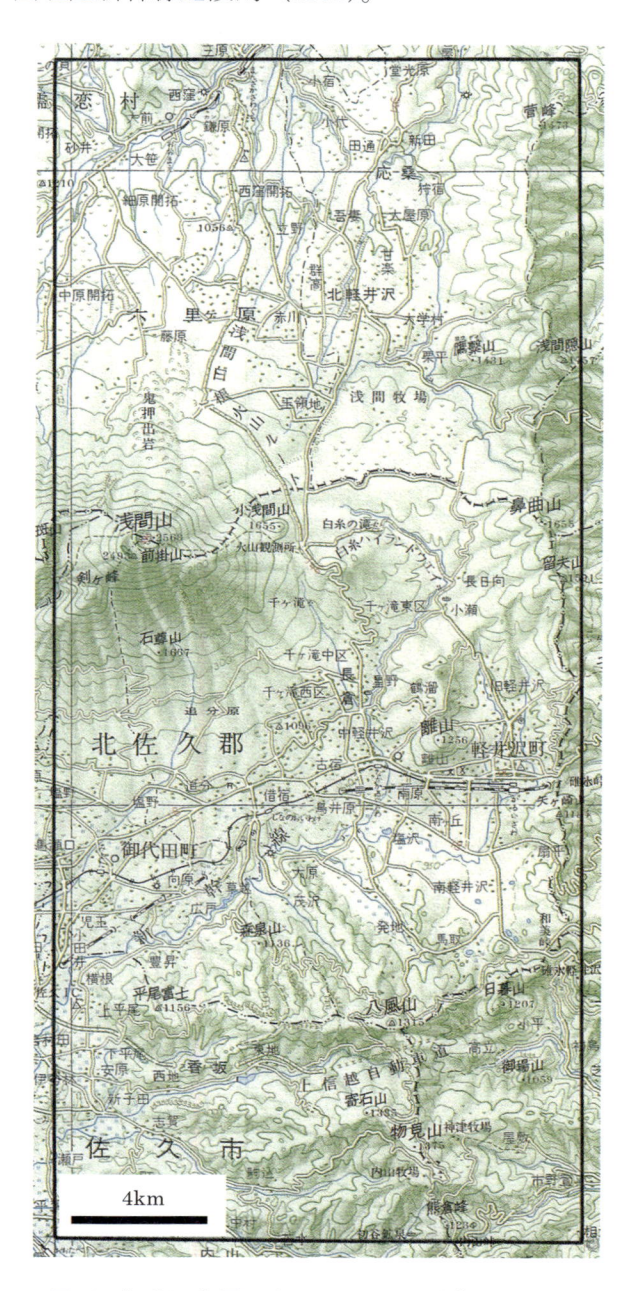

図-1　軽井沢高原の地形（1：20,000 地勢図、長野）
枠は図-2で実体視できる範囲

138　第4章　土石流・崩壊・植生

2. 軽井沢高原と浅間山

　図-2 は、「山と風景を楽しむ地図ナビゲータ、カシミール3D」（杉本、2002）を利用し、それぞれ東西に約80°の伏角をつけた縮尺約 1:250,000 の2種類の鳥瞰図を作成、ステレオペアーにしたものである。地名等との対照ができるように、立体視できる範囲を図-1の国土地理院 1:200,000 地勢図に示す。図-2を立体視すれば、軽井沢が高原状をなしているのは、千曲川が次第に高度を上げてくるだけではなく、浅間火山、あるいはその前身である黒斑火山が、軽井沢から流下する湯川・泥川を「堰き止」たことによるのは明らかである（括弧書きの理由は後述）。すなわち浅間山麓の南斜面の末端は湯川により開析されているが、原面を復元すると軽井沢高原より標高が高く、「堰き止」があったと判断すべきである。航空写真は、撮影機の上昇限度の関係から 1:40,000 が実用上の最小縮尺である。これでは浅間火山と軽井沢高原の相互関係を一枚のステレオペアーで鳥瞰することはできない。大地形は、「カシミール3D」のようなソフトを使っての分析、プレゼンテーションが有効である。

　南軽井沢には明治の少なくとも前半まで、東西 3km 南北 5km の大沼があり、交通の便のため渡し舟が必要であった。現在では一部が「軽井沢 72 ゴルフ場」の多くの池となって残っているのみであり、乾燥化が著しい。これは明治 43 年の大洪水で泥川の河床が大幅に低下したことと、人による河床掘削による水位低下、凹地の埋め立てなどによるものである。現在の軽井沢駅周辺も、かつては中谷地と呼ばれ、明治 21 年に信越線が建設された際、密に打ち込んだ 13m の坑木の上に国鉄駅舎、鉄道線路が建設されたという（八木、1936 および土屋、1979）。

図-2　軽井沢・浅間火山付近のステレオペアー（国土地理院　数値地図 50m メッシュおよび「カシミール 3D」を利用し作成）　左右の画像は縮尺約 1:250,000 のそれぞれ東西に 80°の伏角をつけた鳥瞰図。

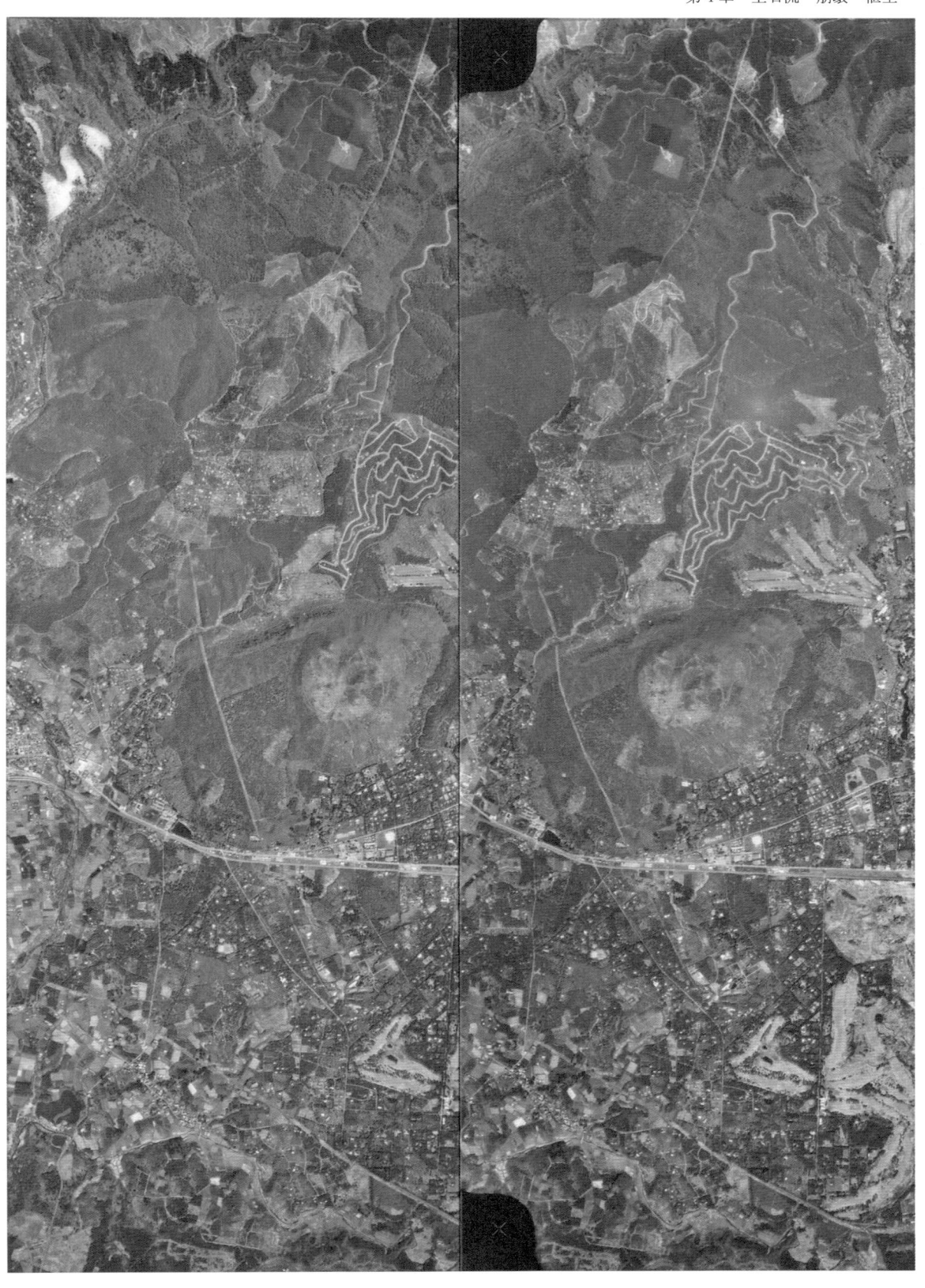

写真-1　軽井沢付近の空中写真ステレオペアー　(1:40,000　KT-71-11Y、C4-22〜23)

3. 湯川・泥川の「堰き止め」

湯川・泥川の「堰き止め」は基本的に2回あったと考えられる。先ず 23,000 年前、黒斑火山が巨大崩壊を起こした（荒巻、1968）。図-3 の軽井沢駅西南に多く見られる流れ山はその岩屑流堆積物であり、塩沢岩屑流と呼ばれる。佐久平の塚原岩屑流、嬬恋・長野原町の応桑岩屑流も同じイベントによるものとされる（荒巻・地質調査所、1993）。軽井沢駅西南の南ヶ丘付近は流れ山が多いが、西側の南原付近は少ない。離山火山による雲場火砕流が南原付近の流れ山を覆ったためと判断される（日本鉄道建設公団北陸新幹線建設局、1998）。さらにその西側、中軽井沢周辺になると全く流れ山が認められないが、新規河川堆積物がこれを覆っているためである。

黒斑火山大崩壊の後に、現浅間火山の第1小諸軽石流(14,000 年前)、第2小諸軽石流(11,000 年前)噴出の活動があった（早川、1995）。湯川沿いの渓谷はほとんどがこの厚い軽石流で構成されており、図-2 の浅間南斜面は基本的にこれらの軽石流堆積物で構成されているとみて良い。したがって湯川「堰き止め」の主因とみなすことができる。

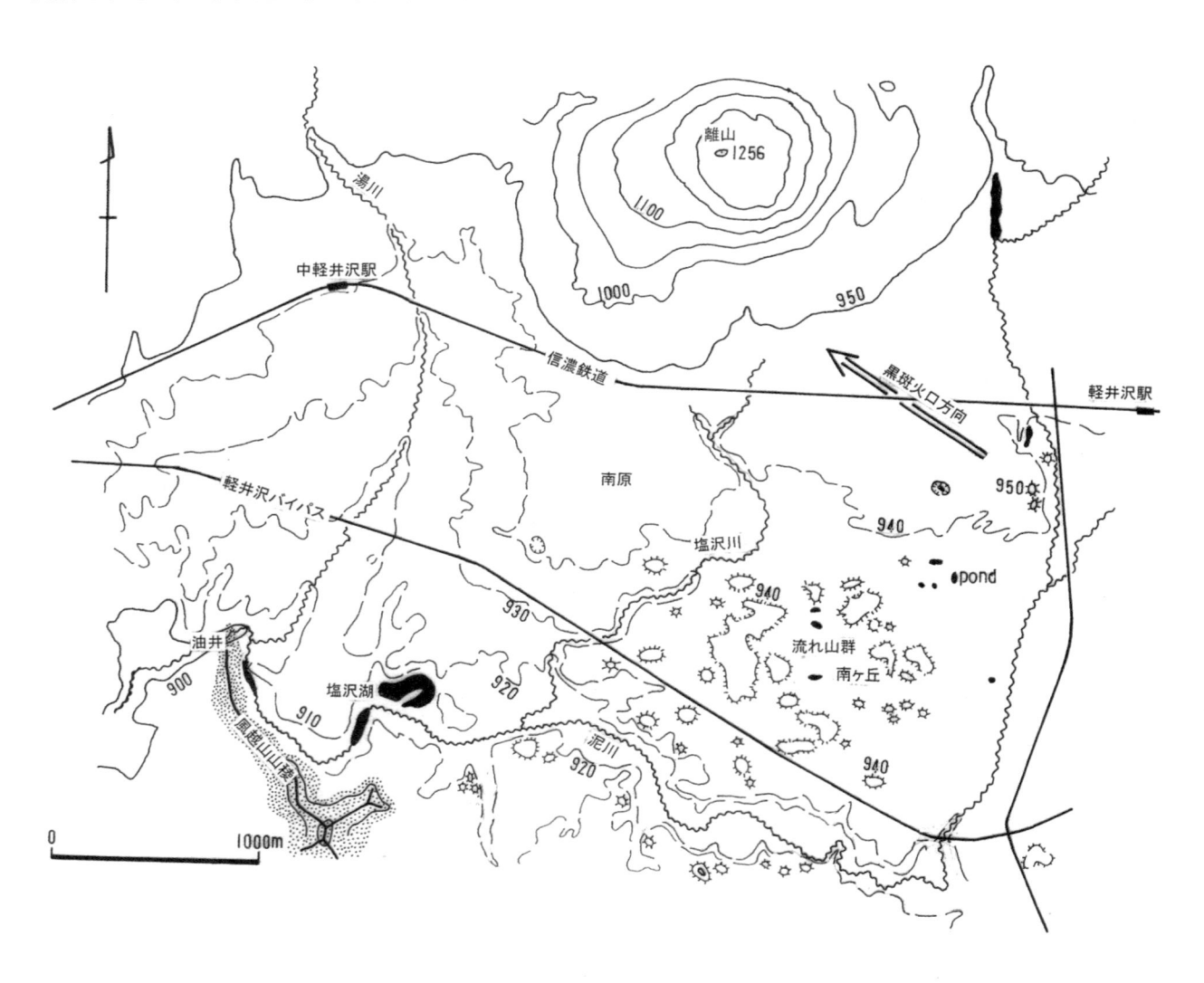

図-3　軽井沢付近の流れ山、等高線は軽井沢町 1:2,500 を編集、黒斑火山方向とは浅間山と黒斑山の中間点を想定

4. 塩沢岩屑流はなぜ軽井沢駅付近まで及んだのか

塩沢岩屑流は図-3の如く広く分布するが、ここでは話を簡単にするため、軽井沢駅西南650mにある最も起伏の大きい流れ山に注目する。黒斑火山の(失われた)火口は現黒斑山と浅間火口の中間点付近だったとされる（早川、1995）。黒斑火山のカルデラは東方に向かって開いているから、崩壊土石は先ず東方に向かい、ついで南北に方向を変えたと予想される。つまり崩壊岩屑流の転回点は黒斑火口よりは東、恐らくは現浅間山火口よりさらに東であったろう。そこで疑問が出てくる。転回点と先の流れ山の間には離山や鶴溜の丘陵（以降、鶴溜丘陵）が立ちふさがっている。塚原、応桑、塩沢の各岩屑流はそれぞれ広範囲に及ぶにもかかわらず、各地の流れ山の標高は一定している。それぞれ670m前後、950〜980m前後、940〜950m前後であり、流動性の高いものであったことがうかがえる。離山や鶴溜丘陵を大きく南に回りこんで軽井沢駅付近まで到達したのであろうか。流動性が高ければそれら「障害物」に乗り上げた痕跡があって良い。しかしそのようなものは全く見られない。

5. 障害とならなかった離山と鶴溜丘陵

離山の頂上付近、等高線1200m以上について、10m等高線を図-4に示した。多くの火口跡が見えるように火山（溶岩円頂丘）である。その形成は21,500年前とされ（早川、1995）、実は岩屑流以降の形成である。黒斑山の大崩壊時には離山は存在しなかったのであり、したがって障害とはならなかった。

次に鶴溜丘陵について検討する。図-4の中央やや北方に1238m三角点のピークが認められる(以降、1238山）。この西南方、下方に広がる丘陵が鶴溜丘陵である。鶴溜丘陵には流れ山状のコブが多数発達している。塩沢岩屑流と異なり標高もまちまちであるし一つの流れ山の規模も大きい。現在でこそ別荘地であり乾燥化しているが、昔は沼沢が多く、鶴の営巣地であったという（土屋、1983）。

浅間山に近いだけにそれによる火山灰、軽石堆積物が厚いが、ここのコブが溶岩円頂丘であったとすれば岩盤露頭がどこかで現れて然るべきであるが全く見つけることができない。大崩壊による岩屑流でもなければ溶岩円頂丘の集合でもないようである。残る可能性は地すべりの「押し出し」である。1238山に連なる山稜は鶴溜丘陵を円弧状に取り巻いている。開析が進んでいるが地すべりの滑落崖のように見える。また鶴溜丘陵の前面の湯川は反対側に押し出されたように見える。さらに1238山の北西斜面は航空写真で判読すれば明瞭な地すべり地形をなしており、地すべりが発生しやすい地質環境であることを暗示している。これらより鶴溜は地すべりによってできた丘陵であって、黒斑火山の大崩壊前には存在しなかったと判断することができる。離山の形成にいささかの影響も受けていないように見えることから離山形成以降の出来事であったろうか。

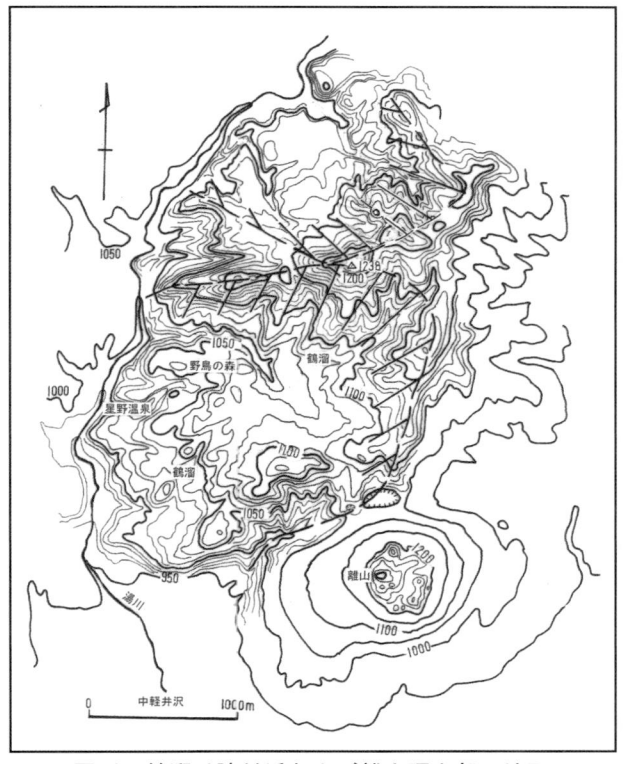

図-4 鶴溜丘陵付近および離山頂上部の地形
鶴溜丘陵は1238m山をピークとする山稜を滑落崖とする地すべり地形に見える。湯川が西側に押しやられた流路を取っている。離山の頂部には溶岩円頂丘地形が見える。

6．軽石流と「擬似」堰き止め

浅間山麓の南緩斜面の主要な構成物は小諸軽石流である。南緩斜面の原面が軽井沢高原より高い限り、小諸軽石流が湯川を堰き止めたことになる。しかし小諸軽石流は熔結しておらず、流水の浸食に極めて弱い。軽石流がその形成後今日まで約10,000年の間、堰き止め効果を発揮することができるであろうか。図-3の西南隅近くに油井という地名が記されている。ここが軽井沢高原の西端であり、これより下流側で湯川の河床勾配は大きくなる。3.5km下流の軽井沢大橋では緩斜面台地をナイフ状に90mも下刻する大峡谷となる。油井には風越山の山稜が伸びており、河床に第三紀志賀熔結凝灰岩が露出している。この熔結凝灰岩が下方からの谷頭侵食を抑制し、結果として軽井沢高原を維持してきたことは明らかである。これは小諸軽石流が堰き止め効果を発揮したという図-1の地形判読と矛盾しているように見える。

元々、湯川は現在より北側を流れていた。小諸軽石流の流下により南側に押しやられ、現在の流路を取るようになったと考えられる。そして下刻が始まった。油井の地点では下刻が始まった途端、志賀熔結凝灰岩が現れ、下刻が抑制されることになったと考えられる。すなわち表成谷である（図-5）。表成谷については、本書第4章を参照されたい。小諸軽石流は、正確には湯川を堰き止めたというよりは、基盤岩が浅いところまで湯川を南方に押しやり、結果的に下刻を抑制したと言うべきである。しかしこれも広義には堰き止めといえるのかも知れない。これゆえ本文では「堰き止め」と括弧を付けていたのである。

（江川　良武）

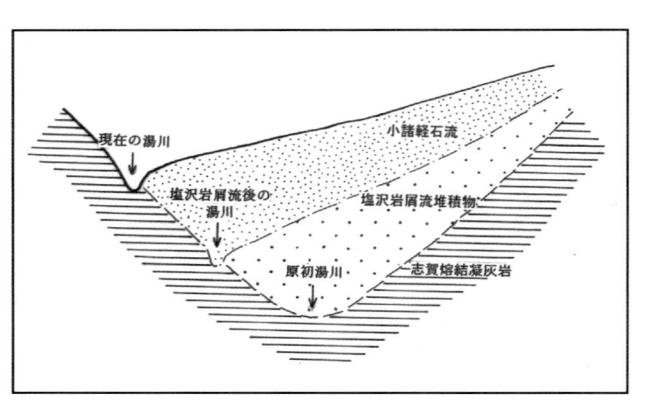

図-5　「押し出し」による湯川の南進と、擬似「せき止め」（油井付近の南北断面、模式図）

引用文献

荒巻重雄（1968）：浅間火山の地質（付地質図），地団研専報、14号

荒巻重雄・地質調査所（1993）：浅間火山地質図，1/50,000

早川由紀夫（1995）：浅間火山の地質見学案内，地学雑誌，Vol.104，No.4

日本鉄道建設公団北陸新幹線建設局（1998）：北陸新幹線工事誌　高崎長野間

日本鉄道建設公団北陸新幹線建設局（1998）：北陸新幹線高崎長野間地質図

杉本智彦（2002）：カシミール3D入門，実業之日本社

土屋長平（1979），かるいさわ，郷の華第4集，やちまぐそ

土屋長平（1983）：かるいさわ，郷の華第5集，雲場野の鶴

八木貞助（1936）：浅間火山（付　地質図），信濃教育会

キーワード

堰き止め
巨大崩壊
岩屑流
流れ山
地すべり
溶岩円頂丘
表成谷

まとめ

実体視は必ずしも空中写真のみによるものではない。大地形を見るには「数値地図による3次元表示ソフト」などが有効である。軽井沢高原は、黒斑火山の大崩壊堆積物や軽石流堆積物による「堰き止め」で形成された。

第 4 章　土石流・崩壊・植生

火山の巨大崩壊によって形成された地形の類似事例

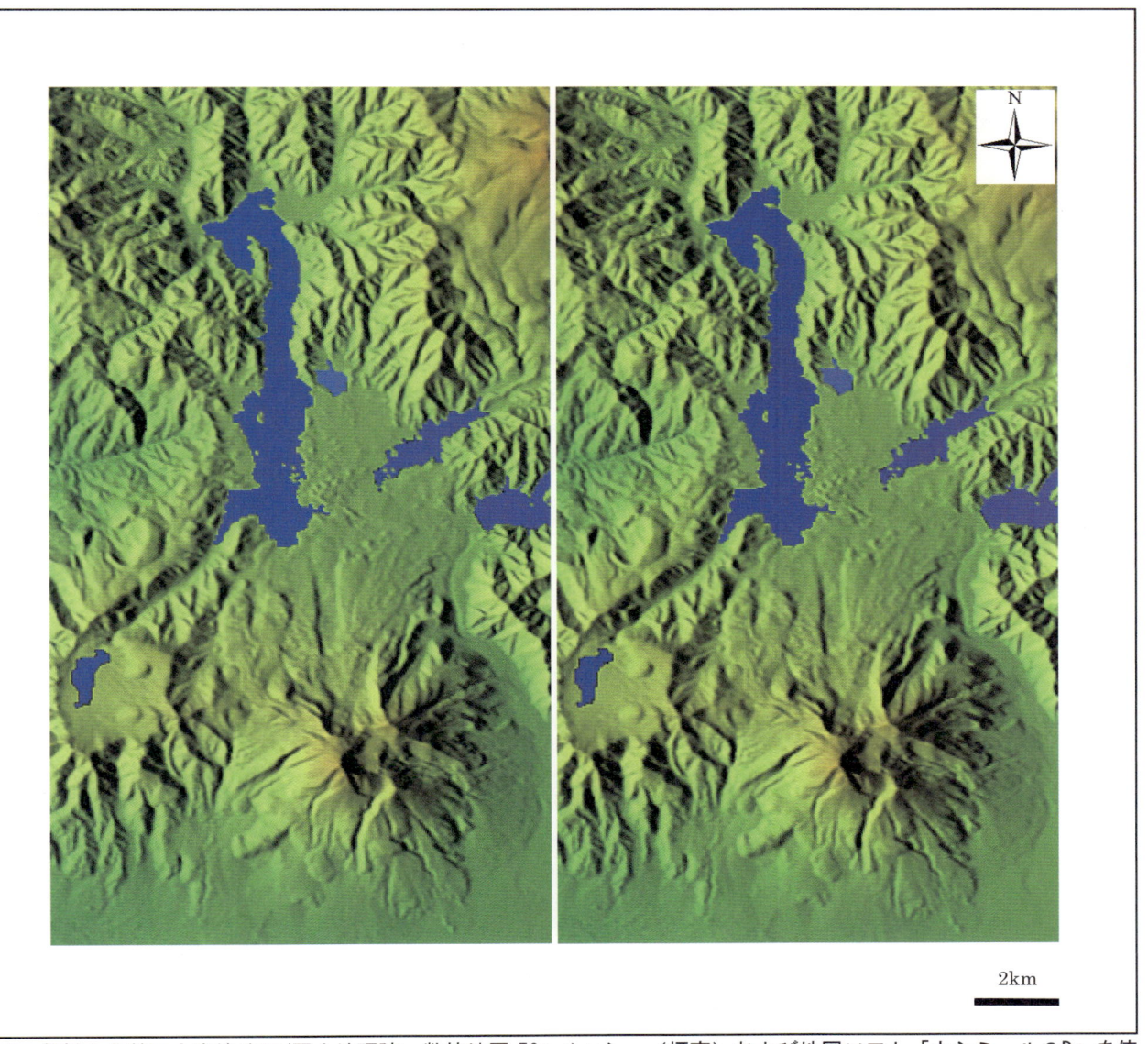

図－6　磐梯山北麓の大崩壊地形（国土地理院　数値地図 50m メッシュ（標高）および地図ソフト「カシミール3D」を使用）

　1888 年噴火時の山体崩壊による岩屑流は北麓の河谷を埋積し、本川沿いの低所および閉塞された支谷に、堰き止め湖（檜原湖、小川原湖、秋元湖など）が生じた。最大の湖である檜原湖の南東岸には、破壊された山体の巨大ブロックが形成する流れ山が多数認められる。浅間山山麓の軽井沢高原が形成される以前の地形も、これと類似の地形だったと考えられる。

4.3 地すべり地の多様な生態系を探る

1. 課題

地盤の防災調査に空中写真による地形解析を行うことがよくあるが、地盤環境を把握するためにも利用できる。その事例として、空中写真で見慣れた地すべり地を対象として、そこでの植生状況や土地利用のあり方を判読した後、地すべり特有の微地形（滑落崖、頭部凹地、段差、緩斜面、押し出し地形など）との関係を地形解析によって明らかにする。特に、地すべり地形内ではその特有の微地形から多様な生態系を形成していることを理解し、防災と環境保全の共生のあり方についても検討する。

2. 対象地域の特徴

判読の対象地域は、図-1に示した四国山地の八畝地区と、それに近接する笹越地区である。八畝地区は地すべり地であり、笹越地区は地すべり地に近接する非地すべり地の急峻な山地である。両地区とも地質は御荷鉾帯に属している。

後段の写真-3に示されるように、八畝地区は、急傾斜の多い山岳地に見られる地すべり地帯で、広く緩斜面が分布している。ここは里山集落が発達しており、稲作を中心として、畑作や桑、ミツマタ等の農耕が行なわれてきた地域である。一方、急峻な斜面の分布している笹越地区は、写真-4に示したようにスギ・ヒノキ人工林や自然林等の森林を基本とした土地利用が行われている地域である。

調査地近傍の大栃（標高210m）の気象は年平均気温14.7℃、年降水量は2813mmと多い。暖かさの指数は116.5℃・月で照葉樹林帯（ヤブツバキクラス）に属する。調査地点では気象資料がないため、大栃の記録に標高を加味して、平均気温を算出し（-0.6℃/100m）、調査地点の温量指数を求めると、地すべり地（八畝：標高550m）は暖かさの指数が97.1℃・月となり、照葉樹林帯（ヤブツバキクラス）の上部、非地すべり地（笹越：標高1030m）は72.6℃・月で温帯落葉広葉樹林（ブナクラス）に属すると推定される（表-1）。両地域の気候条件がややちがっているが、御荷鉾帯で広く非地すべり地区が分布するところをさがすと、どうしても急峻な高標高の箇所になってしまう。同気候条件下での比較は今後の課題とし、今回は地質の同一性を重視しやや植生帯が異なるが、両地域の生態系の比較を空中写真判読により行う。

3. 空中写真判読

写真-1と図-2は、対象箇所のうち八畝地区（地すべり地）の空中写真と、これを用いて実体視ができる範囲を記入した地形図である。また、写真-2と図-3は、笹越地区（非地すべり地）の空中写真と地形図である。

まず、写真-1を用いて地すべり地での土地利用と植生状況を判読し、引き続き、地すべり地内の微地形の判読を行う。次に、写真-2を用いて非地すべり斜面での土地利用と植生状況を判読し、さらに、斜面の地形的特徴を記載する。

表-1 温量指数（℃・月）一覧表

地点	標高(m)	平均気温(℃)	暖かさの指数	寒さの指数	植生帯
地すべり地（怒田・八畝）	550	12.7	97.1	-5.9	照葉樹林帯・上部（ヤブツバキクラス）
非地すべり地（笹越）	1030	9.8	72.6	-16	温帯落葉広葉樹林
大栃	210	14.7	116.5	0.9	照葉樹林帯（ヤブツバキクラス）

第 4 章 土石流・崩壊・植生　145

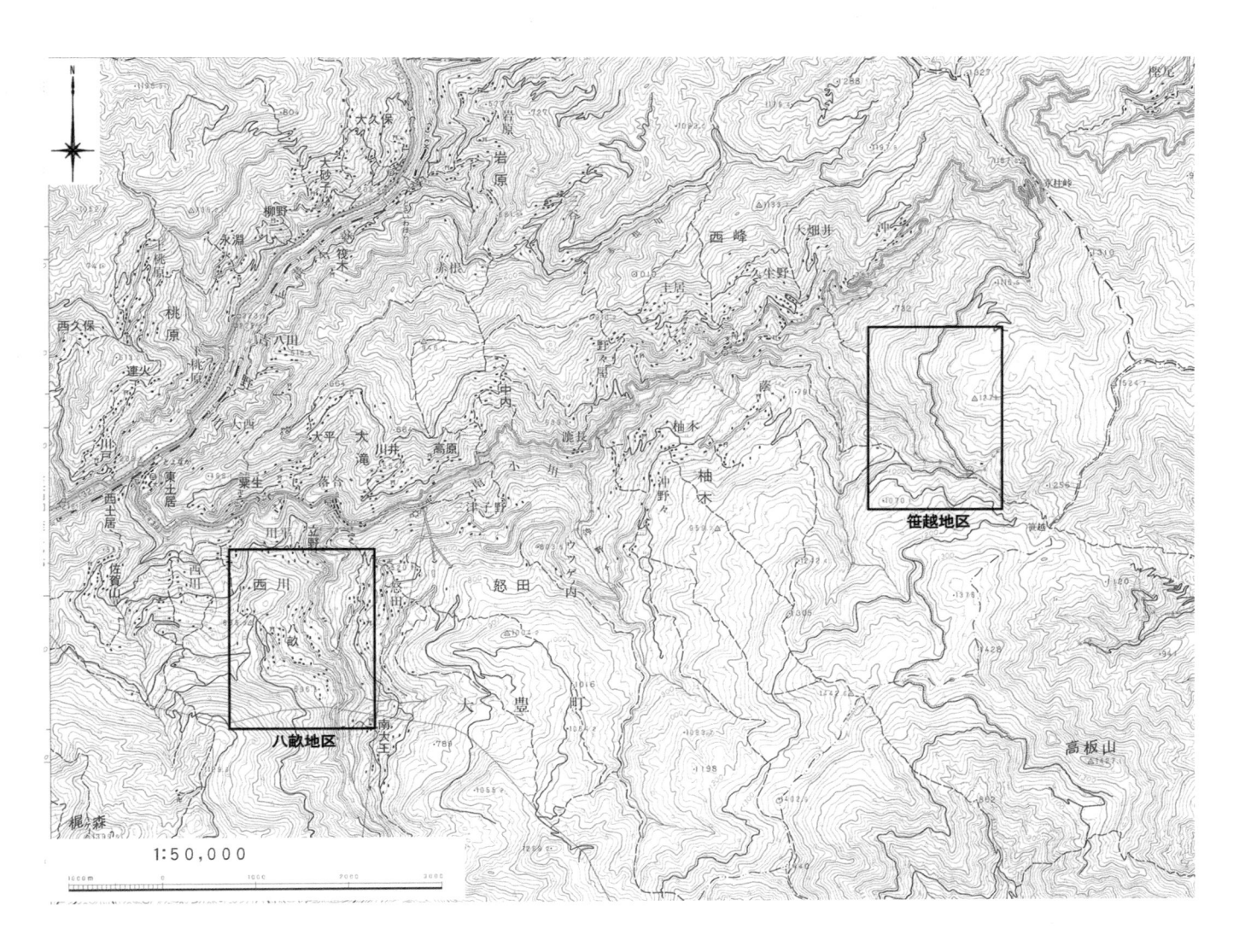

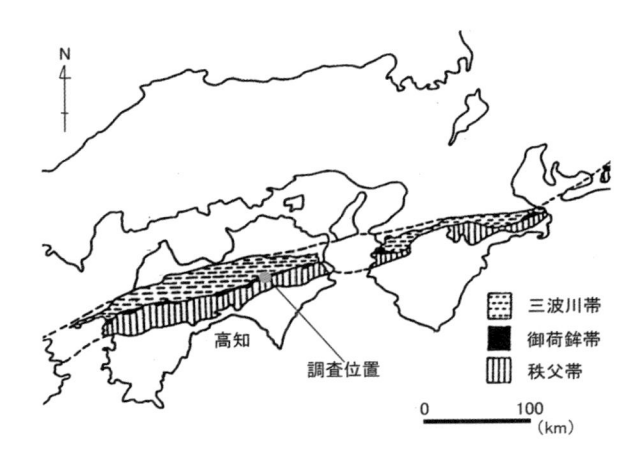

図-1　高知県大豊町南小川沿いの調査地位置図および地形図（1：50,000 地形図 「大栃」）

146　第4章　土石流・崩壊・植生

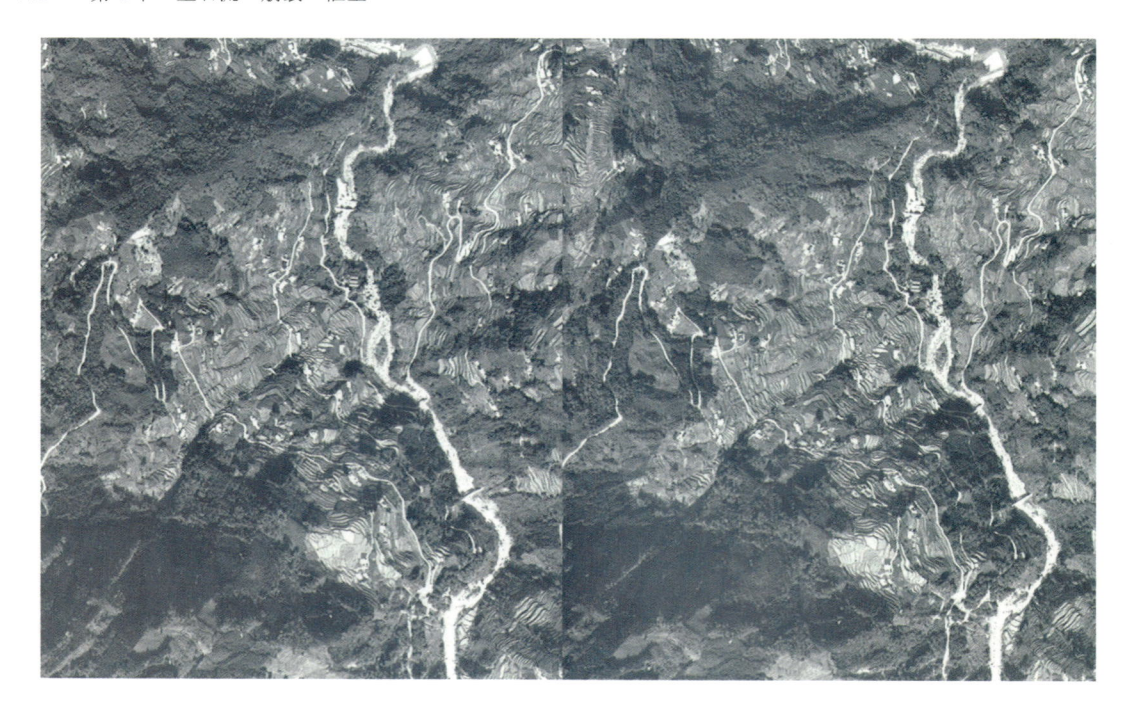

写真-1　八畝地すべり地区の判読用空中写真　(C SI-75-12 C12-41〜42)

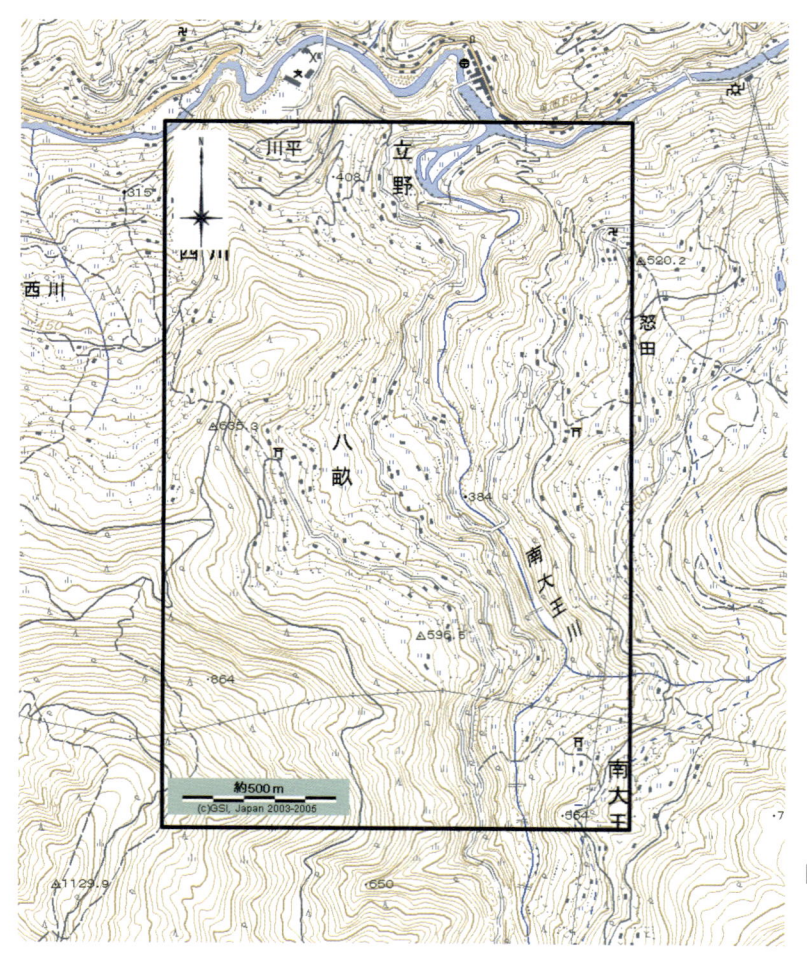

図-2　八畝地すべり地区の作業用地形図
　　　（1:25,000「東土居」）

第 4 章　土石流・崩壊・植生　　147

写真-2　笹越非地すべり地区の判読用空中写真（C SI-75-12 C11-49～50）

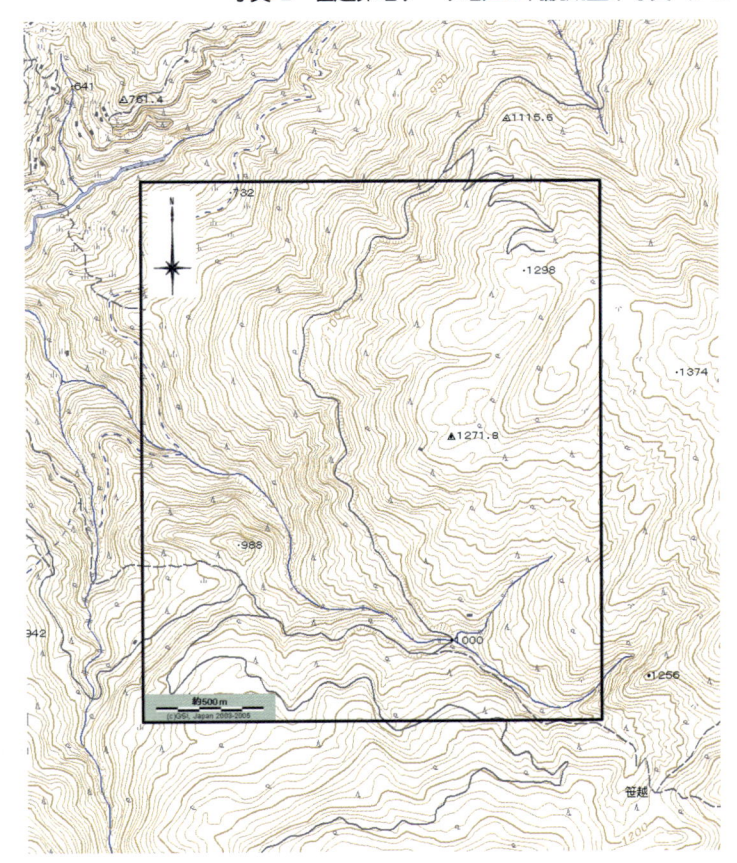

図-3　笹越非地すべり地区の作業用地形図
　　　（1：25,000「東土居」）

4. 基礎知識

　我が国には山岳地が多く、この山岳地で人が生活していくには地形・地質上の困難が多い。しかしながら急傾斜の多い山地で広く緩斜面が分布し、集落が立地し、農作が行なわれている地域がある。そこには、地すべり特有の地形が認められることがある。

　岡村（1994）によると北海道での地すべり地は生態系の保全に役立っており、これらの地すべり地を連結してエコブリッジとして整備することを提言している。また、古谷（2001）は地すべり現象を環境保全という視点から研究することの必要性について事例をあげて言及している。菊池（2002）は地すべり地における植生とその立地条件について植生遷移を含めて考察し、宮城（2002）は船形山を例として地すべり地内の地形要素と植物群落を調査し、自然の保全と利用のカテゴリー化を提案している。竹内（2002）は、地すべり対策として自然環境を考慮した対策のしかたについてその事例を示しながら、環境保全便益の中で生物多様性の保全便益なども考える必要があると述べている。

　稲垣ほか（2001, 2004a, b）では、四国山地内の破砕帯御荷鉾地すべりを例として、緩斜面に注目した地形解析を行ない、地すべり地域と非地すべり地域の地形・地質的特徴を比較することにより、地すべり地域での自然災害の特徴や自然の恵みを享受した土地利用のあり方についてまとめている。

稲垣ほか(2004b)では同地域での地すべり地域の植生を中心とした動植物の生態系調査を行なっている。その結果、地すべり地域では隣接する非地すべりの山岳地に比較して、その独特の地すべり地形や地質の特徴を反映して土地利用が多様であること、それに対応して二次的環境に関わるさまざまな植生相をもち、動植物の多様性が高いことがわかった。

　さらに、地すべり地域という災害地の中での防災対策の必要性と、急峻な山岳地の中で島状あるいは帯状に分布する地すべり地の多様な生態系を保全していくことの重要性について述べている。

5. 判読結果の植生分布と土地利用

　地すべりと非地すべり地との植生分布を比較する。両地区の現存植生図を図-4 に示した。これによると、地すべり地では多様な土地利用に対応して種類の異なる様々な植生がモザイク状に分布しているのが認められた。

　次に、代表的な部分の植生・土地利用のルートマップを作成し、図-5 に示した。この図にはコドラート、ライセンサス調査位置を示してある。

　表層土壌断面の観察結果では、急斜面の多い非地すべり地ではやや乾燥した角礫の多い礫土が中心であるが、微地形の変化の多い地すべり地では粘土質から礫質までの多様な土壌や水分条件が観察される。

写真-3　八畝地すべりと対岸の怒田地すべり

写真-4　四国山地の急斜面からなる笹越地区

図-5 に示したとおり、地すべり地では、粘土質の地盤、湧水の豊富さ、緩傾斜という地盤条件に対応して、土地利用が進み棚田が多く、畑のほか一部には竹林などが見られる。畑地周辺は戦後植林されたスギ・ヒノキ人工林が広がり、滑落崖などの急斜面では土地利用が制限されイヌシデやコナラなどを主体とした落葉広葉樹二次林が見られた。この落葉広葉樹林はイヌシデが優占するほか、アオキやアラカシ、キヅタなどのヤブツバキクラスの種が多いことから、ヤブツバキクラスの代償植生であるクヌギーコナラ群集のイヌシデ亜群集（亜群集区分種：イヌシデ、モミなど、潜在自然植生はコガクウツギーモミ群集）と考えられる（宮脇、1982）。

一方、非地すべり地は岩塊質で急傾斜地を形成し、湧水は大きな沢部に限定されるため、集落が発達しない。全体に樹林地となっており、スギ・ヒノキ人工林のほか、ミズメ、エンコウカエデな

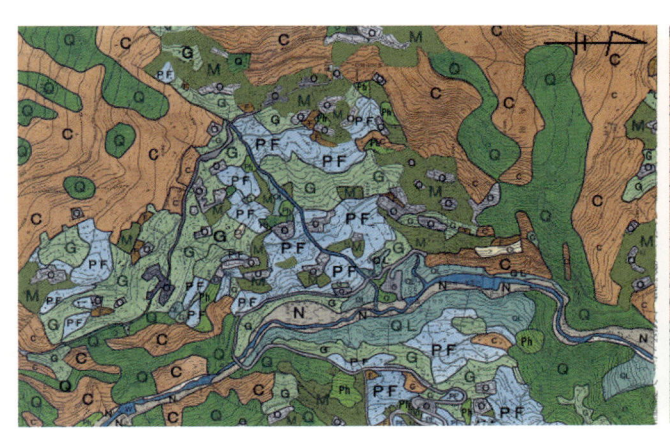

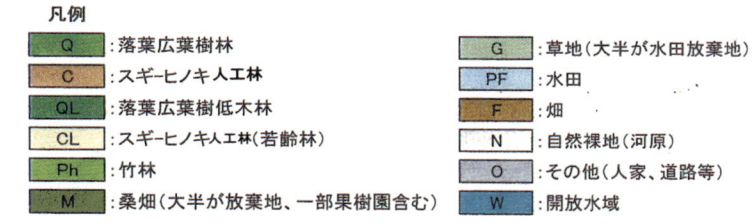

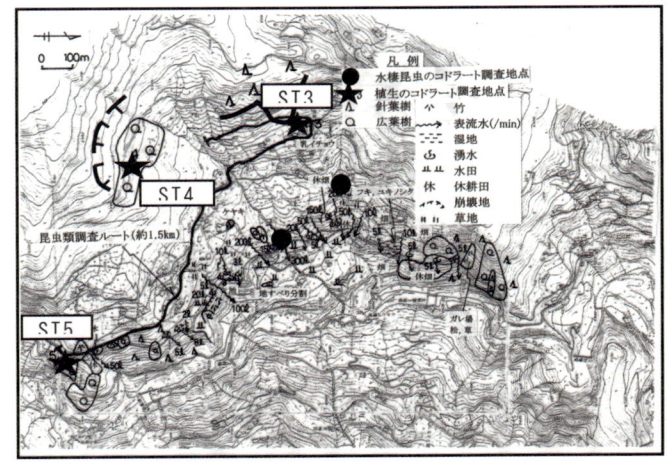

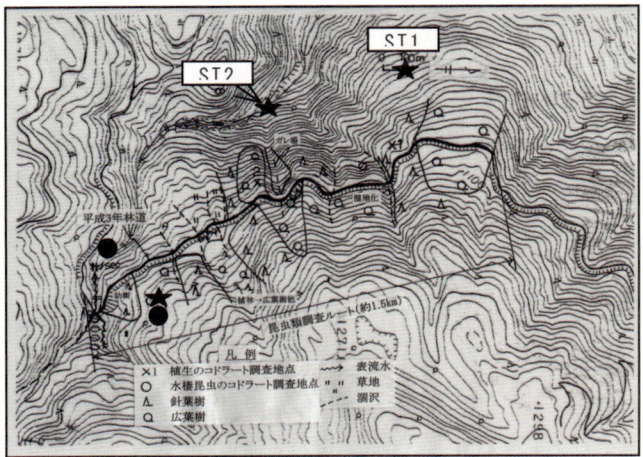

八畝地域（地すべり地）　　　笹越地域（非地すべり地）

凡例
- Q：落葉広葉樹林
- C：スギ-ヒノキ人工林
- QL：落葉広葉樹低木林
- CL：スギ-ヒノキ人工林（若齢林）
- Ph：竹林
- M：桑畑（大半が放棄地、一部果樹園含む）
- G：草地（大半が水田放棄地）
- PF：水田
- F：畑
- N：自然裸地（河原）
- O：その他（人家、道路等）
- W：開放水域

図-4 現存植生分布

八畝地域（地すべり地）　　　笹越地域（非地すべり地）

図-5 地生態断面調査ルートマップと生態系調査位置

どからなる落葉広葉樹自然林が見られる。この林分はミズメを優占種とし、エンコウカエデ、シラキ、リョウブなどブナクラスの種が多く、ブナクラスの代償植生であるクマシデーイヌシデ群落（潜在自然植生はクマシデーイヌシデ群落）と考えられる（宮脇編、1982）。つまり、植林地以外の林分は潜在自然植生に近い自然林まで植生遷移が進んでいる。

6．地すべり地域の自然環境特性の解説

渡（2001）によると稲作を主な産業としてきた日本では、平安時代末期以降農業の集約化が進行し、水田の分布が山地まで達し、地すべり被害が出始めたとしている。また、大規模な地すべり運動は、鎌倉時代から江戸時代にかけて25例以上が記録されているとしている。今回対象とした八畝地すべり地域では、古くは平安時代以降の平家の落武者集落として立地し、地すべり中の樹齢500年の乳イチョウは、地すべりの運動で倒されることなく古くからの人々の暮らしを見てきた。つまり、古くから棚田などの農耕地的な土地利用が進み、生物相（植物、昆虫類、水生動物）もそれに対応し、樹林性の種類から農耕地に特有な種群（人為的環境下に出現する種群）の出現など、樹林が優占する非地すべり地の環境に比べて、全般に多様な生態系を形成していることが示唆される。このような地すべり地における、湧水の多さ、粘土質の土壌、緩傾斜と急傾斜の繰り返しといった環境条件は地すべり地の多様な生物相を規定する重要な環境要素と考えられる。

ここで、地すべり地での多様な植生相を考察するために、植生コドラート調査結果を用いて地すべり地と非地すべり地での植物の出現種類数を調べている。まず、高木種が同一なため、地形や地盤の変化が下層植生を通じてより的確に現せるスギ人工林どうしで比較しよう。その結果、地すべり地（51種）が非地すべり地（7種）よりも著しく多く、種多様度指数（H'）も地すべり地（1.34）のほうが非地すべり地（1.04）よりもかなり高いことがわかった。

次に、地すべり地と非地すべり地の植生・土地利用について、図-6に示した地生態断面図（稲垣・小坂ほか、2004c）を作成した。この図からも地すべり地特有の微地形・土地利用および多様性の高い植生分布が認められる他、地すべり地の水環境の豊富さが示されている（横断面図には湧水・表流水がある点に▼を、表流水のない沢を▽で示してある）。地形の縦断面形状は、地すべり地では凹凸のある緩斜面になっていて、非地すべり地では直線的な急斜面になっていることが多い。土地利用と植生分布は、地すべり地では緩斜面に田・畑・集落があり、その周辺は植林による針葉樹林が分布し、滑落崖等の急斜面に広葉樹林が分布している。非地すべり地では全体にスギ、ヒノキの人工林が広く分布するが、一部、植林の困難な急傾斜地や岩盤や礫の露出する斜面では広葉樹林や草地が分布していることがわかる。さらに、図-6に基づきその断面線上に出現する植生（植物種群）の多様度を求めたところ図-7のように地すべり地での植生の多様度が高いことが検証される。この結果は先に述べたように、地すべり地特有の微地形や湧水などの水環境・土壌環境の多様性に起因していると考えられる。

主な植生・土地利用区分における特徴的な植物種群を表-2に示す。植生を含めた土地利用が多様な地すべり地は、それに対応した多様な植物種の出現によって特徴づけられる。たとえば、樹林（スギ・ヒノキ人工林林、落葉広葉樹林）に対応した種群は、スギ、イヌシデ、コナラ、アラカシ、アオキ、ナガバジャノヒゲ、カヤ、ヤブツバキ、シュンラン、ヤブコウジ等があり、特に落葉広葉樹低木林に対応した種群は、タラノキ、ヤマグワなどの陽生植物、耕作地に対応した種群（ススキクラス、ヨモギクラスなどの植物）が多い。たとえば、水田周辺ではウキクサ、アオウキクサ、イ、ゲンゲ、スズメノテッポウ、セリ、アカバナ、ミゾソバ、コブナグサ、オオイヌノフグリがある。

第4章　土石流・崩壊・植生　151

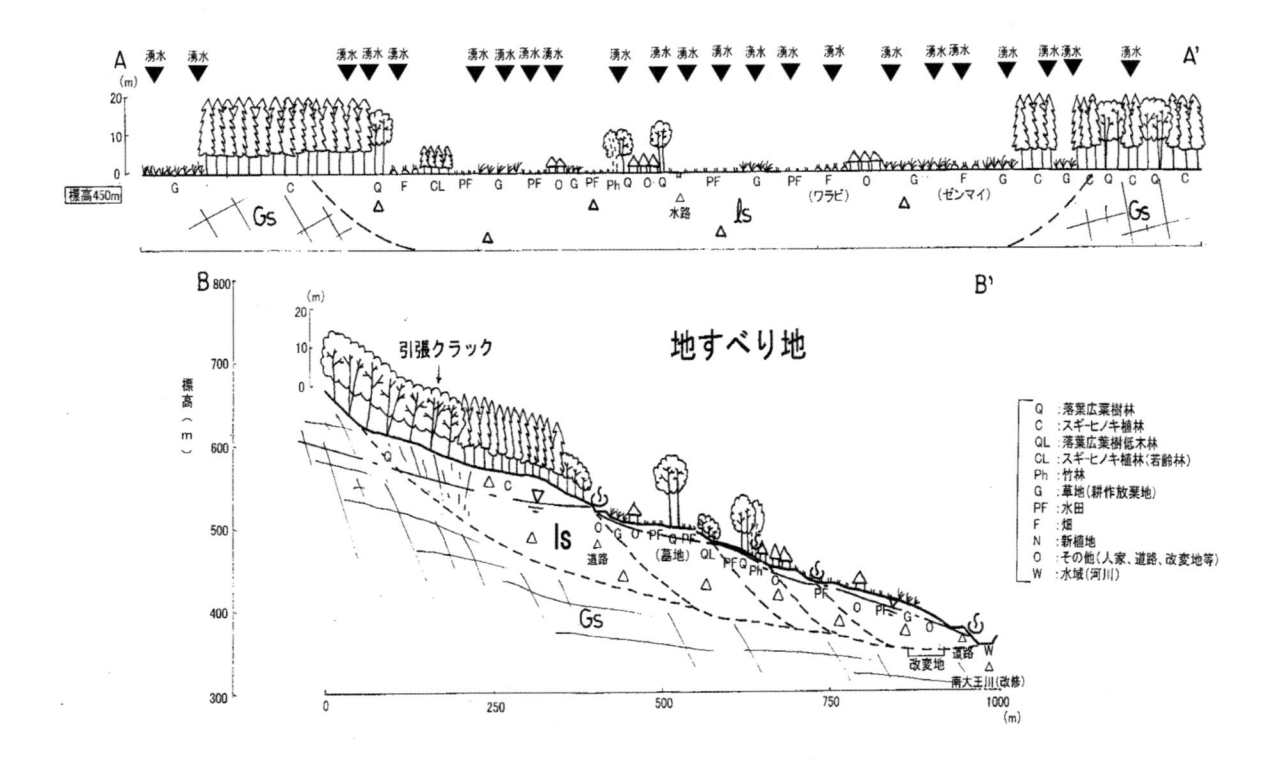

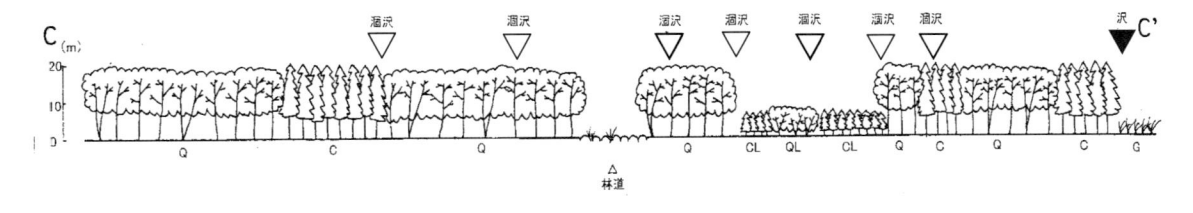

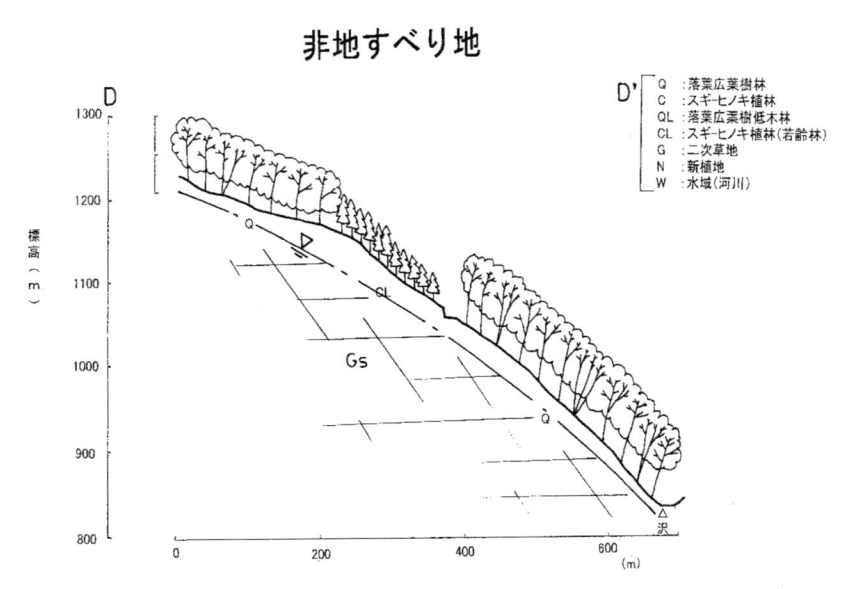

図-6　地生態断面図

このように土地利用の多様性（樹林、水田、水路の湿地、畑など）に対応して農耕地特有の人里植物や帰化植物など人為的な環境条件下に生育する植物種も加わって、多様な種の出現として特徴づけられる。さらに、表-3に示したとおり、地すべり地の植物相は地すべり地特有の様々な水分・土壌条件が異なる微地形の変化に対応した種群があることもわかってきた。

一方、樹林が優占する非地すべり地では、一部林道沿いにはススキ、ヨモギ、イタドリ、ヤブウツギ、ヤマハンノキ、ヤマヤナギなど陽生植物などが認められるものの、スギ、ヤマザクラ、イヌシデ、コナラ、クマシデ、ミズメ、ケクロモジ、チゴユリ、イトスゲなど樹林内に生育する植物が大半を占めた。また、地すべり地で見られた耕作地周辺の植物はほとんど見られなかった。このように、非地すべり地では樹林性植物を主体としており、多様性の高い天然林に近い落葉広葉樹林は別にして、その植物相は全般に単調であった。

以上のように、地すべり地内では、図-8に示したとおり傾斜地と平坦地が交互に出現する微地形条件となっており、水理条件の多いことと相まって多様な自然環境を形成している。また、それに対応して先に述べたように表-3に示したそれぞれの微地形に対応した植物相を生み出しているものと考えられる（稲垣・佐々木、投稿中）。

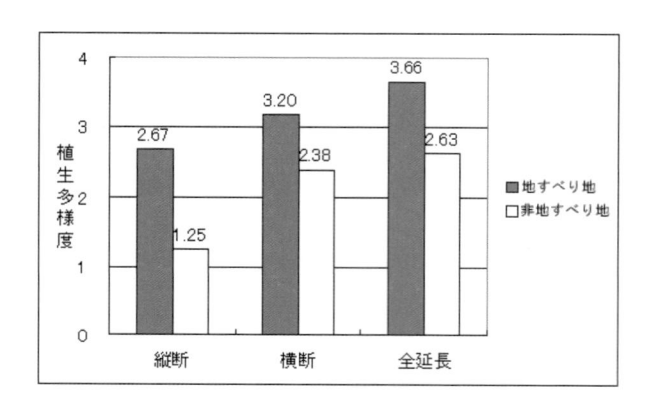

さて、ここで御荷鉾地すべりでの土地利用のあり方について検討してみる。御荷鉾地すべりでは、地下水が豊富で湧水が多い。このため、人々の糧の中心となる稲作ができる。特に、地域の古老の話によると青粘土の多い地すべり地内では地盤の沈下や押し出しなどが発生し、毎年、田普請が必要であるが、ここでは良質の米が穫れ、収穫量も多いとのことであった。また、昭和初めまで地すべり地ではイネ、クワ、アワ、ヒエ、カライモなどの作付けが行われ、地すべり地域の周縁部の雑木林は薪炭や刈敷に利用され、その奥の山地では焼畑によりミツマタなどの栽培が行われていたという。このように人の活動と共に成立していた地すべり地の生態系において、戦後、雑木林の伐採とスギ・ヒノキの植林が一斉に行われた。このスギ・ヒノキの人工林の荒廃と水田放棄地の増加が、今後従来と異なる生態系を構成させ、周辺環境にも大きな影響を与えていく可能性が考えられる。

本地域のように地すべりを主要な自然地盤とする地域では、地すべり被害のリスクと水田や集落の立地に適した地すべり地形をうまく共存させていくことが重要である。従来のハードな対策工も必要であるが、ハザードマップ作りや避難誘導、情報伝達システムの構築などでソフト的な対応策も重要となっていくのではないかと考えられる（稲垣、2001）。

（稲垣　秀輝）

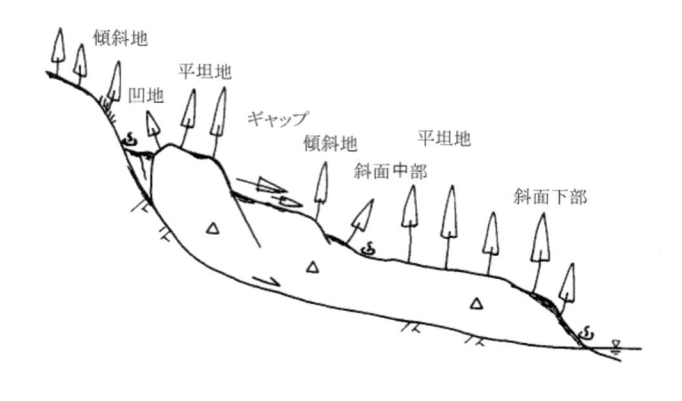

多様度指数は Shannon - Wiener 関数を用いた。値は植生断面図を用い、植生単位の各出現延長から算出した。

図-7　地すべり地と非地すべり地の植生多様度

図-8　地すべり地内の微地形・水環境の多様性

第4章 土石流・崩壊・植生　153

表-2　土地利用と植生種群

地すべり地									非地すべり地				
スギ人工林 || 落葉広葉樹林 || 落葉広葉樹低木林	竹林	水田周辺	水田内	水田放棄地周辺	農道	水路	スギ人工林	スギ・ヒノキ若齢林	落葉広葉樹林 || 林道沿い	草地

スギ人工林		落葉広葉樹林		落葉広葉樹低木林	竹林	水田周辺	水田内	水田放棄地周辺	農道	水路	スギ人工林	スギ・ヒノキ若齢林	落葉広葉樹林		林道沿い	草地
アオイスミレ	サイゴクイノデ	フユイチゴ	アオカモメヅル	ジャノヒゲ	アオキ	アカネ	イ	ノビル	ウキクサ	アゼムシロ	オオバコ	セキショウ	スギ	イワガラミ	シロモジ	アオカモメヅル	ススキ	ススキ
アオカモメヅル	ササノリ	ヘクソカズラ	アオキ	シュンラン	アケビ	エノキ	イタドリ	ノミノツヅリ	アオウキクサ	オトギリソウ	カゼクサ		ヤマザクラ	スズタケ	タニギキョウ	アオダモ	コアカソ	ヤシャブシ
アオキ	サルトリイバラ	ベニシダ	アオダモ	シロダモ	アオキドリ	オオハンゲ	イチゴツナギ	ヘビイチゴ	アカバナ	カタバミ	ゲンショウコ		アオダモ	ツガ	ツクバネウツギ	アカンデ	アセビ	マルバウツギ	ヤマノキ
アオダモ	サンショウ	ホソバイヌワラビ	アセビ	スギ	アオダモ	クマワラビ	イチゴツナギ	ホトケノザ		スズメノテッポウ	シロツメクサ		シロモジ	ミツバアケビ	ツクバネウツギ	アセビ	イタドリ	ウツギ
アオツヅラフジ	シキミ	マタタビ	アマチャヅル	スゲ属sp.	アブラチャン	シュウジュバカマ	シロダモ	ミドリハコベ		スギナ			ケクロモジ	ヤブムラサキ	ツタウルシ	アワブキ	クマナギ	シロツメクサ
アケビ	シジンラ	マツカゼソウ	ブラシヤン	タニギキョウ	アオバコ	ヤブジラミ	ツリバナ			セリ			ケクロモジ	チゴユリ	ツタウルシ	アワブキ	アザミsp.	イタドリ
アブラチャン	シガ	マメタダ	アワブキ	ツクバネウツギ	カズ	カドチャン	ナガバジャノヒゲ	カタバミ		ノチドメ	スズメノカタビラ		スズタケ	ナガバモミジイチゴ	ツルアジサイ	イタドリ	フキ	ヨモギ
アマチャヅル	シロ	マユミ	イトスゲ	ツルシキミ	コアカン	スイカズラ	ナンテン	カニツリグサ		ミソソバ	ニワゼキショウ		ヤマザクラ	ヤブムラサキ	ツルメドキ	イナガキ	シロメクサ	
アラカシ	ショウジョウバカマ	マルバウツギ	イナガキ	テイカカズラ	スイカズラ	スゲ	フシ	カビジサ		ムラサキサギゴケ	ヤブカンゾウ		ヤマアジサイ	ヤマアジサイ	ツルリンドウ	イナガキ	オニノウケサ	ニガナ
イタドリ	シロダモ	ミジンダ	イスダモ	テンナンショウ属sp.	ススキ	フジ	ムクノキ	カラスビシャク		オオアレチノギク			シロモジ	ミツバアケビ	ナガバモミジイチゴ	イナガキ	ギシギシ	
イヌガヤ	スギ	ミツマタ	イヌシデ	ナバリ	セマイ	クロウジ	モウソウチク	カラスシ		オオアレチノギク	タチイヌノフグリ		アオダモ	ナルコユリ	ナルコユリ	イスデ	ギシギシ	バッコヤナギ
イロハモミジ	シロモ	ミマメダ	イスダグ	ネバリ	ジンマイ	モウソウチク	サキ	クサイチゴ		タチイヌノフグリ	ヒメジョオン		マツブサ	ハリギリ	アカガシワ	イスデ	カモガヤ	
イワガラミ	スズラン	ムクラキ	イスグ	ボタンヅル	タラキ	マタビ	モウソウチク	サキツネノボタン		ヒメジョオン			サンカクヅル	ホオノキ	イワデンダ	イワキ	カモガヤ	ヤプソギ
ウバリ	ゼンマイ	ムラサキシキブ	イロハモミジ	ナワシログミ	ノキノブ	ヤブコウジ	ヤブツバキ	ゲンジ		ゲンノショウコ	ウジイオン			ミヤマアケビ	イトラノオ	ケヤキ	アカガシワ	
ウワミズザクラ	センリ	メギ	ウラジロイワ	エイザンスミレ	ハンショウヅル	ヤエムグラ	ヤマグラ	ケリキ		シロメクサ	アケビ			パイチゴ	ウリキ	ケミツ	アカガシワ	ミソタ
エノキ	ソボク	ヤブツバキ	エゴノキ	ヒラギ	ヒラギ	ヤママブソテツ	ヨモギ	ネツネノボタン		ウジイオン				ヒゴカサ(湿地)	ミマヤマウチ	スッデ	リハタサチ	オニギルミ
オオツヅラフジ	タラキ	ヤブラサキ	エビネ	ヒメズリハ				コブナハナ										
オオハンゲ	チゴユリ	ヤムラサキ	エンコウカエデ	フジ				コネチマンネングサ					クラマコケ	ムラサキシキブ	エンコウカエデ	エゴノキ	ヤマナギ	
オオマルバノテンニンソウ	チャノキ	ヤブムラサキ	エンコクカデ	ヘクソカズラ				サイワラビ					ナガバイラクサ	メギ	オオイヌカキ	オニエヤナギ		
オニドコロ	ツクバネウツギ	ヤマアジサイ	オオバイノキ					スイバ					タニソバ(湿地)	モミ	オオマルバノテンニンソウ			
ガクウツギ	ツリバナ	ヤマウンリ	フジ					スキ					ツヤシイノデ	ヤブイラ	ヨモギ	ヤマハギ		
カヤ	テンナンショウ	ヤマグワ	キタラ					ブイトスゲ					エンレイソウ	ヤマワイスカグラ	ヨモギ	ウツキ		
カンスゲ	トチバニンジン	ヤマコウバシ	キヅタ					ジンマイ					マツブサ	ヤマナギ	オダマギ	イヌヅデ		
キランソウ	ナガバジャノヒゲ	ヤブキショウマ	クマシデ					コバノボタンヅル					オオマルバノテンニンソウ					
クサアジサイ	ナガバモジイ	ヤマムグラ	ママダ					スズメノヤリ						ヤマシャクヤク	クマンゲ	クマイチゴ		
クサイチゴ	ナス科sp.	ヤマヤブソテツ	クマワラビ	マユミ				セリ					サワギク	ヨグソミネバリ	ケヤキ	ヌルデ		
クサギ	ナンテン		クマツカ					ツボクサ					タニソバ(湿地)	リョウブ	ケクロモジ	アカンデ	メドハギ	
クマミズキ	ニガキ		クケロモジ	ミシンダ				ツノクサ					アケボノソウ	モチジサ	ケヤキ	ケヤキ	メドハギ	
クワラビ	ニワコ		ケヤキ	ミミマタ				トウバナ					カラクサイヌワラビ	アキノキリンソウ	コアカソ	コアカソ		
クラマコケ	ヌスビトハギ		コナラ					トベンガラ					ヌカボシソウ(湿地)	タニサバ	コハウチワカエデ	コナラ		
ケクロモジ	ノブドウ		コバノガマズミ	メギ				ニガナ						ヤマブキショウマ	サルトリイバラ	コハウチワカエデ		
ケチヂミザサ	ハエドクソウ		コパラミズサ					ノチドメ						アオカモメヅル	ナガイラクサ	コバノミツバツヅジ		
ケヤキ	ハナイカダ		コマミ	ヤブウジ										イタドリ	ウマミズザクラ	コマミ		
コアカソ	ハネミイヌエンジュ		サイハラン	ヤブレガサ										ウバユリ	ヌルデ	サルトリイバラ		
コウヤボウキ	ヒイラギ		サカキ	ヤマタチシダ										キランソウ	フサザクラ	サルナシ		
コシアブラ	ヒカゲイノコヅチ		ササユリ	ヤマアイスカグラ										クサイチゴ		サンショウ		
コジイ	ヒサカキ		サネカズラ											クサギ		シラキ		
コナラ	ヒメユスリハ		サルトリイバラ	ヤマウルシ														
コバノガマズミ	フタリシズカ																	

表-3　地すべりの微地形に対応した多様な植物出現種

区分 種名	林内				ギャップ	区分 種名	林内				ギャップ
	斜面下部	傾斜地	凹地	平坦地			斜面下部	傾斜地	凹地	平坦地	
スギ	●	●		●	●	ホソバイヌワラビ	●				
フユイチゴ	●	●	●	●	●	ホドイモ	●				
アラカシ	●	●	●	●	●	ムラサキニガナ	●				
イロハモミジ	●	●	●		●	ヤブツバキ	●				
ケチヂミザサ	●	●	●	●	●	ヤブマオ	●				
コアカソ	●	●	●	●	●	ヤブソテツ	●				
サルトリイバラ	●	●		●	●	アオツヅラフジ		●	●		
シロダモ	●	●	●	●	●	ウラサキシキブ		●	●		
ツリバナ	●	●			●	クマシデ		●	●		
トチバニンジン	●	●		●	●	コバノガマズミ		●	●		
ナガバジャノヒゲ	●	●	●	●	●	シシガシラ		●	●		
ハエドクソウ	●	●		●	●	ツクバネウツギ		●	●		
ハナイカダ	●	●			●	ノブドウ		●	●		
フタリシズカ	●	●			●	ヒサカキ		●	●		
ヤマグワ	●	●	●	●	●	マルバウツギ		●	●		
アオキ	●				●	ミツバアケビ		●	●		
アブラチャン	●				●	ヤマアジサイ		●	●		
アマチャヅル	●				●	アオイスミレ			●		
イヌガヤ	●				●	アオダモ			●		
オオマルバノテンニンソウ	●				●	イワガラミ			●		
クラマゴケ	●		●		●	クマノミズキ			●		
ケクロモジ	●			●	●	ササユリ			●		
ゼンマイ	●				●	ナベワリソウ			●		
ニワトコ	●				●	ハネミイヌエンジュ			●		
ヒメユズリハ	●				●	マユミ			●		
ヘクソカズラ	●				●	ムクノキ			●		
マメヅタ	●			●	●	ヤマムグラ			●		
ミゾシダ	●					アケビ				●	
ヤブムラサキ	●					オニドコロ				●	
テンナンショウ属sp.	●					ガクウツギ				●	
ウワミズザクラ	●					クサアジサイ				●	
エノキ	●					ヌスビトハギ				●	
オオツヅラフジ	●					ヤマコウバシ				●	
カヤ	●					ヤマブキショウマ				●	
クマワラビ	●					アオカモメヅル					●
ケヤキ	●					イタドリ					●
コシアブラ	●					ウバユリ					●
コジイ	●					キランソウ					●
コナラ	●					クサイチゴ					●
サイゴクイノデ	●					クサギ					●
シキミ	●					コウヤボウキ					●
イワヘゴ	●					サンショウ					●
シャガ	●					ショウジョウバカマ					●
シュロ	●					スズタケ					●
タラノキ	●					タチツボスミレ					●
チャノキ	●					チゴユリ					●
イヌホオズキ	●					ナガバモミジイチゴ					●
ナンテン	●					マタタビ					●
ニガキ	●					マツカゼソウ					●
ヒイラギ	●					ミツマタ					●
ヒカゲイノコヅチ	●					ヤマウルシ					●
ベニシダ	●					オオハンゲ					●

引用文献

古谷尊彦（2001）：地すべり学会がはたしてきた役割・社会的貢献、日本地すべり学会シンポジウム「21世紀に繋げる地すべり研究の成果」論文集、pp. 17〜21

稲垣秀輝・小坂英輝（2001）：地すべり地域の地形・地質の特徴と自然災害を考慮した土地利用 - 四国破砕帯地すべりを例として -、平成13年度日本応用地質学会研究発表会講演論文集、pp. 171〜174

稲垣秀輝（2001）：暮らしとその安全のための応用地質、vol. 42, no. 5, pp. 314〜318

稲垣英輝・小坂英輝（2004）：破砕帯御荷鉾地すべりにおける地形・地質と土地利用、土と基礎、vol. 52, no7, pp. 1〜3

稲垣英輝・小坂英輝・平田夏実・草加速太・稲田敏昭（2004a）：四国御荷鉾地すべりの多様な生態系、地すべり、vol. 41, no. 3, pp. 29〜38

稲垣英輝・小坂英輝・平田夏実・草加速太・稲田敏昭（2004b）：四国御荷鉾地すべりでの地生態断面調査法による地盤環境の評価、第43回日本地すべり学会研究発表会講演集、pp. 163〜166

稲垣秀樹・佐々木靖人（投稿中）：応用地生態学による自然環境の保全、応用地質

菊池多賀夫（2002）：地すべり地における植生とその立地条件、地すべり、vol. 39, no. 3, pp. 52〜56

宮城豊彦（2002）：地すべりによって形成される土地自然特性とその保全、地すべり、vol. 39, no. 3, pp57〜64

宮脇 昭編（1982）：日本植生誌「四国」、至文堂、pp. 104〜105、pp. 362〜364

岡村俊邦（1994）：地すべりのエコロジカルな土地利用に関する提言、地すべり、vol. 31, No. 1, pp. 52-55

竹内美次（2002）：地すべり対策と自然環境、vol. 39, no. 3, pp74〜81

渡正亮（2001）：地すべり工学が20世紀に果たしてきた役割、日本地すべり学会シンポジウム「21世紀に繋げる地すべり研究の成果」論文集、pp. 5〜16

キーワード
- 地すべり
- 生態系
- 土地利用
- 環境保全
- 生物多様性
- 植生図
- 植生遷移
- 植生ゴドラート調査
- 植生帯断面図

まとめ

地域の自然環境を評価するうえにも、空中写真判読は有効である。ここでは、その事例として防災面にかたよりがちな地すべりをとりあげ、その自然生態系の多様なことを実証した。

地すべりで生態系が多様な原因としては、地すべりの活動に伴ういろいろな微地形（滑落崖、凹地、緩斜面、押し出し地形など）が、その上に生息する植物や動物に多様な生息環境を与えているためと考えている。また、地すべり地特有の多様な水環境（湧水や湿地など）も多様な生態系を作り出す要因ともいえる。

地すべり地の多様な生態系の事例

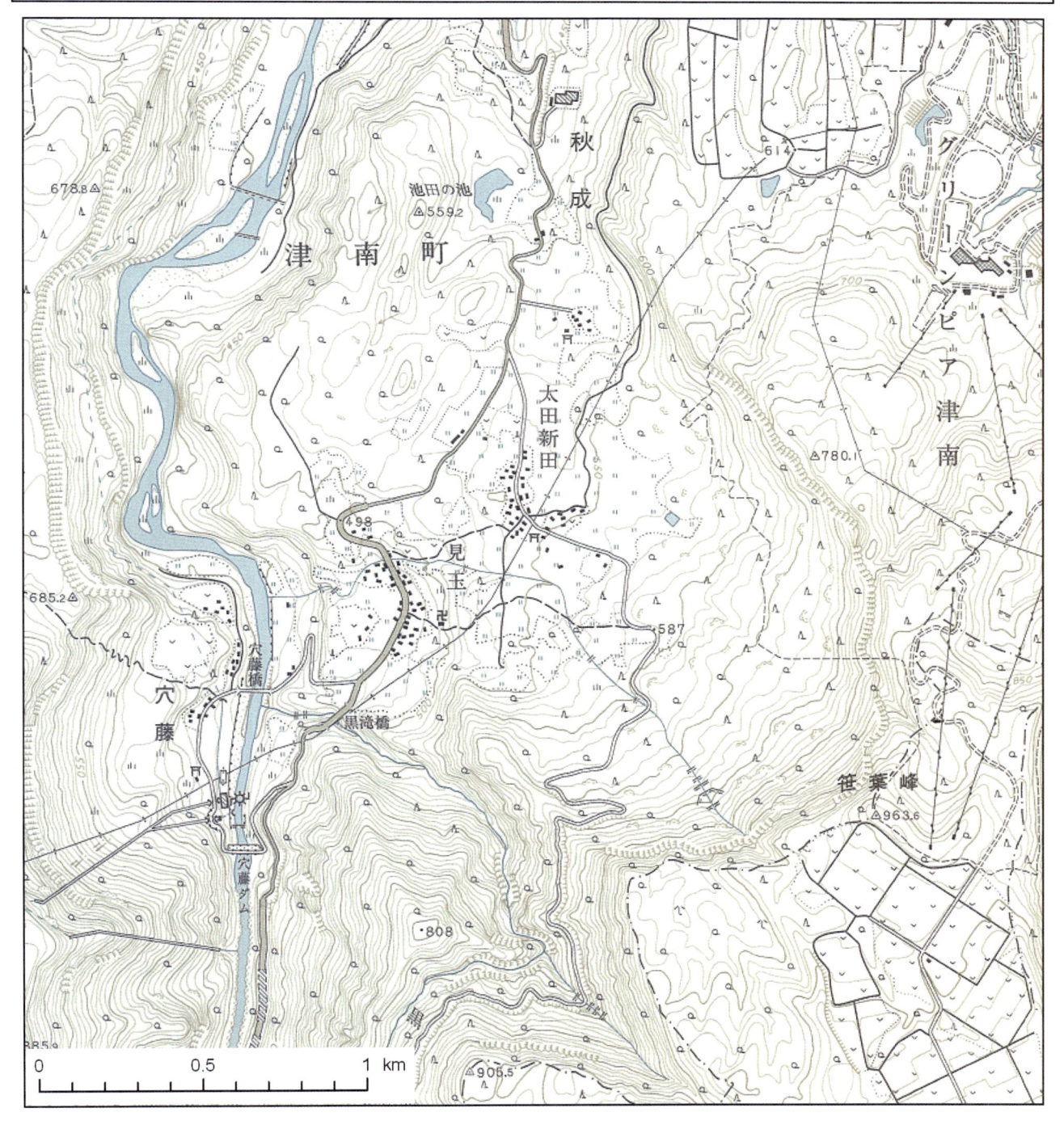

図-11　地すべり地の地形と多様な植生および土地利用（1:25,000「赤沢」）
　地すべり地形の内部は滑落崖や斜面末端の急斜面、移動土塊部分の緩斜面や平坦面など変化に富んでいる。北部の凹地の一部は池になっており、滑落崖からは湧水があって沢となって地すべり地内を流下している。これらの状況に加えて、破砕されて土壌化した地質は地すべり地に多様な生態系をもたらす要因になっている。

[コラム] 地形図の立体視サービス

津沢正晴

本書の読者ならば、航空写真(空中写真)を立体視(実体視)して地形判読した経験をお持ちだろう。では、地図の立体視はいかが？

ふた昔前の地図マニア向けの本には、よく「等高線を眺めるだけで実際の山の形が立体的に見えてくる」というような記述があって、その名人芸には恐れ入ったものだ。ここで紹介するのは、それほどの「悟り」には至らずとも、普通に写真判読をやっているひとならば誰でも立体視できるよう、ちょっと加工した地図のことだ。

図 C1 は、国土地理院が Web 閲覧システム『ウォッちず』で提供している地形図の同じ範囲の画像から「数値地図 50m メッシュ(標高)」の標高値に基づき相互に視差が生じるよう記号を若干シフト表示させたものだ。裸眼立体視と同じ要領で、左の地図を左目で、右の地図を右目で覗くと地図画像全体が標高に従って立体的にみえてくる。

立体視地図画像は従来の『ウォッちず』から呼び出すことができる。目的の地形図を表示させたうえで、画面左上のメニューに「経緯度表示」とデフォルトで選択されていたものを「立体視画像表示」選択に切り替える(図 C2)。地図画像の任意の点をクリックすると、その点を中心に立体画像ペアが別ウィンドウで表示される。通常の平行法だけでなく交差法(いわゆる「逆実体視」)や余色法(赤青の色眼鏡を使うアレです)も選択できるので、得意な方法で試みてほしい。

写真と違って線画のため、平野部では違和感を生じるかもしれないが、山地、丘陵地ならば連続的な斜面を彷彿させるハズだ。読図名人の境地の片鱗に触れてみよう。

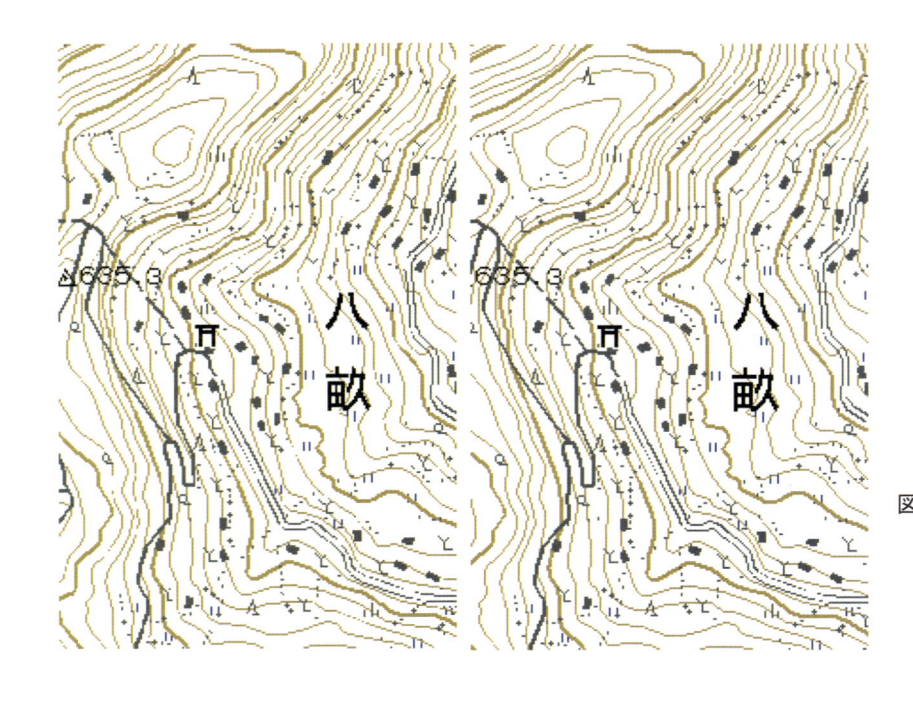

図-1 立体視地図画像
２万５千分の１地形図「東土井」の一部
(本文記事　p146〜を参照)

図-2 立体視地図画像を表示するメニュー　http://watchizu.gsi.go.jp/ から

第5章　活断層

阿寺断層の活動による段丘面の変位。長野県中津川市坂下の段丘面を、南東側より北西方向に望む。中央の崖が断層で、段丘面が左横ずれ変位をしている。A、L、Mはそれぞれ、沖積面、低位段丘面、中位段丘面で、添え字が大きいものほど相対的に新しい段丘面であることを示す。

［井上大榮　撮影・提供］

5．1　奈良盆地東縁の活断層地形

1．課題

活断層の判読をするにあたって注意しなければならないのは、活断層のみに注目するのではなく、対象地域の地形に広く注意を払い、総合的な地形発達史を検討する中で活断層を判読する必要がある、ということであろう。この課題では、活断層地形の判読のうち、逆断層にともなう変位地形を、1:25,000 地形図と 1:40,000 空中写真から判読してみる。

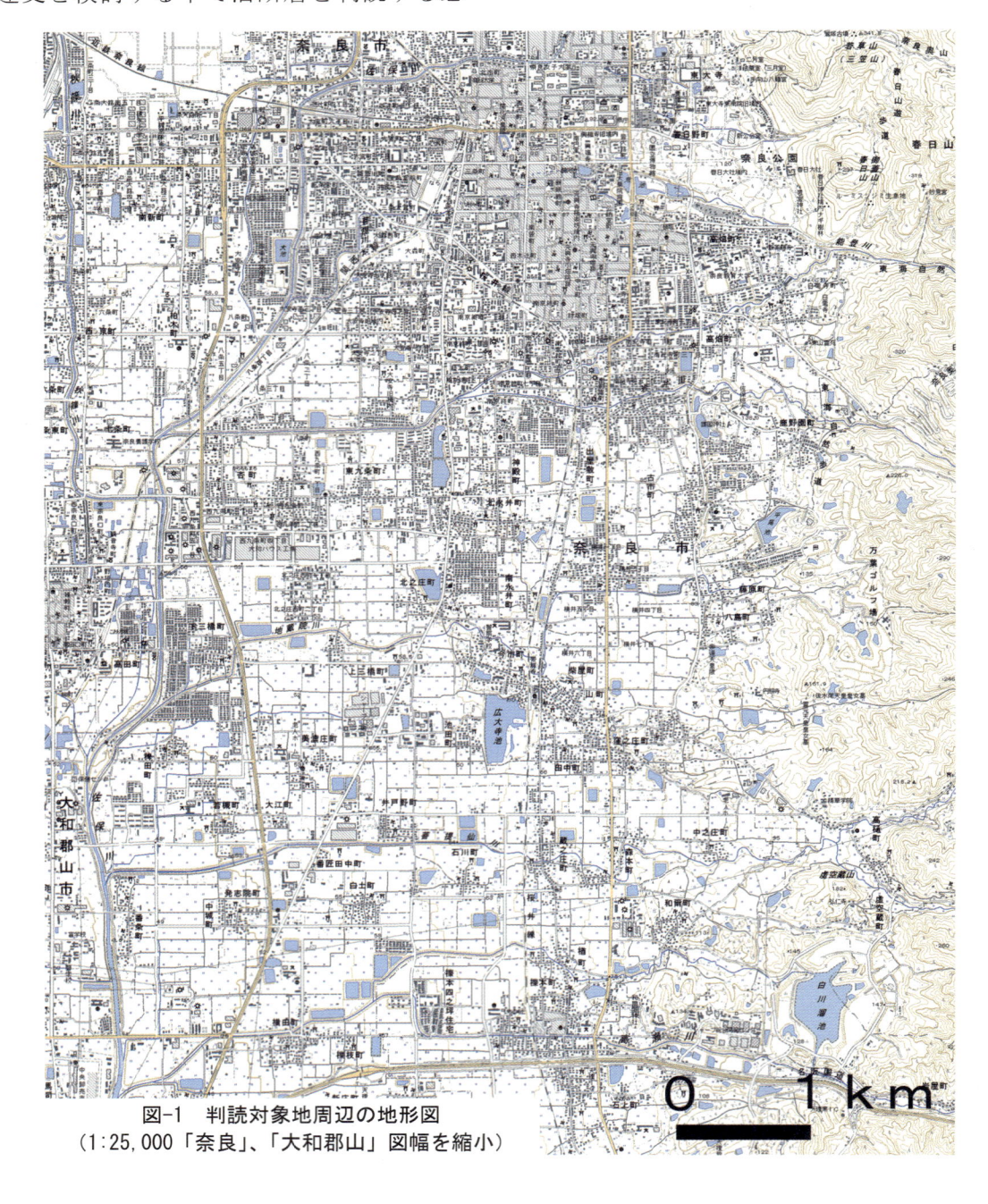

図-1　判読対象地周辺の地形図
（1:25,000「奈良」、「大和郡山」図幅を縮小）

2. 対象地域の特徴

図-1 は、奈良盆地北東縁奈良市街～天理市街周辺の地形図である。この地形図からもわかるように、当該地域の東側には山地が位置し、そこから流下する河川は西流し、図の左端を南流する佐保川に合流している。佐保川に合流する上記の支流群は、盆地との境界付近に現成の扇状地を形成しており、場所によっては段丘化した開析扇状地も見られる。

図-2 は、縦ずれ断層の活動によって生ずる地形の変形と、地下浅部にみられる地層の変形様式について示した模式図である。当該地域には、このような模式図に示される縦ずれ断層のうち、とくに逆断層運動に伴う典型的な変位地形が認められるのであるが、それはどのようなものであろうか。あるいは逆に、当該地域のどこに活断層の存在を推定することができ、そして、それはどのような根拠に基づくものなのであろうか。1:25,000 地形図と 1/40,000 空中写真を使用して、当該地域の活断層を実際に写真判読してみよう。

3. 空中写真判読

写真-1 は、当該地域の空中写真、図-3 はこの空中写真で実体視が可能な範囲の地形図である。これらを用いて、活断層（逆断層）と活断層の認定に関わる地形的特徴を判読し、それらを地形図に記入してみよう。その際、当該地域のそれ以外の地形的な特徴についても広く概観し、その特徴についても記述してみよう。

4. 判読結果の記載

ここでは、判読結果として 3 人の判読者（A、B、C）による判読記載例を用いて説明する。なおこの判読は、1:25,000 地形図と 1/40,000 空中写真以外の資料を使用しない段階のものである点に注意していただきたい。

（1）判読者 A （図-4 参照）

山地の内部には、花崗岩類の節理系に支配されると考えられるリニアメントが認められる。

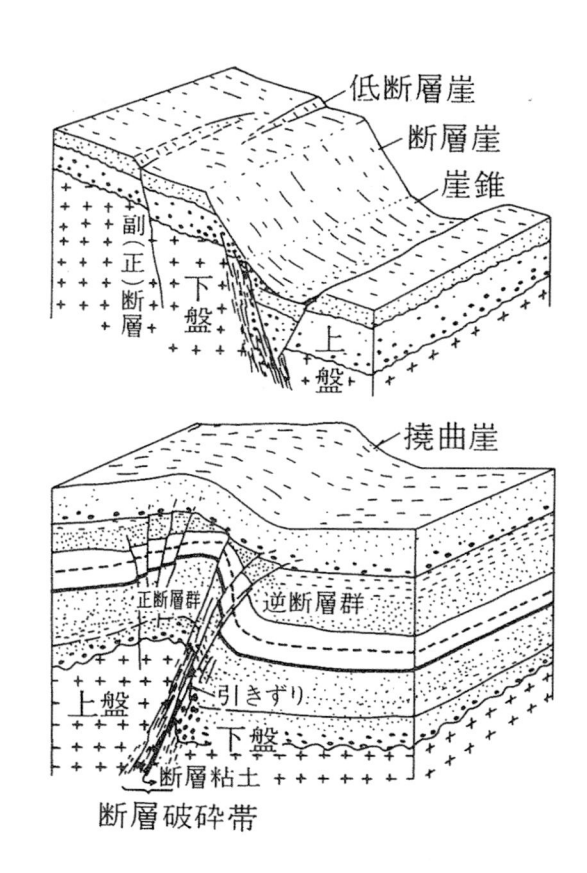

図-2 縦ずれ活断層の模式図（活断層研究会、1980）
上：正断層の場合　下：逆断層の場合

山地と丘陵の境界は、遷緩線が南北に直線的に連なり、大地形の境界は明瞭であるが、活動的な変動地形は見られない。丘陵（段丘）と盆地底の沖積低地および扇状地との境界には、明瞭な低断層崖が認められる。これらは大局的には直線的に連なるが、平野側に凸な部分もあり、山側が上昇する低角の逆断層であると推定される（a 断層）。これらの断層は、沖積低地から丘陵内部に続く谷底平野の面は変化させていないように見える。奈良市街地のある地形面上には、顕著な撓曲が複数認められる（b 撓曲）。地形面の北西端は、JR 奈良駅の北方で明瞭な断層崖となっている（c 断層）。

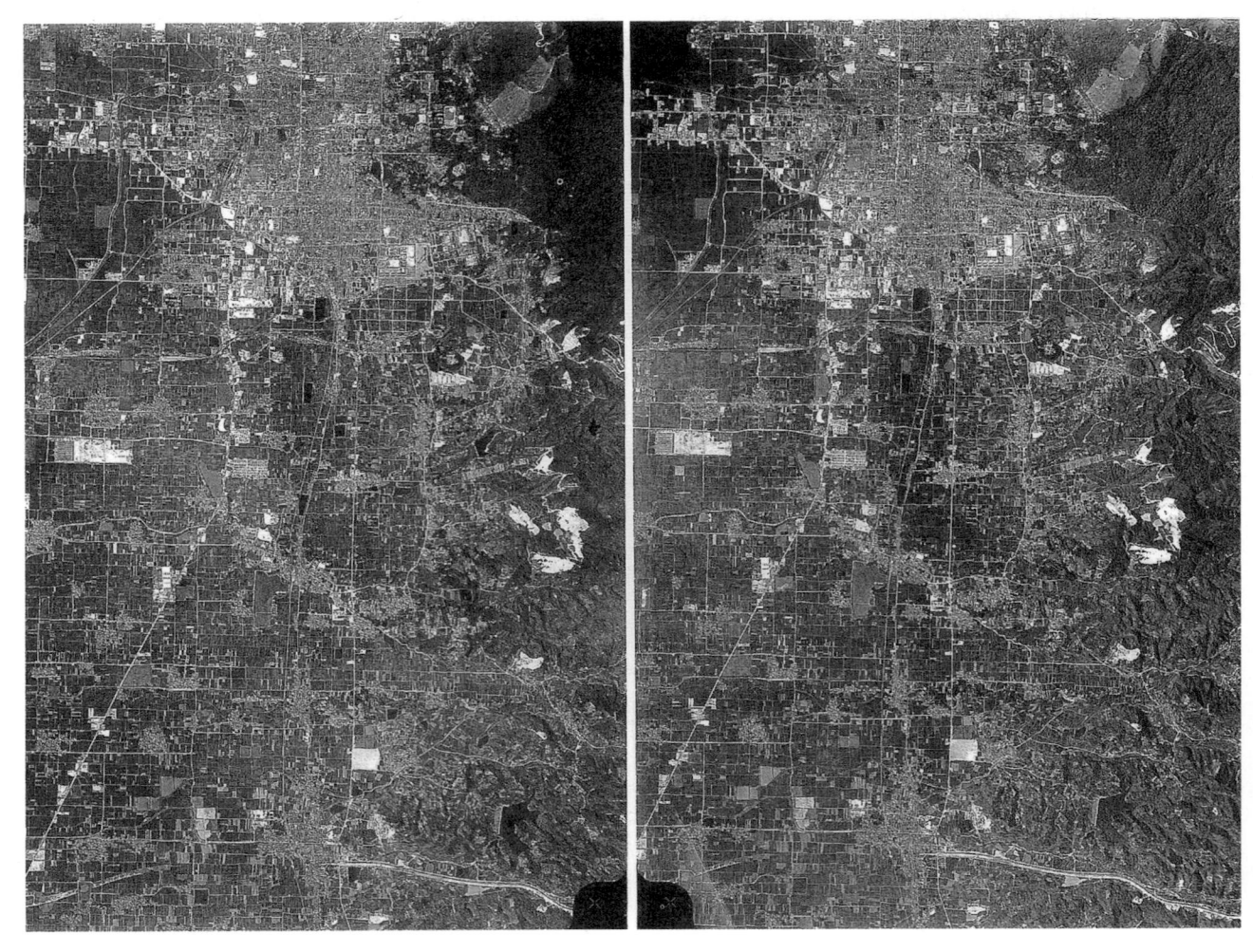

写真-1　判読用空中写真（KK-66-9Y-2 C4B3〜4）

　また、丘陵を形成する段丘面上には、一部逆向き崖が認められる。これらの逆向き崖のある箇所は、山上がりの低断層崖が複数平行したり、湾曲したりする場所のように見える。これらの変位地形も、断層が低角逆断層であることを示唆する。JR 桜井線より西側の沖積低地の一部に南北方向の低崖が認められる（d 断層）。これらは丘陵と平野との境界をなす断層の前縁断層にあたると考えられる。最も顕著なものは広大寺池の北西にあり、一段高い段丘面を明瞭に変位させている。しかしこれより低い地形面は低地との判別が困難であり、変位地形も写真上では連続性が不明瞭で、わずかに水路や道路の屈曲が傾斜の変化を示唆する。

（2）　判読者B（図-5 参照）

①断層：平尾池から白河溜池の東を通り、さらに南に延びる断層である。平尾池のやや東で②断層より枝分かれし、南南東に延びる鞍部の連続や線状凹地（地溝）を形成し、また線状凹地を挟んで高度不連続が見られる。

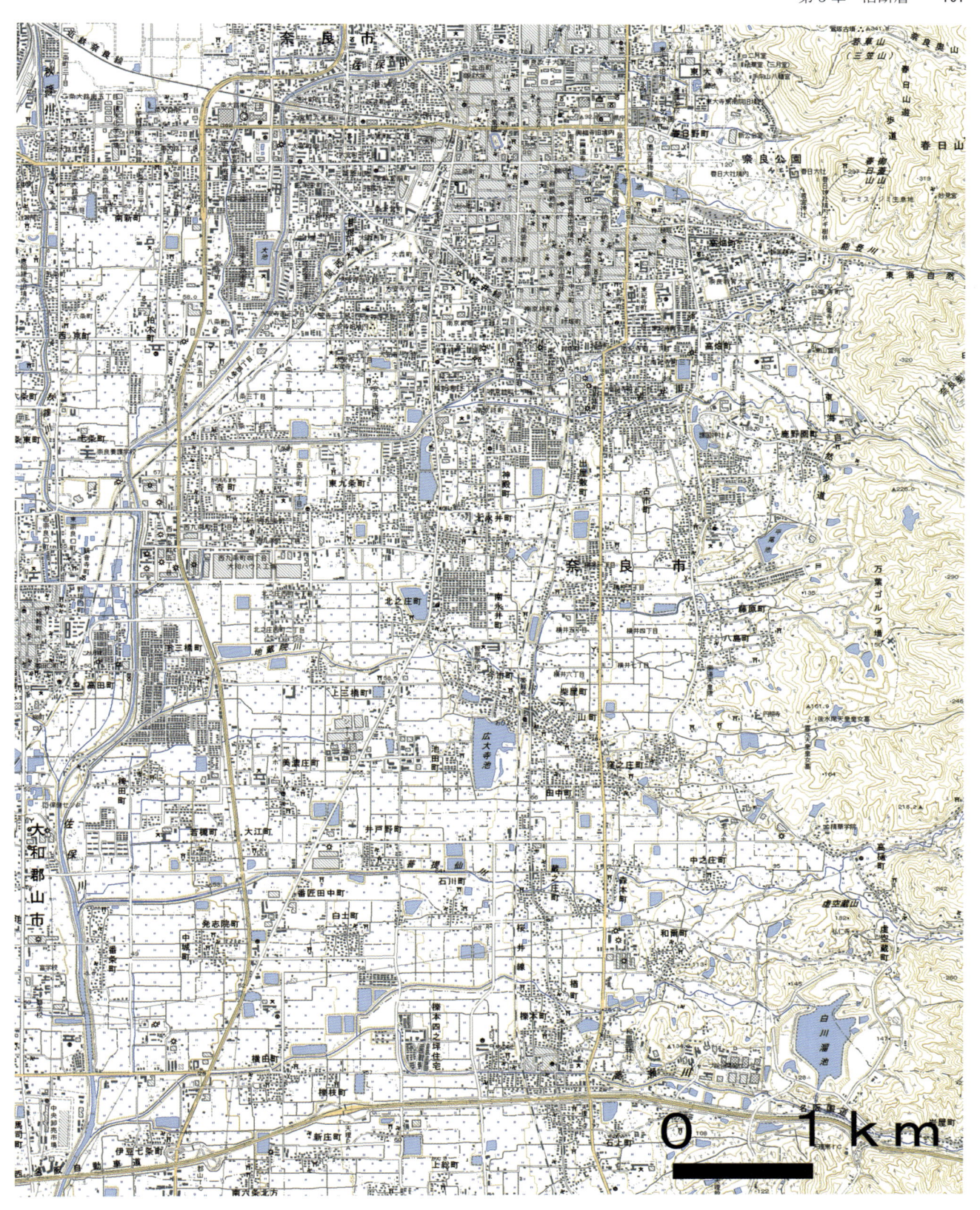

図-3 作業用地形図（1:25,000「奈良」、「大和郡山」を縮小）

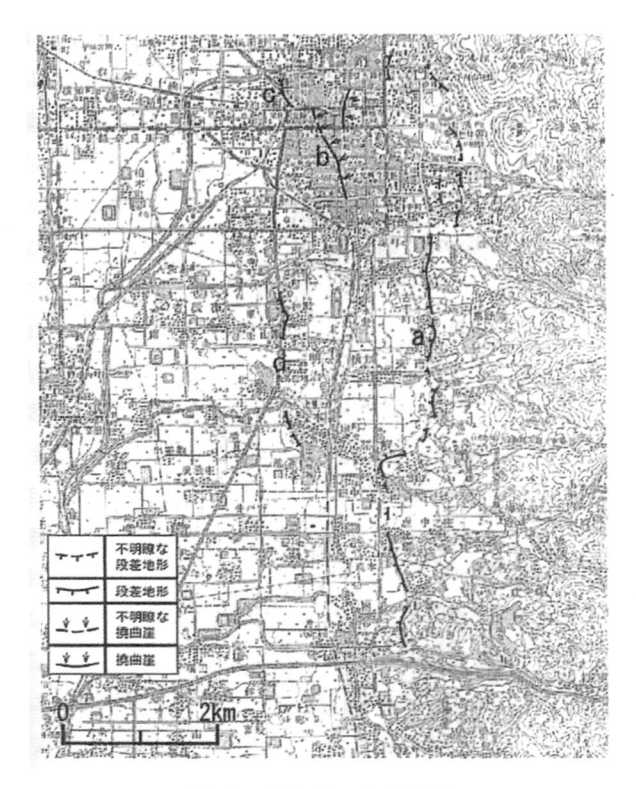

図-4 判読者Aの判読図

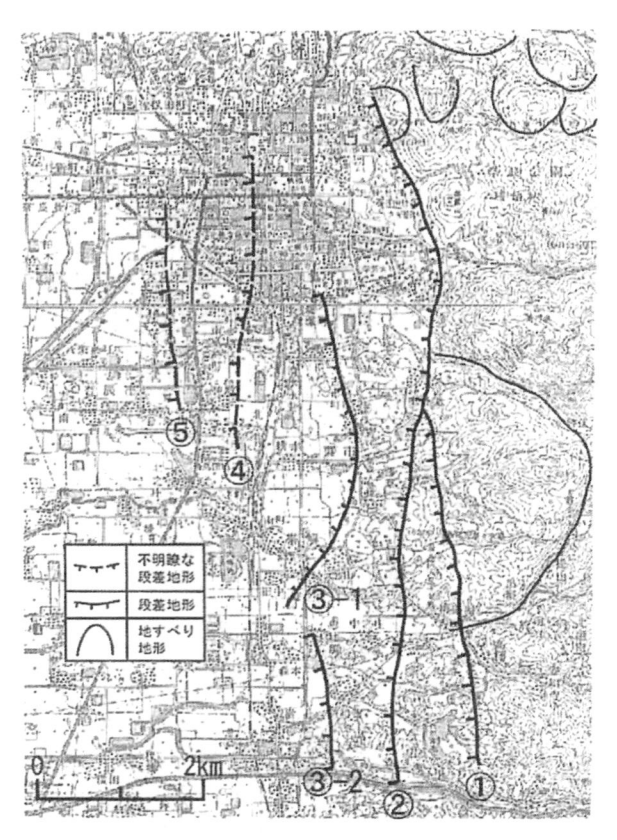

図-5 判読者Bの判読図

②断層：東大寺二月堂裏手斜面から白河溜池西側に延びる断層である。二月堂裏手斜面や若草山斜面では三角末端面を形成し、藤原町では西落ちと推定される高度不連続が見られる。この高度不連続はさらに南に延びている。

③断層：奈良市街地南部から南へ延び、和爾下神社付近に至る断層である。東紀寺町付近から低断層崖を形成してほぼ道路に沿って南に延びている（③-1断層）。いったん不明瞭になるが、恵比寿神社裏から和爾西に至る低断層崖の存在などから推定される（③-2断層）。この低断層崖は河川の侵食によることも考えられるが、平坦面（段丘面）は西に傾斜していることから断層崖と考えられる。

④断層：奈良女子大付近から近鉄奈良駅を通り、明治付近に至る断層である。奈良県庁の西端付近に西落ちの低崖がある。この低崖は③断層と同様に、平坦面が西に傾斜していることから断層崖と思われる。

⑤断層：JR奈良駅から東九条に至る断層である。

かなり不明瞭であるが、西落ちの低崖が見られる。

以上の線状模様のほかに、1:25,000地形図を見ると、地すべり地形や大規模崩壊地形（スランプーサックン型）の予備軍が見られる。地すべりは奈良公園の春日奥山周遊道路を頭にした地すべりが数個見られる。また、鹿野園から柳茶屋を結ぶ馬蹄形状の地形が見られ、この地形の内側、すなわち藤原町付近は抜け落ちたように見える。

（3）判読者C（図-6参照）

平坦地に明瞭な段差を有し、比較的連続性のよいものとしてA-1～3断層がある。A-1断層は道路に沿ってほぼ南北に延びるリニアメントであり、段差はほぼ一定で東側が高い。A-2断層は西北西～北西に屈曲する。北側が高く、明瞭な段差を有する。段差は北側のエリアが高いが、さらに北側は平地に沈みこむように見える。A-3断層は東側が上昇した短い段差地形である。次に、丘陵地内にあるやや不明瞭な段差地形としてB-1～4断層

がある。B-1 断層は奈良市東部に見られる直線状の凹地で、人工地形の可能性がある。B-2 断層は丘陵地の背後に見られるもので、東側が低くなっている。B-3 断層は B-2 断層に平行し、B-2、3 断層間が凹地状になる。B-4 断層は河川低地と丘陵地の直線的境界である。盆地平坦地内の南北性の不明瞭な段差地形として C-1、2 断層があるが、市街地と重なりさらに不明瞭となっている。C-1 断層は市街地の中央部を南北に延びており、わずかに東側が高い。C-2 断層は奈良市街地西部の鉄道と道路に沿っているもので、東側がわずかに高い。また、丘陵地と後背山地との境界としては D-1 ～3 断層がある。D-1 断層は奈良市街地東部の丘陵と山地の境界であり、北部は明瞭なリニアメントである。D-2 断層は B-1、3 断層の後方の丘陵とやや高い山地との境界部で、沢がこの線上で縦断勾配が変化するように見える。D-3 断層は南部地域の丘陵と山地の境界であり、比較的明瞭である。

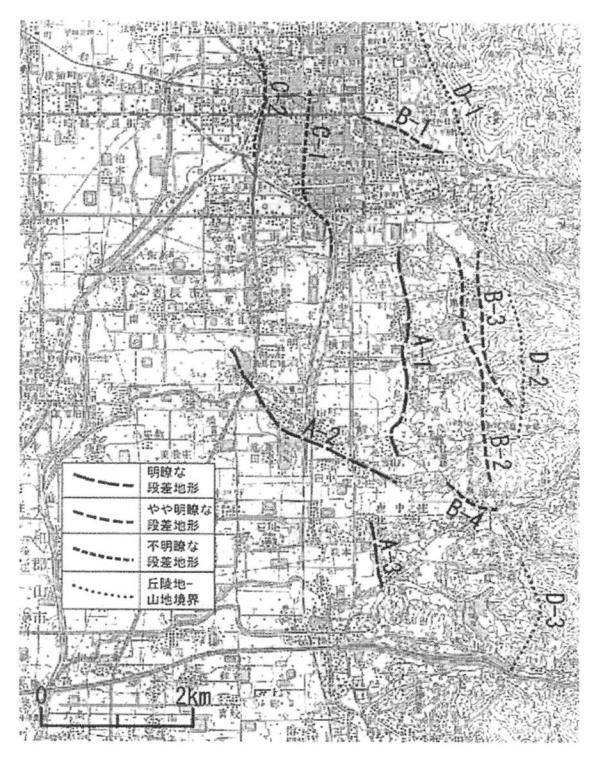

図-6　判読者 C の判読図

5．　解答と地形判読のポイント（図-7 参照）

　空中写真判読によって活構造を抽出する場合、様々な着眼点があるが、一言で「異常地形の抽出」という表現を使う人もいる。この場合の「異常地形」とは、「第四紀後期における断層・褶曲運動を考えずには、当該地形の成り立ちを合理的に説明することができない地形」というような意味である。学術的に認知されているとは言い難いが、このような表現を借りれば、空中写真判読による活構造の抽出には、活構造が関係しない「正常な地形」の分布する地域の地形発達史を把握できるだけの素養が必要である。ひと昔前には、一部で、「活断層を抽出することと明瞭なリニアメントを抽出することはほとんど同義である」と誤解されていると思われるような時代もあった。しかし活断層の認定には、リニアメントの存在というよりはむしろ、「新しい地形（面）の変形［変位］を抽出すること」がより重要な意味をもっており、確実度の高い認定のためには必ず、その根拠となる「変位基準となった地形（面）」の認定が必要である。日本列島は湿潤変動帯に位置するため、第四紀に形成された地形が極めて多い。逆に言えば、古い地形は侵食によって失われ、残りにくいと表現してもよい。したがって地形が活構造によって変形を受けているということは、極めて新しい地質時代に、断層あるいは褶曲運動が生じたということを意味し、断層ではあるが活断層ではないものとの区別が可能であるのが普通である。このように活構造を判読するためには、活構造そのものに対する理解だけではなく、活構造と直接には関係しない地形の形成過程について、幅広い理解が必要となる点を強調しておきたい。

　一方で、地形から活断層の存在を推定することに対しては、かつて、「そもそも断層は地層を観察しなければわかるはずがない」という反発もあったように思われる。我々は露頭で断層を認定する際、層理面のずれを一つの指標として観察しているが、「一連の地形形成作用で形成された堆積地形の地表面は、もっとも新しい層理面でもある」ことを考えれば、前述の表現が極端すぎるこ

図-7 奈良盆地東縁の断層系（奥村ほか、1997）

とも納得できるのではなかろうか。空中写真を用いて活構造の判読を行う場合、大局的には、前述のような地形学に関わる共通の視点が存在する。しかし細部の具体的な点について見ると、たとえば、横ずれ断層、正断層、逆断層、活褶曲の各々で着眼点も微妙に異なってくる。スペースの関係もあるので、ここでは題材としてとり挙げられている逆断層のケースに限って触れてみたい。

問題として取り上げられた地域の断層系は、全体としては南北方向に連なり、東側が相対的に隆起する逆断層・撓曲群である。いずれの判読者も、東側の丘陵地と西側の平野の境界付近に南北方向の活構造（奈良坂撓曲、天理撓曲に対応）を判読しており、これらの判読結果は、大局的には当該地域の特色を良くつかんでいると言えよう。また、これよりもさらに平野（西）側に位置する前縁断層（帯解断層）についても、判読者Ａがｄ断層、判読者Ｂが⑤断層として抽出している。ただし、

大縮尺空中写真や現地調査・トレンチ調査・物理探査などの結果を利用せずに、1:40,000空中写真の判読結果のみから考察しているため、細かい断層トレースについては判読者毎にばらつきがある。

逆断層によって形成された断層崖や撓曲崖を認定する場合の重要なポイントの一つには、河川によって形成された侵食崖との区別がある。図-7の天理撓曲を例にとってみよう。屈曲部をのぞくと、おおよそ南北方向にのびる崖を境にして、東側の地形面と西側の地形面は、いずれも西方向に傾斜している。仮にこの崖が河川の侵食によって形成されたとするならば、その河川とは、東から西へ盆地底に向かって流下する扇状地性の支流河川群ではなく、図-1の左端を北から南流する佐保川本流であったと考えるのが自然である。佐保川本流がこの崖を形成したならば、崖下（西側）の低地面は、崖ののびる方向と類似した南傾斜の勾配をとるはずである。ところが、崖より西側の低地面は、東側の段丘化した扇状地面と同様に、大局的には西成分の傾斜を有している。したがって、この崖は河川の侵食崖ではなく変動崖である可能性が極めて高いと判断できる。1:40,000程度の空中写真の判読では難しいが、1:20,000～1:10,000程度のより大縮尺空中写真を判読すると、主たる撓曲崖の丘陵〜山地（東）側には、撓曲崖と平行する方向に短い逆向きの小崖や凹地が形成されているところもあり、このような現象は、先の図-2の模式図に示されるような、逆断層の上盤側背後に出現する副次断層や撓み下がりの特徴をよく表している。なお、地すべりの滑落崖も変動崖と誤認される可能性はありうるが、崖の形態・長さ・連続性・や、その他の地すべり地形の特徴を考慮すれば、ほとんどの場合、識別は容易である。

一方、天理撓曲に比べ、その西側（盆地側）に位置する帯解断層の判読はかなり難しい。おそらく、1:40,000スケールの空中写真を用いただけで確実度良く判読するのは困難であろう。ただ、地形を見なれた人なら、図-7のP2付近から北西に半

島状にのびる台地(段丘面)の存在を奇異に感ずる人は多いと思われ、これが手掛かりにはなる。何故、ここにだけ半島状の台地があるのか？そういう疑問を抱き、さらにより大縮尺の空中写真(今回の出題では使用していない)を実体視すると、図-7に示された帯解断層沿いの沖積低地にかすかな遷緩線、あるいはかすかな小崖を識別することが可能である。さらに、大縮尺空中写真の実体視をすると、帯解断層の東側には、自然堤防状の微高地が(後背地の埋め残し状に)きれいに南北に並ぶように見えるところもある。ただ、低地面の勾配が極めて緩いので、先の天理撓曲のような崖を挟む高低の地形面の傾斜から判断するのは難しく、小崖の比高も、付近のため池の堤体の高さと同程度のものであるため、判断が難しい。奈良盆地のように古代から人為的な地形改変の激しかった地域では、このような微少な崖や傾斜変換線について、人為的に形成されたか否かを識別することが難しい場合も少なく無い。しかしながら大縮尺の空中写真を丁寧に実体視すれば、上記のような「変な」地形の判読は可能である。帯解断層の場合、このようなきわめて小さな手掛かりからではあったが活断層の存在が疑われ、P3のような盆地内部に至る長い測線上での地下物理探査が実施された。そして、図-8のような探査結果から、活断層の存在が確実視されている。

一般に、逆断層によって形成される極新期の変位地形は、変位の累積した規模の大きい既存変動崖から離れ、その低地側に、低角な前縁断層によって形成される微少な変位地形として存在することが多い(thrust-front migration; Ikeda, 1983；池田ほか, 2002)。そしてそのような微少な変位地形の崖線は、しばしば低地側に凸な弧状〜舌状をなし、大きな変動崖の形状と不調和なことも少なくない(たとえば、東郷ほか, 1998)。そのため、高角な断層面を有し、直線的なリニアメントをなすことの多い横ずれ断層とは、かなり様相を異にする場合が多い。しかし上記の物理探査結果をみると、少なくとも奈良盆地東縁活断層系に関しては、前縁断層も基盤に達する高角な逆断

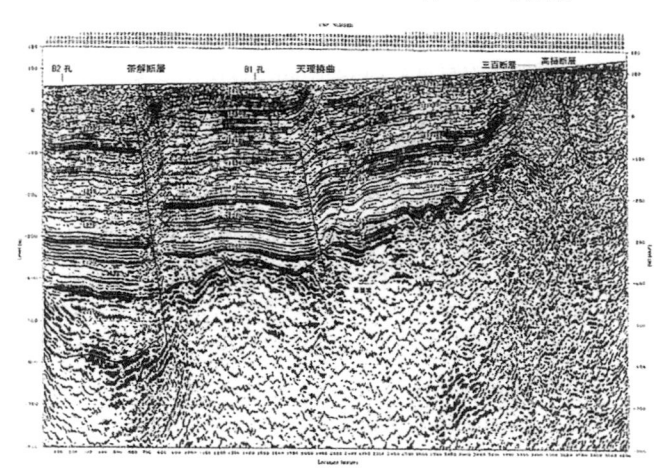

図-8 奈良盆地東縁断層系に直交する方向の反射法弾性波探査断面図(深度変換断面；奥村ほか、1997)

層面を有し、山地と盆地を限る逆断層の前縁断層に関しては、いくつかのパターンがあるらしいことがわかってきている。ちなみに、天理撓曲の東側に位置する高樋断層と三百断層は中期更新世以降活動していないようで(寒川ほか、1985；岡田・東郷編、2000)、付近の断層系で現在も活動的な断層・撓曲は、天理撓曲と帯解断層であると考えられる。

なお、地質調査所(当時)による物理探査実施計画時には、判読者Cの結果(図-6)に示されているようなA-2のリニアメント(崖)についても、通常の河食崖にしては"変"ではないか、ということで話題にのぼっていた。そのため、断層を横切る東西方向の物理探査測線(S1〜S3, P1〜P3；図-7)以外に、A-2を横切る南北断面についても検討されているが、A-2に対応するような活構造については検出されていない。この地域は東西圧縮場におかれており、多くの活構造の方向性との不調和な点なども考慮すると、A-2はいわゆる河食崖とみられる。また、図-7右側(東側)の丘陵〜山地内には、いくつかの比較的明瞭なリニアメントが認められるが、これらについては、地形(面)を変位させている積極的な証拠がみつからないので、活断層とは考えられていない。

上記のような当該地域の活構造については、これまでに、以下のような活動履歴が明らかになっ

ている。寒川ほか(1985)は、段丘面の形成年代から天理撓曲の平均上下変位速度を 0.25〜0.30m／千年と算出した。一方、奥村ほか(1997)は、反射法地震探査とボーリング調査から、約100万年前のピンク火山灰が帯解断層を挟み80m程度変位していることを明らかにした(図-7)。そして、帯解断層は中期更新世に活動を開始し、天理撓曲をあわせた中期更新世以降の累積変位量は150m程度であるとした。天理撓曲は、トレンチ調査から、約1万年以降奈良時代以前(暦年補正、約1.1万年以降約1200年前以前)に少なくとも1回活動し、中世以降には活動しなかったと考えられている(奥村ほか, 1997)。なお、当該地域における活構造に関するさらに詳しい内容については、寒川ほか(1985)、奥村ほか(1997)、岡田・東郷(2000)、池田ほか(2002)等の文献を参照いただきたい。

（高田　将志）

引用文献

Ikeda, Y. (1983): Thrust-front migration and its mechanism - evolution of intraplate thrust fault system. Bull. Dept. Geogr.、Univ. Tokyo、15、125-159.

池田安隆・今泉俊文・東郷正美・平川一臣・宮内崇裕・佐藤比呂志編 (2002): 第四紀逆断層アトラス、東京大学出版会、254p

活断層研究会編 (1980): 日本の活断層、東京大学出版会、363p

岡田篤正・東郷正美編 (2000): 近畿の活断層、東京大学出版会、395p

奥村晃史・寒川旭・須貝俊彦・高田将志・相馬秀広 (1997): 奈良盆地東縁断層系の総合調査、平成8年度活断層研究調査概要報告書（地質調査所）、51-62

寒川旭・衣笠善博・奥村晃史・八木浩司 (1985): 奈良盆地東縁地域の活構造、第四紀研究、24、2、85-97

東郷正美・佐藤比呂志・岡田篤正 (1998): 琵琶湖西岸活断層系、堅田断層の極新期変位について、法政大学多摩研究報告、13、1-22

キーワード
- 地形発達史
- 逆断層
- 縦ずれ断層
- リニアメント
- 地形面
- 前縁断層
- 異常地形
- 物理探査

まとめ
　活断層とは、後期更新世以降に活動実績があり、かつ、今後も地震を発生させる可能性のある断層を指す。活断層の写真判読に際しては、リニアメントの抽出というよりはむしろ、地形面に系統的な変位・変形が認められるかどうかに最大限の関心を払うべきである。また、活断層とは無関係に形成される"普通の地形"に関する幅広い知識がなければ、"異常地形"が手掛かりとなる活断層の判読・抽出は難しい、ということを十分認識しておく必要がある。

| 山地と平地の境界にある縦ずれ逆断層による地形の事例 |

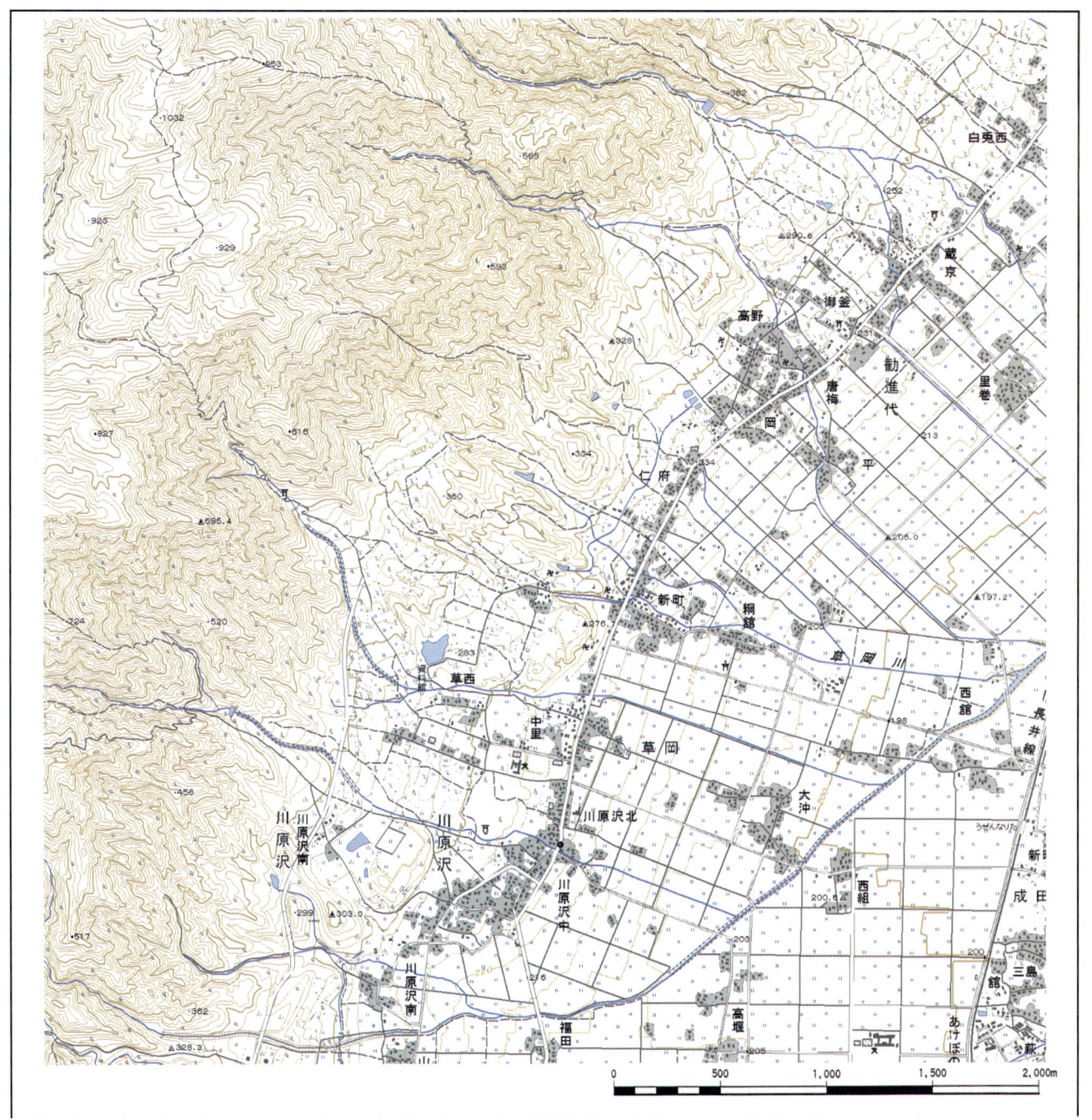

図-7　山形県長井盆地西方の活断層地形（1:25,000「長井」）
　北北東－南南西方向に集落をつなぐ道路から、北西に約300～400mほど離れて、標高270～300m前後の高まりが連なる。低角逆断層の先端部は、この高まりと平野との境界に位置すると考えられている。

[コラム] 山岳地域における活断層の地形判読

倉橋稔幸

　本コラムでは、山岳地域における活断層の地形要素判読図を紹介する。

　内陸型地震の原因となる活断層は、極めて近き時代（概ね第四紀後期；約30万年前以降）に地殻変動を繰り返し、今後も活動する可能性のある断層である。断層の活動が度重なると、地形にずれを累積し、空中写真や衛星写真に線状模様や、通常の堆積や浸食作用で説明できない異常地形を示すようになる。この線状模様等の異常地形を空中写真の地形判読をすることにより、活断層の位置が調べられる。しかしながら、山岳地域では、一般に線状模様等の異常地形を判読しにくい傾向にあり、活断層の位置を特定することは困難である。その原因は、「活断層の地形としての確からしさ」である地形的要因と、「判読の技術的熟練度」である人的要因とが複雑に絡み合っていることにある。

　まず、「活断層の地形としての確からしさ」としては、①山岳地域には変位を認定すべき基準となるような、同一の時間に形成された地形面がそもそもないことが多いこと、②浸食、堆積速度に比較して相対的に断層の平均変位速度が小さいか、一回のずれ量が小さいため、断層変位の証拠を失わせる環境にあることなどが理由として挙げられる。つまり、活断層の認定根拠となる変位基準に不足し、「活断層の地形としての確からしさ」に乏しいのである。変位基準は、同一時期に形成されたと思われる一連の地形で、活断層を挟み両側の地盤に系統的なずれの量を測るための基準となる地形である。変位基準には、段丘や火砕流堆積物等の地形面や、水系、地層・岩脈、人工構造物等が多く用いられる。堆積や浸食を受けて形成された斜面や平坦面などの平面的広がりをもつものや、あるいは河川や山稜等の線として現れているものもある。しかしながら、これらは、山岳地域内の非常に限られた範囲にしか分布していないのが常である。

　次に、「判読技術の熟練度」については、熟練の技術者ほど、判読成果が良いことである。山岳地域では変位基準が乏しいために、その拠り所がなく、その結果、個人間で判読される活断層の存在有無や断層位置を異ならせている。断層の詳細位置を推定する際の大きな課題となっている。

　そこで、活断層地形要素判読図では、これらの課題に対処するために、活断層の地形判読における認定過程の透明性と客観性を確保した記載方法を示した。その手法では活断層の変位基準に注目して記載するのではなく、活断層が様々な地形要素から構成されており、地形要素の連続性、明瞭度、変位基準との関係などに注目し、地形要素を「崖地形などの地形要素」、「屈曲などの地形要素」、「変位不明瞭な地形要素」に分類し、構成地形要素一つ一つを明示し記載することで、線状模様の認定過程を第三者が理解できるよう、活断層の位置を表示している。

　図-1と図-2に入山断層を例とした活断層地形要素判読図を示す。入山断層は駿河湾から富士川右岸にかけてほぼ南北方向に分布する逆断層である。比較的比高の大きな崖地形が発達し、やや平坦な地形面（高位段丘面）に高度不連続を伴っており、縦方向の変位を示唆する地形要素が多く見受けられ、NE-SW方向の3条の線状模様(1〜3)が判読された。線状模様1は、地形要素として「地形面勾配の異常」、「崖」、「高度不連続」が認められる。さらに線状模様の北東端では、「崖」と「地形面勾配の異常」が分布することから、線状模様は1-1と1-2の二本に分岐させている。また、線状模様2は、断層の縦方向の変位を示唆する(a)「崖」、(b)「高度不連続」、(d)「逆向き崖」の他にも、(c)「谷の屈曲」や(e)「鞍部」などの地形要素も連続して認められる。

169　第 5 章 活断層

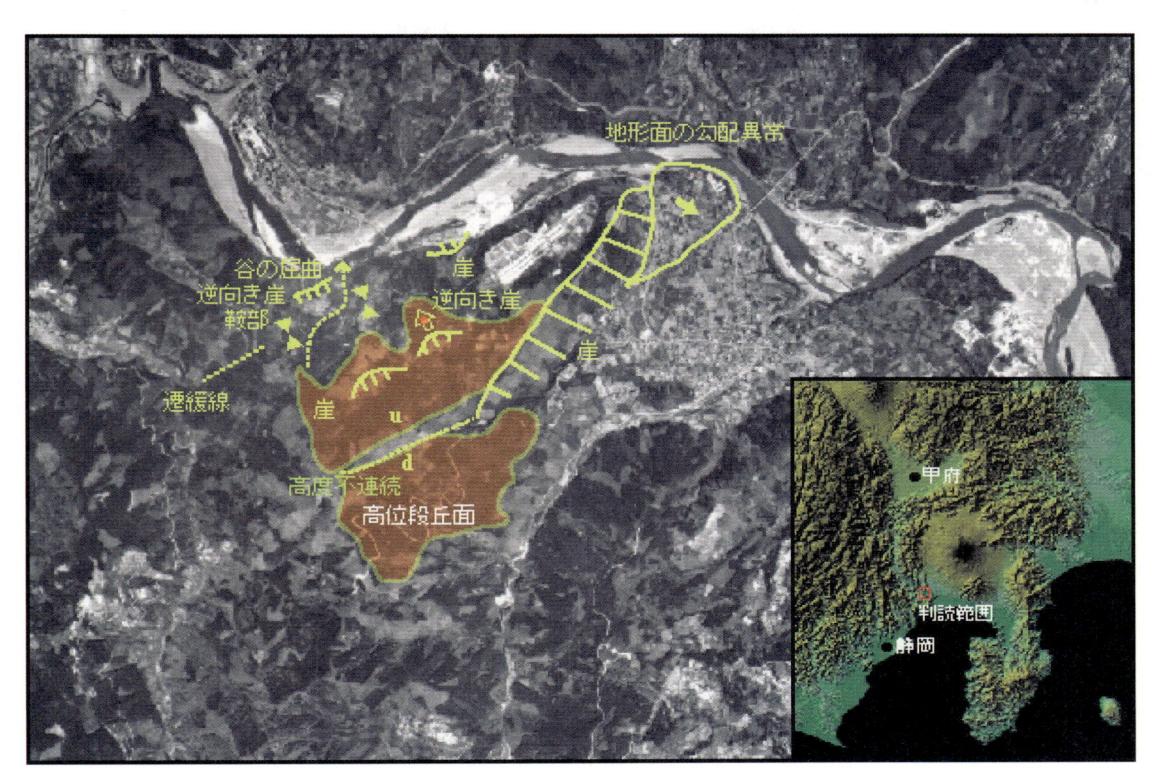

図-1　空中写真への地形要素の記入

使用している空中写真は、国土地理院発行の 1:20,000 空中写真(CB-69-1X C7-13)。

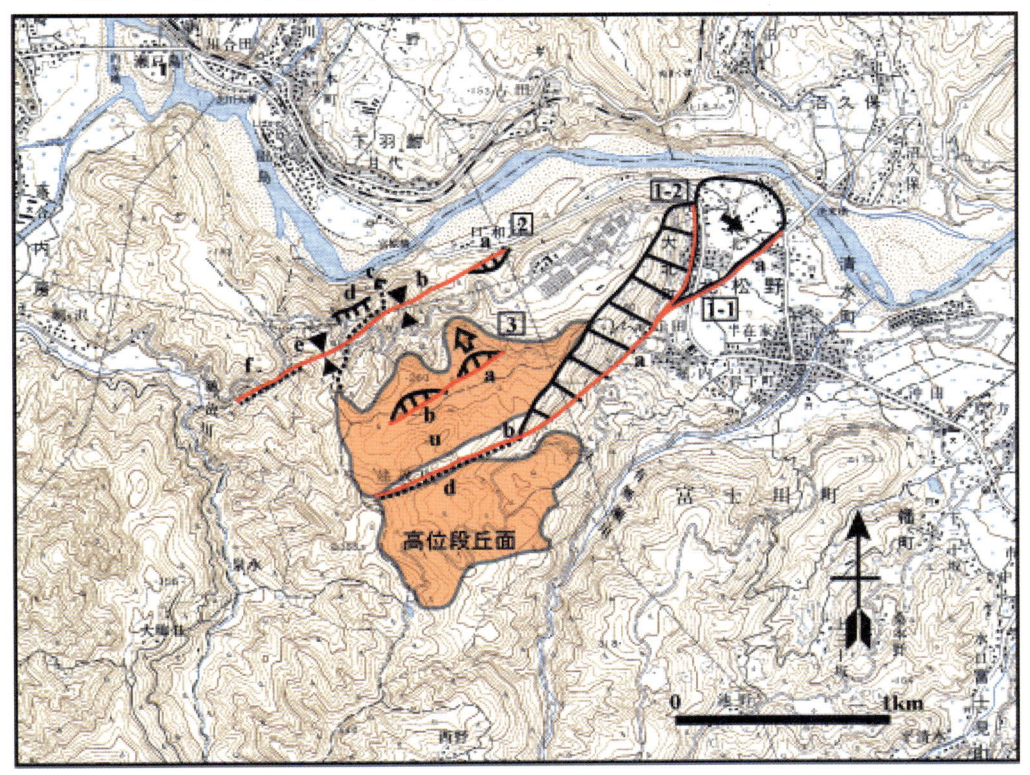

図-2　入山断層の活断層地形要素判読図

使用している地形図は、国土地理院　1:25,000「富士宮」。

5.2 山地周辺の活断層

1. 課題

　山地と平地(盆地)の境界付近には、しばしば山裾を包絡する線状模様が見られる。山側には、この包絡線とほぼ平行な線状模様が何本か見られ、山側は急峻な地形をなしていることが多い。この線状模様は活断層であることが多く、また、このようなところに存在する河岸段丘や扇状地は、いわゆる教科書的な地形は呈しないことも少なくない。

　この課題では、山地における線状模様が新しい変動地形である活断層であるか否かを、河岸段丘地形と併せて判定し、判定された線状模様をどのような点に着目して記載するかについて検討する。さらに、地形から地質構造を読み取り、大規模構造物建設上の問題点について検討する。

2. 対象地域の特徴

　図-1に示す地形図の中央部左から右へ流れている川は、段丘の北縁を流れ、段丘面を著しく侵食し、比高差約70m+の急崖をなしている。地点Aでは、写真-1に見られるように、両岸に岩盤が露出し、一見取水堰程度の小規模な堰堤を建設するには良好な地点に見える。しかし、この河川は、「6.3」の表成谷(積載谷)で示したような地形を呈している。また、河岸段丘面は、B地点では等高線が上流側に張り出している。一般にはB地点下流で見られるように、下流側に張り出すのが普通であり、異常地形といえる。
このような地形の形成原因を地形図と空中写真から推定してみよう。

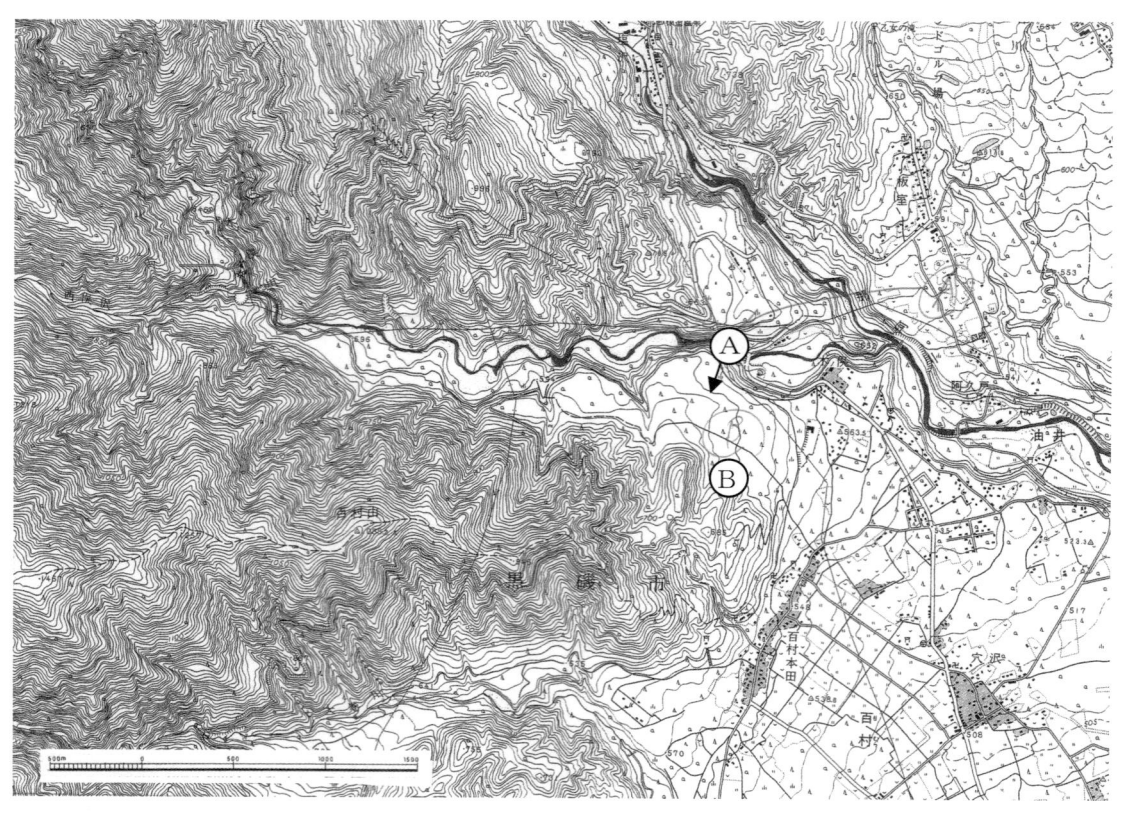

図-1　判読対象地周辺の地形図(1:25,000「板室」を縮小)

課題の基礎知識

ここで、線状模様(photo lineament)とは、空中写真(地形図)上で、直線的な谷、鞍部の連続、崖の連続、人工構造物の連続、植生の連続、色調階調の不連続等何らかの原因で線状に見えるもののうち、地下の地質(地質構造)を反映しているものを云う(図-3)。リニアメントとほぼ同義語であるが、リニアメントは第四紀更新世後期以降の変位地形を示す意味に用いられることもある。また、活断層を示す変位地形は副次断層、派生断層であっても必ずしも同じセンスを示さない(図-4)ので、判読に当たっては十分留意する必要がある。

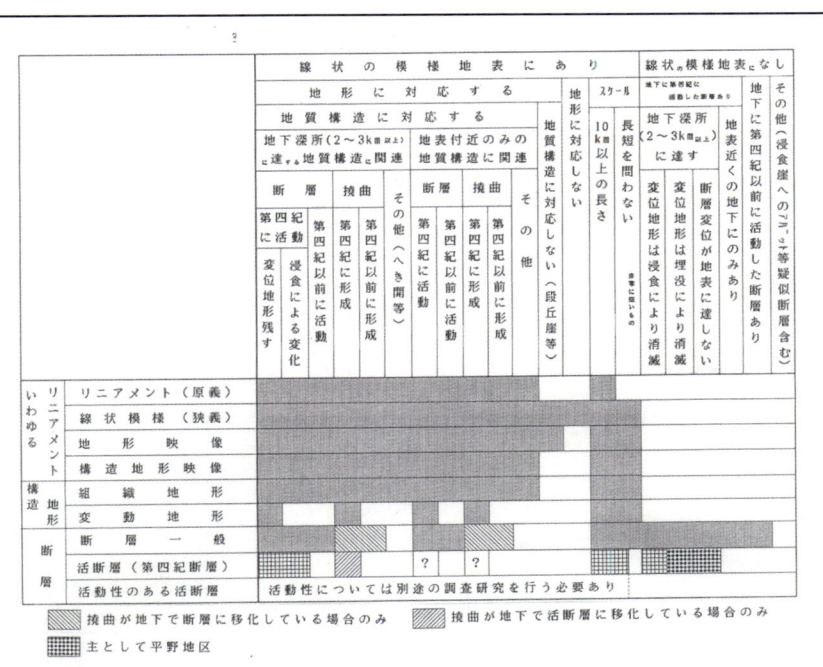

図-2 空中写真映像と地形・断層の特徴の比較(木村敏雄)

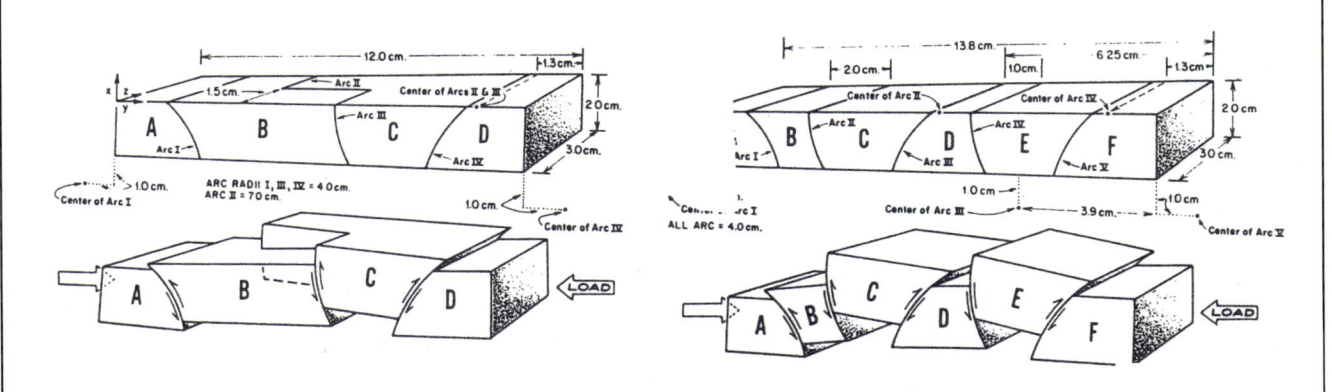

図-3 圧縮応力による断層形態の例 (Weinberg D.H.、1979)

3. 空中写真判読

写真-2 と図-4 は対象箇所の空中写真および実体視ができる範囲を示した地形図である。この空中写真を判読し、地形図に記入してみよう。また、その判読の根拠になった地形要素を明らかにし、この地域の地形について記述してみよう。

写真-1 木の俣川河床部の露頭

172　第5章　活断層

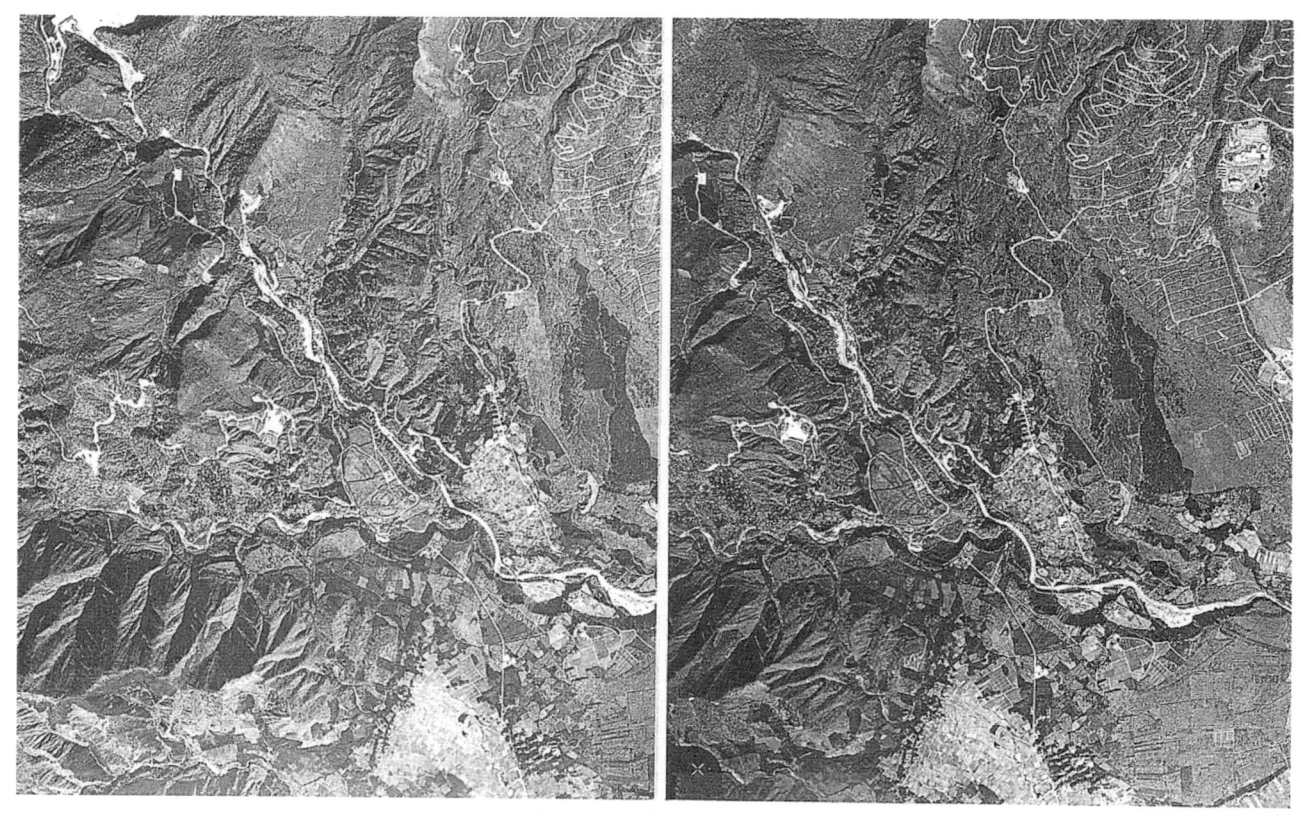

写真-2　判読用空中写真

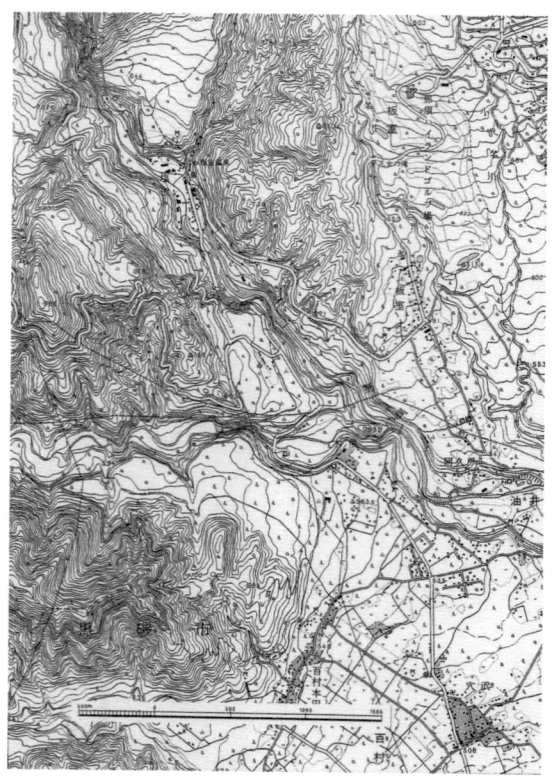

図-4　作業用地形図（1:25,000「板室」）

4．判読結果の記載

ここでは判読結果の例として、3人の判読者（A、B、C）による判読記載例を示す。3人の判読者は判読地域内に取水用堰堤を建設するときの問題点を抽出するという観点から判読した。各判読者がどのような地形要素に着目し、どのように記載しているかに留意されたい。

（1）　判読者A（図-5参照）

この地域には以下に述べるような地形・地質上の特徴がある。

①木ノ俣集落付近を通過するNNE-SSW方向の明瞭な線状模様（L1）があり、この線状模様は段丘面を変位させ、低急崖を形成していることから活断層と考えてよい。低急崖のセンスからいって、西側山地側が隆起する逆断層と考えられる。この線状模様（L1）の山側にはやや不明瞭な線状模様（L2～L5）があり、この断層に平行な断層群と考えられる。ここでは、基礎岩盤が著しく劣化している可能性が高い。さらに、L5～L6間にも不明瞭な線状模様があり、岩盤が劣化していることが予想される。したがって、L1～L6間ではしっかりとした基礎岩盤が存在しない可能性が高く、ダム基礎としては問題が多い。

②木ノ俣川の右岸側を中心に広く段丘面が分布しており、これらの箇所がダムサイトになった場合、止水ラインを確保することが難しい。

③L1～L6の区間が岩盤劣化区間であること、また、未固結の段丘堆積物が厚く堆積していることから河岸侵食による崩壊や崩壊跡が多く、ダムサイトや貯水域にかかる斜面が不安定であることが予想される。

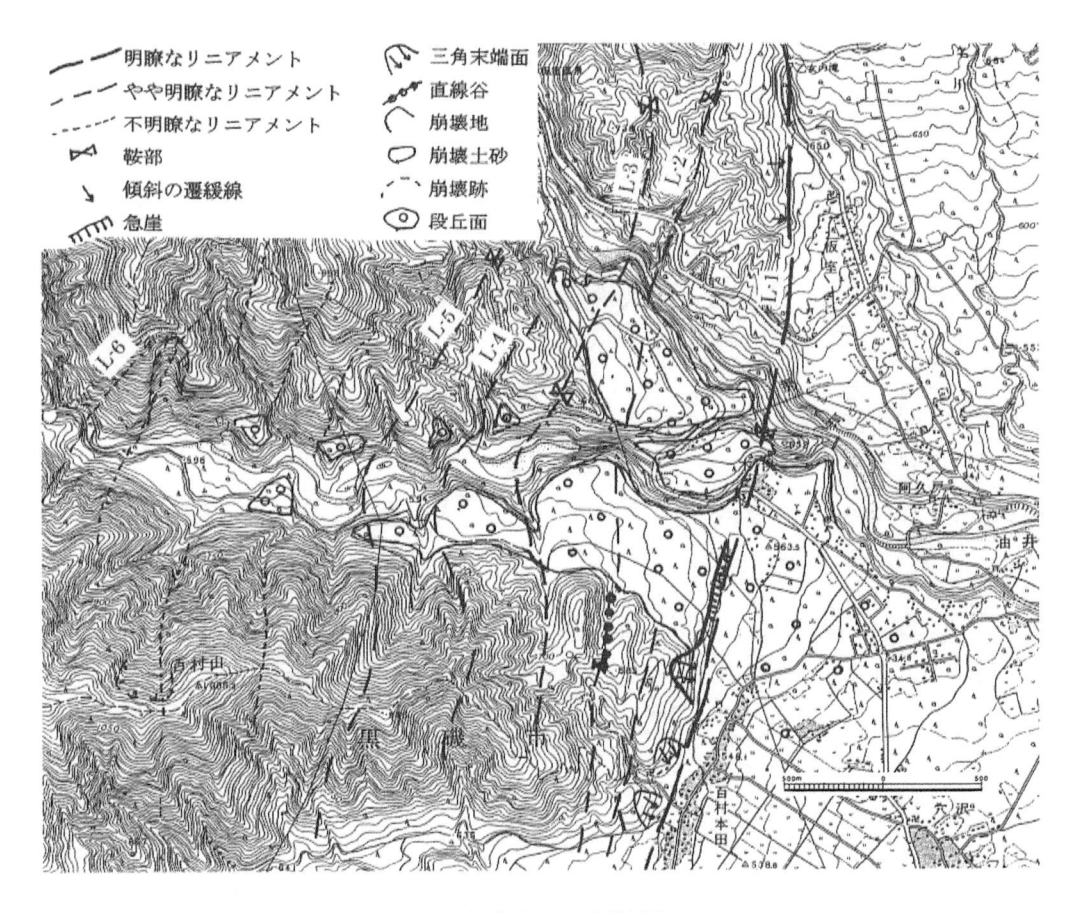

図-5　判読者Aの判読図

(2) 判読者B（図-6参照）

　木ノ俣集落付近では、火砕流堆積物の堆積面と推定される平坦面が木ノ俣川両岸に広がっている。この火砕流堆積物は板室以東から那珂川の南にかけて広く分布するもので、那珂川上流の谷沿いや木ノ俣川流域にも当時の谷を埋めて堆積したと考えられる。現在は再び那珂川や木ノ俣川によって下刻され、木ノ俣集落付近では50m前後の急崖が河川沿いに形成されている。

　この火砕流の大部分は、那珂川沿いの多くの崖記号からみて非溶結と推定されるが、油井集落の対岸では岩石が崖をつくっているので、一部では溶結していたと推定される。したがって、この火砕流はある程度高温であったと推定される。

　木ノ俣集落に近傍にダムを造ろうとすると、ダム本体および湛水域があまり固結していなくて、侵食されやすく、かつ透水性の高い火砕流堆積物の中に建設されることになる。この点から、貯水ダムとしては火砕流堆積物の漏水の問題がまず懸念される。つぎにダム本体の安定性については火砕流堆積物の地中侵食（パイピング）によるダム基礎の破壊が問題になる。

　さらに、河川を埋めていることから、火砕流堆積物の下底には旧河川堆積物が分布している可能性が高く、旧河川堆積物の低い強度と高い透水性は漏水とダム本体の安定性にとって大きな問題となる。また、高温の火砕流であったことからすると、高温の火砕流と旧河川水との接触による水蒸気爆発によって、火砕流堆積物の中には不規則に分布する空洞（現在は空気、水、破砕で生じた未固結の堆積物で充填）が存在している可能性があり、その場合には空洞調査が極めて難しく、漏水対策に苦慮することになる。

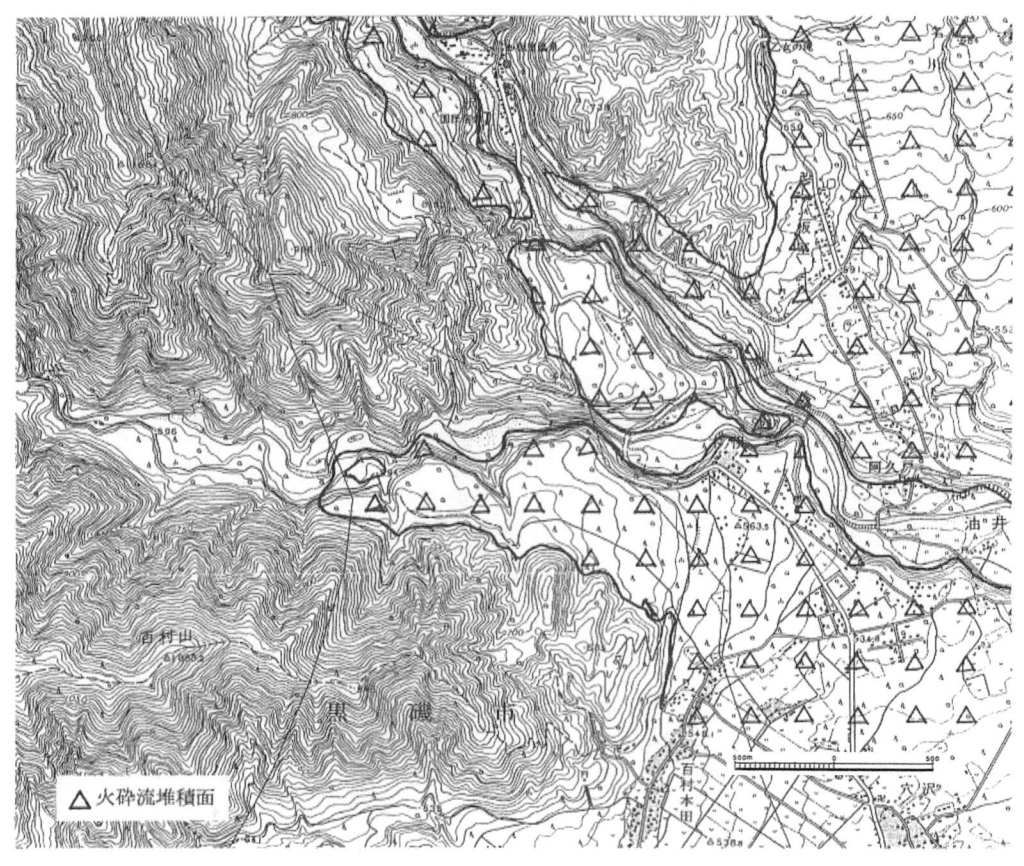

図-6　判読者Bの判読図

（3） 判読者C（図-7参照）

　木ノ俣川は、図西端より下流は急速に段丘面が広がり、また木ノ俣集落下流の那珂川との合流点より下流には、油井集落（図幅東端）には岩石の崖マークはあるものの、広い段丘面を形成している。山地の末端にはNNE－SSWの明瞭な線状模様が見られ、同様の方向の線状模様が数条山地側に見られる。

　木ノ俣集落南側の木ノ俣川右岸の段丘面と平野の段丘面の境界は、僅かに膨らんだ扇状地状地形が見られるが、その発達は悪い。特に木ノ俣川右岸の段丘面は山地末端の線状模様の延長上で低崖を形成しているように見える。また、木ノ俣川右岸の段丘面の等高線を見ると、等高線は上流側に凸となっており、上流側に傾斜すなわち逆傾斜になっているようである。このようなことから、この山地末端の線状模様は東落ちの活断層と考えられ、上流側の線状模様はその副次断層と考えられ、木ノ俣川右岸の段丘面は断層運動によって西側に傾動していることが考えられる。

　ダムサイトとしては、木ノ俣集落の上流の高圧送電線下あたりが考えられるが、前述のように、図西端から下流は広い段丘面が発達し、上流の河床幅からか見ると、極めて異常であり、基盤は相当深いと思われ、恐らく谷側積載となっているものと思われる。

　このようなことから、岩盤はかなり破砕されていると思われ、また、木ノ俣川右岸の段丘面の遮水には相当の困難が予想される。

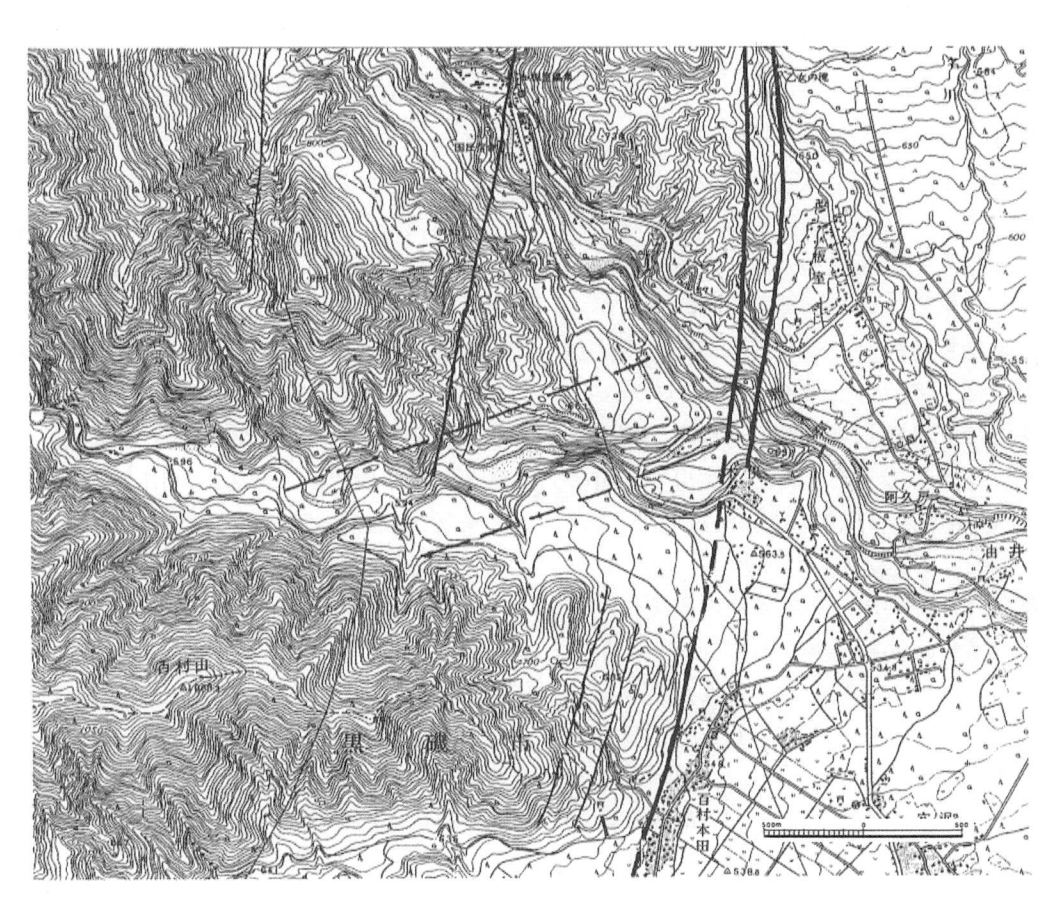

図-7　判読者Cの判読図

5．地形判読のポイント

本課題では、調査地点の線状模様の成因と段丘面の成因を明らかにするために、異常地形の認識と段丘面の微地形の判読がポイントであり、AとCの判読者は線状模様の観点から、Bの判読者は段丘面の成因から推定している。

以下に、調査結果を含め、地形解析のポイントを解説する。

本地域には基盤岩として花崗岩が木ノ俣川河床の小範囲に分布し、木ノ俣川両岸の山地には新第三紀の酸性火山岩および同質火山砕屑岩が広く分布している。北東域には酸性火砕流堆積物が、また板室周辺には火山麓扇状地が広く発達している。

また、A、Cの判読者が示したように、数条の線状模様が見られ、そのうち図-8に示す4本の線状模様は、変位地形の確からしさの高い線状模様である。すなわち、①と②の線状模様は連続性が長く、孤立丘があり、線状模様両側で高低差が見られる。③と④の線状模様の長さは短いものの直線的な谷と鞍部が明瞭である。

文献（活断層研究会、1991）では線状模様①のところに確実度Ⅰの関谷断層があり、この線状模様の南への延長上の関谷地区でトレンチ調査（宮下ほか、2001）が行われ、そのトレンチでは2回のイベントがあり、いずれも東側落ちで、最新の活動時期は11世紀以降、先行する活動は約5000年前以降6世紀前であることが分かった。②、③と④の線状模様はその副次断層、派生断層と思われ、木ノ俣川河床には変位不明であるが、同方向の小断層、破砕帯が多く見られる。

また、木ノ俣川右岸の段丘は、高位に扇状地性の堆積面が段丘化しているものとそれよりやや低い侵食段丘があり、現河床レベル付近に低位の侵食段丘がある。高位の段丘面は、写真-3に示すように、上流側に若干傾斜しているように見え、段丘面形成後傾動していることが伺える。

（桑原　啓三、服部　一成）

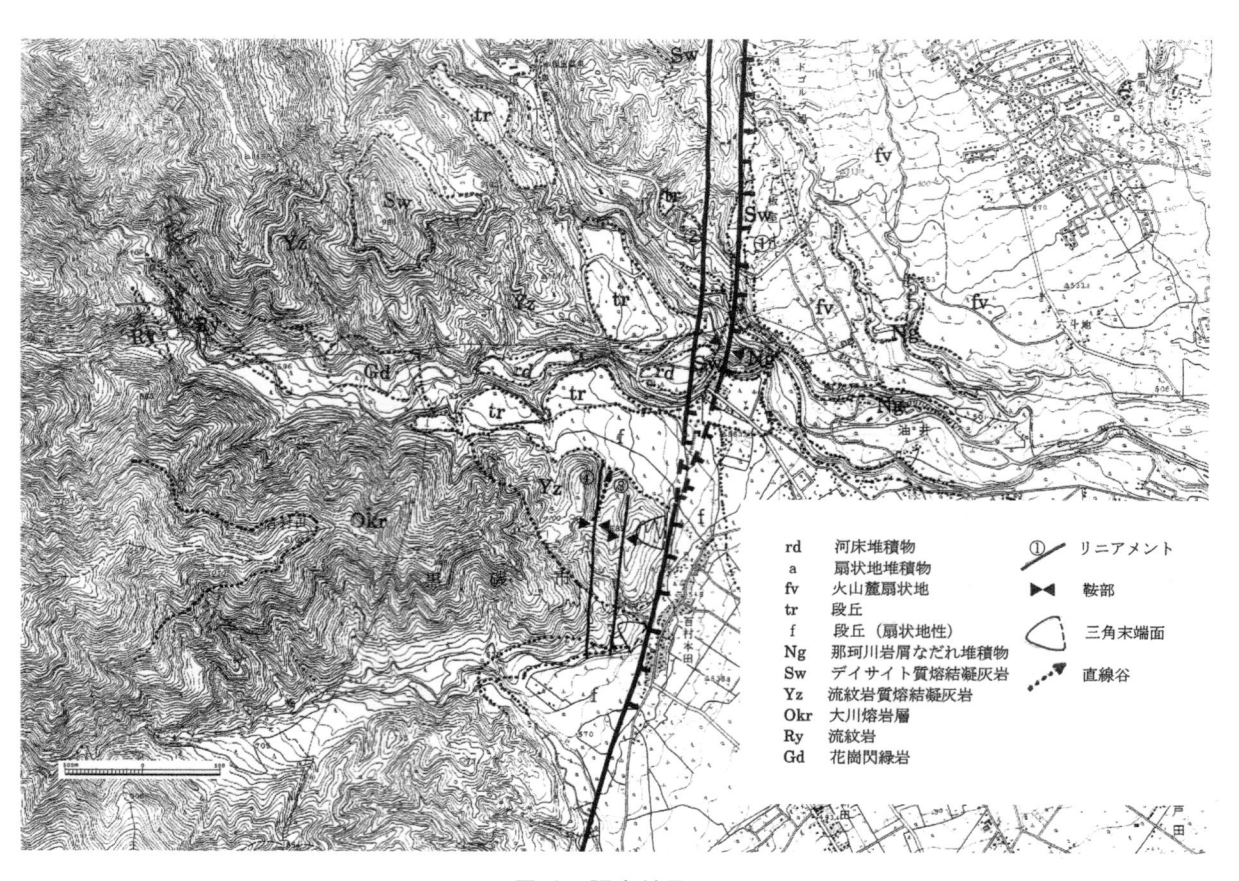

図-8　調査結果図

引用文献

活断層研究会（1991）：新編日本の活断層－分布図と資料－、東京大学出版会

宮下由香里、山元孝広、吉岡敏和、寒川　旭、宍倉正展、丸山直樹、大石　朗、細矢卓志、杉山雄一（2001）：栃木県・関谷断層のトレンチ調査、地質学雑誌、107、722-725

Weinberg D.H.(1979)：Experimental folding of rocks under confining pressure: Part Ⅲ　Partially scaled models of drape folds, Tectonophysics 54, 1-24

写真-3　木の俣川右岸の（高位）段丘面

キーワード
- 線状模様
- 表成谷
- （谷側積載谷）
- 傾動
- 段丘面
- 異常地形
- 逆断層

まとめ

　活断層は、第四紀(更新世)後期以降に活動し、今後も活動する恐れのある断層である。活断層は、イベントがあって変位地形が現れてもその後侵食を受けて次第に明瞭度は落ちる。したがって、累積性の高い断層ほど地形的に明瞭で、かつ同じセンスの変位地形が多数点で見られ、その活動性も高い。山地にあっては侵食抵抗が異なる地質が接している場合は地質境界も線状模様として判読されることがあるため、他の成因も考慮して判読する必要があり、判読の範囲はできるだけ広いほうが良い。

山地周辺の活断層の事例

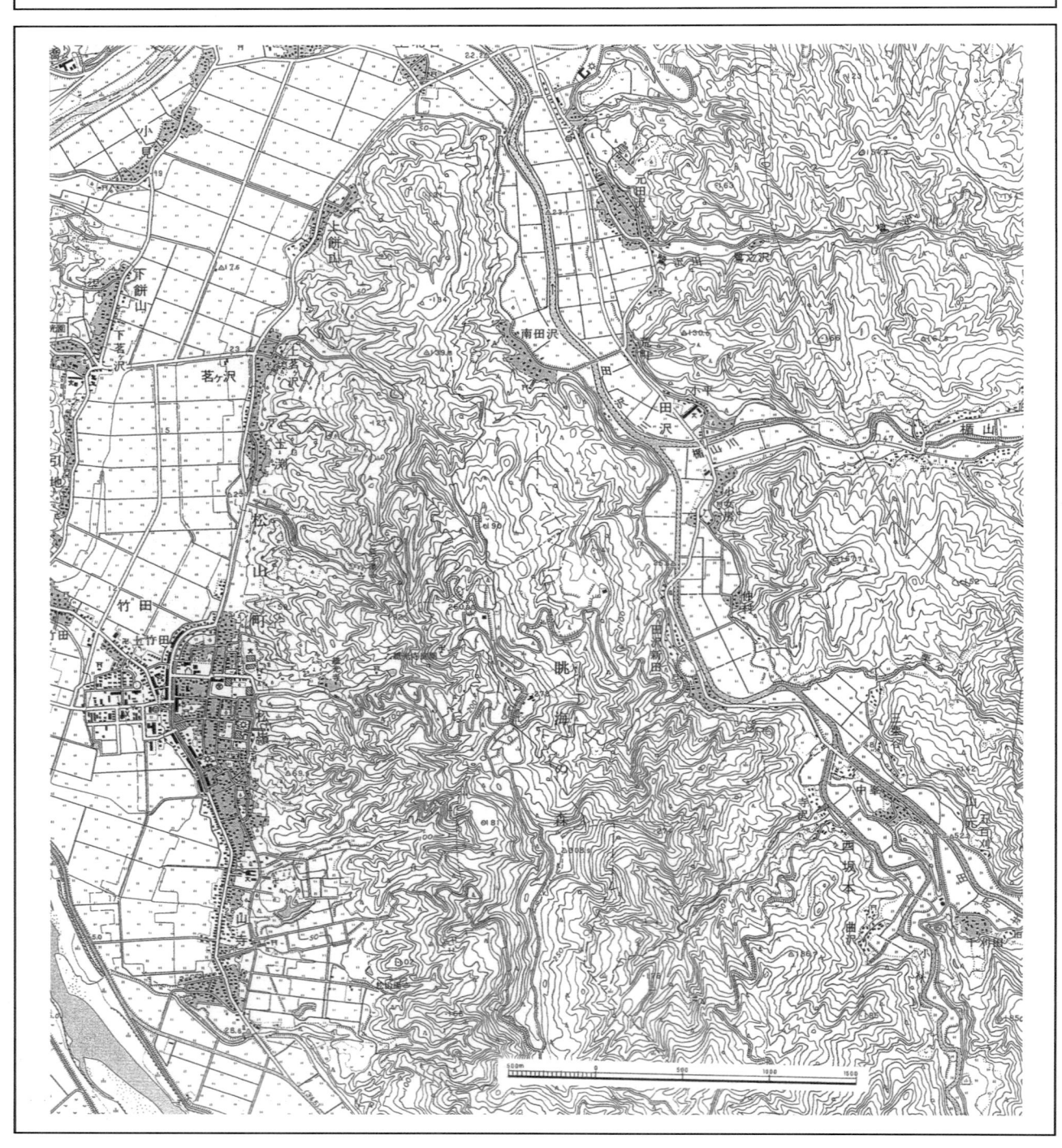

図-9 山地周辺の活断層の事例（1:25,000「余目」「中野俣」）
　眺海の森をなす山の東側斜面は谷密度の少ない平滑斜面であるのに対し、西側斜面は小谷が多く入り対照的である。直線的な傾斜変換線や水系模様などに留意して活断層を抽出しよう。

5.3 四国中央構造線断層系の横ずれ断層

1. 課題

　空中写真を用いて横ずれ活断層を抽出する場合の着目点について解説する。横ずれ断層はたとえば岡田(1979)などによって、特徴的な断層地形が示されている。日本列島の活断層はおよそ千年～数万年の間隔で1回あたりに数10cm～数mの変位を繰り返してきているので、活断層の上に分布する多くの地形は複数回の変位を被り、多くの断層変位が侵食にうち勝って断層地形として残っている。ここでは愛媛県土居町の中央構造線活断層系を例にとって空中写真判読を行ってみる。判読対象地周辺の地形図(1:25,000「東予土居」)を図-1に示す。

2. 対象地域の特徴

　四国の中央構造線活断層系は日本列島でも有数の右横ずれの活断層である。活断層である中央構造線は地質学的に内帯と外帯との境界をなす中央構造線と位置が離れている場合もあり、活断層である中央構造線を中央構造線活断層系と呼んでいる。愛媛県土居町畑野付近における中央構造線活断層系は、石鎚断層とそれに平行する畑野断層の2本が活断層として東北東－西南西で直線的に走っている。畑野断層は和泉層群中を横切る断層である。そして、高位段丘を開析する谷とそれに挟まれる尾根が断層によって系統的に右横ずれしている。石鎚断層は和泉層群と結晶片岩とを境する断層で、これに沿っても谷の右横ずれ、扇状地の低断層崖、三角末端面などが認められる。

3. 空中写真判読

　この地域の判読用空中写真と作業用地形図を写真-1、図-2に示す。図-3にある横ずれ活断層に伴う典型的な断層地形(谷の横ずれ、尾根の横ずれ、鞍部、閉塞丘、風隙、山麓線の三角末端面、低断層崖など)に着目して判読してみよう。

図-1　判読対象地周辺の地形図(1:25,000「東予土居」)

180　第5章　活断層

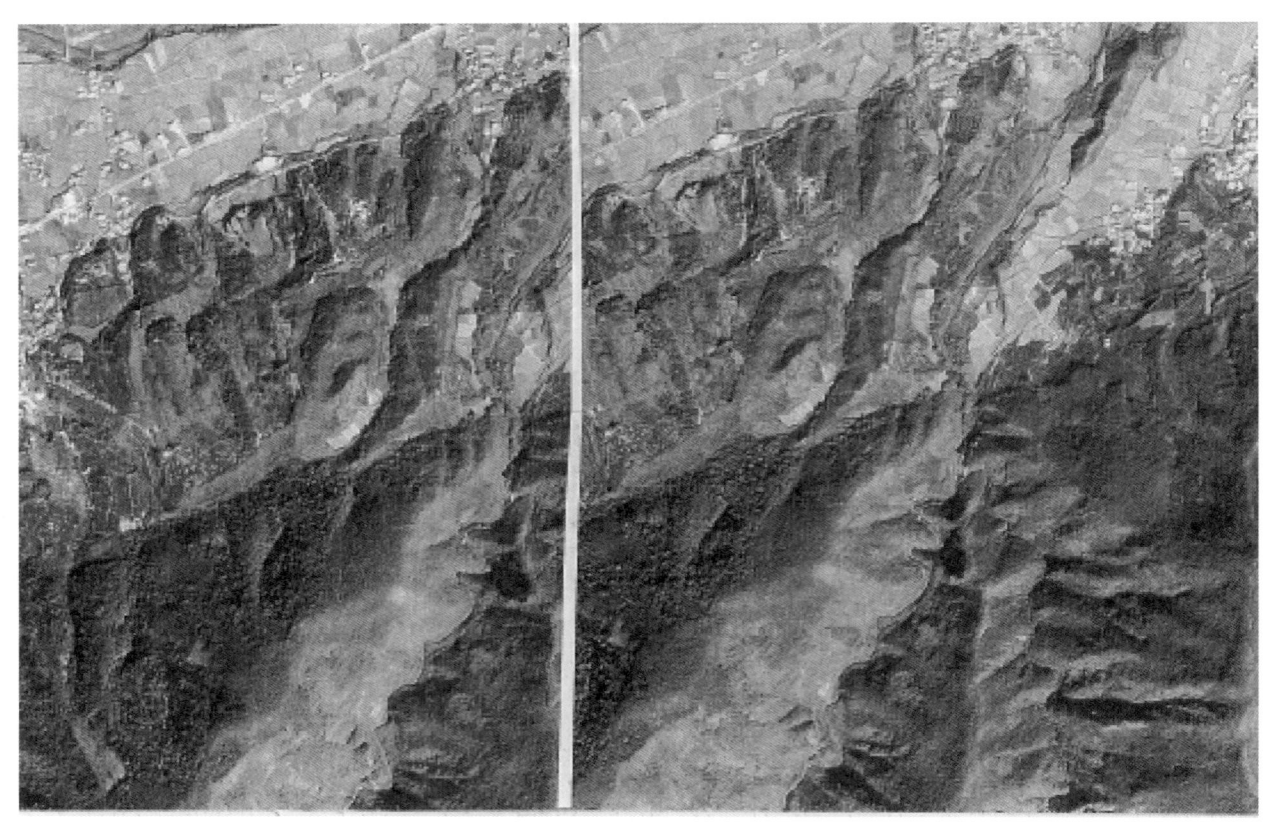

写真-1　判読用空中写真

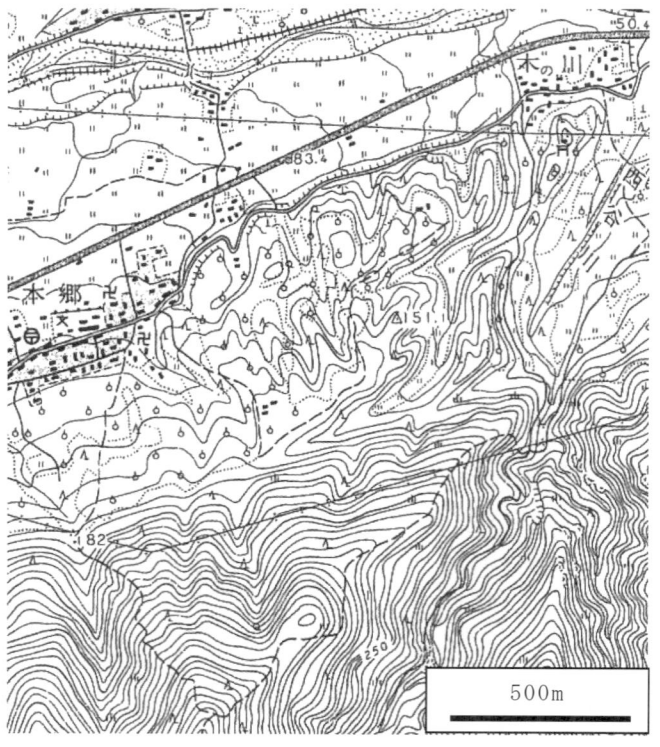

図-2　作業用地形図（1:25,000「東予土居」）

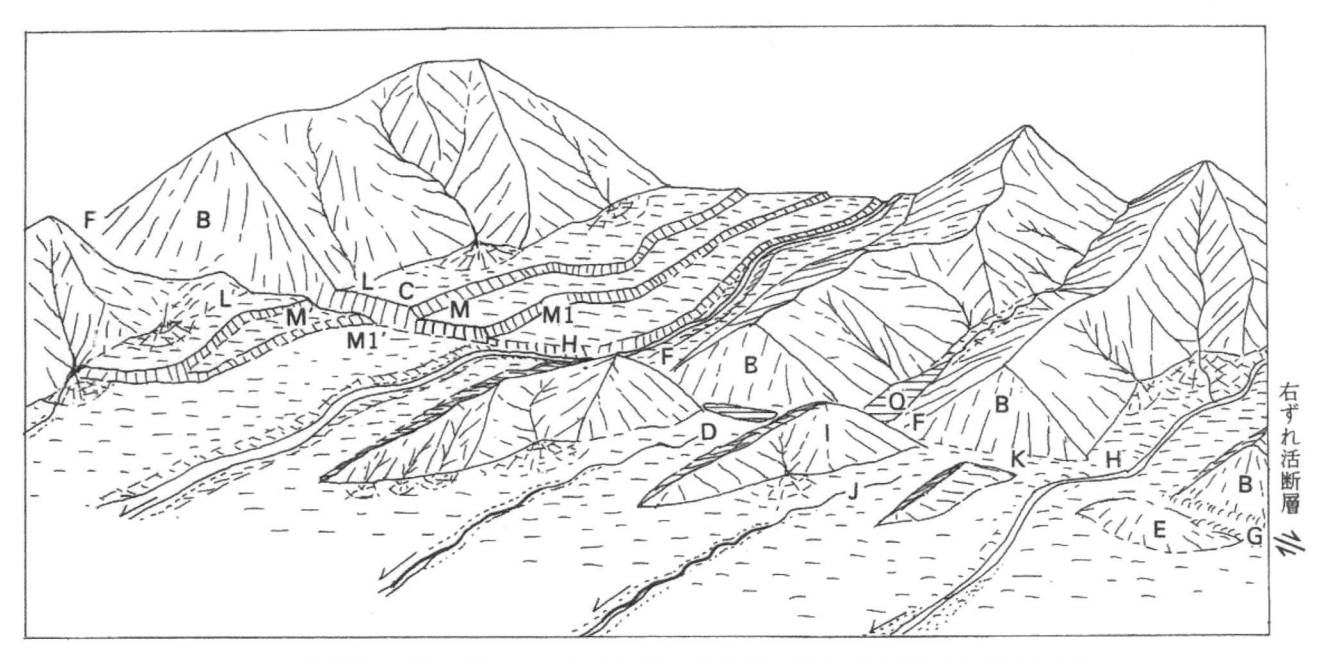

図-3 横ずれ断層の基礎知識（横ずれ活断層に伴う典型的な断層地形）
B：三角末端面、C：低断層崖、D：断層池、E：ふくらみ、F：断層鞍部、G：地溝、
H：横ずれ谷、I：閉塞丘、J：裁頭谷、K：風隙、L－L'：山麓線のくいちがい、
M－M'：段丘崖（MとM'）のくいちがい、Q：堰止性の池

4．判読結果の記載

ここでは判読結果として2人の判読者（A、B）による判読記載を使って横ずれ断層の地形、その認定について説明する（図-3～4）。どのような要素に着目し、どのような思考過程で横ずれ断層を判読し認定しているかに注意したい。

（1） 判読者A（図-4参照）

直線的な山麓線をなす石鎚断層とその北側に並走する畑野断層を認定している。ふたつの断層とも4、5本の谷と尾根に右ずれがみられ、これらが段丘を開析する谷であるので谷の形成は第四紀後期であり、これらの変形から第四紀後期の断層活動を認定している。

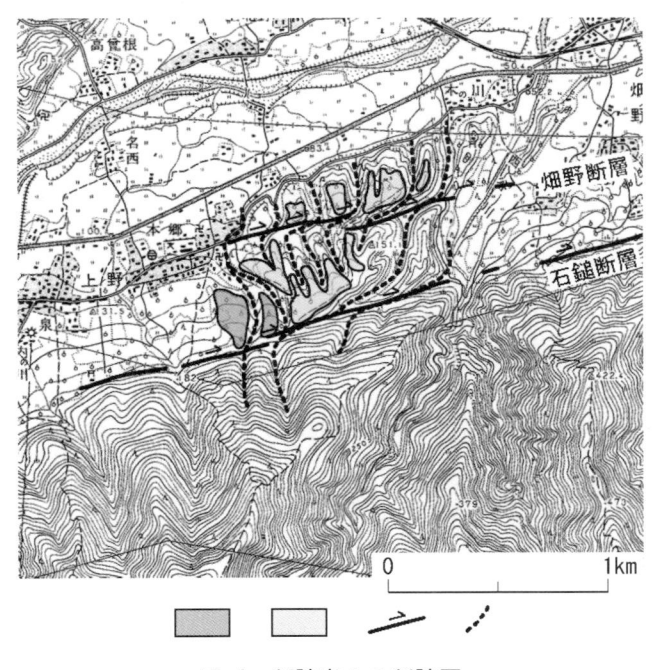

図-4 判読者Aの判読図

（２） 判読者Ｂ（図-5参照）

　直線的な山麓線をなす石鎚断層とその北側に並走する畑野断層を認定している。ふたつの断層とも5本の谷と尾根に右ずれがみられる。畑野断層が横切る地点の尾根（図-4のア、イ、エ）は断層鞍部を作っている。ウでは尾根が途切れていて、かつての谷（②）は右横ずれして屈曲しているが、現在の沢はまっすぐに、かつて西隣りにあった谷（③）を流れている。尾根が途切れている個所は風隙になっている。風隙はア地点にもみられる。畑野断層のイ地点では尾根が引きずられるように幅広く右横ずれしており、断層線を直線にむすぶことができないので、断層が雁行すると解釈している。石鎚断層に沿っても谷と尾根が大きく右横ずれしている。本郷の南に位置する中位段丘を開析する谷④、⑤は小さく右横ずれしている。

　さらに判読者Ｂは畑野断層の前面、高位段丘と沖積低地との地形境界にも活断層を推定している。これは地形境界が直線的で畑野断層と並行していること、ここより東側でも丘陵の前面の地形境界に活断層があることによる。これは中田・今泉（2002）にも推定活断層として図示されている。

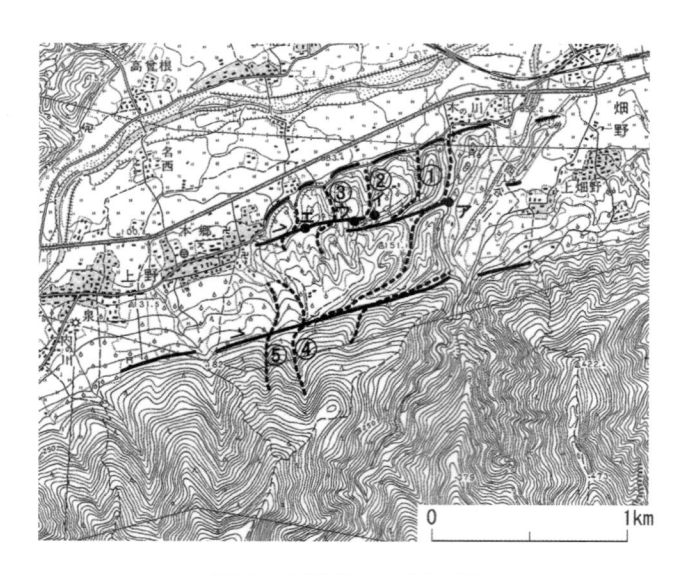

図-5　判読者Ｂの判読図

5. 地形判読のポイント

・異常な地形

　空中写真判読によって活断層を認定する場合には、とくに異常な地形の抽出が強調されている（例えば渡辺・鈴木、1999や応用地形学研究小委員会、2002）。河川の侵食・堆積や海の侵食や堆積は地形学の時間単位で見れば、いつでもどこでも起こる作用である。これによってできた地形を「正常」と呼び、活断層によってできた地形を「異常」と呼んでいるのである。言い換えれば、断層沿いあるいはリニアメント沿いに見られる個々の地形の形成過程を河川や海の作用で合理的に説明できるか、否かということである。活断層の地形を抽出するためには地すべり地形や火山地形も考慮しなくてはいけない。

・系統的な横ずれ

　一般に横ずれ断層の場合は直線的に断層地形が配列することが多く、逆断層の地形よりも空中写真で認定しやすい。ただし、空中写真や地形図に見られる直線的な地形配列、すなわちリニアメントのなかには、活断層ではない組織地形も含まれるので注意が必要である。横ずれ断層を地形から認定してゆく際に重要なのは、断層を横切って谷や尾根があり、それらの谷や尾根に系統的な横ずれが認められるかという点が重要である。系統的というのは横ずれを被っている複数の谷に規模の大きさに応じて横ずれ量が増えてゆくことである。突発的な崩壊や河岸侵食により横ずれが解消されてしまったという例外もあるが、著名な横ずれ活断層ではこの系統的な横ずれが認められる。谷は時代とともに、その長さや幅が大きくなってゆく傾向にあるらしい。時代の新しい短い谷は少し横ずれを受けており、時代の古い長い谷は大きく横ずれを受けていることを示している（例えば松田、1992）。また、段丘面などの形成時代が明らかな地形面を掘り込んでいる谷は、その地形面より新しい。たとえば、図-6に示した⑤、⑥、⑦の谷はその谷頭が高位段丘のなかにあるので、その谷は高位段丘形成後に作られた谷である

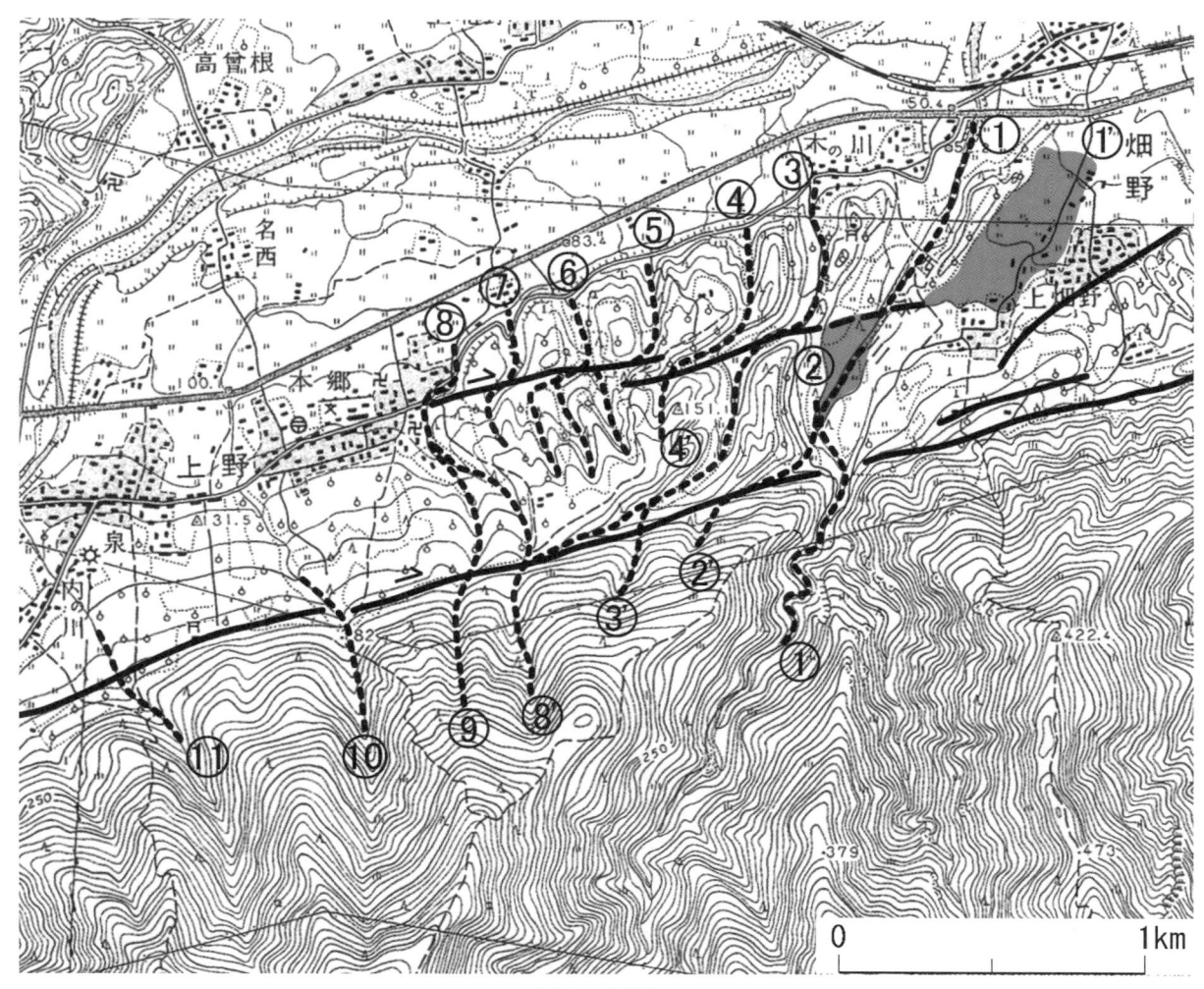

図-6　解説図

ことがわかる。

・畑野断層

畑野断層沿いの⑦の谷は⑤、⑥の谷に比べて長さが短いので、その谷ができた時代は少し新しそうである。これを裏付けるように⑤、⑥の横ずれ量は⑦より大きい。さらに③、④の谷は⑤、⑥より規模が大きく、横ずれ量もまた⑤、⑥より大きい。そして③〜⑦の谷は例外なく右横ずれしているという点も重要である。この状況を系統的な横ずれという。図-6から計測した谷の横ずれ量を表-1に示す。

系統的な横ずれ地形を作る基準の地形としては谷線の他に、尾根線、山麓線、段丘崖などもある。

尾根線は両側を谷が掘り込むことで存在する地形なので、谷とは表裏一体の関係にある。すなわち、大きな、あるいは幅の広い谷に挟まれた尾根の形成時期は古く、小さな谷に挟まれた尾根の形成時期は相対的に新しい。段丘崖はその前面（低

表-1　図-6に示された谷の横ずれ

	石鎚断層		畑野断層	
	谷の名前	右横ずれ量(m)	谷の名前	右横ずれ量(m)
東 ↑	① 不明		①→①'?	100-400
	③'→②	500	③→③	高位段丘以降:150
	⑧'→③	600		
			④→④	高位段丘以降:200
			⑤→⑤	高位段丘以降:150
			⑥→⑥	高位段丘以降:150
			⑦→⑦	高位段丘以降:100
	⑧'→⑧	中位段丘以降:50	⑧→⑧	高位段丘以降:100
	⑨→⑨	中位段丘以降:50		
↓ 西	⑩ 不明			
	⑪ 不明			

下側)にある段丘と同時に形成される。図-6 の①～⑧の谷にはさまれる尾根は、例外なく畑野断層で明瞭に右横ずれしており、畑野断層の北側にある尾根のいくつかは谷をさえぎる閉塞丘になっている。④、⑤の谷は上流部が畑野断層によって切断された風隙（裁頭谷）となっている。

・石鎚断層

　石鎚断層沿いでは②、③の谷は上流の長さが長いので大きく右横ずれしている。⑧'、⑨の谷はわずかに中位段丘を掘り込んでいるので、谷の年代は 10 万年前程度と推定される。したがって、右横ずれ量はあまり大きくない。⑧'は横ずれ量が大きく、かつて③へ流れていたと考えられる。②の谷は山地側で対応する候補の谷が 2 つ（②'、③'）あり、どちらに対比させるかは意見が分かれそうである。ここでは③'から②へ流れていたと考える。仮に②'を②につなげて断層変位の前の地形を復元してやると、③'の出口は尾根にあたってしまう。②と③にはさまれる尾根も石鎚断層沿いに引きずられて大きく湾曲して右横ずれしている。それに加えて、石鎚断層は極めて直線的な山麓線を作り、三角末端面が並んでいる。

　しかし、①の谷（西谷川）と⑩、⑪の谷では横ずれは認め難い。①の場合は活断層による横ずれが 1 回あたり最大でも数mなので、ある程度以上の大きな河川では河川の作用のほうが強く、断層変位が次の断層活動までに侵食され消えてしまったと解釈できる。⑩、⑪は扇状地を形成している河川で流路移動が盛んであるために今の谷線に断層変位が残っていないものと考えられる。

・横ずれ断層の認定

　活断層の地形的な認定はその断層線を境にかつては一連であった地形が変位していることで行われる。変位の根拠が弱くなれば確実度は低くなり、単なる直線的な地形はリニアメントと呼ばれる。断層沿いに、あるいはリニアメント沿いに系統的な横ずれが認められれば、横ずれの活断層の可能性を考える。断層を横切る谷、尾根が矛盾なく 5 本程度以上横ずれしていれば、これまでの経験では確実な活断層と判断している（統計的には耐えられない数ではあるが）。条件が悪くて横ずれが見られる谷の数が少ない場合や、谷の大小と横ずれ量の大小が対応していない場合には、横ずれ活断層の確実度が低くなり、ときには活断層の可能性を否定することがある。たとえば、三重県勢和村付近の中央構造線は『日本の活断層』(1980)では確実度Ⅱで、左横ずれの可能性が示されていたが、『新編日本の活断層』(1991)になり横ずれが削除されている。これは尾根の横ずれが系統的であるか、という問題とともに、四国、紀伊半島西部の中央構造線活断層系が右横ずれしていることと大きく矛盾しているためである。

　今回の中央構造線石鎚断層、畑野断層のように横ずれの明瞭な断層地形として岡山県大原町の山崎断層の地形図を図-7 に示す。

（柳田　誠）

引用文献

活断層研究会(1980)：日本の活断層－分布図と資料、東京大学出版会、363p

活断層研究会(1991)：新編日本の活断層－分布図と資料－、東京大学出版会、437p

松田時彦(1992)：動く大地を読む、岩波書店、158p

中田　高・今泉俊文(2002)：活断層詳細デジタルマップ、東京大学出版会、68p、DVD 2 枚、付図 1 枚

応用地形学研究小委員会(2002)：応用地形フォーラム(2)、応用地質、43, 320-327

渡辺満久・鈴木康弘(1999)：活断層地形判読－空中写真による活断層の認定－、古今書院、184p

キーワード	まとめ
横ずれ断層 中央構造線活断層系 異常な地形 系統的な横ずれ 低断層崖 リニアメント	横ずれ断層はそれに伴う異常地形(断層地形)の抽出とそれらの系統的な横ずれの存在によって認定される。ただし、系統的な横ずれ示す谷や尾根が少ない、あるいは谷の大小と横ずれの大小が対応しない場合は横ずれ断層の確実度は低くなる。

横ずれ断層の事例

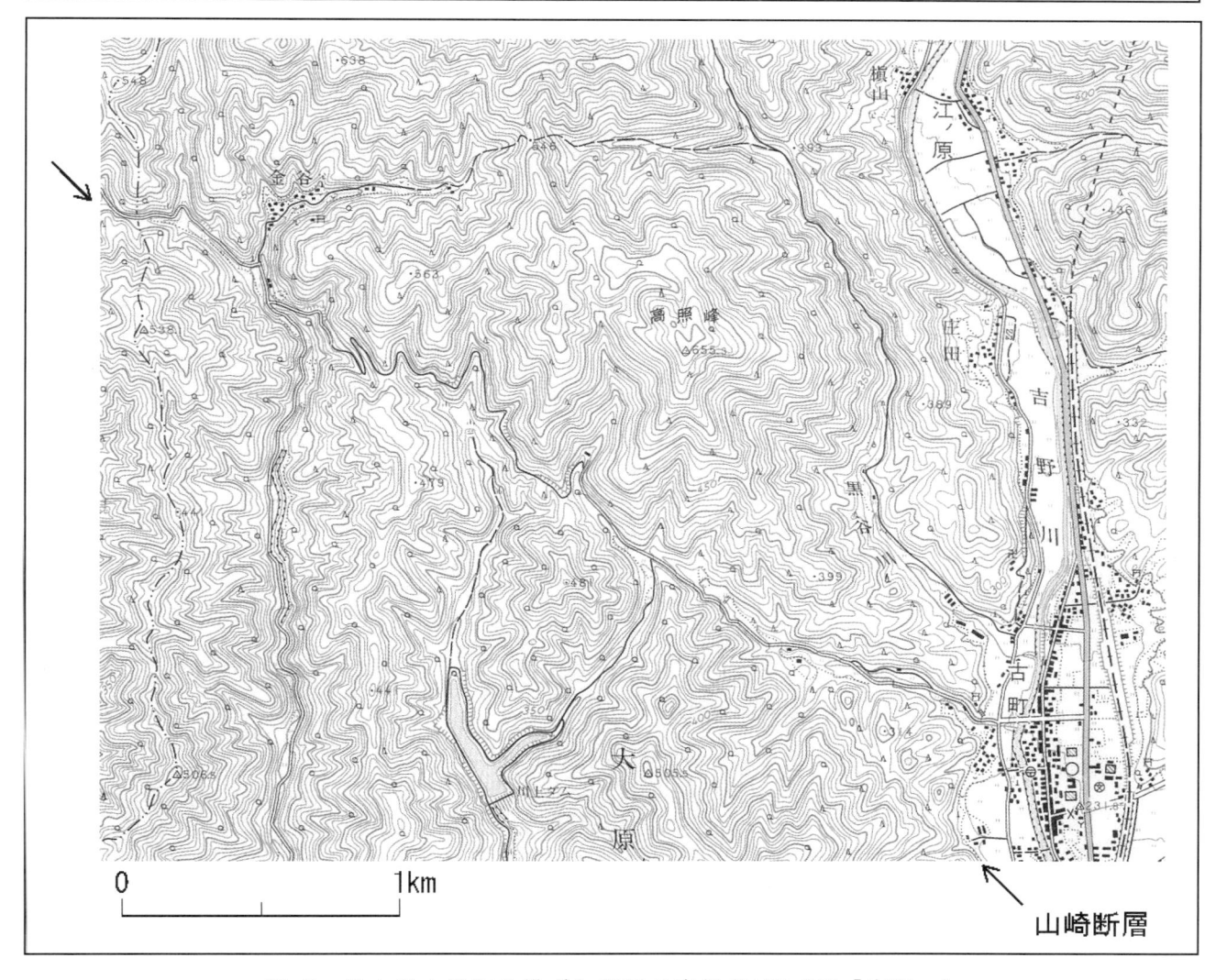

図-7 岡山県大原町の横ずれ断層の事例 (1:25,000「古町」)

古町の西方では山崎断層に沿って、孤立した丘をもつ小さな尾根が5つある。これらの尾根とその間を北東流する沢とが、一定方向に曲がっていることに注目しよう。この部分だけの水系図を作ってみるとよい。

[コラム]
地形の数値解析
—歴史的展望—

平野昌繁

　地形は地球上のあらゆる場所に存在する普遍的な情報である。とくに乾燥地域や森林限界以上の地表部分では、地質がしばしば組織地形としてそのまま地形に反映されるので、このことは地質調査においても従来から利用されてきた。植生のあるところでも風化帯あるいは表層地質の特性を理解することで、地形から地質情報を収集できる。さらにそれを数値的（客観的）かつ自動的に行うことは一層のぞましい。

　地形の数値解析の出発点となるのは地形の定量的表現だが、等高線による地形表現はその点に関して古くかつ革命的手法であった。したがって、等高線地形図にメッシュをかけるなどして地形特性を計測する手法の歴史も古く、当時の物理学者もそれに手を染めた。この意味での古典的手法は「地形計測法」として第2次大戦前には確立し、広域的な地形の特徴を知るために1:50,000あるいは1:25,000地形図に基づく接峰面、起伏量図、傾斜分布図などが作成された。これらは現在でも報告書の一角を飾ることがある。

　さらに1950年代における統計的手法の導入に加えて、1960年代以降の電子計算機の利用により迅速かつ数値的な処理が可能となって、地形計測は新しい局面に入る。そして数値処理が簡単なラスター型のDEM(Digital Elevation Model)がもっぱら多用されるようになる。電子計算機も大型機からパソコンへ、記憶媒体も磁気テープからFDやCDへ、入出力もカードとLP（ラインプリンター）からKeyやDisplayへ、と進歩したことがそれを支え、フーリエ解析や傾向面分析、あるいはさらに進んだ解析も可能になった。

　DEMのはじまりは重力測地値に対する地形補正で、経緯度メッシュが用いられ、さらに詳しい地形の分析のためにメッシュ間隔を小さくして、国土地理院の250mメッシュ、50mメッシュへと進歩した。この場合に、格子点の標高だけでなく方眼内の最高点・最低点・辺を切る等高線数を読み取っておくと、従来の地形計測をほぼ過不足なく行うことができる。しかし最近の傾向として、メッシュ間隔をできるだけ細かくしかつ処理の際に階層性を持たせることで、格子点の標高だけというDEMの欠点をカバーする方向に向かっている。この場合には現場で用いる詳細な地形図と同様の平面直角座標を用い、地表高の測定には航空機レーザスキャナがしばしば用いられて、メッシュ間隔も数メートル以下となる。したがって局所的な地形の特性がむしろ対象となるが、測定時に植生の問題が再び登場する。

　ここで原点にもどれば、従来とは違う詳細な地形情報から地質情報をいかに入手するかだが、地形を作る物質は、侵食過程において一定距離移動し、一定程度拡散する。さらに地形形成プロセスとそれに対応する地形構成物質の組み合せにより、固有の安息角が存在するし、表面の平滑度（粗度）も異なる。従来の地形分類では第1の点に注目し、プロセスと物質の境界としての傾斜変換線の追跡が行われた。物質の移動方向である最大傾斜線は等高線と同じくベクトル型のデータである。防災などの応用面では0次谷に代表される位相的な問題もまた重要であり、侵食速度の評価には傾斜やラプラシアンが関係する。この点も含め、種々のプロセスにおける地形特性と地質の対応関係の確立という観点から、従来の計測法やパラメータあるいは現在の新しい手法やパラメータについて、現場データにもとづく応用地質学的観点からの再評価を組織的に行うことが必要と思われる。

第6章　地盤・微地形

天竜川の本流は、木曽山脈から流れ出る支川に発達する扇状地によって、左岸側（写真手前）に押しやられている。段丘化した扇状地面の上には、さらに新しい扇状地が形成されている。　　［向山　栄　撮影］

6.1 扇状地末端部の地盤状況を推定する

1. 課題

扇状地の末端部において、構造物建設を目的とした基礎調査が予定されており（図-1）、ボーリング調査前に計画地の地盤（断面位置：図-1 の A-B 付近）をあらかじめ推定してみたい。

2. 対象地域の特徴

図-1 に示した判読対象地は、本川である釜無川とその支川である御勅使川の合流する地区の御勅使川左岸にある。

御勅使川の扇状地末端は、釜無川の河幅を狭めるような形態を示している。釜無川との合流点より上流は、広い川幅を持つのに対して、同川の下流側川幅は相対的に狭くなる。地形図、空中写真、地質図を基に判読対象地の地盤を推定してみよう。

3. 空中写真判読

簡単な現地状況（写真-1 と 2）、空中写真（写真-3）および地質図（図-4）をもとに、どのような判断ができるかについて検討する。

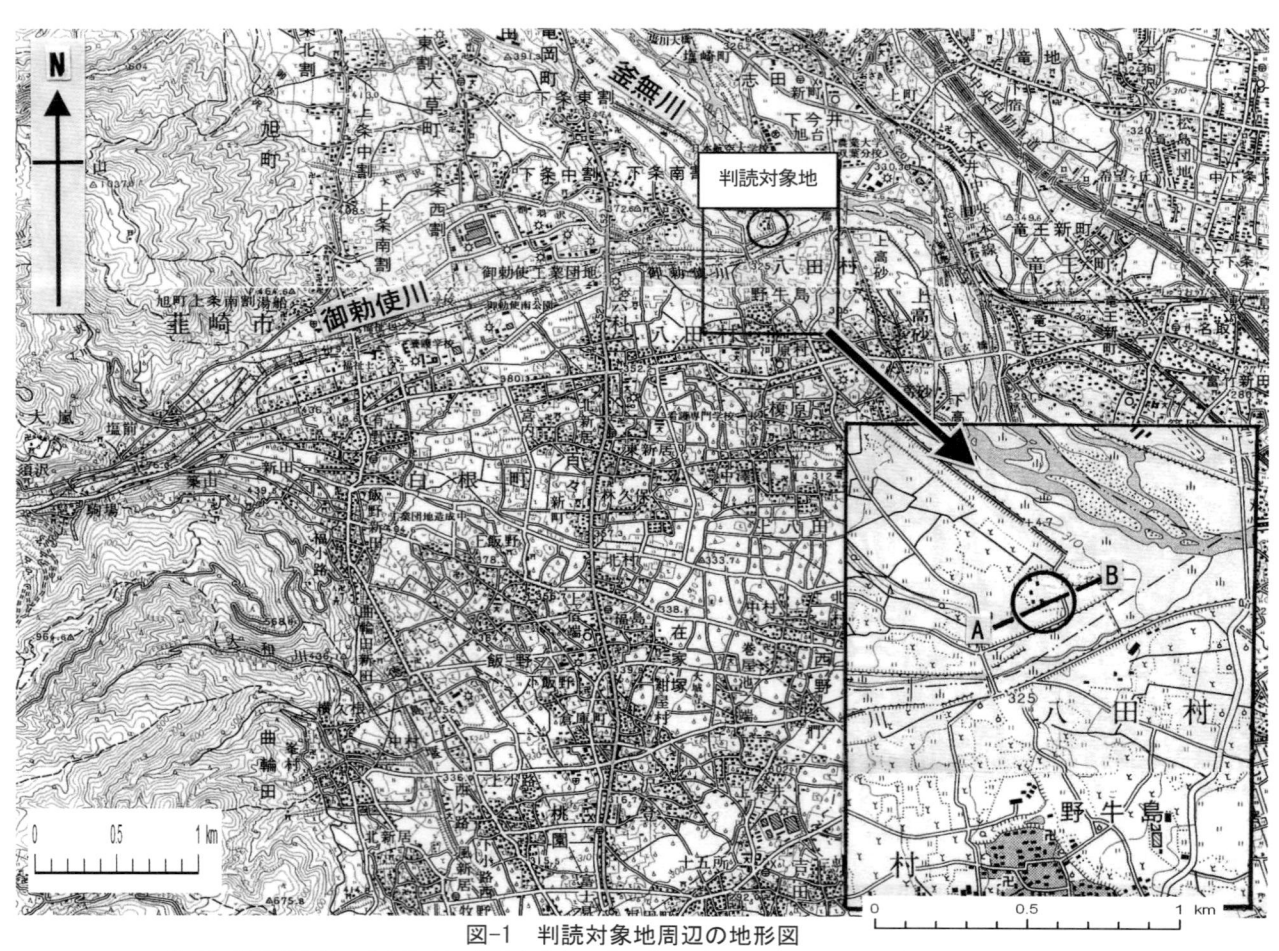

図-1 判読対象地周辺の地形図
（1：50,000「韮崎」「小笠原」「甲府北部」「甲府」、枠内は 1：25,000「韮崎」「小笠原」）

写真-1　①御勅使川の河床
　　　　　火山岩類の礫（Φ20 cm以下）および細礫・砂からなる

写真-2　②釜無川の河床
　　　　　花崗岩・変成岩等の硬質な玉石（Φ10～60 cm）が目立つ。

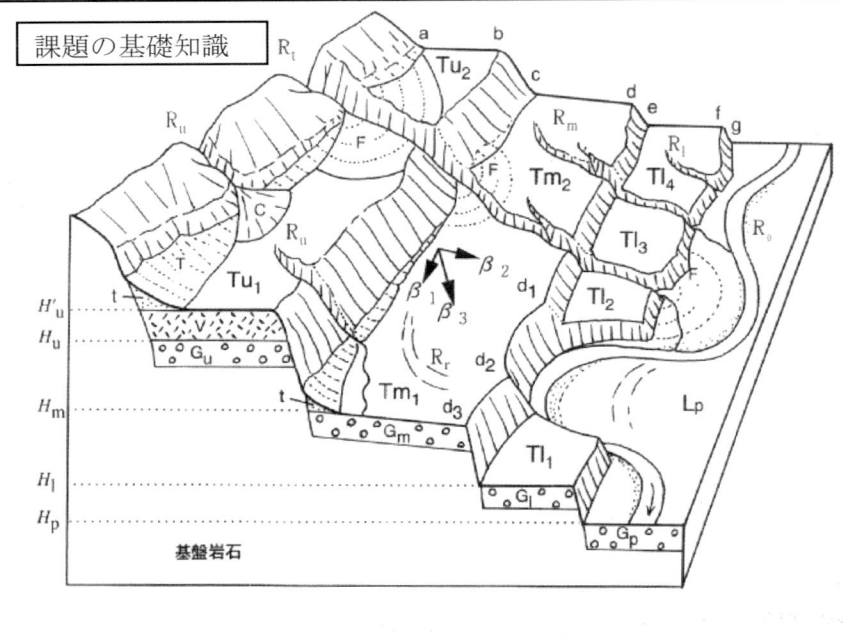

課題の基礎知識

Tu・Tm・Tl：上位・中位・下位段丘面，添字は各段丘面の断片を示す．
a：山麓線．c, e, g：段丘崖の崖麓線．
b, d, f：段丘崖の崖頂線．
Lp：現成の河成低地．T：崖錐，C：沖積錐，F：支流の扇状地．
R_0：本流，R_t：古い支流とその段丘開析谷，R_u・R_m・R_l：上位・中位・下位の段丘形成後に生じた河川とその段丘開析谷，R_r：流路跡地．
H_u・H_u'：上位段丘面の実質高度・名目高度．H_m・H_l・H_p：中位段丘面・下位段丘面・現成低地の実質高度．
$h_u(=H_u-H_p)$ と $h_u'(=H_u'-H_p)$：現河床から上位段丘面までの実質比高と名目比高．中位・下位段丘でも同様．
$\beta_1, \beta_2, \beta_3$：中位段丘面の縦断勾配，横断勾配および最大の勾配ならびにそれらの傾斜方向．
G_u, G_m, G_l, G_p：上位，中位，下位の段丘および低地の堆積物，V：火山灰層，t：崖錐堆積物．

図-2　段丘の形態的特長（鈴木、2000）　本川に流入する「支川の扇状地」Fに留意。

190　第6章　地盤・微地形

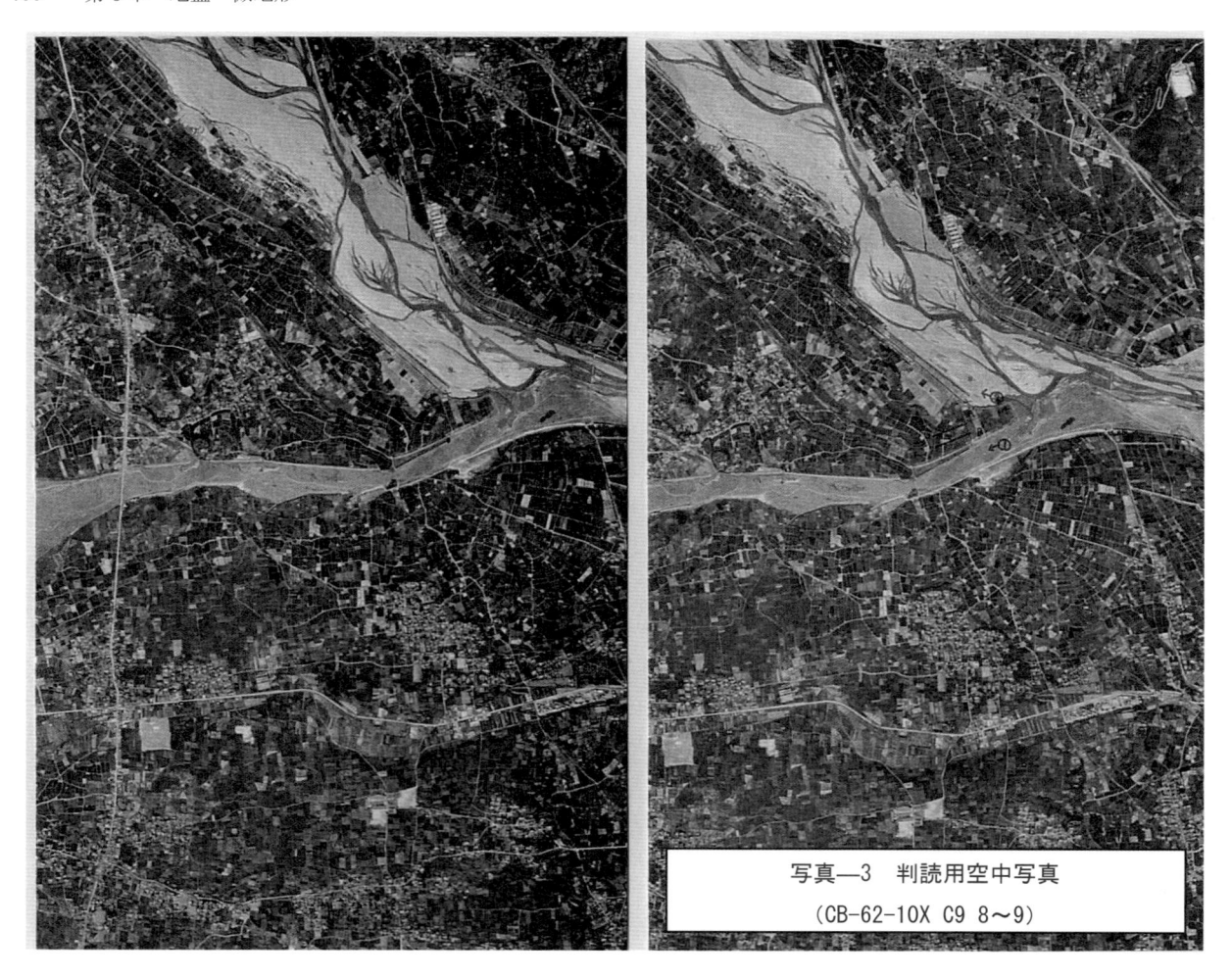

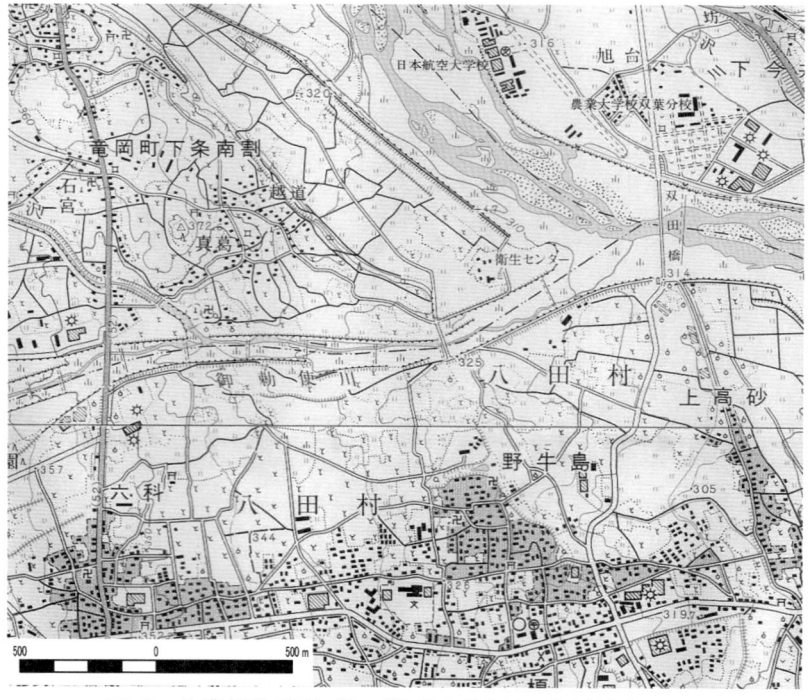

写真—3　判読用空中写真
（CB-62-10X　C9　8〜9）

図-3　作業用地形図（1：25,000「韮崎」「小笠原」）

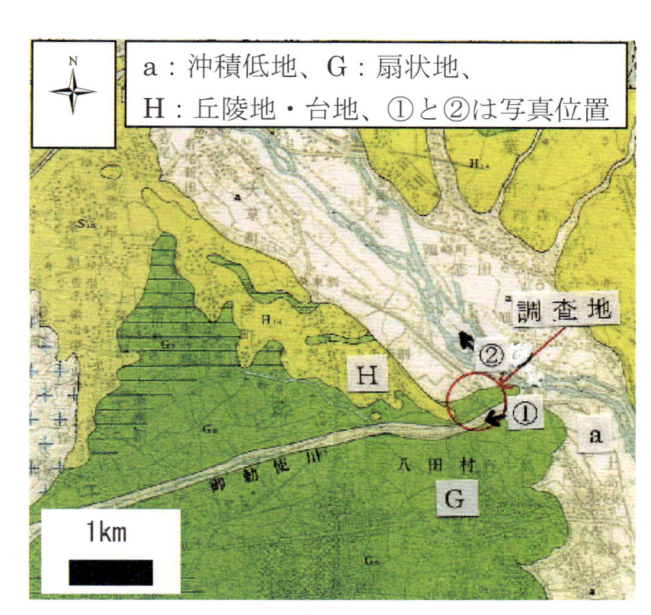

図-4 判読対象地付近の表層地質図
（地質調査所、1980　日本水理地質図 30
山梨県甲府盆地　より抜粋）

図-5 釜無川との合流部に発達する御勅使川の新規扇状地

4．判読結果の記載

ここでは判読結果として、4人の判読者（A～D）の考察結果を示した後、調査結果と照らし合わせて地形解析のポイントを説明する。

（1）判読者A（図-5参照）

①釜無川右岸沿いにNW-SEに延びる比高数m～50mの崖線が追跡される（図-5）。この崖は釜無川の側方侵食で形成されたものである。したがって、判読対象地北側の堤防の背後にある低地は、釜無川の流路跡であり、最近まで流路が位置していた状況が読みとれる。

②御勅使川は急流河川で比較的大きな扇状地を発達させている。そして、上記の崖線に直行する流路で釜無川と合流し、崖線を扇頂とするような新規の小扇状地を形成している。判読対象地はその上に位置している。

③以上の判読結果から、判読対象地の地盤は次のように考えられる。

・釜無川の流路はかつて崖線付近にあり、御勅使川は現在の流路よりも南側にあった。

・御勅使川の流路が現在の位置になった後、小扇状地が形成され、それに伴い釜無川を東に移動させた。

・判読対象地の地盤は、下部の釜無川の大礫からなる堆積物と上部の御勅使川の比較的小さな礫や砂からなる堆積物から構成される。下部層の上面は凹状に分布する可能性がある。また上部層は扇状地の端部であるため細粒物質主体の固結度の低い堆積物である可能性がある。

（2）判読者B

①空中写真から、判読対象地の北西側に丘陵状の段丘を作っており、釜無川右岸に新鮮な段丘崖が発達している。この崖は、判読対象地を挟んで南側（野牛島付近）にも低い段丘崖群として連続している。これは判読対象地付近にかつて釜無川河道があったことを示す。

②判読対象地は、御勅使川の現成の扇状地上に位置する。この扇状地によって釜無川の流路は東側に移動させられている。

③よって、判読対象地の地盤は旧釜無川堆積物の上に御勅使川扇状地堆積物が載っていると予想

される。両堆積物の境界面は、釜無川の現河床と同程度の勾配をもって NW－SE に緩く傾斜するものと思われる。
④なお、両堆積物の下位には①で述べた段丘堆積物が伏在する可能性がある。
⑤釜無川の礫は、主に花崗岩等の硬質かつ玉石からなることから、N値については下部礫層（釜無川起源）が上部礫層（御勅使川起源）よりも大きいと推定される。

（3）判読者C（図-6参照）

①地形図から、判読対象地は釜無川と御勅使川の合流点に位置する。釜無川は北に給源を持つ岩屑流の台地を侵食し、河床勾配は緩く河川敷は広い。御勅使川は河床勾配が釜無川より急で、台地を覆って扇状地を形成しており、現在の河道は流路工により固定されている。扇状地の扇端は釜無川に向かって張り出している。地質層序は、下位より、岩屑流堆積物、釜無川の旧河床堆積物、御勅使川の河床堆積物からなると推定される。
②釜無川の流路は、御勅使川の扇状地形成によって東遷しているように見える。御勅使川の扇状地形成以前に釜無川の流路がそこにあったと考えられる。したがって判読対象地が位置する御勅使川の扇状地堆積物の地下には、釜無川の旧河床堆積物が分布していると推定される。
③現地写真から、釜無川の河床堆積物は円礫を主体とし、御勅使川に比べて礫径も大きい。御勅使川の河床堆積物はより細粒で円磨度も低いが、礫径の大きなものは、流路工と堰堤によって捕捉されていると考えられる。
④空中写真から、段丘化した岩屑流堆積物からなる台地は御勅使川扇状地によって覆われているが、段丘崖は完全に埋積されていない。御勅使川の現河床堆積物は、釜無川の現河床上に流出して、小規模な沖積扇状地を新しく形成している。釜無川の氾濫原には、自然堤防、後背湿地、旧河道などの地形がみられる（図-6）。

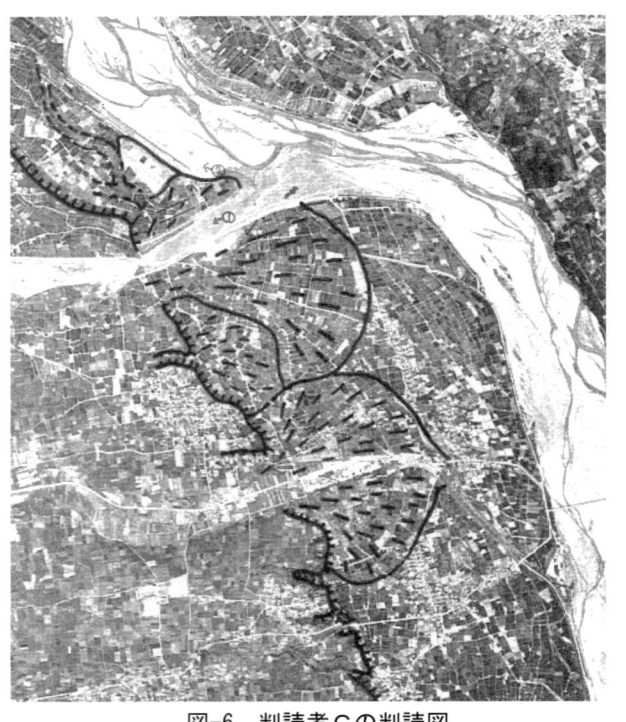

図-6 判読者Cの判読図

（4）判読者D（図-7参照）

①判読対象地の西側には、NW－SE 方向の急峻な崖線が走る。この崖線は対岸にも一部認められ、その形状は河川に平行で側刻を受け、断層崖とはみえない。また、判読対象地の西側に広がる丘陵・台地上には流れ山地形が一部認められる。以上のことから判読対象地付近の釜無川は岩屑なだれ堆積物を彫り込んで侵食成の谷底平野を形成していると考えられる。
②したがって地下の地質は、下位より岩屑なだれ堆積物、釜無川の堆積物、さらにそれに指交関係で御勅使川の堆積物が分布すると考えられる（図-7）。
③判読対象地は御勅使川が釜無川に注ぐ合流点である。さらに写真判読から、合流点付近に御勅使川の新期の扇状地群が発達しており、判読対象地がその北端に位置していることがわかる。現在は下刻が著しいようであり、扇状地は離水しているように見える。
④現地写真から、御勅使川の堆積物は釜無川のものに比べてあきらかに礫径が小さく砂が多い。ボーリングを実施したとして、N値の低い部分が続

けば支流性（御勅使川の堆積物）、高い部分は本流性（釜無川の堆積物）と考えるのがよさそうである。

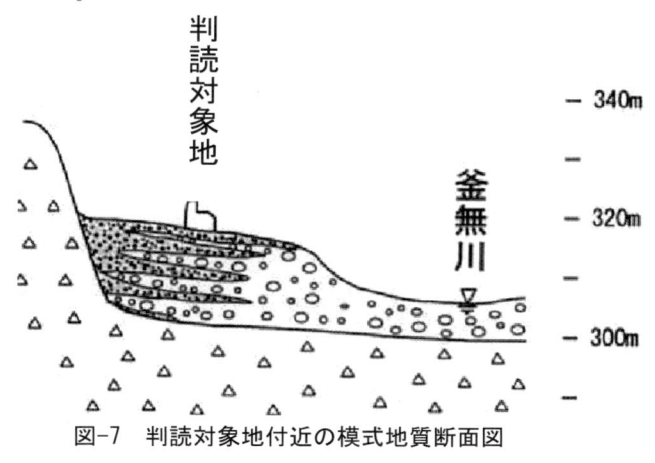

図-7 判読対象地付近の模式地質断面図

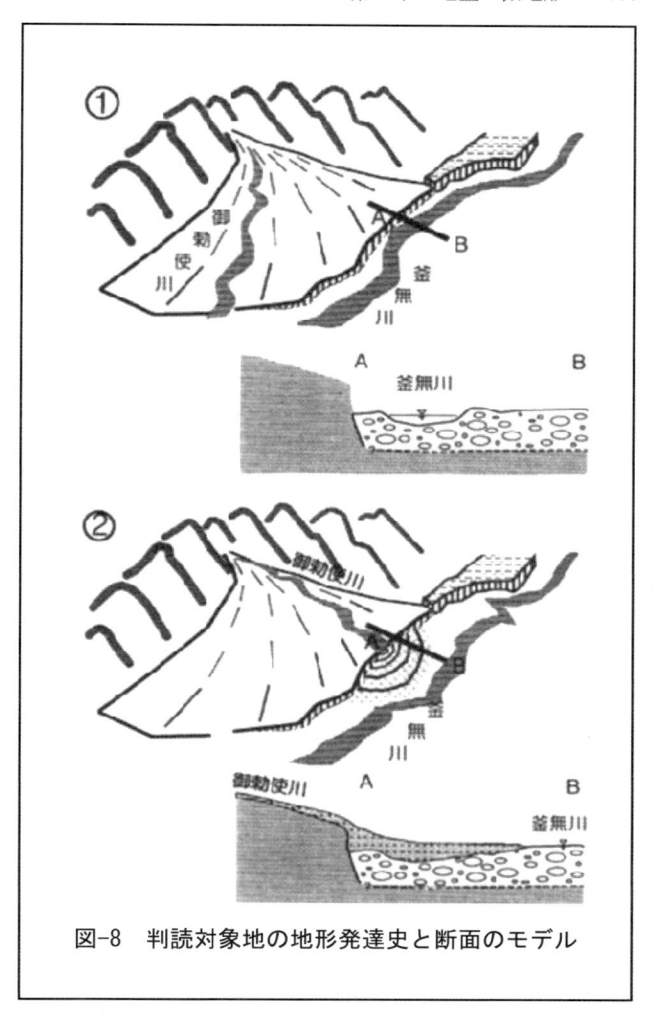

5．地形解析と記載のポイント

本課題では、段丘や段丘崖、本流・支流性の扇状地の微地形を判読できるかどうかが、判読対象地の層序を推定できるかどうかの鍵であり、判読者 A～D は多少の違いはあれ、ほぼ問題のない推定ができている。

以下、調査結果を含め、地形解析のポイントおよび解答を説明する。

（1）写真判読による微地形の抽出

地質図から、判読対象地が御勅使川扇状地の扇端部に位置することはわかる。しかし、次の事項については写真判読の必要がある。

・御勅使川扇状地の末端に、低い段丘崖が南北に断続して認められること
・その崖下に新期の小扇状地が発達し、それによって釜無川の流路が東側に押されていること
・判読対象地はその小扇状地上に位置すること

（2）地形発達史の推定

前述の地形配置から、判読対象地の地形発達史として次のように推定できる（図-8）。

①かつて御勅使川扇状地の末端が釜無川によって侵食された。

図-8 判読対象地の地形発達史と断面のモデル

②御勅使川が現在の流路に移り、段丘崖下に小扇状地が形成された。

（3）判読対象地の地盤

ボーリングにより、判読対象地の地盤（地表約 20m 以浅）は 2 層の礫層からなることが確かめられた。

上部層は薄い砂層を数枚挟み、N 値は 30～50 以上、砂層で 10 前後であった。下部層は花崗岩・変成岩の玉石を多く含み、N 値はすべて 50 以上（～反発）であった。

各構成層の礫種・礫径は現地状況（写真-1、-2）と対応しており、両層の境界は釜無川の河床とほぼ同じレベルであったことから、上部層は御勅使川扇状地末端の堆積物、下部層は釜無川の河床堆積物とみなすことができる。

下流域の平野では、新たな堆積物によって次々と覆われ、地表部は一様化されてしまう。このような場所では写真判読からその地盤を推定することは難しい。

しかし、上・中流域では山地斜面や崖錐、段丘など異なる地形が隣接し合っており、それらが浅層部の地盤をそのまま反映していることが多い。

その場合、こうした地形解析が有効となる。

（川崎　輝雄）

引用文献

鈴木隆介（2000）：建設技術者のための地形図読図入門　第3巻　段丘・丘陵・山地、古今書院

地質調査所（1980）：日本水理地質図30　山梨県甲府盆地水理地質図　1：50,000

キーワード
扇状地末端
扇状地
段丘
段丘崖
扇状地堆積物
旧河床堆積物
岩屑流堆積物
沖積堆
地形の重なり

まとめ

河川の中・上流域では本川の河床と支川の扇状地、段丘と支川の扇状地、段丘と崖錐、段丘と沖積錐などの2つ以上の地形種が重なり合って地形を形成していることが多い。この場合、調査地周辺の地形を1/25,000地形図の読図と空中写真判読によって、微地形区分することと概略の地形発達史を読むことによって、表層地盤の推定が可能になる。

本川に流入する支川の扇状地の事例

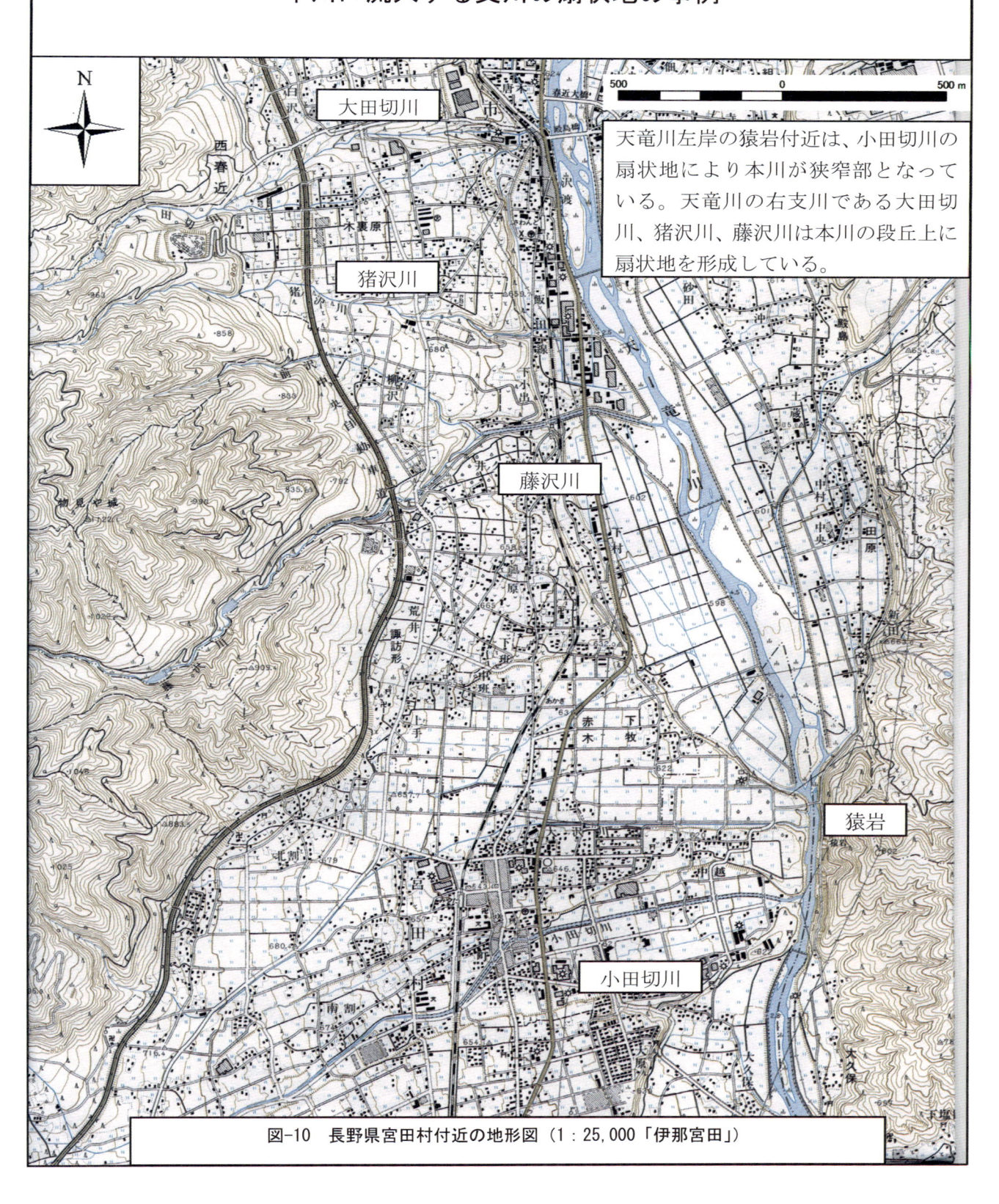

天竜川左岸の猿岩付近は、小田切川の扇状地により本川が狭窄部となっている。天竜川の右支川である大田切川、猪沢川、藤沢川は本川の段丘上に扇状地を形成している。

図-10　長野県宮田村付近の地形図（1：25,000「伊那宮田」）

[コラム] 地質地盤情報システム

八戸昭一

我が国における地質地盤情報のデータベースは昭和30年代後半から刊行され始めた「地盤図」が基礎となっており、現在ではそのうちかなりのものがGIS上で稼動するデータベースシステムに発展している。データベース構築による最大のメリットは別々の機関や部署によって発注された目的や時期の異なる様々な調査結果を一括管理することによって、一点一点のデータからは決して解らない情報(例えば、埋没谷の平面的分布形態やその谷壁斜面の勾配など)が得られることである。一方、逆に注意が必要なのは出典元が異なることに起因するデータ内容の質のバラツキである。ボーリングデータの地質記載に関する個人差は仕方がないとしても、標高値(孔口標高)については注意が必要である。一般に、河川改修や橋梁建設などの土木関連の調査では絶対的標高値(関東ではA.P.やT.P.など)が記録されているが、学校やビルなどの建築関連の調査では敷地内やその周辺に基準点(仮ベンチマーク)を設定し、その点からの相対的な高度差を記録していることが多い。電子化する際にこのような基準点や各ボーリング地点の標高はいちいち水準測量するわけにいかないので、大縮尺の地形図等から読みとるのが実状である。このため、ボーリングデータを平面的に並べて沖積層基底のコンターマップや地質断面図を描画した際には、±50cm程度の誤差はさけられない。また、基準点やボーリング地点自体が建設工事のため土地改変されてしまい、地図上からは調査当時の状態が読みとれない場合もある。質を量でカバーするという考え方もあるが、都市部から少し離れた農村地域では質は悪くとも貴重な一点となることが多い。一度データを電子化してシステム内に保有されてしまうと、その質を見極めるのは難しい。疑わしいデータが見つかった時はすぐに基データまで遡ることができるバックアップ体制が整っている機関もあるが、そのようなケースは少ない。報告書を丸ごと電子化するのが理想的だが、多くの場合は柱状図など基本的な情報だけで手一杯なのが現状である。せめて報告書は調査の発注元で現状のまま保管し続けることを希望したいが、そもそもデータベース構築自体が膨大な地質調査結果(報告書)の保管対策の一つして期待を受けることが多いため、ある種矛盾した要望をすることとなる。

引用文献

中西利典・石原与四郎・田辺 晋・木村克己・八戸昭一・稲崎富士 (2006) : 既存土質柱状図の解釈による中川低地南部の沖積層等層厚線図. 地質調査総合センター研究資料集, 産業技術総合研究所地質調査総合センター

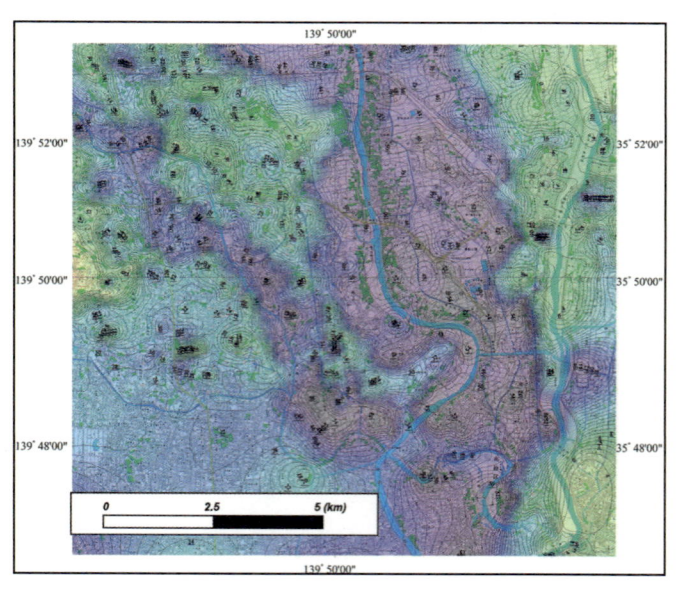

図-1 埼玉県東部の草加市付近における沖積層基底の等深度図 (中西ほか、2006)

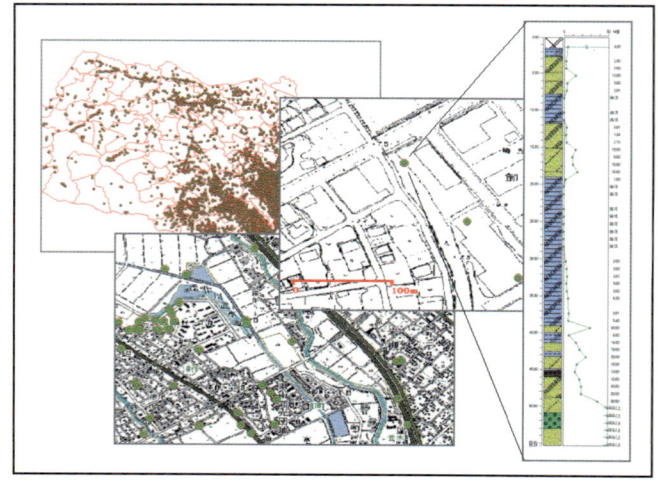

図-2 地質地盤情報システムの概念図

6．2　航空レーザ測量による詳細地形図から微小地形を判読する

1．課　題

近年、航空機レーザスキャナによる航空レーザ測量によって精密な地形図を容易に作成することができるようになった。航空レーザ測量は、地上の3次元座標点を従来よりも高密度に得られるため、再現性の良い地形モデルを作成することができる。さらに数値情報であることによって加工が容易であり、さまざまな地形表現ができる。この章では、従来の地形図との比較を感覚的に容易にするために、0.5m間隔の等高線図に出力した「レーザ地形図」を使って、これまで空中写真や地形図では地形判読がしにくかった丘陵〜小起伏山地の内部の地形判読を試みてみる。

2．対象地域の特徴

対象地域は、北海道十勝平野の中央部、十勝川左岸に位置する長流枝内丘陵の南端部である。丘陵地は全体に緩やかに起伏し、頂稜は標高150〜200mの定高性を持ちつつ西に緩傾斜している。1:25,000の地形図では、丘陵地内の斜面の地形を詳細に判読することはむずかしい（図-1）。また空中写真（写真-1）や現地写真を見ると、この地域は広葉樹の疎林で、植林が繰り返されているようであるが、樹木に覆われた場所では、微小

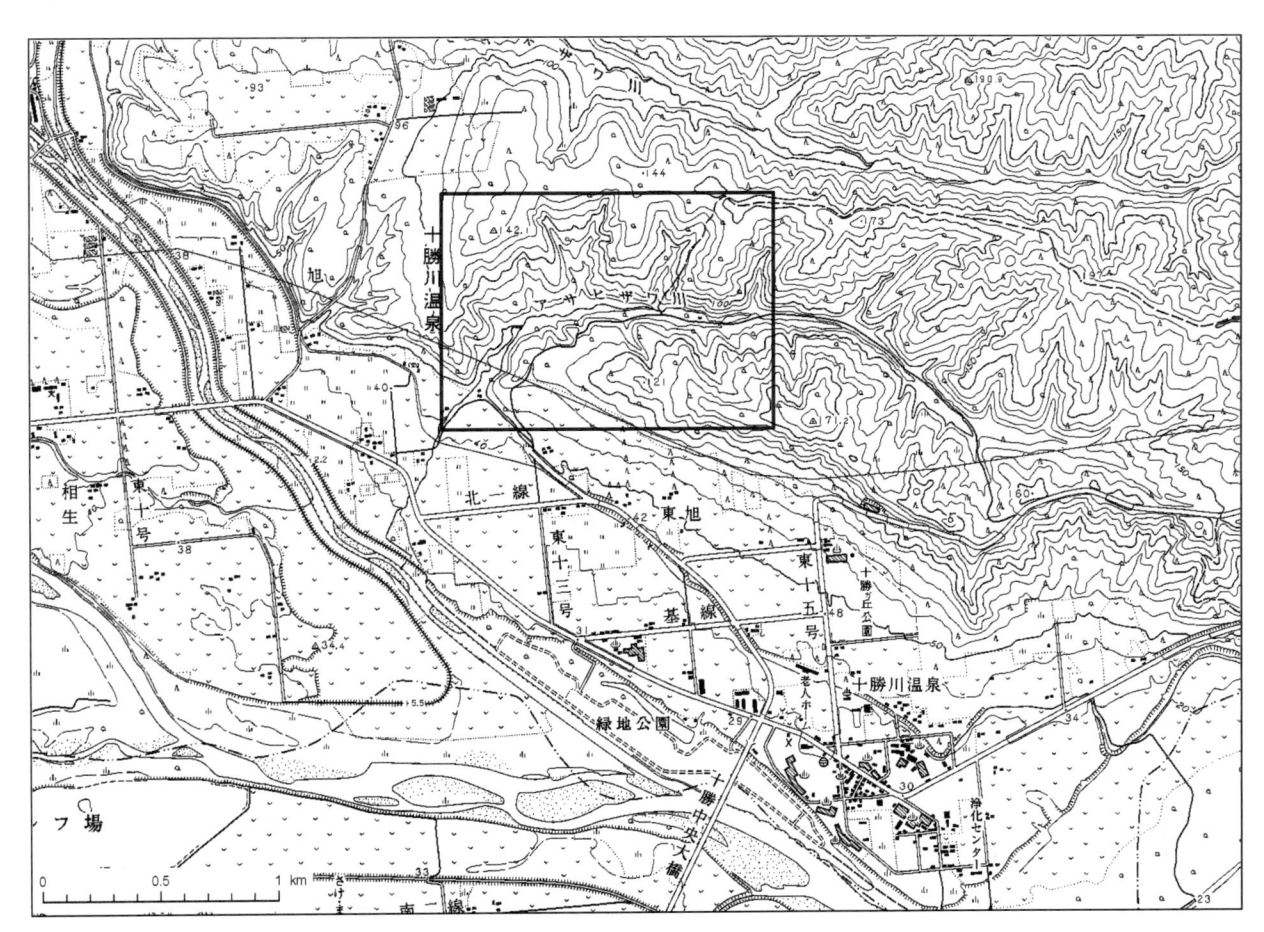

図-1　判読対象地周辺の地形図（1:25,000「十勝川温泉」。枠の内部が判読対象範囲）

198　第6章　地盤・微地形

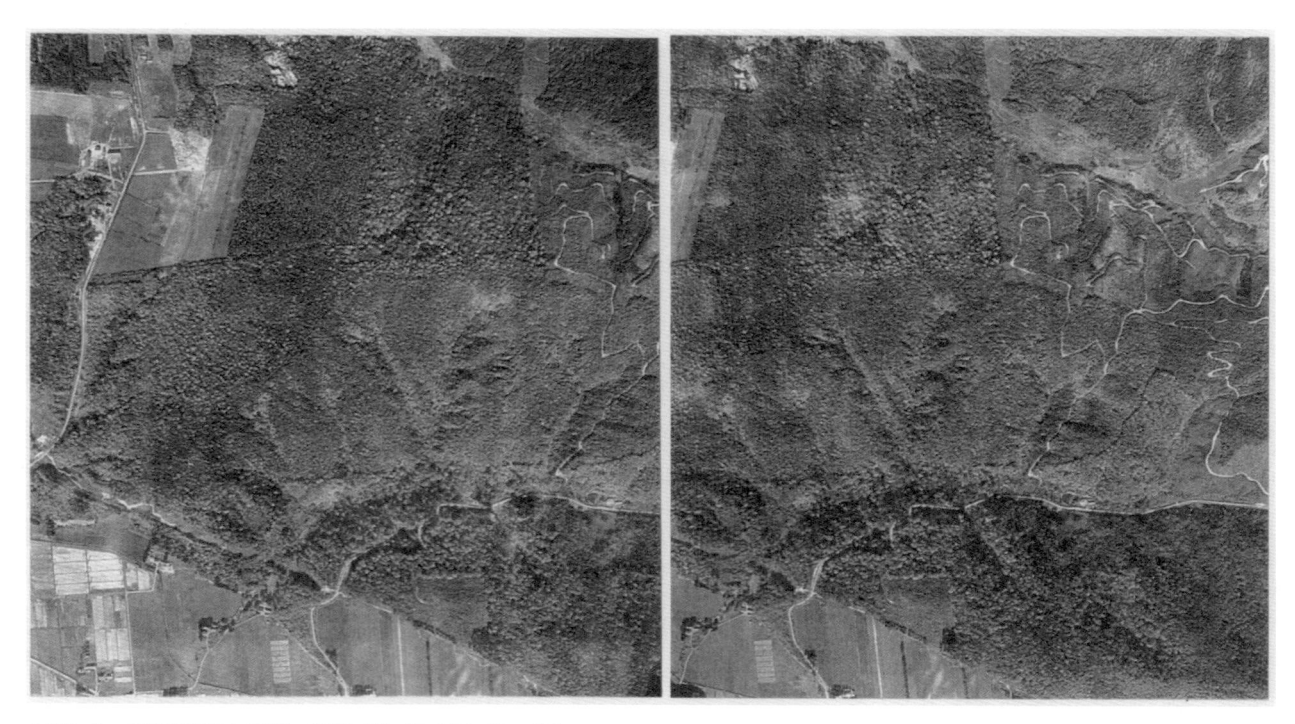

写真-1　判読用空中写真（CHO-77-49 C5B-32〜33）
　　実体視する場合、やや過高感をもたせ、起伏を強調して地形判読がしやすいようにしてある。写真画像では、情報の省略や間引きはないが、樹木で覆われた部分の地表面の情報は直接得られない。

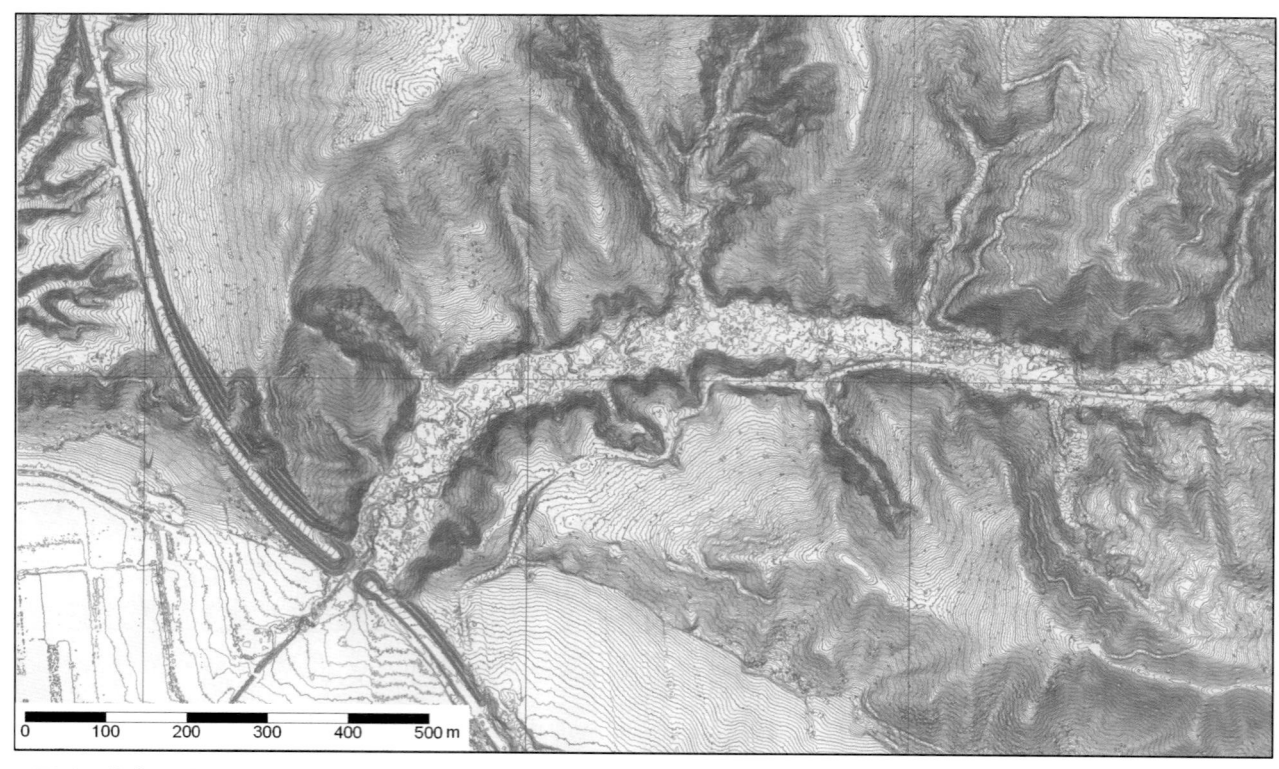

図-2　作業用地形図　　航空レーザ測量による等高線図　等高線間隔は0.5m（国際航業提供）

地形の判読も簡単ではない。このような場所で、航空レーザ測量による高精度な地形図（図-2）を用いると、どのようなものが読み取れるだろうか。

3. 判読結果

今回は、地形図のみを用いた読図から判読結果をまとめて判読図を作成した（図-4）。航空レーザ測量による地形図は、一見すると急峻な大起伏山地の地形図のようにも見える。しかし、これは等高線間隔が0.5mと狭いことからくる錯覚で、実際にはこの地域は全体として緩やかな地形である。これは、空中写真を実体視するときの、過高感が得られる状態にも似ている。図からは、渓流沿いの斜面の傾斜変換線、谷壁や谷頭の崩壊地形、地すべり地形、崖錐、小渓流出口の沖積錐、傾いた段丘面（図の北西端部）等が鮮明に読み取

れる。さらに林道や重機の作業道なども如実に把握することができる。以下に判読の要点を紹介する。

（1）遷急線

空中写真を実体視すると、中央を流れるアサヒザワ川（1：25,000地形図に名称の記載がある）沿いに比較的明瞭な遷急線が見られる。遷急線は支沢の流域にも連続し、その直下に多くの崩壊跡地が認められる。航空レーザ測量の地形図では、さらにそれらの位置が鮮明になり、斜面の上方にも、いくつかの傾斜変換線が認められる。これらを、河床に近いものから遷急線Ⅰ、Ⅱ、Ⅲ、Ⅳとしておく。

空中写真でも認められる遷急線Ⅰは、アサヒザワ川の谷の出口では、河床からの比高約20mのと

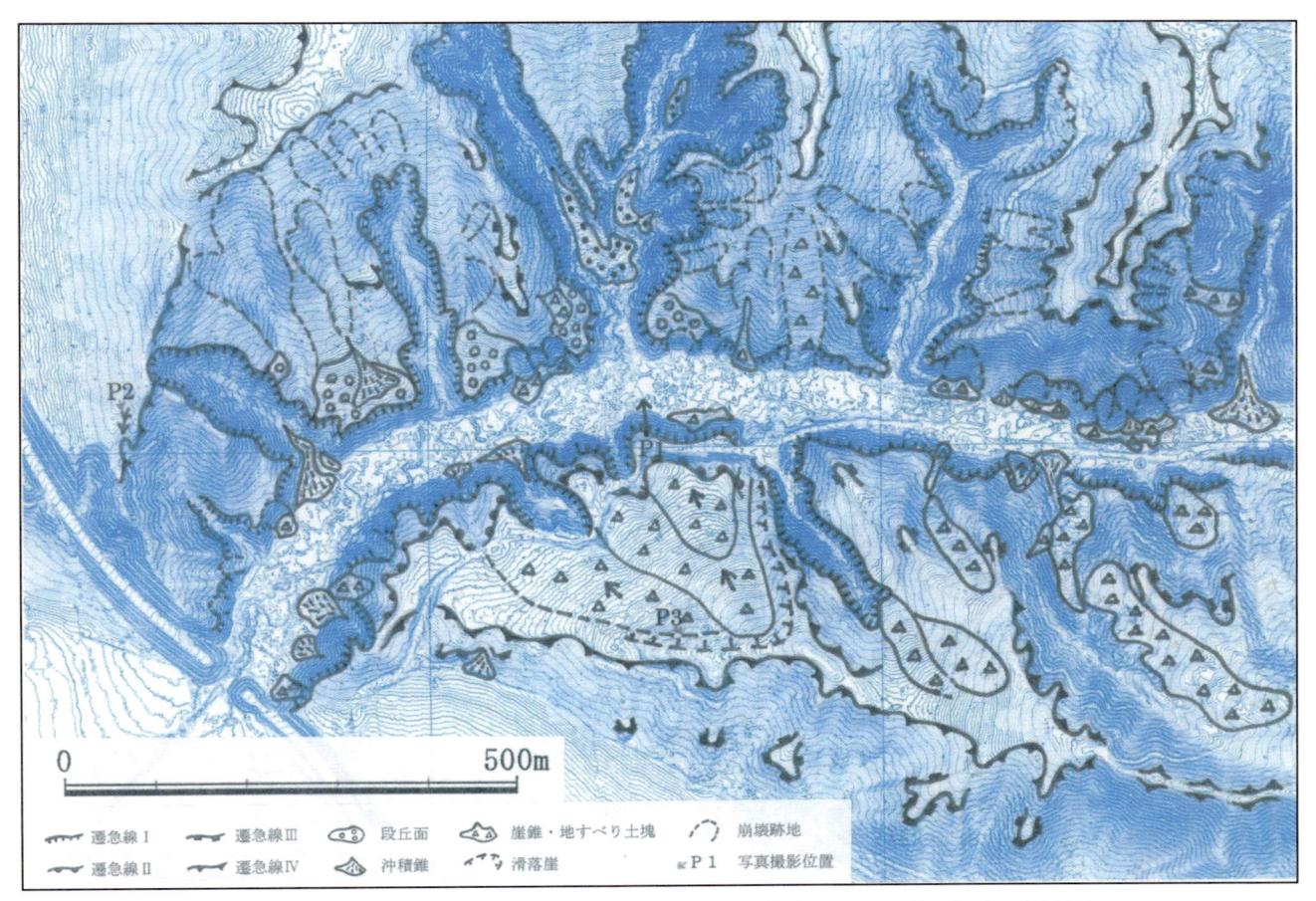

図-3 航空機レーザ計測による2mDEMから作成した0.5m間隔の等高線図から作成した地形判読図
　実際には緩傾斜な丘陵地の斜面においても、等高線の間隔密度による傾斜表現が微細にできるようになったため、斜面内にある遷急線などの分布がよく判読できる。

ころに認められ、上流への比高はやや小さくなる。さらにこれと連続する明瞭な遷急線が、いくつかの枝沢にも認められる。

　航空レーザ測量の地形図をよく見ると、遷急線はところどころスプーンでえぐったような形状の崩壊跡地で修飾され、その基部には明瞭な崖錐が認められる。また舌状の崖錐や土石流扇状地が遷急線を切って分布している箇所もある。いくつかの小渓流の出口には、沖積錐が特徴的なはっきりした形状で認められる。

　遷急線Ⅱは、図の中央の地すべり地形の末端付近で顕著に見られる。遷急線Ⅰに比較してやや不明瞭で、山腹のより高い位置にある。また遷急線Ⅱは遷急線Ⅰに切られる箇所がある。

　遷急線Ⅲは、図の北東の斜面の山腹に顕著に認められる。渓流の勾配と調和的ではないので、岩相によるものである可能性が考えられる。

　遷急線Ⅳは、尾根の頂部と急斜面との境界を形成している。遷急線Ⅳの標高100〜140mに分布するものは平坦な尾根の直下に位置し、空中写真でも判読ができる。

（2）段丘面

　アサヒザワ川右岸には、河床からの比高約20〜15mの位置に特に緩傾斜な面が断続して認められる。これらは段丘面と考えられる。また図の北西隅に見られる平滑な緩斜面は、線状谷の発達が悪いことから、表層部に均質で透水性の高い堆積物層が分布する段丘面と考えられる。

（3）地形と地質構造

　空中写真でもわかるが、アサヒザワ川の右岸と左岸では、谷密度や谷の縦断形状が異なっている。右岸側の大きな支流群は、谷頭部でも遷急線の河床からの比高が大きく、侵食されやすい性質を反映していると考えられる。また斜面も全体に急勾配である。反対に左岸側は平滑な斜面が広く分布して谷密度が小さく、平均傾斜も緩い。アサヒザワ川は非対称の横断面形をもつ。

　また、空中写真では樹木によって判読できないが、航空レーザ測量の地形図を見ると、左岸中央部の北西に傾く平滑な緩斜面は、不明瞭だが滑落崖を伴っており、全体が地すべり地形であると考えられる。その東側にも、同様に北西に傾斜し、表層部が移動していることを示唆する凹凸のある斜面が見られる。さらに十勝川に面した南側斜面に見られる断続する遷急線の分布高度は、西側に向かって低下しており、これが岩相の差による遷急線であるとすれば、この地域の地層は北西〜西傾斜であり、アサヒザワ川の左岸では流れ盤構造になっていると推定される。

（4）その他の微小地形

　図の西端部中央の南北に延びる山稜の端には、尾根と平行に入る小さな谷地形が認められる。この程度の超微地形を空中写真から確認することは困難で、航測図化で作成した地形図では充分に表現されない可能性が高い。

　アサヒザワ川の平坦な河床の内部には、曲流する河道や段丘状の微地形が読み取れる。しかし、局所的な細かい凹凸が見えるうちののいくつかは、樹木の樹冠などによる計測ノイズが除去しきれずに残っているもので、地盤の凹凸を示すものではないと考えられる。

（5）地形発達史

　地形の解像度が高くなると、丘陵や小起伏山地の内部のような起伏量の小さい場所でも、侵食・堆積の過程が進行している様子を如実に観察することができ、地形発達史や地形形成営力を検討することが容易になる。

　遷急線Ⅰのように、連続する遷急線が現河床から近い位置に明瞭に認められるのはなぜだろうか？　このような河川に沿って連続性がよい遷急線は、後氷期開析前線とも呼ばれる（羽田野・大八木、1986）。それは日本の河川の中・上流部において、多くの場合に後氷期に急激な下刻が行われ、それに追従して、あるいは上流からの土砂供給量が減ることによって、支流や小さな沢でも下刻が生じているからである。後氷期の下刻によって生じた遷急線は、山地地形のなかで後氷期／氷期の時間基準となる。南を流れるアサヒザワ川の本流の十勝川は約5万年前頃の段丘を30m下刻し、そのほとんどは後氷期に生じている（平川・小野、

1974)。アサヒザワ川の下刻の時期も後氷期の可能性が高い。

　アサヒザワ川の丘陵の出口には扇状地が堆積しているので、すでに十勝川本流の下刻現象とは切り離されている。1:25,000地形図で少し広く眺めると、この丘陵の西縁をなすNW-SE方向の道路建設中の斜面は、十勝川・士幌川によって側刻されてできた斜面である。この侵食によりアサヒザワ川は下流部が消失し、合流点で高度不連続が生じた。この高度不連続を解消するためにアサヒザワ川は下刻を行い、同時に谷の出口では扇状地を作り河床高度を上げたと考えられる。

　また、遷急線Iを修飾する崩壊地や遷急線を覆う崖錐などは、遷急線の後に生じた地形であるのに対し、地すべり地形AとBは遷急線以前の地形、すなわち最終氷期に形成された地すべり地形と思われる。

4．現地の状況

　現地に赴いてみると（2003年4月）、植生は、白樺やカシワ、ナラなどからなる落葉樹の疎林であり、レーザデータを取得した11月（2001年）は日光の透過率はかなりよかったと考えられる。現地の斜面の傾斜は緩く、写真-3に見るように、アサヒザワ川右岸の遷急線IVの上方には、段丘面のように判読できる緩斜面がある。写真-4は山稜に平行する小谷地形、写真-4は廃道となった林道の切取り法面である。これらの比高1m程度の小段差も、航空レーザ測量によって捉えられている。調査範囲北西端の平滑な緩傾斜面には、実際には火山灰質ロームに覆われた段丘礫層が分布している。この段丘面が西側に緩傾斜しているのは、十勝平野中央撓曲帯の活撓曲によるものである。

5．遷急線と斜面の発達

　遷急線とは、斜面の上方から下方に向かって急傾斜に変化する点を連ねたものをいう。遷急線は、地質の硬軟に対応している場合がないわけではないが、一般には斜面基部からの削剥過程で形成されるものと考えられる。したがって遷急線より

写真-2　アサヒザワ右岸の緩斜面と植生の状況（図-3のP2）

写真-3　山稜に平行する浅い谷地形（図-3のP2）

写真-4　廃道となった林道の法面（図-3中のP3）

下方の斜面は上方の斜面より新しく、また風下層の厚さも小さい。遷急線は、侵食の進行に伴い次第に山側へ移行する。この場合、巨視的に見ると、より新期の侵食領域がより旧期の侵食領域を侵していくことになるので、遷急線を侵食前線、あるいは開析前線と言い換えることもできる。一般に、後氷期（約1万年前以降）には、温暖化と降水量の増大によって植生が回復し、斜面における岩屑の生産量が減少したと考えられている。そして河川流量の増大によって、河川上流部の下刻・側刻や海食が進んだ。羽田野(1986)は、後氷期には日本列島の広域にわたって遷急線の後退が著しく進行したと考え、明瞭な遷急線のうち最低位のものを後氷期開析前線と呼んだ。

6．航空レーザ測量による出力図の特徴

航空レーザ測量は、固定翼や回転翼などの飛行体に搭載したレーザスキャナから、地上に向けて多数のレーザパルスを連続的に照射し、反射光を受光盤で捕捉して、その往復時間によって距離を測定するものである（第1章　図-17参照）．レーザパルスは進行方向に直行して、左右に首を振りながら照射され、その回数は毎秒15,000～100,000発になる。地上の計測点は、レーザスキャナの回転と飛行方向を合成した軌跡に面的に高密度に配列される。飛行体は、GPSやIMU（慣性計測装置）による高精度な位置情報を持っており、各計測点との相対位置から地表面位置データ（x、y、z）を取得することができる．この地形計測手法の最も画期的な特徴は、次の2点に集約できる。

　①計測点密度が高いこと
　②それぞれの計測点が十分に精度の良い均質な
　　位置情報を持つこと

レーザ計測による地上での計測点分布密度は、器材の性能と計測高度に依存するが、一般的に、数10 cm～1 m四方ごとに1点程度にすることができる。これは従来の地形測量に比較して格段に高い計測密度である。このことにより、従来の航空写真の図化では描画できなかった、微細な地表面形状を表現することができるようになった．そのため、これまで大縮尺の地形図でしか表現できなかった地形も、比較的小縮尺の図を使って、広範囲を一度に確認することができる。また、現地踏査を行わなければわからなかったような微細な地形も、机上で容易に認識することができる。

一般に言われる、レーザ計測により樹林下の地形が判別できるということは、計測点密度が高いことに従属する特性である。すなわち、密集する計測点の中で、同じ場所あるいは極めて近い位置にありながら、反射レーザ光の距離や反射強度が相互に異なるような点群から、各々連続する多重表面が明らかに区分して認識できる場合がある。このようなとき、レーザ光の到達点を植生などの地物の表面と地盤面とを分離することにより、地盤高だけを抽出した忠実な地形モデル（DEM）を再現することができるわけである（第1章　図-18参照）。さらに航空レーザ測量には、次のような特徴もある。

　③広範囲の計測が短時間に実施できること
　④計測データの機械処理が容易であること
　⑤レーザ反射強度、RGB画像情報など、位置
　　情報以外の情報を同時に取得できること

これらをまとめると、航空レーザ測量の利点は、直接計測された正確な位置情報を持つ計測点が面的に高密度かつ膨大な量で取得されるにもかかわらず、すべて数値データ化されていることによって、計量処理が迅速に行え、詳細な三次元地形モデル作成が容易にできることと言える。

一方、可視光線情報によって、物体そのものの姿や地被の状況を視認できる航空写真にも、利点がある。今回のように画像化した情報による比較では、崩壊地や崩壊跡地は、植生の状況などにより、空中写真の方が容易に判別できる。そこで、現在のレーザ計測システムは、レーザデータの取得と同時にデジタル写真画像も撮影して、オルソフォトとの重ね合わせや従来型の写真判読などによる確認作業ができるようになっている。

レーザ計測で得られる標高データは、あくまでもレーザ光の反射距離に依存する点群データで

ある。レーザパルスが地面から戻ってきたのか、あるいは樹冠や樹の幹から戻ってきたのか、その他どのようなノイズが含まれているのか等を吟味し、DEMが地面の起伏をどれだけ忠実に再現できているかについて、現地状況の確認も含めて、充分に検討することが重要である。

航空レーザ測量の威力は大きい。このような地形計測・判読手段は、地形調査手法として実用的な段階になっている。地形情報を的確に抽出したい、あるいは技術的成果をわかりやすく説明したいと願う技術者にとって、大いに役立つ手法となるに違いない。また、植生に覆われた山野での詳細な現地踏査においても、地面を忠実に再現した詳細地形図は頼り甲斐のあるものになり、踏査効率も精度も格段に向上すると思われる。

（向山　栄・柳田　誠）

引用文献

羽田野誠一・大八木規夫(1986)：斜面災害の予知と防災，白亜書房

平川一臣・小野有五(1974)：十勝平野の地形発達史，地理学評論，47

日本測量技術協会編(2004)：航空レーザ測量ハンドブック

キーワード
- 航空レーザ測量
- 航空機レーザスキャナ
- GPS
- DEM
- DSM
- 超微地形
- 遷急線
- 後氷期開析前線
- 傾斜変換線
- 沖積堆

まとめ

航空レーザ測量は、地表の計測点が数10 cm～1m四方ごとに1点程度と高密度である。さらに、反射レーザ光の距離の違いによって樹木や草から反射したものと地面から反射したものとを区別する、フィルタリング処理が効果的に行われた場合には、樹林の下の地盤高を抽出した忠実な地形が抽出できる。そのため、地形図上での地形表現の解像度が高くなり、従来の航空写真測量による地図では描画できなかった、超微地形を再現することもできる。しかし、得られた地形モデルが真に地盤高を表しているかどうかについて慎重な吟味が必要である。

航空レーザ測量による詳細地形図の事例 （新潟県魚沼市魚野川左岸の段丘）

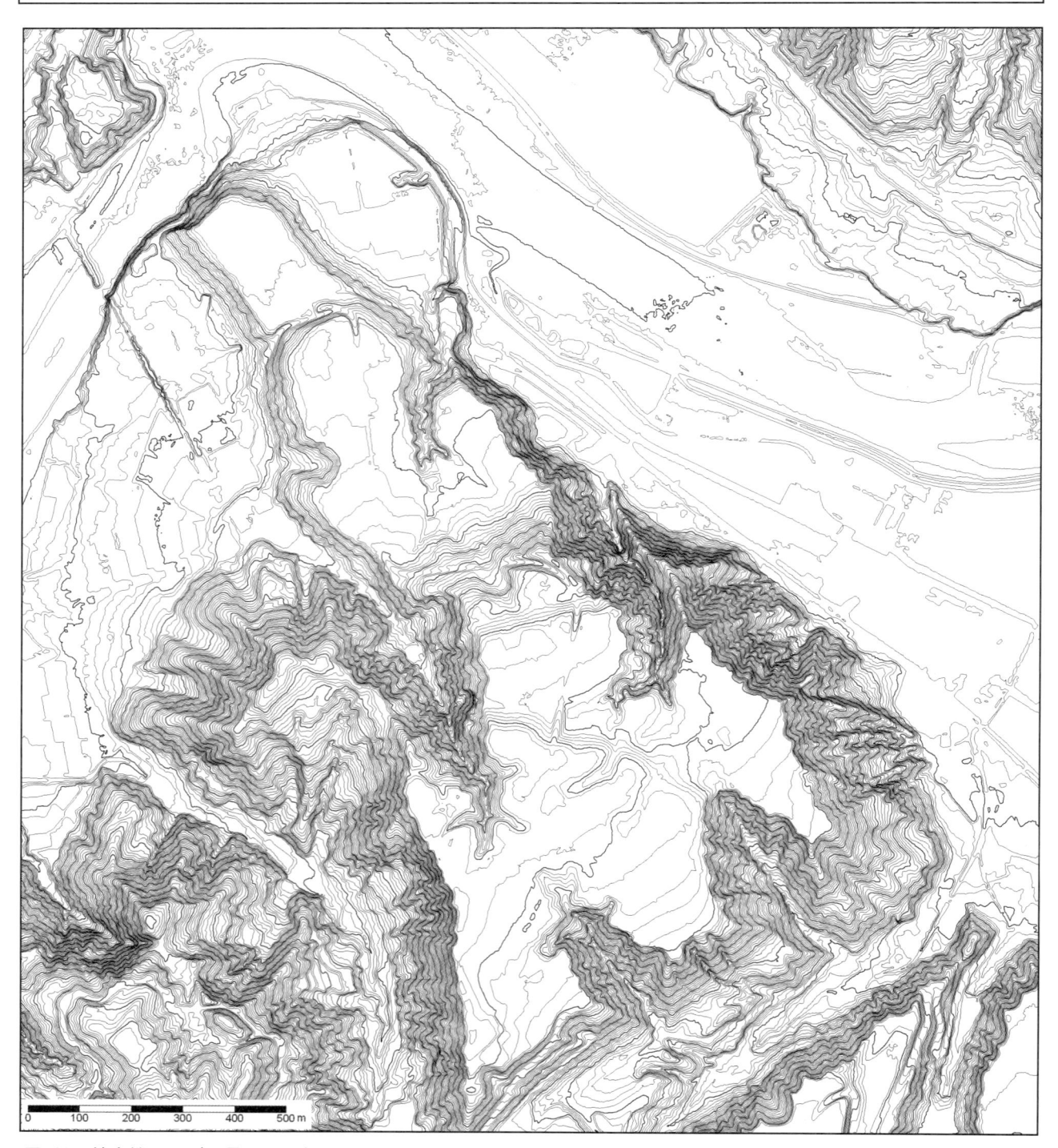

図-10 航空機レーザ測量による新潟県川口市〜魚沼市堀之内付近の地形図（1m間隔の等高線のみ）
　魚野川左岸の丘陵地に見られる中位〜高位の段丘面の分布状況や斜面内の遷急線の発達状況、小河川の谷の出口に発達する小規模な扇状地などに注目。

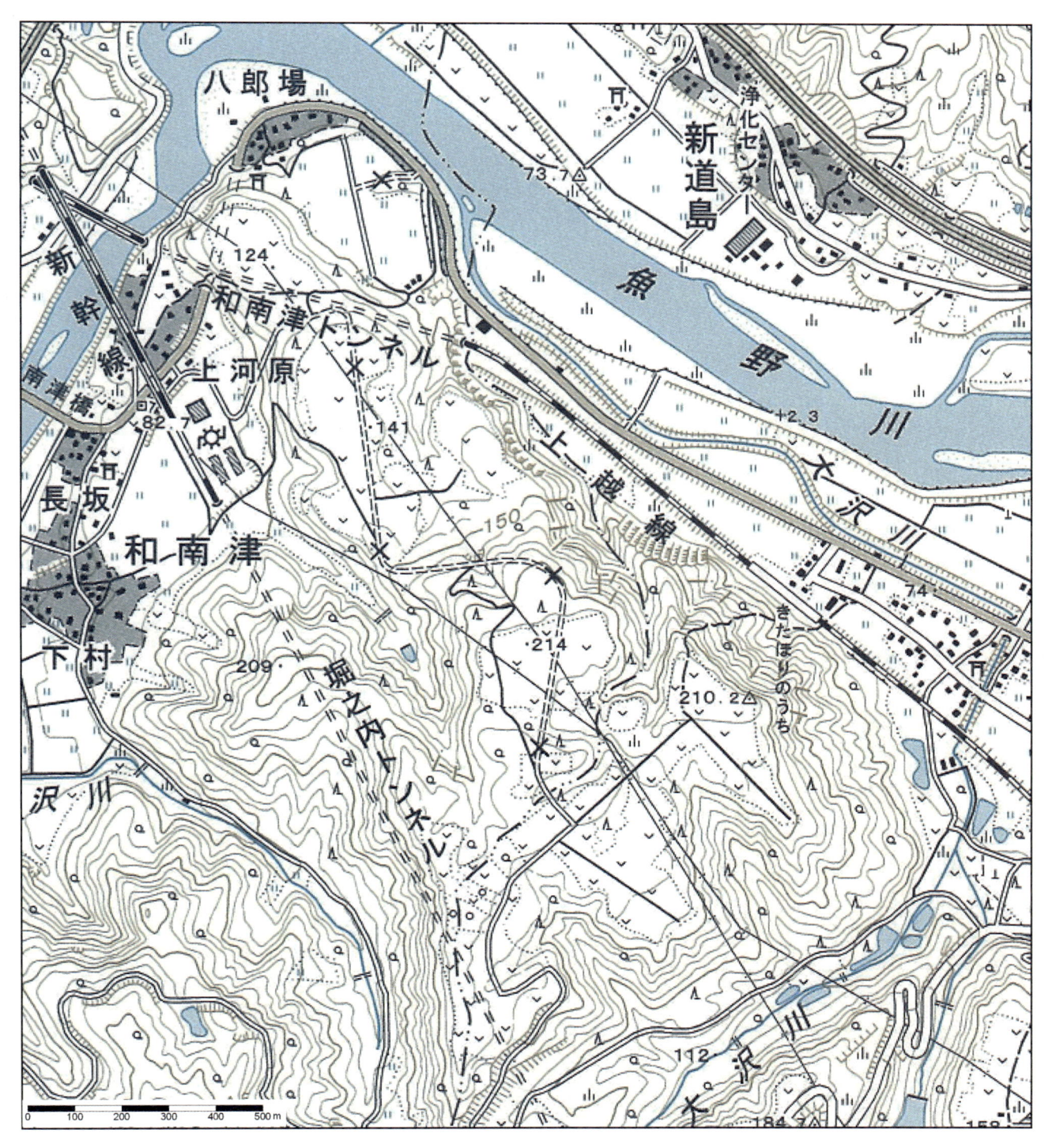

図-10　新潟県川口町〜魚沼市堀之内付近の地形図　（1:25,000「小平尾」　平成18年更新　新潟県中越地震対応版
　　　×印のある道路は復旧未定の道路不通区間）

[コラム] 地形数値解析 —六甲の例—

平野昌繁

　地形の数値解析を含めて筆者が六甲に深く関わったのは、当時の大阪市立大学理学部地学科の藤田研究室が行った六甲山トンネルの岩盤調査や神戸市及び隣接地域の地質調査が関係していて、花崗岩体の分布域でも高い密度で調査を行うため六甲山地にメッシュをかけて格子点で必ずデータをとる、ということが発端であった。これは1960年代という当時としては画期的なことであったと思う。かつそれのその後の展開は、兵庫県南部地震の発生まではさておくとしても、現在においても共通の問題点をいくつかはらんでいた。

　まず問題になったのがベースマップで、通常の調査では既存の1/25,000や1/50,000を当時用いていたが、現地踏査のための精度の良い均一縮尺のものということで、自治体が作成した1/10,000を採用した。しかし自治体ごとに精度が若干違うし、境界部でとくに等高線などぴったり重ならないという問題点があった。しかしとりあえずそれに50m方眼をかけて使用したが、当然のことながら通常の地形図の用いている経緯度座標ではなく、平面直交座標であった。地形図の問題は、その後に国土地理院が作成した1/5,000写真地図(国土基本図)を用いることで解決した。

　このような調査結果をまとめるのに、当初は方眼紙を用いて手作業でプロットしていたが非効率的で、メッシュマップすなわち地図型データベースの必要性を感じた。そこで格子点の座標値と標高だけでなく、それまでの接峰面、接谷面、起伏量、傾斜などの地形計測をそのまま行えるように、方眼内の最高点・最低点、辺を切るコンターの数、を与えたので、当時としてはレベルの高いラスター型のデータベースとなった。ただしデータのチェックは大変で、それを最も正確かつ迅速に行うには、直交する断面線を重ねてブロックダイアグラムを作成し目視で確認することが最善であったので、そのためのプログラムも開発した。

　このデータベースにはその後六甲山地の崩壊地を書き込み、都市周辺地域の防災にも活用した。それに関連して、崩壊発生部分の地形特性の分析だけでなく、山地における侵食速度あるいは崩壊発生場所の予測という観点から、傾斜やラプラシアンの計測を行い、相応の成果が得られた。とくに後者について精度をあげるためには、傾斜だけでなく集水面積が必要となり、それも流水の集中度を示すパラメータだけではやや不十分な場合もある。そこで流線というベクトル型のデータが必要となるので、DEM上におけるその追跡にはBi-linear関数(1次傾向面と違って格子点で標高が必ず一致する)を用いたが、厳密に行うには分水界位置のデータが必要となる。

　六甲に限らず地形は地球上のあらゆる場所に存在する普遍的な情報で、応用地質の立場からは地形から地質情報を入手したいということになる。この点については斜面の傾斜と平滑度(粗度)の組み合せが、侵食地形と堆積地形、花崗岩と古生層、あるいは流れ盤と受け盤、の判別に有効であることがわかった。現在はメッシュ間隔が数mという精密DEMの作成が行われているので、その特性をいかしたリニアメントという断列系を含めた地形にもとづく地質状況の判別が、とくに応用地質学において重要課題となるであろう。

6．3　表成谷を読み取る

1．課　題

　山地内の河川に見られる幅の広い段丘面の下には、しばしば埋没谷が伏在する。このような埋没谷は、貯水施設等を建設する際の漏水の原因となるので、事前にその存在を察知し、適切な対策をとることが重要である。ここでは、伏在する埋没谷を推定するために、段丘面の形状のどのような点に着目し、記述したらよいかについて検討してみよう。

　以下の解説は、具体的な事例に基づいて、段丘地形の特徴から河谷の形成史を復元し、埋没谷を推定した手順を述べたものである。解説文中の｛　　｝について適切な用語を選んでください（解答はこの項の末尾にあります）。

2．対象地の地形解説

　図-1 および写真-1 は群馬県の猿ヶ京温泉付近である。図および写真中の相俣ダムは昭和33年に竣工した提頂長80.0m、高さ67.0mの重力式ダムである。さほど大きくはないが、ダム地点に比べて貯水池の幅が広く、貯水量が2500万トンもある大変効率の良いダムである。

　相俣ダムは先ず群馬県によって本体が建設された。ところが湛水試験の際に大量の漏水が左岸下流で発生、対策の万全を期すため建設省に工事移管された経緯がある。図-2 は地質調査により判明したダムサイトおよび左岸側の地質断面図である。段丘の地下に埋没谷が発見されたが、これが漏水の地質的背景であった。埋没谷の存在そのものに気が付かなかったのか、あるいは気が付いてはいたものの、漏水対処が適切でなかったのかは今となってはよくわからない。ダム本体の左岸側湖畔に約400mの被覆記号が認められるが、これは埋没谷への漏水を止めるため、漏水後に施工された表面遮水施設である。

　いうまでもなく、河川による侵食作用は柔らかい段丘礫層でよりも堅い安山岩で進行しにくい。断面Aにおいてなぜわざわざ堅い安山岩の場所で谷が形成されたのであろうか。この疑問は当地域の地史を復元することによって解消される。元々、断面Bに見られる広い谷が形成されていたが、後に断面Cのように砂礫によって埋積された。偶々、C断面において川が矢印の位置を流れていた時に下刻が始まり、断面Aで見られる安山岩を刻む峡谷が形成されたものである。いわば河川は下方の地質が何かを知らず下刻を進めたために、結果としてわざわざ堅い、侵食しにくい地質に谷を形成したのである。段丘やシラス台地が発達する地域にこのようなわざわざ堅い地質を選んで谷を形成したように見える谷がしばしば発見される。これを表成谷という。また相俣ダムのような、段丘縁に表成谷が形成されている場合を｛谷側積載段丘、フィルトップ段丘、フィルストラス段丘｝[1] という。

　ここでは地形によって断面Aの埋没谷が判読できるのかどうかを検討する。図-1 および写真-1において、山中にもかかわらず、猿ヶ京、湯の町、相俣集落等が載る広く平坦性の高い段丘が発達している。段丘は侵食段丘と堆積段丘に分類される。ここでは段丘崖において段丘砂礫層の下位に基盤岩が現れるものを侵食段丘、段丘崖の全て、すなわち段丘面から河床のレベルまで全て段丘砂礫層よりなるものを堆積段丘とする。山中の広い段丘は、堆積段丘である場合か、侵食段丘であっても基盤が軟岩から中硬岩の場合である。侵食段丘の場合、堆積段丘に比べて長時間をかけて形成されるから段丘面が多くの面に区分され、かつ上位の面は長時間の経過を反映して平坦性が損なわれてくる。しかし当地はそうした状況にない。なお段丘背後の斜面は起伏量が大きいこと等から基盤

岩は軟岩から中硬岩とは考えにくい。斜面の基部で軟岩が露出しているとすれば、キャップロック構造となり、地すべり地形が発達するはずであるが、これもそうした状況にない。したがって当該段丘は｛堆積、侵食｝[2] 段丘とみて間違いない。

これまで論じてきたのは段丘面の幅であったが、段丘を刻む現河床の幅も侵食段丘と堆積段丘の間で大きく異なる。すなわち｛堆積、侵食｝[3] 段丘の場合は狭く（断面Aのd）、｛堆積、侵食｝[4] 段丘の場合は著しく幅広（断面D）となる。
赤谷湖の幅は基本的にダム湖が出来る前の河床の幅であり、約500mにも及ぶ広いものである。これは段丘を刻んだ故と思われる。これに対し相俣ダムや湯の町東方の崖記号で描かれた谷は著しく狭い。しかも河道が山側すなわち段丘とは反対側に張り出している。これは図-1、断面Cにおける矢印の場所の如く、下刻が進めば｛堆積、侵食｝[5] 段丘になるような場所である。したがって相俣ダムの東方や湯の町付近の段丘の地下には砂礫層で埋められた埋没谷が存在すると判断できる。

（江川　良武）

写真-1　判読用空中写真（CCB-76-8　C14-36、37）

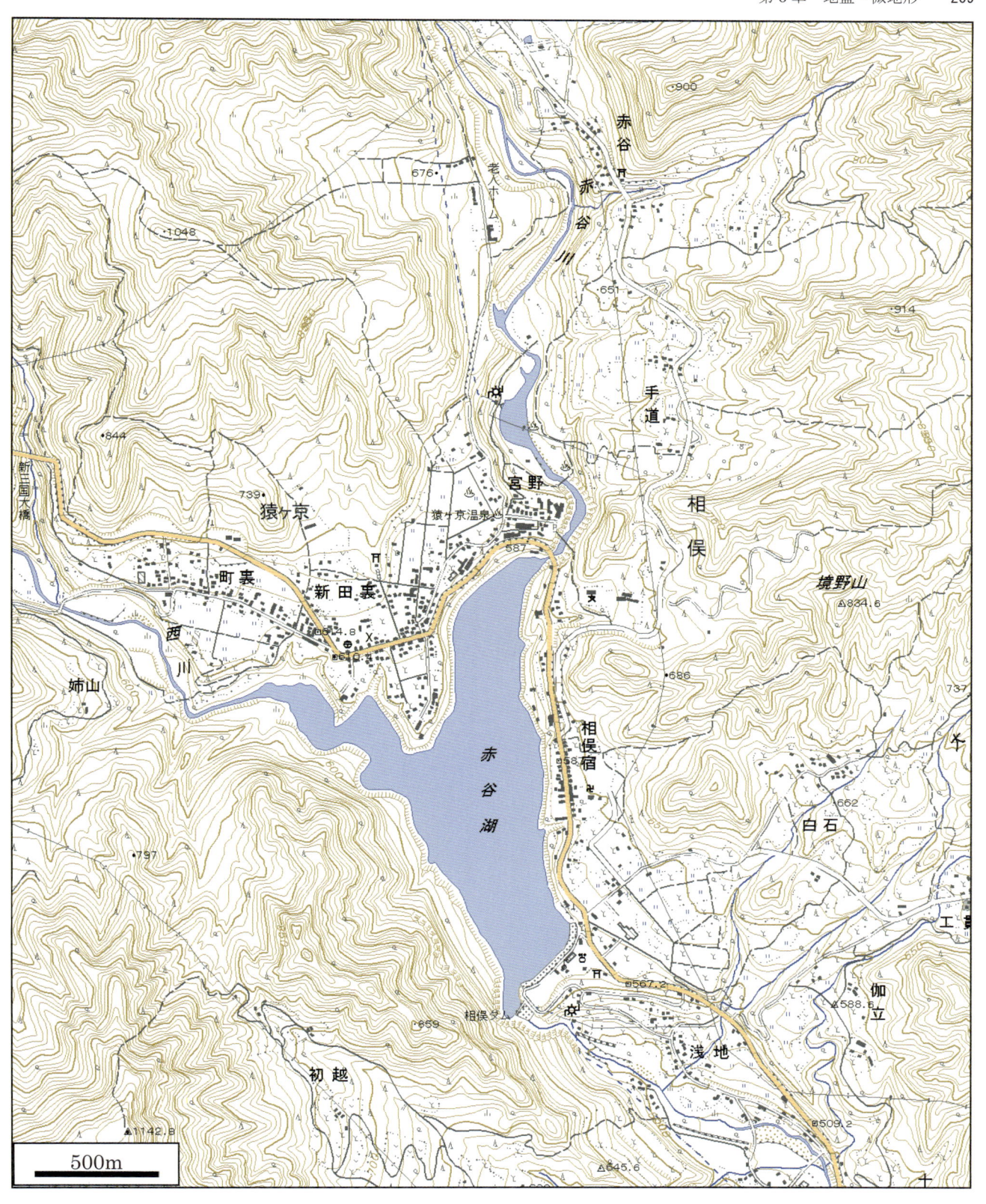

図-1　作業用地形図（1:25,000「猿ヶ京」）

210　第6章　地盤・微地形

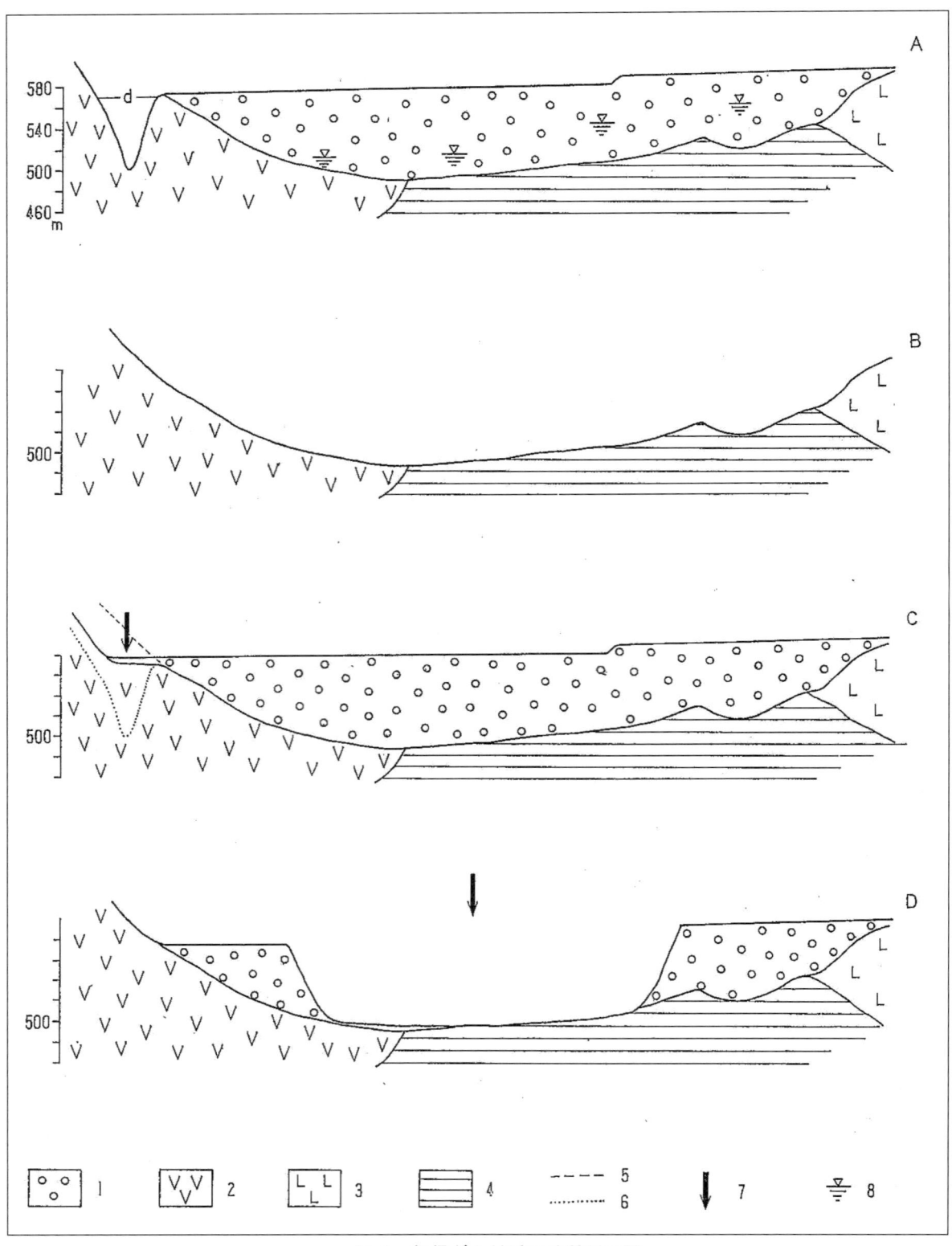

図-2　相俣ダム付近の地質断面図

[凡例]　d：相俣ダム、1：段丘、2：安山岩、3：石英粗面岩、4：頁岩、5：断面Bの時代の斜面、6：ダム建設前の峡谷、7：下谷開始位置、8：地下水位

課題の基礎知識

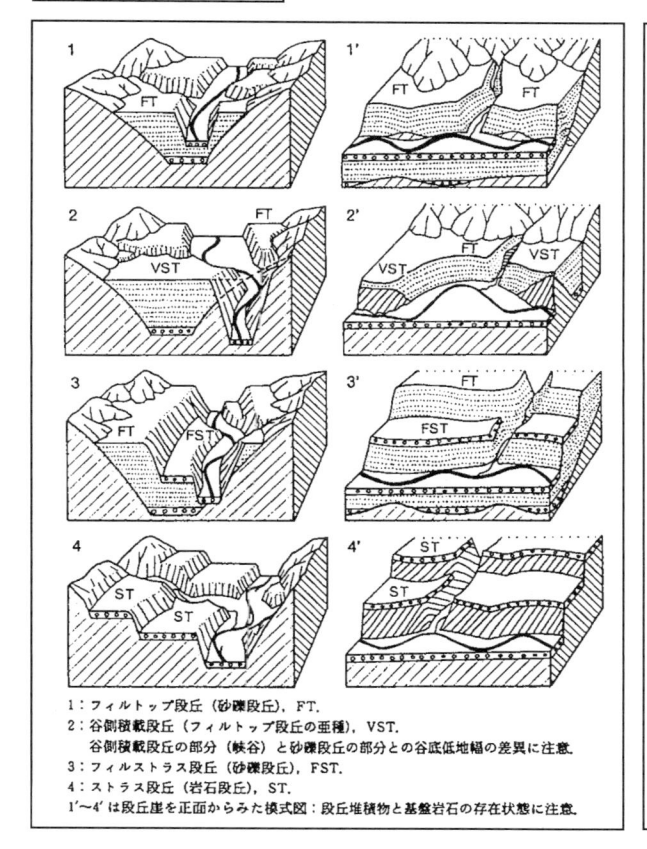

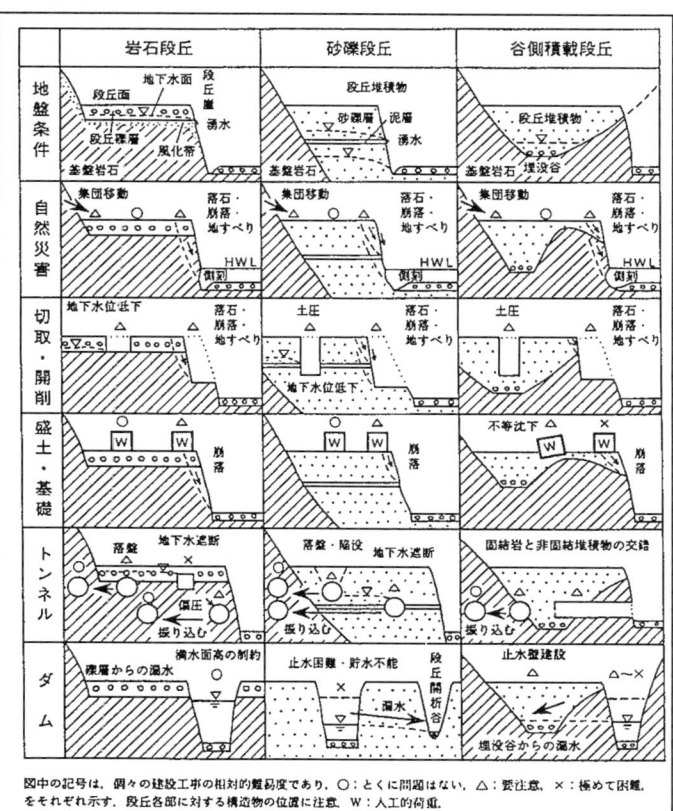

1：フィルトップ段丘（砂礫段丘）、FT.
2：谷側積載段丘（フィルトップ段丘の亜種）、VST.
　谷側積載段丘の部分（峡谷）と砂礫段丘の部分との谷底低地幅の差異に注意．
3：フィルストラス段丘（砂礫段丘）、FST.
4：ストラス段丘（岩石段丘）、ST.
1'〜4'は段丘崖を正面からみた模式図：段丘堆積物と基盤岩石の存在状態に注意．

図-3　(a) 段丘の堆積物による段丘の分類と (b) 自然災害、建設工事における留意点（鈴木隆介、2000）

引用文献

鈴木隆介（2000）：建設技術者のための地形図読図入門
　　第3巻　段丘・丘陵・山地、古今書院

解説文中の設問の解答

1) 谷側積載段丘、2) 堆積、3) 侵食、4) 堆積、5) 侵食

キーワード
　表成谷
　谷側積載段丘
　堆積段丘
　侵食段丘
　埋没谷
　下刻
　段丘面
　キャップロック構造

まとめ：
　段丘面を構成する物質がどのようなものであるかを推定するためには、段丘面の幅や平坦性および段丘面を刻む河床の幅などから、侵食段丘か堆積段丘かを判定する。堆積段丘の端部などに表成谷が形成されているような場合、その場所以外の段丘面の下には、埋没谷が存在する可能性が高い。

表成谷の事例

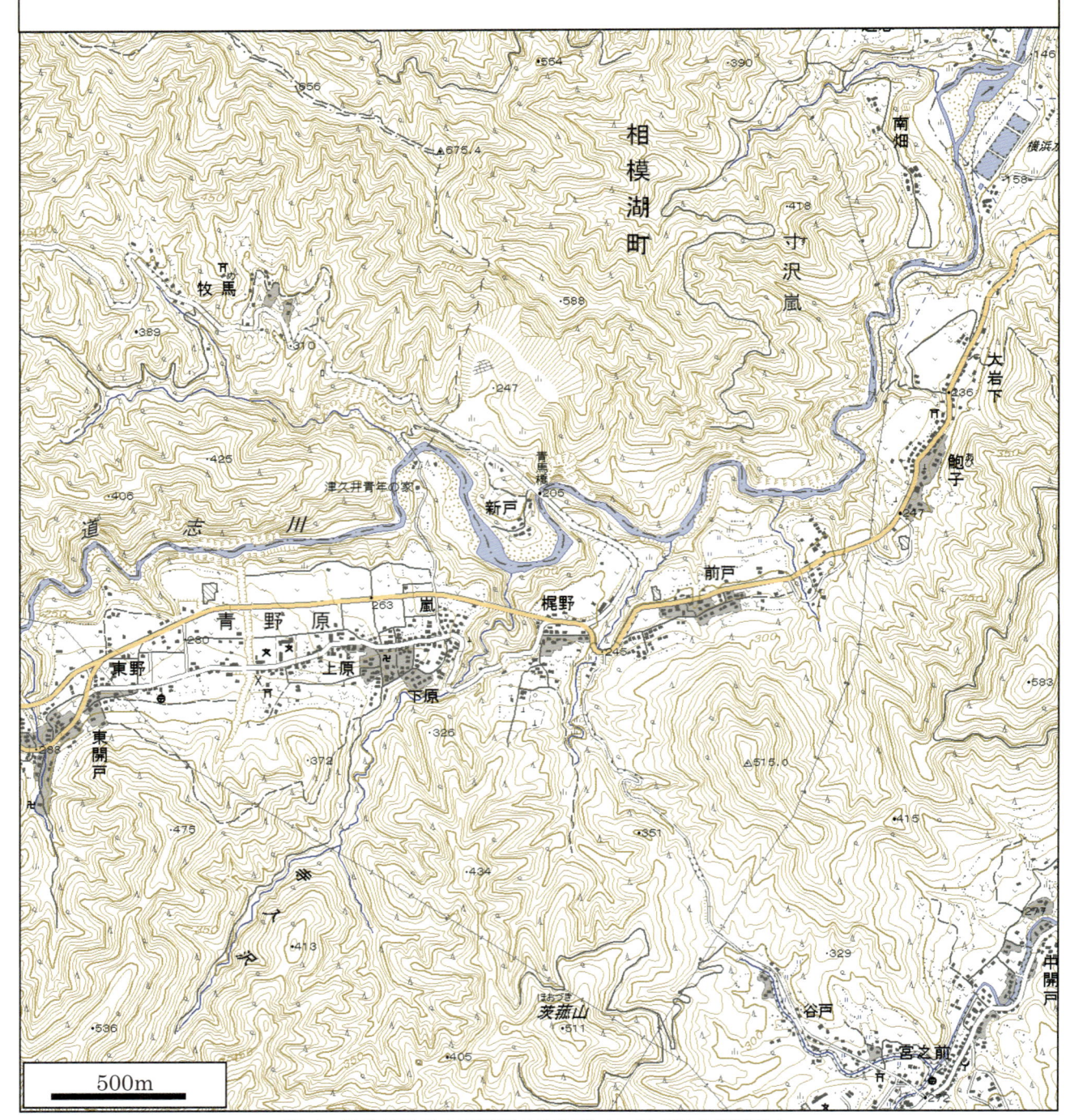

図-4 神奈川県道志川周辺の地形図（1:25,000「青野原」）

道志川の右岸沿いに平坦な段丘面が連続している。青野原北方では、道志川は谷の左岸よりに、壁岩を両岸に持つ峡谷を形成し、基盤岩を深く下刻している。段丘面形成時あるいはそれ以前の河道は平坦面の下に埋没している可能性が高い。

おわりに

「はじめに」で述べたように、地形・地質情報の活用は、建設事業、構造物の維持管理、防災対策等のコスト縮減に有効であるにもかかわらず、地形情報に関してはまったくといっていいほど関心が示されていない。このような状況に鑑み、日本応用地質学会は平成7年度に応用地形学研究小委員会を組織し、地質調査への地形情報の積極的利用、すなわち「地形工学の確立」を標榜して継続的な活動に取り組んでいる。

第1次委員会は、平成7年度～平成10年度の4年間にわたり、その成果は「山地の地形工学」として出版された。第2次委員会は平成11年度～平成18年度までの8年間継続している。委員会のメンバーは地形情報を積極的に実務に取り込もうとする意欲のある大学・官公庁・民間の研究者や技術者である。顧問は中央大学理工学部教授の鈴木隆介先生にお願いしており、委員会発足と同時に参加していただき厳しいご質問や貴重なご意見を頂戴している。

本書は第2次委員会の活動成果の一部であるが、本書の元になった素材は、日本応用地質学会誌の連載フォーラムである。出典は以下のとおりで、連載時には各2事例の空中写真判読結果とその解説が掲載された。

応用地質、第43巻、第4号、2002.：応用地形フォーラム（1）
応用地質、第43巻、第5号、2002.：応用地形フォーラム（2）
応用地質、第44巻、第1号、2003.：応用地形フォーラム（3）
応用地質、第44巻、第2号、2003.：応用地形フォーラム（4）
応用地質、第44巻、第4号、2003.：応用地形フォーラム（5）
応用地質、第44巻、第5号、2003.：応用地形フォーラム（6）

本書では各事例の記載をできるだけ統一した書式にしたが、追加事例や内容によっては異なった書式にせざるをえなかった。この点で読みにくい部分があったかもしれない。また、本書の内容に疑問点などあれば、当委員会（窓口は日本応用地質学会）宛にご連絡願えれば委員会で誠実に対処したいと考えている。

本書の執筆は委員会メンバーによったが、一部について独立行政法人防災科学技術研究所の井口隆さん、および高知大学の布施昌弘さんの応援を得たことに感謝したい。

日本応用地質学会
応用地形学研究小委員会

キーワード索引

空中写真判読の基礎

陰影図　37
陰影起伏図　38
陰陽図　43-44
エリアセンサ　12
オルソフォト　11
過高感　22
形の恒常性　29, 30
カシミール3D　45, 55
カラー標高傾斜図　44-45
簡易実体鏡　25
旧版地形図　22
空中写真　9
空中写真閲覧サービス　18
空中写真判読　1, 3, 4, 5
傾斜図　39
傾斜量図　39
形状認識　29, 34
航空機レーザ計測　32
航空写真　9
工事位置選定法　1
高度段彩図　40
国土情報ウェブマッピングシステム　19
固定翼機　51
撮影機材　55
実体鏡　25
実体視　22
写真地質　1, 3, 4
写真地質図　4
斜度図　38
資料調査　5
主観的輪郭　29, 30
正射投影　11
赤色立体図　43
セスナ機　51
丹那断層　1
地下開度　37, 40-42
地形図読図　4, 5
地形分析　4, 5

地上開度　37, 40-42
地図閲覧サービス　21
中心投影　11
デジタル航空測量写真　12
天候調査　53
電子国土　46-47
電子国土Webシステム　47
肉眼実体視　22
反射実体鏡　25
ナビゲーター　54
パノラマ写真機　56
飛行ルート　52
標定図　13
米軍写真　3, 13
ヘリコプター　51
モザイク写真　11
ラインセンサ　12
ラプラシアン　37
立体感　22, 38, 43, 44
立体写真　22
立体視　22, 29
レーザ測量　32
路線地質調査　3, 4
枠の効果　29, 30
DEM (Digital Elevation Model)　33, 202
DSM (Digital Surface Model)　33, 202
GPS　32, 55, 202
Google Earth　45
IMU　32
Photogeology　1
TIN（不定形三角網）　34

地すべり

池の成因　68
化石地すべり　66
滑落崖　61, 71, 96
陥没凹地　69
狭窄部　72
切土のり面　77

古期地すべり　64, 86
地すべり地形　61, 72, 97
地すべり移動層　60, 69, 77
地すべり移動土塊　93
地すべりの活動性　98
地すべり末端部　80
斜面の透水性　97
初生すべり　85
水衝部　79, 93
正常蛇行　83
0次谷　94
遷急線　94
先行谷　79
潜在地すべり　83, 91
層すべり　79
弾性波探査　87, 90, 91
直線谷　79
道路防災点検　81
トモグラフィ的解析　90, 91
二重山稜　63
平滑（等斉直線）斜面　83
溝状凹地　63

緩み

受け盤　114
応力解放　119, 121
オープンクラック　114
開口クラック　102, 105
開口節理　123
河川争奪　109
岩級区分図　115
岩盤クリープ　107
岩盤の緩み　114
ケスタ　118
シーティング　121
重力作用　121
重力性傾動構造　107
線状凹地　102, 104
玉葱状風化　121
段丘面　118
地形性節理　121
調査横坑　114, 121
頂流谷　105, 106

流れ盤　114
剥離節理作用　121
バックリング　125
非対称地形　114
二重山稜　102, 104
ルジオンマップ　115

土石流・崩壊・植生

岩屑流　140
環境保全　144
巨大崩壊　140
豪雨斜面災害　128
地すべり　141, 144
植生コドラート調査　150
植生遷移　148
植生図　148
生態系　144
生物多様性　148
堰き止め　140
地生態帯断面図　151
土地利用　144
ハザードマップ　134
肥薩火山岩類　128
表成谷　142
流れ山　140
溶岩円頂丘　141

活断層

異常地形　160, 170, 176, 182
活断層地形要素判読図　168
逆断層　158, 159, 160, 164, 165, 172
傾動　175, 176
系統的な横ずれ　182, 183, 184
前縁断層　159, 163, 164
線状模様　170, 171, 172, 175, 176
縦ずれ断層　159
段丘面　170, 172, 175, 176
地形発達史　158, 163
地形面　159, 163, 164
中央構造線活断層系　179, 184
低断層崖　179
表成谷（谷側積載谷）　170, 175
物理探査　165

216　索引

横ずれ断層　179, 181, 182
リニアメント　159, 162, 163, 165, 182, 184

地盤・微地形

下刻　207, 208, 211
岩屑流堆積物　192
キャップロック構造　208
旧河床堆積物　192
傾斜変換線　199
現河床　193
航空機レーザスキャナ　197
航空レーザ測量　197
後氷期開析前線　200
谷側積載段丘　207
侵食段丘　207, 208, 211
扇状地　188, 189, 191, 192, 193, 198

扇状地堆積物　191, 192
堆積段丘　207, 208, 211
遷急線　199
扇状地末端　188
段丘　189, 191, 193, 194
段丘崖　189, 191, 192, 193
段丘面　207, 208, 211
地形の重なり　194
沖積錐　189, 194, 199
超微地形　200
表成谷　207, 211
埋没谷　207, 208, 211
DEM　202
DSM　202
GPS　202

地名索引

空中写真判読の基礎

明科（あかしな）　長野県安曇野市　3
阿津江（あづえ）徳島県那賀町　51
芋川（いもかわ）　新潟県魚沼市　44
長流枝内丘陵（おさるしないきゅうりょう）　北海道音更町　37, 45
蒲生（がもう）　新潟県松代町　36
霧島火山（きりしまかざん）　宮崎・鹿児島県境　37
立山（たてやま）　富山県立山町　10
蔵王（ざおう）　山形・宮城県境　58
信濃池田（しなのいけだ）　長野県安曇野市　3
丹那盆地（たんなぼんち）　静岡県函南町　2
鳥海山（ちょうかいざん）　秋田・山形県境　46, 56, 57
東京都心部（とうきょうとしんぶ）　東京都　38, 41
西條（にしじょう）　長野県筑北村　3
三宅島（みやけじま）　東京都三宅村　39, 41-43

地すべり

阿仁前田（あにまえだ）　秋田県北秋田市　60
綾北川（あやきたがわ）　宮崎県　83
新倉（あらくら）　山梨県早川町　93
板野町（いたのちょう）　徳島県板野町　68
江馬（えま）　三重県大台町　92
大寺（おおてら）　徳島県板野町　68
沖田面（おきたおもて）　秋田県上小阿仁村　60
掃部岳（かもんだけ）　宮崎県西米良村　83
倶利伽羅（くりから）　石川県津幡町　82
神滝（こうだき）　三重県大台町　92
七面山（しちめんざん）　山梨県早川町　93
十二湖（じゅうにこ）　青森県深浦町　75
白神岳（しらかみだけ）　青森県深浦町　75
鷹巣西部（たかのすせいぶ）　秋田県北秋田市　76
田代ヶ八重（たしろがはえ）　宮崎県小林市　83
能登二宮（のとにのみや）　石川県中能登町　67
早川（はやかわ）　山梨県　93
引田（ひけた）　香川県東かがわ市　68
氷見（ひみ）　富山県氷見市　67
二ツ井町（ふたついちょう）　秋田県能代市　76
古口（ふるくち）　山形県戸沢村　100
宮川（みやがわ）　三重県　92
最上川（もがみがわ）　山形県　100
米代川（よねしろがわ）　秋田県　76

索引　217

緩み

大崎（おおさき）　高知県仁淀川町　111
大引割峠（おおひきわりとうげ）　高知県仁淀川町　102
大森岳（おおもりだけ）　宮崎県小林市　120
王在家（おざいけ）　高知県津野町　102
カラ池（からいけ）　高知県仁淀川町　110
黒滝山（くろたきやま）　高知県津野町　102
黒渕（くろぶち）　山形県戸沢村　126
寒河江川（さがえがわ）　山形県西川町　114
寒河江ダム（さがえだむ）　山形県西川町　114
白川ダム（しらかわダム）　山形県飯豊町　122
雑誌山（ぞうしやま）　高知県仁淀川町　110
月山沢（つきやまざわ）　山形県西川町　114
東川（ひがしがわ）　愛媛県久万高原町　110
古口（ふるくち）　山形県戸沢村　126
本庄川（ほんじょうがわ）　宮崎県小林市　120
本道寺（ほんどうじ）　山形県西川町　114
最上川（もがみがわ）　山形県戸沢村　126

土石流・崩壊・植生

浅間山（あさまやま）　長野県・群馬県境　137
碓氷峠（うすいとうげ）　長野県軽井沢町　137
軽井沢（かるいざわ）　長野県軽井沢町　137
大豊町（おおとよまち）　高知県大豊町　145
小諸軽石流（こもろかるいしりゅう）　長野県軽井沢町　140, 142
久木野川（くぎのがわ）　熊本県水俣市　128
塩沢岩屑流（しおざわがんせつりゅう）長野県軽井沢町　140, 141
笹越（ささごえ）　高知県大豊町　145
小豆島（しょうどしま）　香川県小豆島町　135
津南町（つなんまち）　新潟県津南町　155
針原（はりはら）　鹿児島県出水市　128
磐梯山（ばんだいさん）　福島県猪苗代町　143
宝川内（ほうがわち）　熊本県水俣市　128
八畝（ようね）　高知県大豊町　145

活断層

余目（あまるめ）　山形県庄内町　178
石鎚断層（いしづちだんそう）　愛媛県四国中央市　179, 181, 182, 184
板室（いたむろ）　栃木県那須塩原市　170

帯解断層（おびとけだんそう）　奈良県奈良市・大和郡山市　164, 165, 166
木ノ俣川（きのまたがわ）　栃木県那須塩原市　170
草岡（くさおか）　山形県長井市　167
関谷断層（せきやだんそう）　栃木県那須塩原市　176
眺海の森（ちょうかいのもり）　山形県酒田市　178
天理撓曲（てんりとうきょく）　奈良県奈良市・大和郡山市　164, 165, 166
東予土居（とうよどい）　愛媛県四国中央市　179
長井（ながい）　山形県長井市　167
中野俣（なかのまた）　山形県酒田市　178
奈良（なら）　奈良県奈良市　158
畑野（はたの）　愛媛県四国中央市　179
畑野断層（はたのだんそう）　愛媛県四国中央市　179, 181, 182, 183, 184
古町（ふるまち）　岡山県美作市　185
百村（もむら）　栃木県那須塩原市　170
大和郡山（やまとこおりやま）　奈良県大和郡山市　158
吉野川（よしのがわ）　岡山県　185

地盤・微地形

相俣（あいまた）　群馬県みなかみ町　209
青野原（あおのはら）　神奈川県相模原市　212
赤谷湖（あかたにこ）　群馬県みなかみ町　209
伊那宮田（いなみやだ）　長野県宮田村　195
魚野川（うおのがわ）　新潟県川口町・魚沼市　205
小笠原（おがさわら）　山梨県南アルプス市　188
小田切川（おだぎりがわ）　長野県　195
釜梨川（かまなしがわ）　山梨県韮崎市、南アルプス市　188
猿ヶ京温泉（さるがきょうおんせん）　群馬県みなかみ町　209
天竜川（てんりゅうがわ）　長野県　195
道志川（どうしがわ）　神奈川県　212
十勝川温泉（とかちがわおんせん）　北海道音更町　197
堀之内（ほりのうち）　新潟県魚沼市　205
韮崎（にらさき）　山梨県韮崎市　188
御勅使川（みだいがわ）　山梨県韮崎市・南アルプス市　188
和南津（わなづ）　新潟県川口町　205

委員会メンバー（執筆者）および編集幹事（○印）

顧　問	鈴木隆介	中央大学理工学部
委員長○	上野将司	応用地質株式会社
委　員○	足立勝治	アジア航測株式会社
	稲垣秀輝	株式会社環境地質
	江川良武	前．日本工営株式会社（元．建設省国土地理院）
	川崎輝雄	前．サンコーコンサルタント株式会社
	倉橋稔幸	独立行政法人　土木研究所
	桑原啓三	前．復建調査設計株式会社（元．建設省土木研究所）
	品川俊介	独立行政法人　土木研究所
	須貝俊彦	東京大学大学院新領域創成科学研究科
	高田将志	奈良女子大学文学部
	津沢正晴	国土交通省国土地理院
	中下恵勇	株式会社建設技術研究所
	中曽根茂樹	日本工営株式会社
	長谷川修一	香川大学工学部
	八戸昭一	埼玉県環境科学国際センター
○	服部一成	アイドールエンジニヤリング株式会社
	檜垣大助	弘前大学農業生命科学部
	平野昌繁	国際航業株式会社
○	向山　栄	国際航業株式会社
	八木浩司	山形大学教育学部
	柳田　誠	株式会社阪神コンサルタンツ
	横山俊治	高知大学理学部

書　名	応用地形セミナー——空中写真判読演習
コード	ISBN-7722-1587-5　C3051
発行日	2006年11月25日　第1刷発行
編　者	日本応用地質学会　応用地形学研究小委員会
	Copyright ©2006 Japan Society of Engineering Geology Research Group for Engineering Geomorphology
発行者	株式会社古今書院　橋本寿資
印刷所	凸版印刷株式会社
製本所	凸版印刷株式会社
発行所	**古今書院**
	〒101-0062　東京都千代田区神田駿河台2-10
電　話	03-3291-2757
ＦＡＸ	03-3233-0303
振　替	00100-8-35340
ﾎｰﾑﾍﾟｰｼﾞ	http://www.kokon.co.jp/
	検印省略・Printed in Japan